"十四五"职业教育国家规划教材

食品类专业系列教材

食品生产单元操作

（第二版）

张旭光　黄亚东　主编

科学出版社

北　京

内 容 简 介

本书以食品生产单元操作类别为主线,内容主要包括:各种单元操作的过程规律,操作方案的确定,操作过程的控制,主要设备选型、构造及操作方法。编入的单元操作有流体输送、沉降、过滤、膜分离技术、混合、热量交换、蒸发浓缩、结晶、干燥、冷冻、萃取。

本书既可作为高职高专院校食品类专业的教材,也可作为食品加工企业操作工的培训用书。

图书在版编目(CIP)数据

食品生产单元操作/张旭光,黄亚东主编. —2 版. —北京:科学出版社,2024.6

"十四五"职业教育国家规划教材 食品类专业系列教材

ISBN 978-7-03-077493-4

Ⅰ.①食… Ⅱ.①张… ②黄… Ⅲ.①食品加工-职业教育-教材 Ⅳ.①TS205

中国国家版本馆 CIP 数据核字(2024)第 007492 号

责任编辑:王 彦 王建洪/责任校对:王万红
责任印制:吕春珉/封面设计:耕者设计工作室

科学出版社出版
北京东黄城根北街 16 号
邮政编码:100717
http://www.sciencep.com

北京中科印刷有限公司印刷

科学出版社发行 各地新华书店经销
*

2017 年 1 月第 一 版 开本:787×1092 1/16
2024 年 6 月第 二 版 印张:23 3/4
2025 年 1 月第十次印刷 字数:563 000

定价:79.00 元
(如有印装质量问题,我社负责调换)

销售部电话 010-62136230 编辑部电话 010-62130750

第二版前言

　　教育、科技、人才是全面建设社会主义现代化国家的基础性、战略性支撑。随着我国食品工业的迅速发展，食品行业全球化市场进程的加剧，对人才需求量的不断增加，对人才的要求也在不断提高。这对食品工业的职业技术教育提出了更高的要求，要坚持为党育人、为国育才的原则，培养德智体美劳全面发展，具有扎实的食品加工技术基础理论知识、专业理论知识和专业技能，掌握食品加工技术，适应食品工业需求的高级技术应用型人才。本书依据教育部职业教育与成人教育司《高等职业学校专业教学标准（试行）》，在 2017 年出版的"十三五"职业教育国家规划教材《食品生产单元操作》的基础上进行了修订。在修订过程中考虑了单元操作技术的发展动态，进一步了解了食品企业生产一线对高职院校学生的要求，通过研究高职院校学生的特点，对原有《食品生产单元操作》结构进行了优化，创新了编排形式。

　　本书在编写过程中坚持科技是第一生产力、人才是第一资源、创新是第一动力的思想理念，大力推进工学结合，这是新形势下我国职业教育改革与发展的重要方向。《食品生产单元操作》（第二版）以实际工作任务为主线，以企业生产一线的具体案例为叙述背景，坚持以就业为导向，严格遵循高职教育培养高技能人才的办学目标定位，面向食品加工企业生产岗位，围绕完成岗位的工作任务的需要和岗位从业资格的要求确定内容（知识、技能和素养），并坚持"必需、够用、适度"的原则，通过工作过程系统化以实现工学结合，实现课程开发和教学设计的创新。全书面向食品加工企业生产一线的操作岗位，增加了实训内容，以实训内容设计代替传统的学习与实训，教、学、练合一，强化对学生职业能力的培养，以培养和提高学生的实际操作能力。

　　随着国家教学资源库的不断发展完善，教学资源库的利用率逐步提高。为提高本书作为纸质教材的使用价值，通过修订，本书已经与食品加工技术专业的"食品生产单元操作"课程教育部高职高专教学资源库配套，读者可扫描书中配置的二维码进行学习。

　　本书为"十四五"职业教育国家规划教材，主要由徐州工业职业技术学院张旭光、江苏食品药品职业技术学院黄亚东、苏州农业职业技术学院蔡健、徐州绿健乳品饮料有限公司倪凯、内蒙古商贸职业学院刘静、温州科技职业学院李群和、四川工商职业技术学院易晓成共同编写。其中，张旭光编写绪论和第 1～3、6 章，蔡健编写第 4 章，倪凯编写第 5 章，易晓成编写第 7 章，刘静编写第 8 章，黄亚东编写第 9、10 章，李群和编写第 11 章。另外，编者在编写过程中参阅了相关文献，在此对文献的作者表示感谢。

　　由于编者水平有限，书中不足之处在所难免，敬请读者指正，以便于进一步修改完善。

编　者

第一版前言

食品工业的产品种类众多，尽管每一种食品的加工过程有着很大的区别，但是食品的生产过程都是由若干个单元操作组合而成。本书介绍了食品工业中常用的各种单元操作，包括其规律、流程、设备、操作方法及常见问题的处理等内容。

本书从全国高职高专院校在校生的具体情况和企业对岗位技能的要求出发，本着"理论必需、够用为度"的原则，突出应用能力的培养。在理论知识方面，以能使学生理解为前提；在应用知识方面，力求简明易懂，尽可能简化复杂的理论推导和计算；在编写形式上，结合目前高职高专院校"项目教学""任务驱动"等教学方法的改革，使其能适应当前教学的需要。

本书在内容上包括了食品加工过程中的常见单元操作，如流体输送、沉降、过滤、膜分离技术、混合、热量交换、蒸发浓缩、结晶、干燥、冷冻、萃取。但是，考虑各地区不同院校教学学时的不同，不同地区的院校可以根据自己的特点进行选择性教学。此外，由于精馏操作、吸收操作及吸附操作在食品加工工业中应用较少，而且学习难度较大，本书没有涉及，而混合操作与乳化操作比较相近，本书将混合操作与乳化操作合为一章。

本书主要由徐州工业职业技术学院张旭光、江苏食品药品职业技术学院黄亚东、苏州农业职业技术学院蔡健、内蒙古商贸职业学院刘静、温州科技职业学院李群和、四川工商职业技术学院易晓成共同编写。其中，张旭光编写绪论和第1~3、6章，蔡健编写第4、5章，易晓成编写第7章，刘静编写第8章，黄亚东编写第9、10章，李群和编写第11章。另外，在编写过程中编者参阅了相关文献，在此对文献的作者表示感谢。

由于编者水平有限，不足之处在所难免，敬请读者指正，以便于进一步修改完善。

目　　录

绪　　论

✿ **学习目标**

了解：食品工业的起源与发展；本课程的性质和主要学习内容。

理解：单元操作、物料衡算、能量衡算、生产能力、生产强度的概念；食品工程的特点。

掌握：SI 单位制的构成；单位的正确使用。

1. 食品工业的起源与发展

食品加工自古以来就存在，早期的食品加工是以家庭或个体小作坊的形式存在的，在近代，随着社会经济和科学技术的发展才形成真正意义上的食品工业，其标志是 1804 年尼古拉·阿佩尔发明的罐头生产技术，它使食品能够长时间贮存和长距离输送。

绪论

食品加工向工业化发展的起步落后于化学工业，但是发展很快。目前，食品工业已经发展成国民经济的重要支柱产业，成为一个名副其实的"大工业"。食品工业的发展使人们在家庭食品加工上耗费的时间大幅度减少，适应了目前社会发展的需要。食品工业产品的种类繁多，包括糖果、罐头、酿造、饮料、乳品、焙烤食品等。

"民以食为天"，食品工业是一个朝阳产业，我国的食品工业近年来虽然得到了迅速发展，但与世界发达国家相比，在生产技术、生产规模、产品品种等方面还存在很大的差距。

2. 单元操作

单元操作的概念是由化学工程产生的。在化学工业中，产品的种类很多，每一个产品的生产过程都要经历若干物理反应与化学反应，生产工艺也多种多样，但其包含物理反应过程的种类并不多，而且大多是相似的。例如，流体输送不论输送何种物料，其目的都是输送流体；加热与冷却也都是为了得到需要的温度；分离、提纯都是为了得到指定浓度的纯净物等。

人们把这些包含在不同化工产品生产过程中、发生同样的物理变化、遵循共同的规律、使用相似设备、具有相同作用的基本物理操作过程，称为单元操作。常用的单元操作有流体流动与输送、传热、蒸发、结晶、蒸馏、吸收、萃取、干燥、沉降、过滤、离心分离、静电除尘、湿法除尘等，近年来又出现了一些新的单元操作，如吸附、膜分离、超临界萃取、反应与分离耦合等。

同样，食品工业中也存在类似的情况，虽然食品种类很多，每一种食品的加工过程有着很大的区别，但是食品产品的生产过程同样是若干个单元操作的组合，只不过在不

同的产品生产过程中，单元操作有其独特的条件与要求。显然，研究单元操作对于食品生产技术的发展是非常重要的。

3. 食品工程的特点

食品工程与化学工程有许多相似之处，加工过程都可以分解成多个单元操作的组合，化学工程中常用的理论和方法同样适用于食品工程，但是，食品工程也有自身的一些特点，所涉及的单元操作比化学工程更广泛。在食品工程中，常用的一些单元操作（如破碎、压榨、混合、乳化等）还缺乏成熟的理论，而蒸馏、吸收这些在化学工程中应用较多、理论研究较为成熟的单元操作反而在食品工业中应用较少。另外，食品工程还具有以下特点。

（1）原料的成分和结构复杂。食品工业的原料主要是农、林、牧、渔业的动植物产品，大多数原料是活的生物体，其成分不仅随土壤、气候等变化，而且在成熟、输送和贮藏过程中也在不断变化。某些成分在加工时还会发生一些不利的化学变化，造成产品损失或影响其品质。这给加工带来许多不便，因而许多食品的加工过程长期以来采用传统的方法。

（2）热敏性和易氧化变性是食品的共性。在加工中，为了避免食品被高温破坏和氧化变性，必须采用低温、低压的加工条件。因此，在食品工业中，真空操作、冷冻操作被广泛采用，而这两类操作在理论计算上目前只能靠经验或半经验的方法（或公式）进行。

（3）由于微生物对原料及产品的影响较大，容易腐烂变质是食品的共同特点。食品加工的主要目的在于如何抑制微生物和酶的活动，以提高食品的保藏性。浓缩食品、干制食品和速冻食品等已经成为食品工业的重要产品，而作为其加工基础的干燥、浓缩等单元操作必然在食品工程中占有重要地位，其技术的发展及应用也比化学工程迅速。

（4）食品工程涉及的物料主要是液体和固体。在化学工程中研究最多的气-液相操作过程，在食品工程中难有用武之地。食品工程应用最多的是固-液相过程，与气-液相过程相比，在分离、混合及相间传质方面都复杂和困难得多。

（5）食品工程涉及的液体常为非牛顿流体。

4. 食品工程中常用的概念

1）物料衡算

物料衡算是质量守恒定律在工程中的一种表现形式。根据质量守恒定律，一个加工过程在稳定的操作条件下，输入设备参加操作的物料量必定等于操作后所得到的产品量和损失物料量，即输入物料量等于输出物料量，用数学式表示为

$$G_1 = G_2 + G_3$$

式中，G_1——输入物料量；

G_2——产品量；

G_3——损失物料量。

这种物料衡算式既适用于各种单元操作，也适用于整个操作过程。计算时，既可以以全部参加操作的物料为基础列出总物料衡算式，也可以以混合物中某一组分为基础列出部分物料衡算式。为了方便，一般对于连续操作，常取单位时间的物料量作为计算基准；对于间歇操作，常取一次操作的处理量作为计算基准，也可以把产量作为计算基准。物料衡算可以帮助我们正确选择生产过程的流程，计算原料消耗定额和产率、设备的生产能力和主要尺寸。

2）能量衡算

在产品的加工过程中，物料的处理涉及能量的消耗，为了确定能量的消耗量，需要进行能量衡算。能量衡算是能量守恒定律在工程中的一种表现形式。根据能量守恒定律，一个加工过程在稳定的操作条件下，输入能量必定等于输出能量和损失能量，用数学式表示为

$$E_1=E_2+E_3$$

式中，E_1——输入能量；

E_2——输出能量；

E_3——损失能量。

能量可以随物料一起输入或输出，如物料的热能、机械能等；也可以单独输入或输出，如通过泵输入的机械能、通过换热器输入的热能。进行能量衡算时，必须把有关的各种能量都考虑在内，在食品加工过程中常常仅考虑热能，因此一般用以下的热量衡算式表示：

$$Q_1=Q_2+Q_3$$

式中，Q_1——输入热量；

Q_2——输出热量；

Q_3——损失热量。

同物料衡算一样，能量衡算既适用于各种单元操作，也适用于整个操作过程。通过能量衡算可以计算单位产品的能耗，了解能量的利用和损失情况，确定是否需要输入或输出热量，以及计算设备的主要尺寸。

3）生产能力

生产能力是一台设备或一套生产装置的一个主要特性，用单位时间内输入的物料量或实际得到的产品量表示。一台设备或一套生产装置生产能力的大小取决于其形式、规格和过程的速率。在最适宜条件下，一台设备或一套生产装置所能达到的生产能力称为设计能力。

4）生产强度

一台设备或一套生产装置的生产能力与某一表示其主要性能的基本参数之比，称为生产过程强度，简称生产强度，它也可以定义为对设备或生产装置某一主要性能的生产能力。例如，蒸发器的生产强度用单位时间单位面积上所蒸发的水分量表示。生产的强化就是提高生产强度，使同一工厂或设备在同一时间内由同样数目的操作工人生产出更多的产品。生产强度的大小反映了技术水平和劳动生产率的高低，如何提高生产强度是工业生产中的一个重要问题。

5. 单位及单位换算

描述工业生产过程需使用大量物理量，正确使用单位是正确表达物理量的前提。由于国际单位制（SI）单位的一贯性与通用性，世界各国都在积极推广 SI，我国也于 1984 年颁发了以 SI 为基础的法定计量单位。

SI 是国际计量大会在 1960 年通过的，以长度单位米（m）、质量单位千克（kg）、时间单位秒（s）、电流单位安培（A）、热力学温度单位开尔文（K）、物质的量单位摩尔（mol）、发光强度单位坎德拉（cd）七个单位为基本单位，以平面角的弧度（rad）、立体角的球面度（sr）两个单位作为辅助单位的一种单位制。根据物理量的大小，可以在基本单位前加上十进制倍数或分数的词头。

我国的法定计量单位（简称法定单位）包括如下几部分。

（1）国际单位制的基本单位。

（2）国际单位制的辅助单位。

（3）国际单位制中具有专门名称的导出单位。

（4）国家选定的非国际单位制单位。

（5）由以上单位构成的组合形式的单位。

（6）由词头和以上单位所构成的十进制倍数和分数单位。

但是，由于数据来源不同，常常会出现单位不统一或不一定符合公式需要的情况，这就必须进行单位换算。单位换算是通过换算因子来实现的，换算因子就是两个相等量的比值。例如，1m=100cm，当需要把 m 换算成 cm 时，换算因子为 100，当需要把 cm 换算成 m 时，换算因子为 1/100。在换算时只要用原来的量乘上换算因子，就可以得到期望的单位。

【例 0-1】 一个标准大气压（1atm）约等于 $1.033kgf/cm^2$，约等于多少 N/m^2？

解：$1atm=1.033kgf/cm^2 \approx 1.033 \times (9.81N/1kgf) \times (100cm/1m)^2 \approx 1.013 \times 10^5 N/m^2$。

可见，当多个单位需要换算时，只要将各换算因子相乘即可。

【例 0-2】 某液体的饱和蒸汽压可用如下经验公式计算：

$$\lg p^\circ = \frac{-1773}{T} + 7.8238$$

式中，p°——饱和蒸汽压，mmHg；

　　　T——流体的温度，K。

试求 300K 时该液体的饱和蒸汽压（kPa）。

解：将温度 T=300K 代入，得

$$\lg p^\circ = \frac{-1773}{T} + 7.8238 = \frac{-1773}{300} + 7.8238 = 1.9138$$

因此

　　　　p°=81.9974mmHg（注意，只能是 mmHg，而不能是 Pa）

　　　　　=81.9974×133.3Pa≈10.93kPa

对于单位符号的使用和书写，有以下规则。

（1）单位符号的字母一律用正体，不附省略号，无复数形式，不附加任何其他标记或符号。

（2）单位符号一般为小写字母，单位名称来源于人名时，第一个字母用大写，但升的单位符号可用小写也可用大写。

（3）表示十进制倍数或分数的词头写在单位符号前，与单位符号之间不留间隙，且不允许使用两个以上词头并列而成的组合词头。

（4）用斜线表示相除时，若分母中包含两个以上的单位符号，整个分母应加括号，如 $W/(m \cdot K)$。

（5）分子无量纲而分母有量纲组合单位的符号，一般不用分式而用负数幂形式，如波数单位用 m^{-1}，而不用 $1/m$。

6. 本课程的性质与任务

"食品生产单元操作"是一门技术性、工程性及应用性很强的专业课程，也是培养从事食品加工生产操作的高素质劳动者和生产技术管理的初、中级专门人才的必修课，更是培养学生工程技术观点与基本实践技能的重要课程。学习本课程可使学生熟练掌握常见的食品加工单元操作的基本知识与基本技能，初步形成用工程观点观察问题、分析问题、处理操作中遇到的问题的能力，树立良好的职业意识和职业道德观念，为学生学习后续专业课程和将来从事食品生产、技术、管理和服务工作做准备。

因此，"食品生产单元操作"课程的任务是使学生获得常见食品生产单元操作过程及设备的基础知识、初步计算能力和基本操作技能，受到用工程技术观点观察问题、分析问题和解决常见操作问题的训练，初步树立创新意识、安全生产意识、质量意识和环境保护意识，并了解各种单元操作在食品生产中的应用，其主要内容包括常见的食品生产单元操作所遵循的规律、使用的设备、操作方法、问题的处理等。

第1章

流 体 输 送

学习目标

了解：流体的主要特征，气体与液体的异同点；黏性与黏度的概念；稳定流动与不稳定流动的概念；流量方程式的应用；内能、静压能、动能、位能及压头的概念；伯努利方程的内容及其在流体输送中的应用；流体阻力及其产生的根本原因；层流和湍流的特点；流量测量对工业生产的意义。

理解：温度、压力①对密度与相对密度、黏度的影响；流量、流速、流通截面积之间的相互关系；连续性方程；静止流体中压力的变化规律；转子流量计、孔板流量计、文丘里流量计等的工作原理；流体物理性质、流动条件、流速等变化对阻力的影响。

掌握：管路布置的基本原则；各种管件和阀门的结构、用途；转子流量计、孔板流量计、文丘里流量计等的使用要点；密度、压力、黏度、流量等流体参数的获得方法；压力的正确表示与单位换算；液位测量；液封高度确定；分层器控制；流体输送所需功率的计算。

1.1 流体输送系统

1.1.1 工业中流体的输送过程

在工业生产过程中，通常要对流体物料进行输送，即从一个设备输送到另一个设备，或从上一道工序转移到下一道工序，才能逐步完成各种加工过程，得到所需要的最终产品。工业生产中的传热、传质等过程多数是在流体流动时进行的，流体的流动状况对这些过程的操作费用和设备费用有着很大的影响，直接关系到生产成本和经济效益。因此，对流体流动规律的研究在工业生产中有着重要的意义。

流体输送系统

工业生产中常见的流体输送过程主要有三类：一是将流体送往高处，即增加高度；二是将流体压入高压设备，即增加压力；三是将流体转移到另一个位置，即输送。在实际操作过程中，这三类过程往往是同时存在的。

1.1.2 流体的输送方式

为了完成生产要求的流体输送任务，可从生产实际出发采取不同的输送方式。流体的输送方式主要有以下四种。

---

① 在某些学科领域压力和压强有时不做严格区分，在本书中的压力如未特别说明均指压强。

1. 高位槽送料

高位槽送料就是利用液位差，将高位设备中的流体直接送到低位设备。如图1-1所示是由水塔向车间或居民区供水的示意图。在工业生产中进行流体输送时，通常先将液体送到高位槽中，以便于随时小批量地向设备中加料，这样可以避免输送设备频繁启动，而且通过高位槽上的液位计可以方便、准确地控制加料量。

有时各容器、设备之间常常会存在一定的位差，当工艺要求将处在高位设备内的液体输送到低位设备内时，可以通过将两个设备用管道连接的方法实现，这就是所谓的高位槽送料。另外，在稳定性要求较高的场合，也常常设置高位槽，以避免输送机械带来的波动。

利用高位槽送料时，高位槽的高度必须能够保证输送任务所要求的流量或压力。

2. 真空抽料

真空抽料是指通过真空系统对目标设备造成的负压来实现流体输送的操作。如图1-2所示（h为高位槽出口与低位槽液面高度差），糖精生产车间将烧碱送到高位槽内，将中间产品甲酯油送往储槽内都是用真空抽送的方法，先将烧碱从碱储槽放入烧碱中间槽内，然后通过调节阀门，利用真空系统产生的真空将烧碱吸入高位槽内。

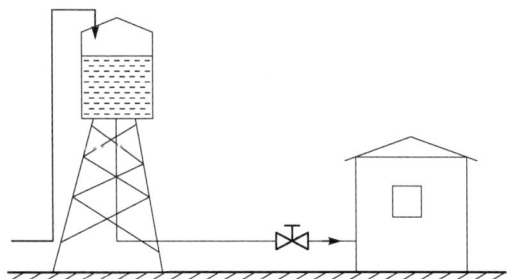

图 1-1　水塔供水示意图　　　　　　　图 1-2　真空抽料示意图

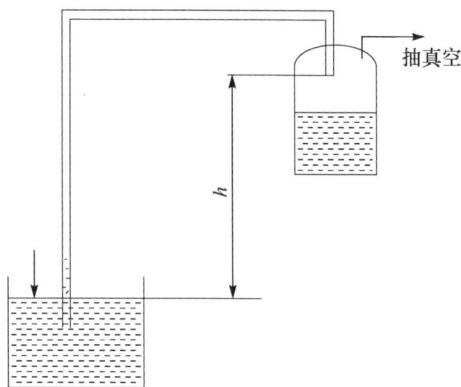

真空抽料是工业生产中常用的一种流体输送方法，其所用设备结构简单、操作方便，没有运动部件，但流量调节不方便，需要真空系统，不适于输送易挥发的液体。真空抽料主要用在间歇送料的场合，在连续真空抽料（如多效并流蒸发中）时，下游设备的真空度必须满足输送任务的流量要求，还要符合工艺生产对压力的要求。在精细化率越来越高的今天，真空抽料的用途越来越广泛。

3. 压缩空气送料

采用压缩空气送料也是工业生产中常用的方法。如图1-3所示（h为高位槽出口与低位槽液面所用的高度差），在压缩空气压力的作用下，将储槽中的液体输送至目标设备。这种输送方法的设备简单，无运动部件，可输送腐蚀性大及易挥发的流体，但流量小且不易调节。由于压缩空气送料在工业中常用来输送盐酸、硫酸等强酸，因此有时也被称为酸蛋送料。

采用压缩空气送料时，空气的压力必须满足输送任务对升扬高度的要求。

4. 流体输送机械送料

流体输送机械送料是指借助流体输送机械对流体做功，实现流体输送的操作，如图 1-4 所示。由于输送机械的类型多，压头及流量较可选范围较宽且易于调节，因此该方法是工业生产中最常见的流体输送方法。

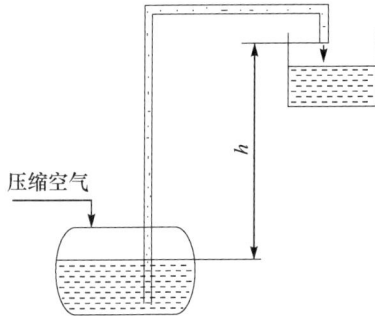

图 1-3　压缩空气送料示意图　　　　图 1-4　流体输送机械送料示意图

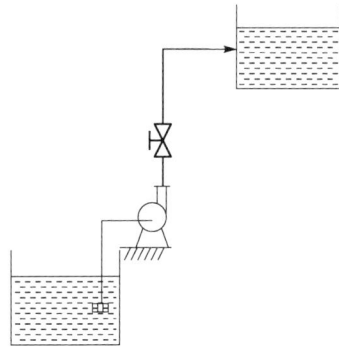

流体输送机械的类型很多，每一种类型的输送机械又有不同的型号。用流体输送机械送料时，流体输送机械的型号必须满足流体性质及输送任务的需要。

通过对以上输送方式的分析可以看出，作为工业生产一线的高素质劳动者，必须认识流体输送中以下几方面的问题。

（1）流体的性质。

（2）流体流动的有关参数。

（3）流体流动的基本规律。

（4）流体流动过程中的能量损失。

（5）工业管路。

（6）输送机械。

1.1.3　流体输送系统概述

从以上流体的输送方式可以看出，一个流体输送系统应该由给流体增加能量的设备和管路系统组成。管路系统是流体输送系统的主体，增加能量的设备是流体输送系统的核心。在不同的流体输送方式中，给流体增加能量的设备有所不同。

在高位槽送料中，液体是依靠高位槽的高度（重力势能）流动到目的地，高位槽中的液体一般是由其他流体输送方式（如流体输送机械——泵）预先送入的，即在高位槽送料方式中给流体增加能量的设备是泵、空气压缩机或真空泵。

在真空抽料中，真空泵对抽料槽抽真空，使抽料槽中的压力降低（液体是靠前后压力差流动的）。显然，在真空抽料中给流体增加能量的设备是真空泵。

在压缩空气送料中，是空气压缩机对酸蛋加压，使液体流向目的地，液体也是靠前后压力差流动的。显然，在压缩空气送料中给流体增加能量的设备是空气压缩机。

在流体输送机械送料中，流体是由流体输送机械直接提供能量流向目的地，即在流体输送机械送料中给流体增加能量的设备是泵（或气体输送中的压缩机、真空泵）。

1.2 流体输送管路

1.2.1 流体输送管路的基本组成

用来输送流体的管路系统简称管路系统，是工业生产过程中不可缺少的设备。流体输送管路系统主要由管子、管件和阀门三部分组成。

流体输送
管路

1.2.2 管子的选用

管子种类繁多，按材料可分为金属管和非金属管两大类。选择管子时，主要从耐压性和耐腐蚀性两个方面考虑，有时还要结合耐高温的要求。

1. 管子的种类

管子是管路系统的主体，工业上根据输送介质的物理、化学性质的不同，采用不同材质的管道来满足生产要求，食品工业中经常使用的管子有以下几种。

1）金属管

（1）铸铁管。铸铁管质地硬脆，不易加工，但对土壤和海水的耐腐蚀性优于钢管，其价格比较便宜，通常用作埋于地下的废水管路，或内衬石墨、树脂等作为自来水管。

（2）钢管。钢管按结构可分为无缝钢管、焊接钢管；按材质可分为不锈钢管、耐酸钢管、碳素钢管。

① 无缝钢管：通过热轧或冷拔的方式生产的钢管，质地均匀，机械强度高。

② 焊接钢管：以热轧板带为原料，通过卷板成型再进行焊接生产的钢管。焊接钢管包括镀锌钢管（白铁管）和不镀锌钢管（黑铁管）两种。

（3）铜管。铜管是一种比较传统但价格较昂贵的管道，它耐用而且施工较为方便。通常情况下，铜管具有较好的耐腐蚀性、导热性，在低温下不变脆，可用作深冷设备换热管。铜具有杀菌作用，经实验测定，置于铜管道中的水 5h 后细菌杀灭率可达 90%。

（4）铝管。铝管的导热性好，适合作换热元件；铝不产生火花，铝管可用于输送易燃、易爆的挥发性介质。纯铝和铝合金的最高工作温度为 150℃。

2）塑料管

常用的塑料管可分为两类：一类是聚烯烃管，包括聚乙烯（PE）管、高密度聚乙烯（HDPE）管、聚丙烯（PP）管、聚丁烯（PB）管；另一类是聚氯乙烯管，包括普通聚氯乙烯（PVC）管、硬质聚氯乙烯（U-PVC）管、过氯化聚氯乙烯（C-PVC）管。

（1）PE 管。PE 管具有优良的电绝缘性、化学稳定性，在室温下，除硝酸外，可耐各种酸、碱、盐的腐蚀。

（2）PP 管。PP 管有三种，分别为嵌段共聚聚丙烯（PP-B）管、改性共聚聚丙烯

（PP-C）管、无规共聚聚丙烯（PP-R）管。PP-C（B）管与 PP-R 管的物理特性基本相似，主要差别为 PP-C（B）管的耐低温性能优于 PP-R 管；PP-R 管的耐高温性能优于 PP-C（B）管。在实际应用中，当介质温度小于等于 5℃时，优先选用 PP-C（B）管；当介质温度大于等于 65℃时，优先选用 PP-R 管；当介质温度处于 5～65℃时，PP-C（B）管与 PP-R 管的使用性能基本一致。

（3）PVC 管。PVC 管具有良好的耐腐蚀性和焊接加工性能，但其耐热性较差，使用温度为-15～60℃，当使用温度超过 60℃时，其强度明显下降。近年发现，PVC 管中含有的化学添加剂酞对人体肾、肝会产生较大影响，因而，大部分情况下，PVC 管适用于电线管道和排污管道。

3）无机非金属管

（1）陶瓷管。陶瓷管的主要原料是黏土、瘠性材料和助熔剂，成型后经高温烧制成表面光滑、断面像细密石质的管子。陶瓷管具有良好的耐腐蚀性，极强的不透性、耐热性和一定的机械强度，但其性脆、导热性差。

（2）玻璃管。工业管道用的是耐热玻璃（硼玻璃或高铝玻璃），具有很好的热稳定性和耐腐蚀性，透明、清洁，流动阻力小，经济性好，但性脆不耐冲击，目前已经成功采用金属管内衬玻璃或玻璃钢加强玻璃管道的方法来弥补其不足。

4）复合材料管

（1）铝塑（或不锈钢）复合管，将金属材料和塑料组合在一起，可充分利用金属良好的力学性能和塑料的防腐性能，保证了管道的安全可靠性。它的优点是质轻、耐用，具有较好的弯曲加工性，施工方便。它的主要缺点是在长期的热胀冷缩作用下管壁材料层易错位而造成渗漏。

（2）不锈钢复合管。不锈钢复合管与铝塑复合管在结构上差不多，在一定程度上，防腐性能也比较相近，但不锈钢复合管比铝塑复合管的强度高。

（3）不透性石墨管。石墨管化学性质稳定，不污染介质，可保证产品的纯度；另外，石墨管还具有导热性和耐热性好的优点，但石墨空隙率较高，具有通透性，机械强度低，这些缺点可以采用树脂对石墨管进行浸渍而得以改善。不透性石墨管的耐腐蚀性取决于浸渍树脂的耐腐蚀性。

2. 管子的选用原则

管子的选用要根据流体的压力、温度、性质、环境条件及卫生要求等进行综合考虑。

（1）输送带压流体时，一般选用金属材料的管子，而对于低压或接近于常压的流体输送则可选用普通级的薄壁金属管或非金属材料的管子。

（2）当需要输送有毒、易燃易爆、强腐蚀性流体或用作高温换热器、蒸发器等设备内部的管子时，可选用无缝钢管。无缝钢管选用普通碳钢、优质碳钢、合金钢、不锈钢等材料，经穿孔热轧（热轧管）和冷拔（冷拔管）制成，管子没有接缝，其特点是质地均匀、机械强度高、壁厚规格齐全，能用于各种温度和压力下的流体输送。

（3）当需要输送水、煤气、暖气、压缩空气、低压蒸气及无腐蚀性的流体时，可选用由低碳钢焊接而成的有缝钢管。有缝钢管分水、煤气钢管和钢板电焊钢管两类。水、煤气钢管的主要特点是易于加工制造、价格低廉，但因为有焊缝而不宜用于压力较高的流体的输送，其工作温度不超过 175℃，工作压力不超过 1569kPa。钢板电焊钢管是由钢板焊接而成的，一般要求在直径相对较大、壁厚相对较小的情况下使用，通常作为无缝钢管的补充。

（4）对于浓硫酸、甲酸、醋酸及二氧化碳等酸性介质的输送管路，可以选用铝管。由于铝制造的管子导热能力强、质量轻，有较好的耐酸性，也可用于制作换热器的列管；小直径铝管可代替铜管输送有压流体。注意：铝管不耐碱，不可用于输送盐酸、碱液及其他含氯离子的化合物；当工作温度超过 160℃时，不宜带压使用，且最高使用温度为 200℃。

（5）埋地的给水总管、煤气管及污水管等，或某些用来输送碱液及浓硫酸的管道可使用铸铁管。铸铁管价廉且耐腐蚀，但强度低，紧密性也差，不能用于输送带压力的蒸气、爆炸性及有毒性的气体。

（6）输送液态食品、饮料的管道可选用食品级不锈钢管，常温下也可选用食品级塑料管。

（7）油压系统、润滑系统、仪表的取压管线、深冷装置管路通常选用铜管或黄铜管。因为铜的伸展性好，易弯曲成形。此外，由于铜的导热性好，适用于制造换热器的管子。

（8）对于低温、低压的某些管道，也可以选用塑料管。塑料管的材料有酚醛塑料、PVC、聚甲基丙烯酸甲酯、增强塑料（玻璃钢）、PE 及聚四氟乙烯等。塑料管的共同优点是耐腐蚀性好、质轻、加工容易，其中，热塑性塑料可任意弯曲或延伸以制成各种形状；缺点是耐热性差、强度低和不耐压。不同材料、质地的塑料管又有各自的优点，其中某些性能优于金属管，具体选用时可根据用途，参阅有关资料合理地选择。食品厂常见的不同介质选用的管子见表 1-1。

表 1-1 管子的选用

介质名称	使用条件	选用管子	备注
蒸气	$p<784.8kPa$	焊接钢管	—
蒸气	$p=883\sim1275.3kPa$	无缝钢管	—
热水、冷凝水	$p<784.8kPa$	焊接钢管	—
压缩空气	$p<588.6kPa$	纯铜管、塑料管	—
压缩空气	$p<784.8kPa$	焊接钢管	DN80mm 以上用无缝钢管
压缩空气	$p>784.8kPa$	无缝钢管	—
给水、煤气	非埋地	镀锌焊接钢管	DN150mm 以上用铸铁管
给水、煤气	埋地	铸铁管	—
排水	非埋地	铸铁管、石棉水泥管	—
排水	埋地	铸铁管、钢筋混凝土管、陶瓷管	—
真空	—	焊接钢管	—
果汁、糖液、奶油	—	不锈钢管、PVC 管	—
盐溶液	—	不锈钢管	—
酸、碱液	$p<588.6kPa$ $T<333K$	陶瓷管、PE 管	—
氨水	—	无缝钢管	—

1.2.3　管件的选用

1. 管件的种类

使管子能够连接、拐弯和分叉的构件通常称为管路附件，简称管件，如短管、肘管、三通管、异径管等。常见的管件如图 1-5 所示。

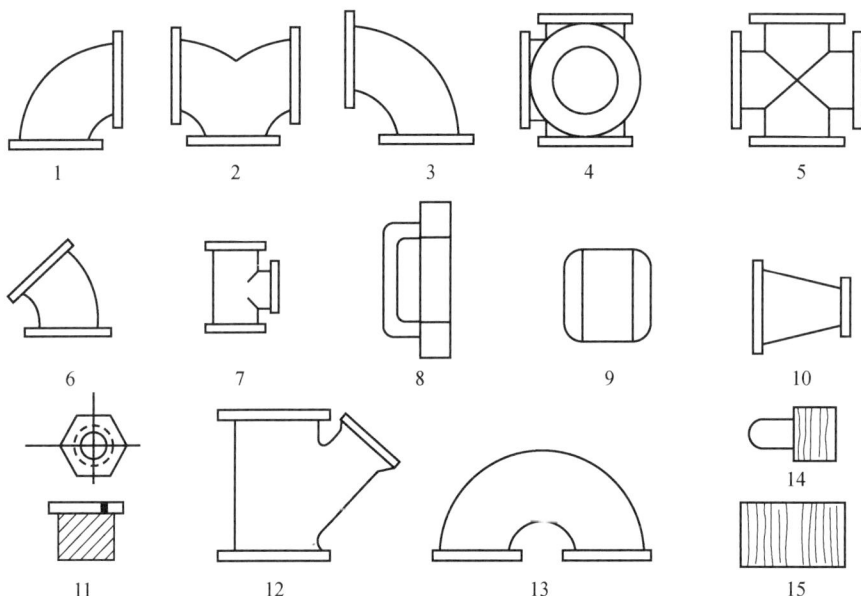

1.90°肘管（或称弯头）；2.双曲肘管；3.长颈肘管；4.偏面四通管；5.四通管；6.45°肘管；

7.三通管；8.管帽；9.束节或内牙管；10.缩小连接管；11.内外牙管；12.Y 型管；

13.回弯头；14.管塞或丝堵；15.外牙管。

图 1-5　常见的管件

2. 管件的选用原则

（1）当改变管路方向时，可选用图 1-5 中的 90°肘管、长颈肘管、45°肘管、回弯头等。

（2）当需要连接管路支管时，可选用图 1-5 中的双曲肘管、偏面四通管、四通管、三通管或 Y 型管等。

（3）当需要将直径不同的管道连接在一起时，可选用图 1-5 中的缩小连接管、内外牙管或 Y 型管等。

（4）当管路需要堵塞时，可选用图 1-5 中的管帽、管塞或丝堵等。

（5）当需要连接直径相同的两管时，可选用图 1-5 中的束节、内牙管或内外牙管等。管件除上述形式外，还有其他多种样式，详细内容可查看有关手册。

1.2.4　阀门的选用

阀门是在管路中用作流量调节、切断或切换管路及对管路起安全、控制作用的部件。根据阀门在管路中的作用不同可分为切断阀、调节阀、节流阀、止回阀、安全阀等；根据阀门的结构形式不同可分为闸阀、截止阀、旋塞、球阀、蝶阀、隔膜阀、衬里阀等；此外，根据制作阀门材料的不同又可分为不锈钢阀、铸铁阀、塑料阀、陶瓷阀等。各种阀门的选用和规格可从有关手册中查到。

1. 常用的阀门

1）闸阀

闸阀也叫闸板阀，其结构如图1-6所示。它是利用阀体内闸门的升降开关管路的。根据密封元件的闸门形式，闸阀可分为楔式闸阀、平行式闸阀、平行双闸板闸阀、楔式双闸板闸阀等。较常用的形式是楔式闸阀和平行式闸阀。图1-6所示为常用的楔形闸阀剖面图。转动手轮时，闸门上升而使流体流过。闸阀形体较大，造价较高。当全开时，流体阻力小，只能用作清洁流体的大型输送管路的开关，不能用于输送有悬浮物液体的管路及控制流量的大小。

2）旋塞

旋塞的结构如图1-7所示。它是利用一个中央穿孔的锥形旋塞来启闭管路或调节流量的，旋塞的开关常用手柄而不用手轮。图1-7显示的是旋塞全关的状态，旋转90°后就是全开的状态。旋塞的优点是结构简单，开关迅速，流体阻力小，可用于输送有悬浮物的液体的管路，但不适用于调节流量，也不宜用于压力较高、温度较高的管路和蒸气管路。

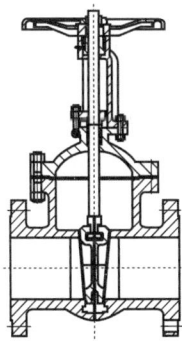

图1-6 闸阀

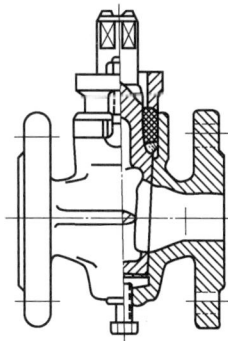

图1-7 旋塞

3）球阀

球阀也叫球芯阀，如图1-8所示。它是利用一个中间开孔的球体作为阀芯，依靠球体的旋转来控制阀门的开关。它和旋塞相仿，但比旋塞的密封面小，只需要旋转90°和很小的转动力矩就能关闭严密。完全水平的阀体内腔为介质提供了阻力很小、直通的流道。球阀的主要特点是结构紧凑，易于操作和维修，适用于水、酸和天然气等一般工作介质，还适用于工作条件恶劣的介质，如氧气、过氧化氢、甲烷和乙烯等。球阀阀体可以是整体的，也可以是组合式的。

在图1-8（a）为手动带法兰的球阀实物图，图1-8（b）为螺纹连接球阀的剖视图。

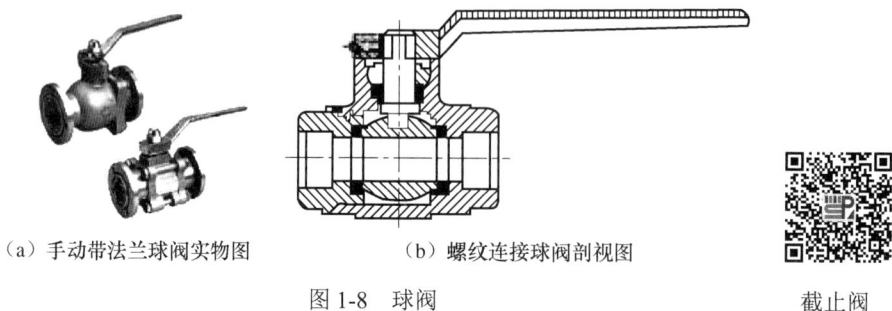

（a）手动带法兰球阀实物图　　　　（b）螺纹连接球阀剖视图

图 1-8　球阀　　　　　　　　　　　截止阀

4）截止阀

截止阀的结构如图 1-9 所示。截止阀的阀杆轴线与阀座密封面垂直，利用圆形阀盘在阀杆上的升降，改变其与阀座间的距离，以开关管路和调节流量。图 1-9 中阀盘位置表示全关的状态。截止阀一旦处于开启状态，它的阀座和阀瓣密封面之间就不再有接触，因而它的密封面的机械磨损较小，由于大部分截止阀的阀座和阀瓣比较容易修理或更换，密封元件时无须把整个阀门从管线上拆下，这对于阀门和管线焊接成一体的场合是很适用的。用截止阀调节流量比较可靠，但流体阻力比闸阀大得多，也不适用于有悬浮物的流体管路。截止阀一般用于管路的流量调节，也可用作管路介质的切断或接通阀。安装时要注意流体的流动方向，应该是从下向上通过阀座（俗称低进高出）。图 1-9（a）为利用螺纹与管道连接的截止阀，图 1-9（b）为利用法兰与管道连接的截止阀，图 1-9（c）为（b）的剖视图。

5）节流阀

节流阀类似于截止阀，其结构如图 1-10 所示，所不同的是节流阀的阀座口径小，且用一个圆锥型或流线型的阀头代替图 1-9 中的圆形阀盘，这样可以较好地控制、调节流体的流量，或进行节流调压等。该阀制作精度要求较高，密封性能好，主要用于仪表、控制及取样等管路，不宜用于黏度大和含固体颗粒介质的管路。节流阀和截止阀一样，安装时也要注意流体的流动方向，应该通过阀座低进高出。

6）自动调节阀

根据调节阀中改变阀门、阀瓣与阀座间的流通面积的原理不同，可将调节阀分为手动调节阀和自动调节阀两类。截止阀、节流阀均是手动调节阀。

自动调节阀又称自动控制阀，用于气体、液体及蒸气介质减压稳压或泄压稳压的自动控制。图 1-11（a）所示为工厂常用的 ZZY 型自驱式压力调节阀。自动调节阀可分为自驱式调节阀和他驱式调节阀两类。

依靠介质本身动力驱动的称为自驱式调节阀，如减压阀、稳压阀及安全阀。这种调节阀无须外加能量，利用被调介质自身能量为动力源引入执行机构控制阀芯位置，改变两端的压差和流量，使阀前（或阀后）压力稳定，具有动作灵敏、密封性好、压力设定点波动小等优点。

依靠外加动力驱动的（如电力、压缩空气和液动力）称为他驱式调节阀，如气动调节阀［图 1-11（b）］、电动调节阀［图 1-11（c）］和液动调节阀等。

（a）利用螺纹与管道连接的截止阀

（b）利用法兰与管道
连接的截止阀外形图

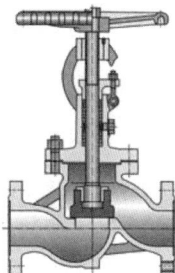

（c）利用法兰与管道
连接的截止阀的剖视图

图 1-9 截止阀

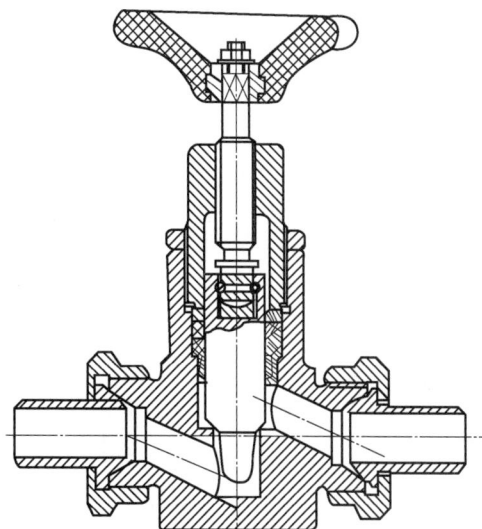

图 1-10 节流阀

（a）ZZY型自驱式
压力调节阀

（b）气动调节阀

（c）电动调节阀

图 1-11 调节阀

7）隔膜阀

这种阀门的启闭密封由一块特制的橡胶膜片实现，膜片夹在阀体与阀盖之间，如图 1-12 所示。一个弹性的、可扰的膜片用螺栓连接在压缩件上，压缩件是由阀杆操作而上下移动的，当压缩件上升时，膜片高举，形成通路；当压缩件下降时，膜片压在阀体堰上（堰式）或压在轮廓的底部（直通式），实现密封。在管路中，此阀的操作机构不暴露在被输送流体中，故不具有污染性，也不需要填料，阀杆填料部也不可能泄漏，因此特别适用于输送有腐蚀性、有黏性的流体，如泥浆、食品、药品、纤维性黏合液等。此外，这种阀门结构简单，密封可靠，便于检修，流体阻力小。因此，一般在输送酸性介质的管路中作开关及调节流量之用，但不宜在较高压力的管路中使用。

图 1-12 隔膜阀

8）安全阀

安全阀是用来防止管路中的压力超过规定指标的装置。当工作压力超过规定值时，阀门可自动开启，以排出多余的流体达到泄压目的；当压力复原后，又自动关闭，用以保证生产的安全。安全阀可分为弹簧式和重锤式两种类型。弹簧式安全阀如图1-13所示，图1-13（a）为外形图，图1-13（b）为剖视图，其主要依靠弹簧的作用力达到密封目的。当管内压力超过弹簧的弹力时，阀门被介质顶开，管内流体排出，使压力降低。一旦管内压力降到与弹簧压力平衡时，阀门重新关闭。重锤式安全阀如图1-14所示，其主要靠杠杆上重锤的作用力来达到密封目的，其作用过程同弹簧式安全阀，不再赘述。

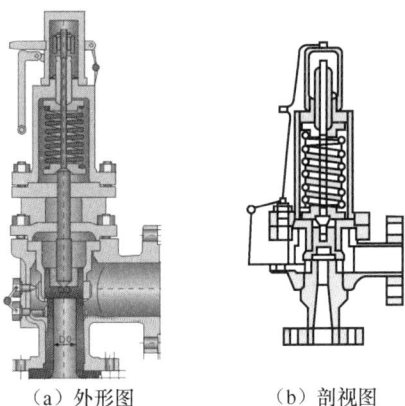

（a）外形图　　　　（b）剖视图

图1-13　弹簧式安全阀

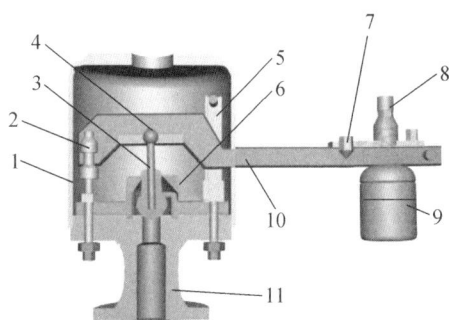

1. 阀罩；2. 支点；3. 阀杆；4. 力点；5. 导架；6. 阀芯；7. 调整螺钉；8. 固定螺钉；9. 重锤；10. 杠杆；11. 阀体。

图1-14　重锤式安全阀

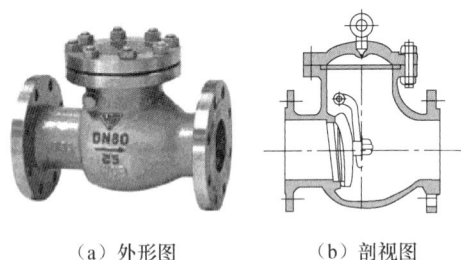

（a）外形图　　　　（b）剖视图

图1-15　旋启式止回阀

9）止回阀

止回阀又称单向阀，其作用是只允许介质向一个方向流动。流体反方向流动时，由于流体压力和阀瓣的自重，阀瓣与阀座闭合，从而切断流体。止回阀按结构不同，分为旋启式和升降式两类。旋启式止回阀有一个铰链机构，还有一个像门一样的阀瓣自由地靠在倾斜的阀座表面上，如图1-15所示。

为了确保阀瓣每次都能到达阀座密封面的合适位置，阀瓣设有铰链机构，以便阀瓣具有足够的旋启空间，并使阀瓣真正地、全面地与阀座接触。阀瓣可以全部用金属制成，也可以在金属上镶嵌皮革、橡胶，或者采用合成覆盖面，这取决于使用性能的要求。旋启式止回阀在完全打开的状况下，流体流动几乎不受阻碍，因此通过阀门的压力降相对较小。旋启式止回阀一般安装在水平管道上。

升降式止回阀的阀瓣位于阀体上阀座密封面上。此阀门除了阀瓣可以自由地升降之外，其余部分与截止阀一样，流体压力使阀瓣从阀座密封面上抬起，介质回流导致阀瓣回落到阀座上，并切断流动。根据使用条件，阀瓣可以是全金属结构，也可以是在阀瓣架上镶嵌橡胶垫或橡胶环的形式。与截止阀一样，流体通过升降式止回阀的管道也是狭窄的,因此通过升降式止回阀的压力降比旋启式止回阀大些。升降式止回阀分为水平管路和垂直管路使用两种。图 1-16 所示为用于水平管路的升降式止回阀,图 1-17 所示为用于垂直管路的升降式止回阀。止回阀一般适用于清净介质的管路,含有固体颗粒和黏度较大的介质管路不宜采用。

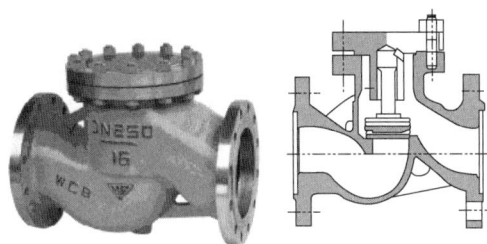

| （a）外形图 （b）剖视图 | （a）外形图 （b）剖视图 |
| 图 1-16 水平管路中使用的升降式止回阀 | 图 1-17 垂直管路中使用的升降式止回阀 |

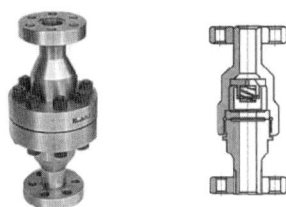

10）疏水阀

疏水阀又称冷凝水排除阀,俗名疏水器,用于蒸汽管路中排放冷凝水,还可以阻止蒸汽泄漏。疏水阀的种类很多,目前广泛使用的是自由浮球式和热动力式两类。

自由浮球式蒸汽疏水阀结构简单,如图 1-18 所示。内部只有一个精细研磨的不锈钢空心浮球,既是浮子又是启闭件,无易损零件,使用寿命长。装置刚启动时,管道内出现空气和低温冷凝水,手动排空气阀能迅速排出不凝结气体。疏水阀开始进入工作状态时,低温冷凝水流进疏水阀,凝结水的液位上升,浮球上升,开启阀门。装置很快提升温度,管道内温度上升至饱和温度之前,自动排空气阀已经关闭;装置进入正常运行状况,凝结水减少,液位下降,浮球可随液位升降调节阀孔流量;当凝结水停止进入时,浮球随介质流向逼近阀座,即关闭阀门。

热动力式疏水阀如图 1-19 所示,温度较低的冷凝水在热蒸汽压力的推动下流入图中的通道 1,将阀门顶开,由排水孔 2 流出。当冷凝水排尽后,排出部分蒸汽,使温度升高,促使阀片上方的背压升高。同时蒸汽高速流过阀片与底座之间的环隙造成减压,阀片则因自身重力及上下压差而下落,于是切断了进出口之间的通道。经过片刻后,由于疏水阀向周围环境散热,使阀片上背压室内的蒸汽部分冷凝而使背压下降,于是阀片又重新开启,实现周期性排水。如此循环实现排水阻气。

2. 阀门的选用原则

（1）在输送管路中,用于截断或接通介质流体时可选用截断阀,包括闸阀、截止阀、球阀、旋塞、蝶阀、隔膜阀等。对于大型管路的开关,可选用闸阀;对于小型管路的开关,可选用旋塞阀或球阀。

（2）在输送管路中,需要对介质的流量、压力进行调节时,可选用各种自动或手动调节阀。

（3）对于腐蚀性流体输送管路系统的启闭与流量调节,可选用隔膜阀。

（4）对于介质超压时的安全保护作用,可选用安全阀。

（a）外形图　　　　　（b）剖视图

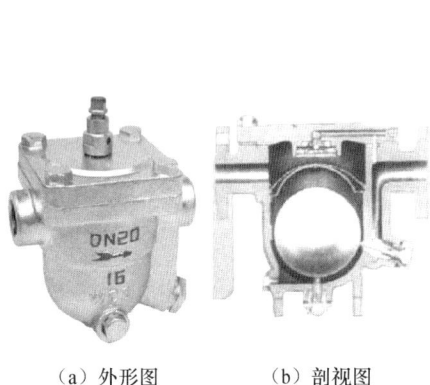

图 1-18　自由浮球式蒸汽疏水阀

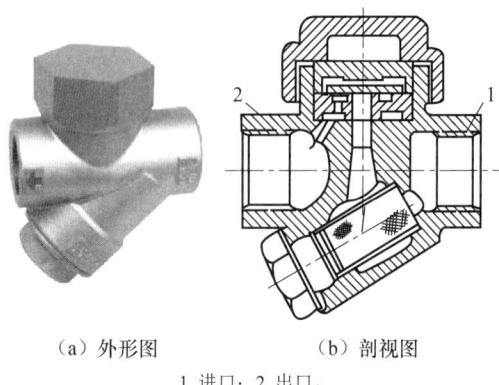

（a）外形图　　　　　（b）剖视图

1. 进口；2. 出口。

图 1-19　热动力式（Y 型）疏水阀

（5）当管路系统中必须阻止介质倒流时，应设置止回阀。

（6）用于分离、分配混合介质时，可选用分流阀，如疏水阀。

1.2.5　管径的确定

1. 管子、管件和阀门的标准

各种管件、阀门在与管子连接时必须规格相当。工程上，为了便于管路的设计和安装，降低工厂管路的设备费用，减少企业自备仓库中管子、管件的贮备量，方便损坏管子、管件的更换，管子、管件和阀门的生产厂家都是按照国家制定的有关标准进行批量生产的，设计和使用单位只需按标准选用即可。

1）公称压力

公称压力一般是指管路内工作介质的温度在 0～120℃的最高允许工作压力。公称压力用符号 PN 表示，其后附加压力数值，单位是 Pa。管路的最大工作压力应等于或小于公称压力，由于管材机械强度随温度的升高而下降，因此最大工作压力也随介质的温度升高而减小。表 1-2 为管子、管件的公称压力标准。表 1-3 为碳钢管子、管件的公称压力和不同温度下的最大工作压力。

表 1-2　管子、管件的公称压力标准　　　　　　　　单位：MPa

0.05	2.00	20.00	100.00
0.10	2.50	25.00	125.00
0.25	4.00	28.00	160.00
0.40	5.00	32.00	200.00
0.60	6.30	42.00	250.00
0.80	10.00	50.00	335.00
1.00	15.00	63.00	—
1.60	16.00	80.00	—

表1-3 碳钢管子、管件的公称压力和不同温度下的最大工作压力

PN/MPa	试验压力（用低于100℃的水）/MPa	不同介质工作温度下的最大工作压力/MPa						
		200℃	250℃	300℃	350℃	400℃	425℃	450℃
0.10	0.20	0.10	0.10	0.10	0.07	0.06	0.06	0.05
0.25	0.40	0.25	0.23.	0.20	0.18	0.16	0.14	0.11
0.40	0.60	0.40	0.37.	0.33	0.29	0.26	0.23	0.18
0.60	0.90	0.60	0.55	0.50	0.44	0.38	0.35	0.27
1.00	1.50	1.00	0.92	0.82	0.73	0.64	0.58	0.45
1.60	2.40	1.60	1.50	1.30	1.20	1.00	0.90	0.70
2.50	3.80	2.50	2.30	2.00	1.80	1.60	1.40	1.10
4.00	6.00	4.00	3.70	3.30	3.00	2.80	2.30	1.80
6.40	9.60	6.40	5.90	5.20	4.70	4.10	3.70	2.90
10.00	15.00	10.00	—	8.20	7.20	6.40	5.80	4.50
16.00	24.00	16.00	14.70	13.10	11.70	10.20	9.30	7.20
20.00	30.00	20.00	18.40	16.40	14.60	12.80	11.60	9.00
25.00	35.00	25.00	23.00	20.50	18.20	16.00	14.50	11.20
32.00	43.00	32.00	29.40	26.20	23.40	20.50	18.50	14.40
40.00	52.00	40.00	36.80	32.80	29.20	25.60	23.20	18.00
50.00	62.50	50.00	46.00	41.00	36.50	32.00	29.00	22.50

2）公称直径

公称直径用字母 DN 表示，其后附加公称直径的尺寸，单位是 mm。例如，公称直径为 300mm 的管子，用 DN300 表示。公称直径既不是外径，也不是内径，其数值只是接近于内径或外径的整数。

管子规格可以以管子的外径为标准，也可以以管子的内径为标准。以外径为标准的管子规格中，其外径一定，管子的内径随管壁的厚度不同而略有差异，如外径为 57mm、壁厚 3.5mm 和外径为 57mm、壁厚 5mm 的无缝钢管，都称为 DN50 的钢管，但它们的内径分别为 50mm 和 47mm。

有缝钢管、无缝钢管、铜管和黄铜管的管子规格都是以外径为标准，一般用公称直径表示（应注明是普通级还是加强级）。例如，DN100 有缝钢管（普通级），其外径为 114mm、壁厚 4mm，该管在工程图样上的尺寸标注为 ϕ114mm×4mm；DN100 有缝钢管（加强级），其外径是 114mm、壁厚 5mm，该管在工程图样上的尺寸标注则为 ϕ114mm×5mm。

由此可见，同一公称直径的钢管、铜管具有相同的外径，内径随壁厚不同而不同。

铅管、铸铁管和水泥管的管子规格则以内径为标准，它们的尺寸标注以 ϕ 内径×壁厚的形式表示。例如，公称直径为 100mm 的低压铸铁管，可标注为 ϕ100mm×9mm。

管子、管件的公称直径表见表 1-4。

表 1-4　管子、管件的公称直径表　　　　　单位：mm

1	32	250	1100	2800
2	40	300	1200	3000
3	50	350	1300	3200
4	65	400	1400	3400
5	80	450	1500	3600
6	100	500	1600	3800
8	125	600	1800	4000
10	150	700	2000	—
16	175	800	2200	—
20	200	900	2400	—
25	225	1000	2600	—

管路的各种附件和阀门的公称直径，一般都等于它们的实际内径。

工程上，必须根据所输送流体的性质、温度及压力来选择管子的类型和管子的材料，根据流体的输送量的大小来确定管路的规格尺寸。根据生产工艺的控制要求来选择合适的阀门。

2. 管子直径的确定

输送管路的直径 d（内径）与流量 V_s 和流速 u 有关：

$$d = \sqrt{\frac{4V_s}{\pi u}} \tag{1-1}$$

式中，V_s——被输送流体的体积流量，m^3/s；

u——流体在管内的平均流速，m/s。

1）流量

体积流量是单位时间内流体流过管道截面的体积。在实际生产中，当生产任务确定时，被输送流体的体积流量 V_s 为常数。工厂的生产任务常常不是以体积流量的形式出现，而是以单位时间内输送流体的质量——质量流量 W_s 的形式出现，因而质量流量与体积流量的换算关系如下：

$$V_s = \frac{W_s}{\rho} = \frac{W_h/3600}{\rho} \tag{1-2}$$

式中，V_s——每秒输送的流体的体积，m^3/s；

W_s——每秒输送的流体的质量，kg/s；

W_h——每小时输送的流体的质量，kg/h；

ρ——被输送流体的密度，kg/m^3。

流体的密度是一个重要的物理性质参数，作为技术人员必须掌握密度数据的确定方法及其影响因素。

对于液体，液体的密度随温度的变化较明显，随压力的变化较小，可以忽略不计。温度升高，绝大多数液体的密度是减小的。纯组分液体密度 ρ 可根据输送时的操作温度从物理性质手册查得；对于混合液体，若各纯组分混合成混合物时混合前后无体积变化，则其密度可由各纯组分的密度按式（1-3）计算：

$$\frac{1}{\rho_m} = \frac{x_{w1}}{\rho_1} + \frac{x_{w2}}{\rho_2} + \frac{x_{w3}}{\rho_3} + \cdots + \frac{x_{wn}}{\rho_n} = \sum_{i=1}^{n} \frac{x_{wi}}{\rho_i} \tag{1-3}$$

式中，ρ_m——混合液的平均密度；

ρ_i——纯 i 组分在输送温度下的密度；

x_{wi}——混合液中 i 组分的质量分数。

对于气体，由于气体是可压缩性流体，其密度不仅与温度有关，还与其操作压力有关，其密度可由式（1-4）计算：

$$\rho = \frac{pM}{RT} = \frac{M}{22.4} \cdot \frac{T^{\circ} p}{T p^{\circ}} \tag{1-4}$$

式中，p——气体的绝对压力，Pa；

T——气体的温度，K；

M——气体的摩尔质量，kg/mol；

R——通用气体常数，8.314kJ/（kmol·K）；

T°——标准状态的温度，273K；

p°——标准状态的压力，101.3kPa。

如果是气体混合物，式（1-4）中的 M 可用气体混合物的平均摩尔质量 M_m 代替，平均摩尔质量可由式（1-5）计算：

$$M_m = M_1 y_1 + M_2 y_2 + M_3 y_3 + \cdots + M_n y_n = \sum_{i=1}^{n} M_i y_i \tag{1-5}$$

式中，$M_1, M_2, \cdots, M_n$——构成气体混合物的各纯组分的摩尔质量，kg/mol；

$y_1, y_2, \cdots, y_n$——气体混合物中各组分的摩尔分数或体积分数。

2）流速

流速是单位时间内流体在流动方向上所流经的距离。实验证明，由于流体具有黏性，流体流经管道任一截面上各点的速率是沿半径而变化的。工程上为计算方便，通常用整个管截面上的各点的平均流速来表示流体在管道中的流速，用符号 u 表示，单位为 m/s。

$$u = \frac{V_s}{A} \tag{1-6}$$

式中，u——流体的平均流速，m/s；

A——管道的截面积，m^2。

由于气体的体积流量随压力和温度的变化而变化，其平均流速也随之变化，但流体的质量流量是不变的。如果用质量流量代替式（1-6）中的体积流量，其计算结果也不随压力和温度改变，我们将这样计算的"流速"称为质量流速，以符号 G 表示。质量流速的物理意义为单位时间内流经管道单位截面积的流体质量，单位为 $kg/(m^2 \cdot s)$。显然，对于气体，采用质量流速计算较为方便。

质量流速与质量流量及流速之间的关系为

$$G = \frac{W_s}{A} = \frac{V_s \rho}{A} = u\rho \tag{1-7}$$

3）管径确定的意义和步骤

（1）合理确定管径的意义。当生产任务一定时，即被输送流体的体积流量 V_s 一定时，管道直径 d 减小，可使设备投资减小，这是有利的一面，但管径小会使流体在管子中的流速 u 提高，增大管路系统中流体的流动阻力，使输送流体所需的动力消耗增加，从而提高了操作费用。综合考虑投资费用和操作费用，流体在管道中输送应存在一个经济的适宜流速。

适宜流速是指使管路系统的操作费用和设备折旧费用之和为最小时的流速。工程上的最适宜流速通常是由经济核算决定的。

设计时通常可根据适宜流速范围的经验数据选用。例如，水及低黏度液体的适宜流速范围为 1.5～3.0m/s，一般常用气体的流速为 10～20m/s，而饱和水蒸气的流速为 20～40m/s。某些液体在管道中的常用流速范围，可参阅有关手册。

（2）管径的确定步骤。

① 根据流体的种类、性质、压力等在适宜流速范围内，选取一个适宜的流速。

② 将所选取的流速代入式（1-1）中计算管径 d。

③ 由计算出的 d 选择管子规格。

④ 校核流速是否在适宜流速范围内。

【例 1-1】 某车间用水量为 20m³/h，试选择合适的管子作为输送管道。

解：依题意根据式（1-1），有

$$d = \sqrt{\frac{4V_s}{\pi u}}$$

水在管内的流速取 u=2.0m/s，则

$$d = \sqrt{\frac{4V_s}{\pi u}} = \sqrt{\frac{4 \times 20/3600}{3.14 \times 2.0}} \approx 0.059（m）=59（mm）$$

由于是向车间送水，故可选用镀锌管，参照镀锌管规格选用 ϕ65mm×3mm（即管外径为 65mm，壁厚 3mm）的镀锌管，其内径为 d=65-2×3=59（mm）=0.059（m）。

水在管内的实际流速为

$$u' = \frac{V_s}{A} = \frac{V_s}{\frac{\pi}{4}d^2} = \frac{20/3600}{0.785 \times 0.059^2} \approx 2.0（m/s）$$

水的实际流速在适宜流速范围之内，说明所选管子规格适宜。

【例 1-2】 某工厂要求安装一根输气量为 840kg/h 的空气输送管道，已知输送压力

为 202.66kPa（绝对压力），温度为 100℃，试确定合适的管子（空气的摩尔质量为 29g/mol）。

解：由式（1-4），实际操作状态下空气的密度为

$$\rho = \frac{29}{22.4} \times \frac{273}{273+100} \times \frac{202.66}{101.3}$$

$$\approx 1.896 \, (\text{kg/m}^3)$$

或

$$\rho = \frac{pM}{RT} = \frac{202.66 \times 29}{8.314 \times (273+100)}$$

$$\approx 1.895 \, (\text{kg/m}^3)$$

空气的质量流量为

$$W_s = \frac{840}{3600} \approx 0.233 \, (\text{kg/s})$$

空气的体积流量为

$$V_s = \frac{\dfrac{840}{3600}}{1.896} \approx 0.123 \, (\text{m}^3/\text{s})$$

空气在钢管内的流速取 u=15m/s，则

$$d = \sqrt{\frac{4V_s}{\pi u}} = \sqrt{\frac{4 \times 0.123}{3.14 \times 15}} \approx 0.102 \, (\text{m}) \approx 100 \, (\text{mm})$$

由于输送的是压缩空气，其压力小于 784.8kPa，故选用焊接钢管，参照焊接钢管规格，确定选用的规格为ϕ108mm×4mm 的焊接钢管，其内径为 d=108-2×4=100（mm）=0.1（m）。

校核空气在管内的实际流速为

$$u' = \frac{V_s}{A} = \frac{0.123}{\dfrac{\pi}{4} \times 0.1^2} \approx 15.7 \, (\text{m/s})$$

实际流速在空气的适宜流速范围之内，说明所选管子规格适宜。

1.2.6 流体输送管路的工程安装

1. 管路的连接

管路的连接包括管子与管子、管子与各种管件、阀门及设备接口等处的连接，目前普遍采用的方式有承插式连接、螺纹连接、法兰连接及焊接等。

1）承插式连接

铸铁管、耐酸陶瓷管、水泥管常用承插式连接，如图 1-20 所示。管子的一头扩大呈钟形，使一根管子的平头可以插入。环隙内通常先填塞麻丝或棉绳，然后塞入水泥、沥青等胶合剂。它的

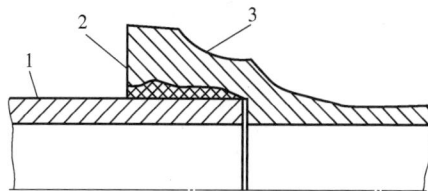

1. 管尾；2. 密封材料；3. 承插口。

图 1-20 承插式连接

优点是安装方便，允许两管中心线有较大的偏差，缺点是难于拆除、高压时密封不可靠。

2）螺纹连接

小直径的水管、压缩空气管路、煤气管路及低压蒸气管路常用螺纹连接。螺纹连接是利用带螺纹管件，如管箍（图 1-21）、外牙管、活络管接头（图 1-22）等，依靠螺纹将被连接的两根管子连接起来。安装时，首先在被连接的管端制作螺纹：用内牙管和管箍连接时，在管端制作外螺纹；用外牙管连接时，在管端制作内螺纹；用活络管接头连接时，制作长的内螺纹和短的外螺纹。为了保证连接处的密封，安装时常在螺纹上涂抹密封胶或缠绕密封材料（如麻绳或止漏带）。

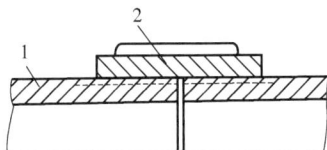

1. 管子；2. 管箍。

图 1-21　管箍

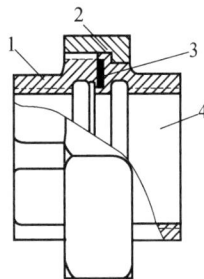

1、4. 带外螺纹的管节；2. 活套节；3. 垫片。

图 1-22　活络管接头

3）法兰连接

当两根管子的连接需要经常拆开且管子较粗时，最常用的连接方式是法兰连接，如图 1-23 所示。铸铁管法兰是与管身同时铸成的。钢管的法兰可用焊接法固定在钢管上，也可以用螺纹连接在钢管上。图 1-24 所示为普通钢管的搭接式法兰与对焊法兰。安装时，在两个法兰之间放置密封垫圈。垫圈的材料有石棉板、橡胶、软金属等，随介质的温度、压力而定。对于压力 p 小于等于 392kPa（表压）、温度不超过 120℃的水和无腐蚀性的气体和液体，可用大麻和浸过油的厚纸板作垫圈材料；对于温度在 450℃以下和压力在 4900kPa（表压）以下的水蒸气管可用石棉板作垫圈材料；高压管道的密封则用软金属垫圈，常用的有铝、铜、不锈钢等。法兰连接的优点是装拆方便，密封可靠，适用的压力、温度与管径范围很大；缺点是费用较高。

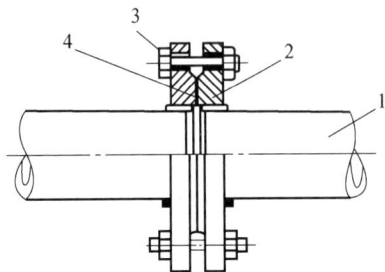

1. 管子；2. 法兰盘；3. 螺栓螺母；4. 垫片。

图 1-23　管路的法兰连接

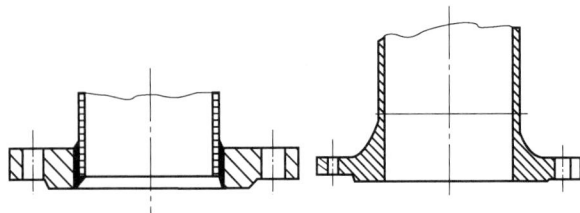

（a）搭接式法兰　　（b）对焊法兰

图 1-24　法兰与管道的固定

4）焊接

对于不需要拆卸的管路，一般采用焊接法连接。焊接连接可靠且经济方便，无论是钢管、有色金属管、聚氯乙烯等塑料管均可采用焊接，故焊接连接应用广泛，且特别适宜于长管路。对需要经常拆卸的管路和对焊缝有腐蚀性的物料管路，以及不允许在有明火的车间中安装的管路，不得使用焊接。

2. 管路的热补偿

由于管路两端固定，当温度变化较大时，就会因热胀冷缩而产生拉伸或压缩变形，严重时可使管子弯曲、断裂或接头松脱。因此，承受温度变化较大的管路，要采用热膨胀补偿装置。一般温度变化在 32℃ 以上，便要考虑热补偿。常用的补偿器有凸面补偿器和回折管补偿器两种。

1）凸面补偿器

凸面补偿器可以用钢、铜、铝等韧性金属薄板制成，其形状如图 1-25 所示。管路伸缩时，凸出部分发生变形而进行补偿。此种补偿器只适用于低压气体管路（由真空到表压为 196kPa）。

2）回折管补偿器

回折管补偿器的形状如图 1-26 所示。此种补偿器制造简便，补偿能力大，应用最广。回折管可以是外表光滑的，如图 1-26（a）所示；也可以是有褶皱的，如图 1-26（b）所示。前者用于管径小于 250mm 的管路，后者用于管径大于 250mm 的管路。回折管与直管之间可以用法兰连接，也可以用焊接方式连接。

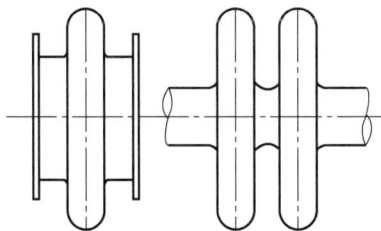

（a）单凸面补偿器　（b）双凸面补偿器　　　　（a）外表光滑　（b）外表褶皱

图 1-25　凸面补偿器　　　　　　　　图 1-26　回折管补偿器

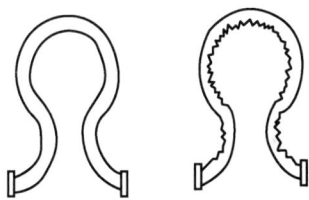

由于管路转弯处有自动补偿能力，只要两个固定点位置设计合理，便可不用补偿器。

3. 管路布置与安装的原则

在管路布置及安装时，首先，必须考虑工艺要求，如生产的特点、设备的布置、物料特性及建筑物结构等因素；其次，必须考虑尽可能减少基建费用和操作费用；另外，还需考虑安装、检修、操作的方便和安全。因此，布置和安装管路应遵守以下原则。

（1）布置管路时，应对车间所有管路（包括生产系统管路，辅助系统管路，电缆、照明、仪表管路，采暖通风管路等）进行全方位规划，各就其位。

（2）为了节约基建费用，便于安装和检修及操作安全，管路铺设应尽可能采取明线

（除下水道、上水总管和煤气总管外）。

（3）各种管路应尽可能平行铺设，便于共用管架；要尽量走直线，少拐弯，少交叉，以节约管材，减小阻力，同时力求做到整齐美观。

（4）管路应尽可能沿厂房墙壁安装，管架可以固定在墙上，或沿天花板及平台安装。露天放置的生产装置，管路可沿挂架或吊架安装。为了便于安装和检修，管与墙壁、柱边或管架支柱之间的净空距离不小于 100mm，管路之间也应留有足够的距离。

（5）为了便于安装、操作、巡查和检修，并列管路上的管件和阀门应错开安装。在并列管路上安装手轮操作的阀门时，手轮间距约 100mm。

（6）为了防止滴漏，对于不需拆修的管路，通常都用焊接；在需要拆卸的管路中，适当配置一些法兰和活接管。

（7）管路应集中铺设，当穿过墙壁或楼板时，墙壁或楼板上应开预留孔，管外最好加套管，套管与管子之间的环隙内应充满填料。

（8）管路离地的高度，以便于检修为准，但通过人行道时，不得小于 2m；通过公路时，不得小于 4.5m；与铁轨面净距离不得小于 6m；通过主要交通干线时，一般离地高度为 5m。

（9）长管路要有支承，以免弯曲存液及受振动，跨距应按设计规范或计算确定。管路的坡度，对气体和易流动的液体为 0.3%～0.5%，对含固体结晶或粒度较大的物料为 1%或大于 1%。

（10）一般上下水管及废水管适宜埋地铺设，对于埋地管路的安装深度，在冬季结冰地区，应在当地冰冻线以下。

（11）输送腐蚀性流体管路的法兰不得位于通道的上空，以免发生滴漏时影响安全。

（12）输送易爆、易燃物料（如醇类、醚类、液体烃类等）时，因它们在管路中流动易产生静电，使管路变为带电体，为防止静电积聚，必须将管路可靠接地。

（13）蒸汽管路上，每隔一定距离，应装置冷凝水排除器（疏水器）。

（14）平行管路的排列应考虑管路的相互影响。在垂直方向上，输气管路在上，输液管路在下；热介质管路在上，冷介质管路在下；高压管路在上，低压管路在下；无腐蚀性介质管路在上，有腐蚀性介质管路在下。在水平方向上，高压管路靠近墙柱，低压管路在外；不常检修的靠墙柱，检修频繁的在外；振动大的要靠管架支柱或墙。

（15）管路安装完毕后，应按规定进行试压和试漏。未经试验合格，焊缝及连接处不得涂漆及安装保温材料。管路在开工前须用压缩空气或惰性气体进行吹扫。

（16）对于各种非金属管路及特殊介质管路的布置和安装，还应考虑一些特殊问题，如塑料管应避开热的管路，氧气管路在安装前应进行脱油处理等。

1.3 流体在管路中流动的基本规律

水往低处流，是司空见惯的现象，流体在管道中流动时也只能由高能点向低能点流动。要实现流体从一处向另一处流动，实际生产中的具体做法如下：增加起点处的机械能，减小终点处的机械能和在两处之间利用外功向流体输入机械能等。

采用什么方式进行输送要根据生产要求、物料的特点、工艺条件等综合考虑。起点和终点需要多大的能量差，才可满足输送要求，这需要根据流量和流动过程的能量损失来确定。这就要求我们首先要掌握流体流动时的基本规律。

流体在管路中流动的基本规律

1.3.1　稳定流动与不稳定流动

流体在管道中流动时，任一截面处的流速、流量和压力等有关物理参数仅随位置改变，而不随时间改变，这种流动称为稳定流动。稳定流动时系统内没有质量的积累。

流体流动时，流动系统的任一截面处的流速、流量和压力等物理参数不仅随位置变化，而且随时间变化，这种流动称为不稳定流动。在连续生产过程中的流体流动一般可视为稳定流动。但是在设备开车、调节或停车时会造成暂时的不稳定流动。本章着重讨论稳定流动问题。

1.3.2　流体在管道中稳定流动时流速的变化规律

图 1-27 所示为一流体做稳定流动的管路，流体充满整个管道，流入 1—1′截面的流体的质量流量为 W_{s1}，流出 2—2′截面的质量流量为 W_{s2}，以 1—1′和 2—2′截面间的管段为衡算系统。由于稳定条件下系统内应无质量积累，因此输入的质量应等于输出的质量，即

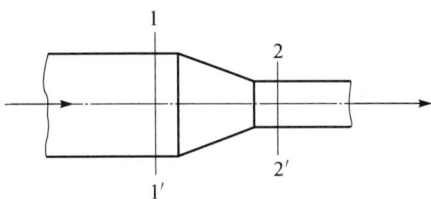

图 1-27　流体流动的连续性

$$W_{s1}=W_{s2} \tag{1-8}$$

$$\rho_1 A_1 u_1=\rho_2 A_2 u_2 \tag{1-9}$$

若将式（1-9）推广到管道的任一截面，即

$$\rho_1 A_1 u_1=\rho_2 A_2 u_2=\cdots=\rho_i A_i u_i=常数 \tag{1-10}$$

式（1-9）和式（1-10）都称为流体在管道中做稳定流动的连续性方程式。该方程式表示在稳定流动系统中，各截面的流体流速随管道截面积 A 的不同和流体密度 ρ 的不同而变化，故该方程式反映了管道截面上流速的变化规律。

对于不可压缩性流体（液体），密度ρ为常数，连续性方程式可写为

$$A_1 u_1=A_2 u_2=\cdots=A_i u_i=V_s=常数 \tag{1-11}$$

式（1-11）说明不可压缩性流体在稳定流动系统中，流体流速与管道的截面积成反比，截面积越小，流速越大；反之，截面积越大，流速越小。

对于圆形管道，因 $A_1=\dfrac{\pi}{4}d_1^2$ 及 $A_2=\dfrac{\pi}{4}d_2^2$（d_1 及 d_2 分别为 1—1′截面和 2—2′截面处的管内径），式（1-11）可写成：$\dfrac{\pi}{4}d_1^2 u_1=\dfrac{\pi}{4}d_2^2 u_2=常数$，由此可得

$$\frac{u_1}{u_2}=\left(\frac{d_2}{d_1}\right)^2 \tag{1-12}$$

由式（1-12）可知，不可压缩性流体在体积流量一定时，圆形管道中的流速与管道内径的平方成反比。

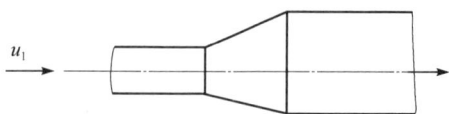

图 1-28　例 1-3 附图

【例 1-3】　如图 1-28 所示的串联管路，大管为 $\phi89\text{mm}\times4\text{mm}$，小管为 $\phi57\text{mm}\times3.5\text{mm}$。已知小管中水的流速 $u_1=2.8\text{m/s}$，试求大管中水的流速。

解：依题意，已知 $d_1=57-2\times3.5=50$（mm），$d_2=89-2\times4=81$（mm），$u_1=2.8\text{m/s}$，利用不可压缩性流体的连续性方程，由式（1-12）得

$$u_2=u_1\left(\frac{d_1}{d_2}\right)^2=2.8\times\left(\frac{50}{81}\right)^2\approx1.07\text{（m/s）}$$

1.3.3　流体在稳定流动系统中的能量变化规津

1. 流动的流体具有的机械能

流体流动时的机械能与固体运动时的机械能不同，除了固体具有的动能和位能外，流体因为有压力，还具有静压能，流体的静压能与流体的压强大小有关。

1）位能

位能是指一定质量的流体在重力作用下，因高出某基准面而具有的能量，相当于将质量为 1kg 的流体自基准水平面 0—0′ 升举到 z 高度为克服重力所做的功，单位质量流体的位能的单位为 J/kg：

$$\text{单位质量流体的位能}=\frac{mgz}{m}=gz$$

2）动能

动能是指一定质量的流体因具有一定的流速而具有的能量，质量为 m（kg）的流体以速度 u 流动时，其动能为 $\frac{1}{2}u^2$，单位为 J。1kg 流体以速度 u 流动时的动能为 $\frac{1}{2}u^2$，单位为 J/kg。

3）静压强和静压能

（1）流体的静压强。静压强是指垂直作用于流体单位面积上的力，习惯上称为压力，以符号 p 表示，单位是 Pa。

常用的压强单位还有标准大气压（atm）、毫米汞柱（mmHg）、米水柱（mH$_2$O）、达因/厘米^2（dyn/cm^2）。标准大气压、毫米汞柱、米水柱这些单位因概念直观清楚至今仍应用于科技领域。工程单位制中，压强的单位常采用千克（力）/厘米^2，并简写为 kgf/cm^2。技术上习惯用的，如 8kg 蒸汽，即指 8kgf/cm^2 的饱和蒸汽；反应釜有 5kg 压强，即指反应釜中有 5kgf/cm^2（表压）的压强。

虽然我国统一实行法定计量单位，推行国际单位制，但由于目前这几种计量单位在工程上仍然常用，因此正确掌握它们之间的换算关系十分重要。

$$1\text{atm}=1.0133\times10^5\text{Pa}=760\text{mmHg}=10.33\text{mH}_2\text{O}=1.0133\text{bar}=1.033\text{kgf/cm}^2$$

$$1\text{kgf/cm}^2=9.807\times10^4\text{Pa}=735.6\text{mmHg}=10\text{mH}_2\text{O}=0.9807\text{bar}=0.9678\text{atm}$$

流体压强有三种表示方法：绝对压强、表压强、真空度。

绝对压强是以绝对零压为基准测得的压强，是流体的真实压强；表压强或真空

度是以大气压强为基准测得的压强，它们不是流体的真实压强，而是测压仪表的读数值。当被测流体的绝对压强大于大气压强时用压力表，当被测流体的绝对压强小于大气压强时用真空表。表压强或真空度与绝对压强、大气压强的关系如图1-29所示。

$$表压强 = 绝对压强 - 大气压强，即 p_表 = p_绝 - p_大气 \tag{1-13}$$

$$真空度 = 大气压强 - 绝对压强，即 p_真 = p_大气 - p_绝 \tag{1-14}$$

值得注意的是，大气压强和各地海拔有关，相同地区的大气压又和温度、相对湿度有关，所以表压强或真空度相同，其绝对压强未必相等，必须通过当地、当时的大气压强计算出绝对压强。由图1-29可看出，表压强数值上限是无穷大，但是真空度是有限制的，其最大值在数值上等于当时当地的大气压强。

【例1-4】 有一设备，其进口真空表读数为0.03MPa，出口压力表读数为0.09MPa。当地大气压为101.33kPa，试求：

图 1-29 绝对压强、表压强与真空度的关系

① 设备进口和出口的绝对压强分别为多少千帕？

② 出口与进口之间的压强差是多少？

解：① 进口：

$$真空度 = 大气压强 - 绝对压强$$

已知真空度 $p_真$=0.03MPa=30kPa，当地大气压 $p_大气$ =101.33kPa，所以进口绝对压强为

$$p_{进绝} = p_大气 - p_{进真} = 101.33 - 30 = 71.33（kPa）$$

出口：

$$表压强 = 绝对压强 - 大气压强$$

已知表压强 $p_表$ = 0.09MPa = 90kPa，当地大气压 $p_大气$ = 101.33kPa，所以出口绝对压强为

$$p_{出绝} = p_大气 + p_{出表} = 101.33 + 90 = 191.33（kPa）$$

② 出口与进口之间的压强差：

$$\Delta p = p_{出绝} - p_{进绝} = 191.33 - 71.33 = 120（kPa）$$

或

$$\Delta p = p_{出绝} - p_{进绝}$$
$$= (p_大气 + p_{出表}) - (p_大气 - p_{进真})$$
$$= p_{出表} + p_{进真} = 90 + 30 = 120（kPa）$$

答：进口绝对压强为 71.33kPa，出口绝对压强为 191.33kPa。出口与进口之间的压强差是 120kPa。

（2）静压能。静压能是指一定质量的流体因具有一定的静压强而具有的能量，其数值可以通过对图 1-30 所示过程的分析得到。

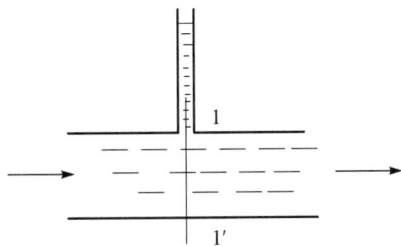

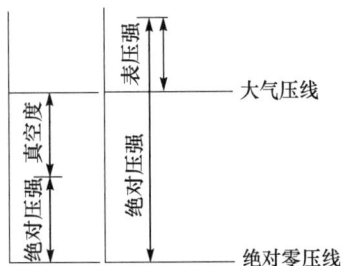

图 1-30 液体存在静压能的示意图

在一内部有液体流动的管子的管壁 1 处开一小孔，并在小孔处装一根垂直的细玻璃管，液体便在玻璃管内上升一定的高度。

管壁处流动的液体能在细玻璃管内上升一定的高度说明液体本身必须具备一种能量以克服势能的增加，这一液柱的高度便是管壁处运动着的液体在该截面处的静压能大小的表现。

设流体的密度为 ρ，质量为 m（kg）的流体的体积为 V_1（m^3），则 $V_1=m/\rho$，流体通过 $1—1'$ 截面时，将其压入系统的作用力为 $F_1=p_1A_1$，所经的距离为 $S=V_1/A_1$，流体通过截面 $1—1'$ 时压力对其所做的功为 $W=F_1 \cdot S$，即

$$W = p_1 A_1 \frac{V_1}{A_1} = p_1 V_1 = \frac{p_1 m}{\rho}$$

所以，单位质量流体的静压能（单位为 J/kg）为

$$单位质量流体的静压能 = \frac{p_1 m}{\rho m} = \frac{p_1}{\rho}$$

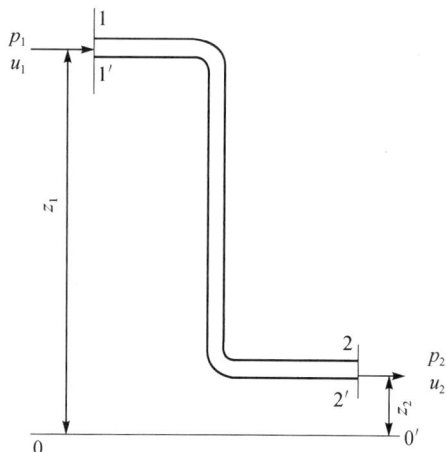

图 1-31　伯努利方程推导示意图

2. 理想流体的机械能守恒

理想流体是指无压缩性、无黏性，在流动过程中不因摩擦产生能量损失的假想流体。理想流体在流动中没有能量损失，也不存在内能与机械能的转化，因此机械能是守恒的。

如图 1-31 所示，在 $1—1'$ 和 $2—2'$ 截面与管内壁之间的封闭范围内对流体机械能进行恒算。

以 $0—0'$ 水平面作为基准水平面，并设：

u_1、u_2——流体分别在 $1—1'$ 与 $2—2'$ 截面上的流速（平均流速），m/s；

p_1、p_2——流体分别在 $1—1'$ 与 $2—2'$ 截面上的压力（平均压力），Pa；

z_1、z_2——$1—1'$ 与 $2—2'$ 截面中心至基准水平面的垂直距离，m；

A_1、A_2——$1—1'$ 与 $2—2'$ 截面的面积，m^2；

v_1、v_2——$1—1'$ 与 $2—2'$ 截面上流体的比容，m^3/kg。

1kg 流体带入 $1—1'$ 截面的机械能为 $gz_1 + \frac{1}{2}u_1^2 + \frac{p_1}{\rho_1}$，1kg 流体由 $2—2'$ 截面带出的机械能为 $gz_2 + \frac{1}{2}u_2^2 + \frac{p_2}{\rho_2}$。

由于系统在稳定状态下流动，因此质量为 n（kg）的流体从 $1—1'$ 截面流入时带入的能量应等于从 $2—2'$ 截面流出时带出的能量，即

$$gz_1 + \frac{1}{2}u_1^2 + \frac{p_1}{\rho_1} = gz_2 + \frac{1}{2}u_2^2 + \frac{p_2}{\rho_2} \tag{1-15}$$

由于是理想流体，ρ 为常数，式（1-15）又可写成：

$$gz_1 + \frac{1}{2}u_1^2 + \frac{p_1}{\rho} = gz_2 + \frac{1}{2}u_2^2 + \frac{p_2}{\rho} = E \qquad (1\text{-}16)$$

式（1-16）称为伯努利方程，E 为常数。

由伯努利方程的推导过程可知，式（1-16）仅适用于以下情况。

（1）做稳定流动的理想流体。

（2）流体在流动过程中，系统（两截面范围内）与外界没有机械能量交换。

式（1-16）说明理想流体做稳定流动时，每 1kg 流体流过系统内任一截面（与流体流动方向相垂直）的总机械能恒为常数，而每个截面上不同形式的机械能的数值却并不一定相等。这说明各种机械能形式在一定条件下是可以相互转换的，此减彼增，但总量保持不变。

3. 实际流体的总能量衡算

理想流体是一种假想的流体，这种假想流体不消耗能量，引进这种假想流体对分析解决工程实际问题具有指导意义，但并不能完全解决工程实际问题，因为实际流体具有黏性，在流动过程中有能量损失。实际流体的总能量衡算式，除了考虑各截面的机械能（动能、位能、静压能）外，还要考虑以下两项能量。

（1）损失能量：实际流体具有黏性，在流动过程中因克服摩擦阻力而产生能量损失。流体在流动中损失的能量由部分机械能转变为热能。该热能一部分被流体吸收而使其升温；另一部分通过管壁散失于周围介质。从工程实用的观点来考虑，后一部分能量是"损失"掉了。将单位质量流体损失的能量用符号 $\sum h_f$ 表示，单位为 J/kg。

（2）外加能量：如图 1-32 所示，若在 1—1′ 和 2—2′ 两截面间装有流体输送机械，则该输送机械将机械能输送给流体。我们将单位质量流体从流体输送机械获得的能量（即外加能量）用符号 W_e 表示，单位为 J/kg。

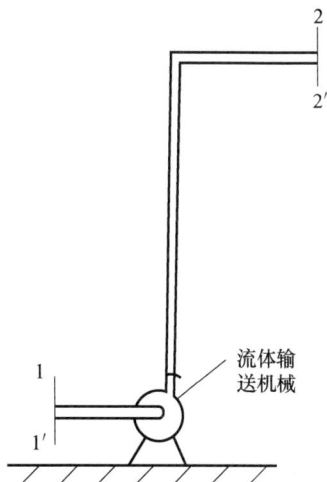

综上所述，实际流体在稳定状态下的总能量衡算式为

图 1-32　实际流体流动的能量衡算

$$gz_1 + \frac{p_1}{\rho} + \frac{1}{2}u_1^2 + W_e = gz_2 + \frac{p_2}{\rho} + \frac{1}{2}u_2^2 + \sum h_f \qquad (1\text{-}17)$$

式（1-17）是伯努利方程的引申，习惯上称为实际流体的伯努利方程。

4. 伯努利方程应用的讨论

（1）W_e 为 1kg 流体在两截面间从外界获得的能量，该能量是流体输送机械提供的有效能量，是选择流体输送机械的主要参数之一。若被输送流体的质量流量为 W_s，输送机械的有效功率（即单位时间输送机械所做的有效功，也就是需要为被输送流体提供的功率）以符号 N_e 表示，单位为 J/s 或 W，则

$$N_e = W_e \cdot W_s \tag{1-18}$$

计算流体输送机械实际消耗的功率时，还要考虑流体输送机械的效率，效率用符号 η 表示，则

$$N = \frac{N_e}{\eta} = \frac{W_e \cdot W_s}{\eta} \tag{1-19}$$

式中，N——流体输送机械的轴功率，单位为 J/s 或 W。

（2）式（1-17）中流体密度 ρ 为常数，即该公式应用于稳定流动状态下的不可压缩性流体。对于可压缩性流体的流动，当所取系统中两截面间绝对压力的变化小于原来绝对压力的 20%，即 $\frac{p_1 - p_2}{p_1}$ 小于 20% 时，仍可用式（1-17）进行近似计算，但式中流体的密度 ρ 应以平均密度 ρ_m 代替。若压力为 p_1 的流体密度为 ρ_1，压力为 p_2 的流体密度为 ρ_2，则流体的平均密度为

$$\rho_m = \frac{\rho_1 + \rho_2}{2}$$

（3）式（1-17）是以 1kg 的流体为衡算基准，在应用中也可以以 1N（重量）流体为衡算基准，需将式（1-17）中各项除以 g，则得

$$z_1 + \frac{p_1}{\rho g} + \frac{u_1^2}{2g} + \frac{W_e}{g} = z_2 + \frac{p_2}{\rho g} + \frac{u_2^2}{2g} + \frac{\sum h_f}{g}$$

令 $H_e = \dfrac{W_e}{g}$，$H_f = \dfrac{\sum h_f}{g}$，则

$$z_1 + \frac{p_1}{\rho g} + \frac{u_1^2}{2g} + H_e = z_2 + \frac{p_2}{\rho g} + \frac{u_2^2}{2g} + H_f \tag{1-20}$$

式（1-20）即为工程单位制中习惯采用的形式，该式表示 1N 的流体具有的各种机械能。由于 m 为长度单位，其物理意义可理解为能将 1N 流体从基准水平面升举的高度。例如，静压能为 5m，即流体的静压能可将 1N 的水自基准水平面升举 5m 高。通常，将 z 称为位压头，$\frac{p}{\rho g}$ 称为静压头，$\frac{u^2}{2g}$ 称为动压头或速度压头，H_e 称为输送机械对液体提供的有效压头或外加压头，H_f 称为流动过程中的损失压头。

（4）如果系统中的流体处于静止状态，则 $u_1 = u_2 = 0$，因流体没有流动，故无能量损失，即 $\sum h_f = 0$，当然也不需要外加功，即 $W_e = 0$，于是式（1-17）变为

$$g z_1 + \frac{p_1}{\rho} = g z_2 + \frac{p_2}{\rho} \tag{1-21}$$

式（1-21）也称为流体静力学基本方程。由此可见，式（1-17）不仅描述了流体流动时能量的变化规律，也反映了流体静止时位能和静压能之间的转换规律，这充分说明流体的静止是流体流动的一种特殊形式。

式（1-21）可变形为

$$p_2 = p_1 + (z_1 - z_2)\rho g \tag{1-22}$$

如果 1—1′ 截面取在液体的自由表面上（液面），设液面上方的压力为 p_0，并用 h 表示

1—1′、2—2′两截面之间的垂直位差，即 $h = z_1 - z_2$，由于 $p_1 = p_0$，所以有

$$p_2 = p_0 + h\rho g \qquad (1\text{-}23)$$

式（1-21）～式（1-23）统称为静力学基本方程式。式（1-23）说明了在重力作用下静止流体内部压强的变化规律。

由静力学基本方程式可知以下结论。

① 静止流体内部某一点的压力 p 与液体本身的密度 ρ 及该点距液面的深度有关，与该点的水平位置及容器的形状无关。液体的密度越大，距液面越深，该点的压力就越大。所以，在静止的、连通的同一液体内部处于同一水平面上各点的压力相等，此即为连通器原理。通常压力相等的水平面称为等压面。等压面的判断是解决静力学问题的关键。

② 当液面上方的压力 p_0 发生变化时，液体内部各点的压力也将发生同样大小的变化。换言之，静止、连续均质的液体内部的压力，能以相同大小传递到液体内各点。

1.3.4　流体输送方式的选择

由伯努利方程可知，流体要从起点 1—1′ 截面处流动到终点 2—2′ 截面处，必须满足以下条件：

$$E_1 > E_2 + \sum h_f$$

如果 $E_1 < E_2 + \sum h_f$，要完成输送任务必须在起点和终点之间设置流体输送机械，即保证

$$E_1 + W_e > E_2 + \sum h_f$$

1. 间歇操作流体输送方式的选择

（1）当地下储槽是密闭的压力容器，而高位槽是敞口容器时，可在地下储槽液面上方通一定压力的压缩空气或氮气，只要压力足够大即可将液体送入高位槽，这里采用的就是通过增加起点处的静压能来实现增加起点处的机械能的目的。

（2）当地下储槽是常压的敞口容器，而高位槽是耐压的密闭容器时，可使用真空抽料的方法，即将高位槽与抽真空系统相连，保证高位槽内达到一定的真空度即可。这里采用的就是通过降低终点处的静压能来实现降低终点处的机械能的目的。当高位槽较高时，不能用真空抽料的方法，这是因为真空度的最大值是一个标准大气压，理论上最大只能将液体吸上 $\dfrac{p_{\text{大气}}}{\rho g}$ 的高度。

（3）当地下储槽和高位槽都是常压的敞口容器时，要完成此输送任务只能在两槽之间设置一输送液体的机械——泵，即在起点和终点之间利用外功向流体输入机械能。

2. 连续操作流体输送方式的选择

要维持流量的稳定，前述的三种方式理论上都可以，但压缩气体对流体的压力、真空抽吸时，高位槽的真空度需不断调整，操作比较困难。因此，实际生产中常利用输送机械来完成。

1.3.5 常见输送问题的处理

1. 高位槽送料时其高度的确定

【例1-5】 如图1-33所示，拟用高位槽输送水至某一地点，已知输送任务为25L/s，水管规格为ϕ114mm×4mm，若水槽及水管出口均为常压，流体的全部阻力损失为62J/kg，问高位槽液面至少要比水管出口截面高多少米？

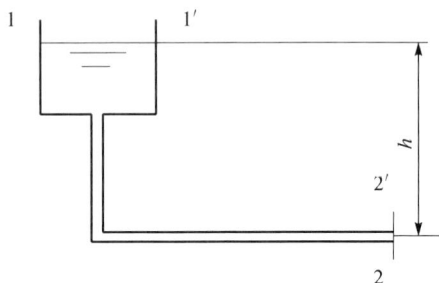

解：令2—2′截面中心所在的水平面为基准水平面，在高位槽液面1—1′和水管出口截面2—2′之间列伯努利方程，得

$$gz_1+\frac{p_1}{\rho}+\frac{1}{2}u_1^2+W_e=gz_2+\frac{p_2}{\rho}+\frac{1}{2}u_2^2+\sum h_f$$

图1-33　例1-5附图

已知：$z_1=h$，$z_2=0$；$W_e=0$，$\sum h_f=62$J/kg；$p_1=p_2=0$（表压）；$u_1=0$，则

$$u_2=\frac{V_s}{\frac{\pi}{4}d^2}=\frac{25\times10^{-3}}{\frac{3.14}{4}\times(114-2\times4)^2\times10^{-6}}\approx2.83（m/s）$$

代入伯努利方程，得$z_1=h=6.8$m，即高位槽的液面至少要比水管出口截面高6.8m，才能完成输送任务。

从本题可以看出，通过设置高位槽，可以提高上游截面的能量，从而保证流体按规定的方向和流量流动。

2. 用压缩气体送料时气源压力的确定

【例1-6】 如图1-34所示，用压缩空气压送293K、98%的硫酸至酸高位槽，要求输送量是1.8m³/h，已知管子的规格为ϕ38mm×3mm，管子出口比贮罐内液面高15m，全部流体阻力损失为10J/kg，试求开始时压缩空气的表压力。

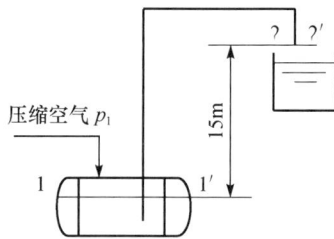

图1-34　例1-6附图

解：在酸蛋内1—1′液面与管子出口2—2′截面间列伯努利方程，并以1—1′截面为基准水平面，则有

$$gz_1+\frac{p_1}{\rho}+\frac{1}{2}u_1^2+W_e=gz_2+\frac{p_2}{\rho}+\frac{1}{2}u_2^2+\sum h_f$$

已知：$z_1=0$，$z_2=15$m；$p_2=0$（表压）；$\sum h_f=10$J/kg；$W_e=0$；$u_1=0$，则

$$u_2=\frac{V_s}{\frac{\pi}{4}d^2}=\frac{\frac{1.8}{3600}}{\frac{3.14}{4}\times[(38-2\times3)\times10^{-3}]^2}\approx0.62（m/s）$$

查密度表得，在273K下，98%的硫酸的密度$\rho=1836$kg/m³。代入上式，得开始时压

缩空气的压力 p_1=2.89×10^{5}Pa（表压）。

从本题可以看出，通过加压来提高上游截面的静压能，可以保证流体按规定的方向和流量流动。

3. 流体输送机械功率的确定

【例 1-7】 如图 1-35 所示，用泵将常压储奶罐的原料乳送进蒸发器浓缩，输送管路为直径 50mm 的不锈钢管，原料乳在管中的流速为 1.4m/s。储槽中原料乳液面距蒸发器入口的垂直距离为 7.5m，原料乳在管路系统中的能量损失为 40J/kg，蒸发器内原料乳蒸发压力保持在 19.6kPa（表压），原料乳的密度为 1030kg/m^3。试计算泵的有效功率。

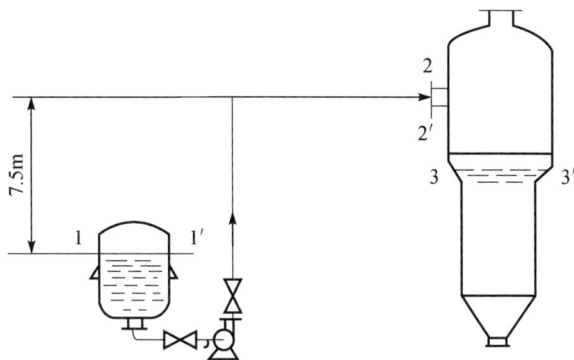

图 1-35 例 1-7 附图

解：取贮槽液面为 1—1′ 截面，蒸发器进料管口处为 2—2′ 截面，1—1′ 截面为基准面。在 1—1′ 和 2—2′ 截面间列伯努利方程，有

$$gz_1 + \frac{p_1}{\rho} + \frac{u_1^2}{2} + W_e = gz_2 + \frac{p_2}{\rho} + \frac{u_2^2}{2} + \sum h_f$$

移项，得

$$W_e = g(z_2 - z_1) + \frac{p_2 - p_1}{\rho} + \frac{u_2^2 - u_1^2}{2} + \sum h_f$$

已知：$z_1=0$，z_2=7.5m，p_1=0（表压），p_2=1.96×10^{4}Pa（表压），$u_1\approx0$（容器液面），$u_2\approx$1.4m/s，$\sum h_f$ =40J/kg，则将以上数据代入上式，得

$$W_e = 7.5 \times 9.81 + \frac{19\ 600}{1030} + \frac{1.4^2}{2} + 40$$
$$\approx 133.6(\text{J/kg})$$

质量流量为

$$W_s = u_0 A_0 \rho = u_0 \times \frac{\pi}{4} d^2 \rho = 1.4 \times 0.785 \times (0.05)^2 \times 1030$$
$$\approx 2.83(\text{kg/s})$$

泵的有效功率为

$$N_e = W_e \cdot W_s = 133.6 \times 2.83 \approx 378.1(\text{W})$$

4. 分析流体在管路中流动的过程中能量变化的注意事项

（1）选取截面。选取截面时，应考虑是对流体输送系统在连续稳定的范围内的任意两截面列出的能量衡算式，所以首先要正确选定截面，同时还要考虑已知数据是否齐全、计算是否简便等。例如，对图 1-35 所示的液体输送系统，应选 1—1′和 2—2′截面，而不能选 1—1′和 3—3′截面。这是因为流体流至 2—2′截面后即脱离管路系统，2—2′和 3—3′截面间已经不连续，不满足伯努利方程的应用条件。需要说明的是，只要在连续稳定的范围内，任意两个截面均可选用，为了计算方便，截面常取在输送系统的起点和终点的相应截面，因为起点和终点的已知条件多。

（2）确定基准面。基准面是用以衡量位能大小的基准。为了简化计算，通常取相对于所选定截面之中较低的一个水平面为基准面，如图 1-35 所示的 1—1′截面为基准面比较合适。这样，例 1-7 中 z_1 为 0，z_2 等于两截面之间的垂直距离，由于所选的 2—2′截面与基准水平面不平行，则 z_2 应取 2—2′截面中心点到基准水平面之间的垂直距离。

（3）压力基准。描述某一截面的静压能大小时必须用绝对压力，但由于伯努利方程反映的是两截面之间的静压能的差。因此使用伯努利方程解题时，伯努利方程式中的压力 p_1 与 p_2 可使用表压力或绝对压力，对计算结果没有影响，但表压力与绝对压力不能混合使用。

1.3.6 流体在管路中流动的能量损失

流体流动时会产生能量损失，只有知道流体流动过程的能量损失，才能用式（1-17）解决流体输送中的实际问题。流体流动过程的能量损失一般简称为流体阻力。

1. 流体阻力产生的原因

1）黏度

理想流体在流动时不会产生流体阻力，因为理想流体是没有黏性的，而实际流体流动时会产生流体阻力，因为实际流体有黏性。流体的黏性是流体流动时产生能量损失的根本原因，而流体层与层之间、流体和壁面之间的相对运动是产生内摩擦阻力，引起能量损失的必要条件。流体黏性的大小用黏度来表示，在同样的流动条件下，其数值越大，流体阻力就会越大。

流体黏度的定义：两层流体之间单位面积上的内摩擦力与速度梯度之比，用符号 μ 表示，其单位是 Pa·s。

液体的黏度随温度升高而减小，气体的黏度则随温度升高而增大。压力变化时，液体的黏度基本不变；气体的黏度随压力的增加而增加得很少，在一般工程计算中可忽略，只有在极高或极低的压力下，才需要考虑压力对气体黏度的影响。某些常用流体的黏度可以从有关手册中查阅。

2）流体的流动形态

流体流动时产生的能量损失除了与流体的黏性、流动距离有关外，还取决于管内流体的流速等因素。流速对能量损失的影响与流体在管内的流动形态有关。

1883 年，著名的科学家雷诺用实验揭示了流体的两种截然不同的流动形态。雷诺实验示意图如图 1-36 所示，在一个透明的水箱内，水面下部安装一根带有喇叭形进口的玻璃管，管的下游装有阀门以调节管内水的流速。水箱的液面依靠控制进水管的进水和水箱上部溢流管的出水维持不变。喇叭形进口处中心有一针形小管，有色液体由针管流出，有色液体的密度与水的密度几乎相同。

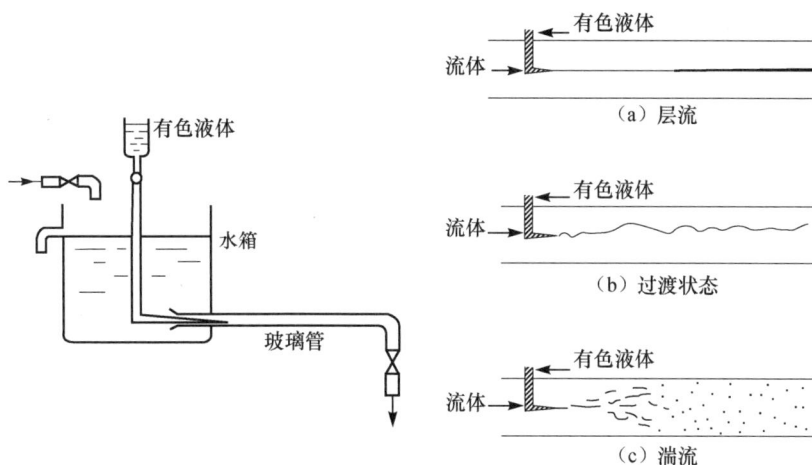

图 1-36　雷诺实验示意图

实验现象如下。

（1）当玻璃管内水的流速较小时，管中心有色液体不扩散，呈现一根平稳的细线流，沿玻璃管的轴线向前流动，如图 1-36（a）所示。

（2）随着水的流速增大全某个值后，有色液体的细线开始抖动、弯曲，呈现波浪形，如图 1-36（b）所示。

（3）速度增大到一定程度后，有色液体的细线扩散，使管内水的颜色均匀一致，如图 1-36（c）所示。

通过雷诺实验可以看出，流体流动有以下两种截然不同的形态。

层流：也称滞流，如图 1-36（a）所示。这种流动类型的特点是，流体的质点仅沿着与管轴线平行的方向做直线运动，质点无径向运动，质点之间互不相混，所以有色液体在管轴线方向呈一条清晰的细直线。

湍流：也称紊流，如图 1-36（c）所示。这种流动类型的特点是，流体的质点除了管直线方向上的向前流动外，还有径向运动，各质点的速度在大小和方向上随时都有变化，即质点做不规则的杂乱运动，质点之间互相碰撞，产生大大小小的旋涡，所以管内的有色液体和管内的流体混合呈现出颜色均匀的情况。

3）流体流动形态的判断

工业生产中的管道一般是不透明的，那么该如何判断管内流体的流动形态呢？

雷诺通过大量的实验发现：对于管内流动的流体来说，流体在管内的流动状况不仅与流速 u 有关，而且与管径 d、流体的黏度 μ 和流体的密度 ρ 有关，同时管子长短、形状及其他外界因素也会对流体的流动状况产生影响。

在实验的基础上，雷诺将上述的影响因素利用因次分析法整理成 $du\rho/\mu$ 的形式作为流动形态的判据。这种 $du\rho/\mu$ 的组合形式是一个无因次数，称为雷诺准数（简称"雷诺数"），以符号 Re 表示。

$$Re = \frac{du\rho}{\mu} \qquad (1\text{-}24)$$

利用雷诺数可以判断流体在圆形直管内流动时的流动形态。

当 $Re \leq 2000$ 时，流体总是做层流流动，称为层流区。

当 $2000 < Re < 4000$ 时，有时出现层流，有时出现湍流，与其他因素有关，称为过渡区。

当 $Re \geq 4000$ 时，一般出现湍流形态，称为湍流区。

使用雷诺数时要注意以下问题。

（1）由于 Re 中各物理量的单位都可以消去，因此 Re 是一个没有单位的纯数值。在计算雷诺数的大小时，组成 Re 的各个物理量，必须用一致的单位表示。对于一个具体的流动过程，无论采用何种单位制，只要单位一致，所算出来的 Re 都相等且无单位。

（2）流动现象虽分为层流区、过渡区和湍流区，但流动形态只有层流和湍流两种。过渡区的流体实际上处于一种不稳定状态，它是层流状态还是湍流状态往往取决于外界的干扰条件，如管壁粗糙、外来震动等都可能导致湍动，所以将这一范围称为不稳定的过渡区。

（3）上述判据只适用于流体在长直圆管内的流动，在管道入口处、拐弯处或直径改变处不适用。

【例1-8】 20℃的水在内径为50mm的管内流动，流速为2m/s。试计算雷诺数，并判别管中水的流动形态。

解：水在20℃时 $\rho=998.2\text{kg/m}^3$，$\mu=1.005\text{mPa·s}$；管径 $d=0.05\text{m}$，流速 $u=2\text{m/s}$，则

$$Re = \frac{du\rho}{\mu} = \frac{0.05 \times 2 \times 998.2}{1.005 \times 10^{-3}}$$

$$\approx 99\,323$$

$Re > 4000$，所以管中水的流动形态为湍流。

4）层流与湍流的区别

（1）流体内部质点的运动方式不同。流体在管内做层流流动时，其质点沿着与轴平行的方向做有规则的直线运动，质点之间互不混合。当流体在管内做湍流流动时，流体质点的运动速度在大小和方向上随时都发生变化，于是质点间彼此互相混合，产生大大小小的旋涡。

（2）流体流动的速度分布不同。在管道横截面上流体的质点流速是按一定规律分布的，如表1-5所示。在管壁处，流速为零，在管子中心处流速最大。层流时流体在导管内的流速沿导管直径依抛物面规律分布，平均流速为管中心流速的50%。湍流时的速度分布可看成顶端被压成扁平状的抛物面。湍流程度越高，曲线顶端越平坦。湍流时的平均流速约为管中心流速的80%。

表1-5 层流和湍流的速度分布与平均流速

项目	示意图	速度分布	平均流速
层流	层流底层	u_{max} u	$u=0.5u_{max}$
湍流		u_{max} u	$u=0.8u_{max}$

（3）流体在直管内的流动形态不同，系统产生的能量损失也不同。流体在直管内流动时，由于流动形态不同，流动阻力所遵循的规律也不相同。层流时，流动阻力来自流体本身所具有的黏性而引起的内摩擦力。湍流时，流动阻力除来自流体的黏性而引起的内摩擦力外，还由于流体内部充满了大大小小的旋涡，流体质点在旋涡内做不规则运动，消耗能量，产生了附加阻力。这种阻力又称为湍流切应力，简称湍流应力。所以湍流中的总摩擦应力等于黏性摩擦应力与湍流应力之和。

（4）湍流时具有层流内层和缓冲层。流体在圆管内呈湍流流动时，流体有黏性使得管壁处的速度为零，而邻近管壁处的流体受管壁处流体层的约束作用，其速度自然也很小，因此管壁附近一定厚度的流体层的流速比较小，仍然为层流。我们把管壁附近做层流流动的流体薄层，称为层流内层或滞流底层（也称"边界层"），如图1-37所示。在层流内层和管中心湍流主体之间，还存在一个流动形态既不是层流也不是完全湍流的区域，这一区域称为缓冲层或过渡层。层流内层的厚度随 Re 的增大而减小。例如，在内径为100mm的光滑管内流动时，当 $Re=1\times10^4$ 时，其层流内层的厚度约为2mm；当 $Re=1\times10^5$ 时，其层流内层的厚度约为 0.3mm。层流内层的存在对工业生产中的传热和传质过程都有重要的影响。

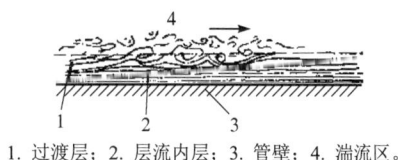

1. 过渡层；2. 层流内层；3. 管壁；4. 湍流区。

图1-37 层流内层示意图

2. 流体阻力的计算

可以把流体在管路系统中流动时的流体阻力分为直管阻力和局部阻力两部分。直管阻力是流体流经一定管径的直管时，由于流体的内摩擦而产生的能量损失。局部阻力是流体流经管路中的管件、阀门及截面的突然扩大和缩小等局部地方所引起的能量损失。

伯努利方程中的 $\sum h_f$ 项是指所研究管路系统的总能量损失（或称总阻力损失），它是管路系统中各段直管阻力损失 h_f 与各局部阻力损失 h_f' 之和，即

$$\sum h_f = h_f + \sum h_f' \tag{1-25}$$

以下就直管阻力和局部阻力分别进行讨论。

1）流体在直管中的流动阻力

（1）圆形直管阻力的计算。不可压缩性流体以速度 u 在圆形水平直管内做稳定流动，其能量损失可由范宁公式计算，即

$$h_{\mathrm{f}} = \lambda \frac{L}{d} \cdot \frac{u^2}{2} \tag{1-26a}$$

或

$$\Delta p_{\mathrm{f}} = \lambda \frac{L}{d} \cdot \frac{\rho u^2}{2} \tag{1-26b}$$

式中，h_{f}——1kg 流体流过长度为 L 的直管所产生的能量损失，J/kg；

  L——直管长度，m；

  ρ——管内流体的密度，kg/m^3；

  u——管内流体的流速，m/s；

  d——管径，m；

  λ——摩擦因数，无因次系数；

  Δp_{f}——流体通过长度为 L 的直管时因克服内摩擦力而产生的压力降,也称阻力压降，Pa。

由范宁公式可知，流体在直管内的流动阻力与流体密度 ρ、流速 u、管长 L、管径 d 及 λ 有关。λ 的值与流动类型及管壁等因素有关。应用式（1-26a）及式（1-26b）计算直管阻力时，确定摩擦因数 λ 是关键。

① 层流时的摩擦因数：流体做层流流动时，管壁上凹凸不平的地方都被有规则的流体层所覆盖，如图 1-38（a）所示，所以在层流时，摩擦因数与管壁粗糙程度无关。层流时摩擦因数 λ 是雷诺数 Re 的函数，$\lambda = f(Re)$。通过理论推导和实践证明，管内流体做层流流动时的 λ 可由式（1-27）计算：

$$\lambda = \frac{64}{Re} \tag{1-27}$$

② 湍流时的摩擦因数：流体做湍流流动时，影响摩擦因数 λ 的因素比较复杂，不但与 Re 有关，而且与管壁的粗糙程度有关。图 1-38 所示为在不同 Re 下，流体流过管子粗糙壁面的情况。由图 1-38 可见，当 Re 较小，靠近管壁处的层流底层厚度 δ_{L} 大于壁面的粗糙度 ε，即 $\delta_{\mathrm{L}} > \varepsilon$ 时，如图 1-38（a）所示，管壁上凹凸不平的地方都被有规则的流体层所覆盖，此时的摩擦因数与管壁粗糙度无关；当 Re 较大时，出现 $\delta_{\mathrm{L}} < \varepsilon$，如图 1-38（b）所示，此时粗糙峰伸入湍流区与流体近地点发生碰撞，增加了流体的湍动性，因而壁面粗糙度对摩擦因数的影响便成为重要的因素。Re 越大，层流内层越薄，这种影响就越显著。

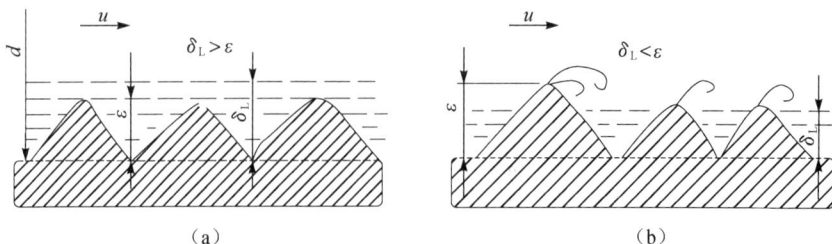

图 1-38　流体流过粗糙管壁的情况

由此可见，湍流时的摩擦因数不能完全由理论分析方法求取。求取湍流时的λ有三个途径：一是通过实验测定；二是利用前人通过实验研究获得的经验公式计算；三是利用前人通过实验整理出的关联图查取。其中，利用莫狄图查取λ最常用。

莫狄图是将摩擦因数λ与Re和ε/d的关系曲线标绘在双对数坐标上，如图1-39所示。此图可分成四个区域。

① 层流区：$Re \leqslant 2000$，λ只是Re的函数，且与Re呈直线关系，该直线方程即为式（1-27）。

② 过渡区：$2000 < Re < 4000$，该区域由于流动类型不能确定，工程上为了安全起见按湍流处理，一般将湍流区的曲线外推查取摩擦因数值。

③ 湍流区：$Re \geqslant 4000$及虚线以下的区域，λ与Re及ε/d都有关，在这个区域中绘有一系列曲线，其中最下面的一条为流体流过光滑管时λ与Re的关系。当$Re=3000 \sim 10\,000$时，柏拉修斯通过实验得出的半理论公式可表示光滑管内λ与Re的关系：$\lambda = \dfrac{0.3164}{Re^{0.25}}$。其他曲线都对应一定的$\varepsilon/d$值。由图1-39可见，$Re$一定时，$\lambda$随$\varepsilon/d$的增加而增大；$\varepsilon/d$一定时，$\lambda$随$Re$的增大而减小。

④ 完全湍流区：图1-39中曲线上方区域的Re较大，湍流程度高，曲线几乎变成水平线，λ不再随Re的变化而变化。当ε/d一定时，λ为常数。根据范宁公式，此时摩擦因数与流速的平方成正比，因此，该区域也称阻力平方区。

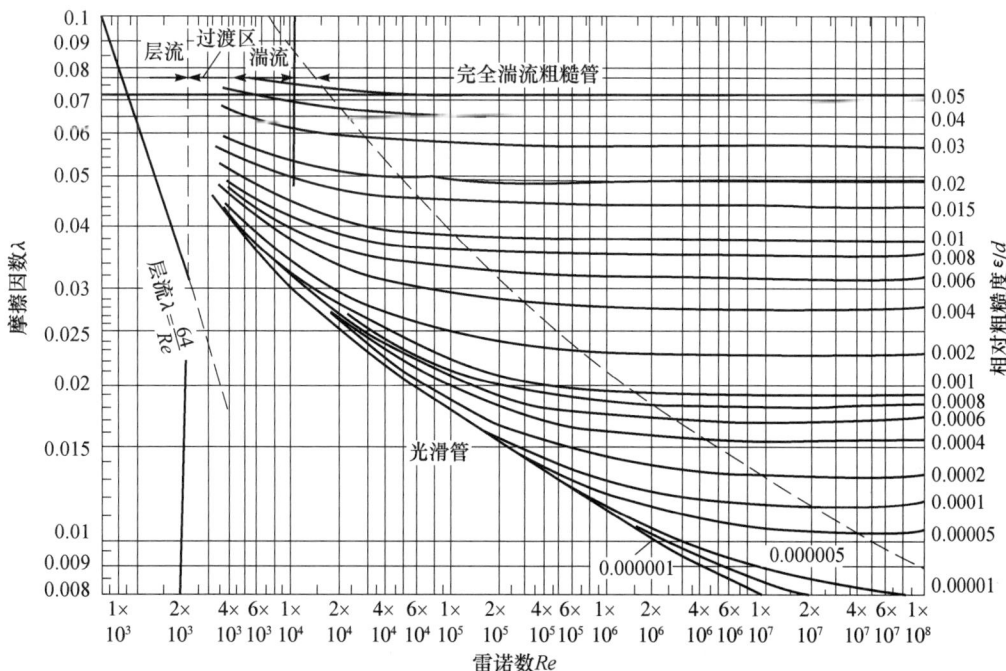

图1-39 摩擦因数与雷诺数及相对粗糙度的关联图

【例1-9】 用ϕ108mm×4mm、长20m的钢管输送油。已知该油的密度为900kg/m³，黏度为0.072Pa·s，流量为32t/h。试计算该油流经管道的能量损失及压力降。

解：由已知可得

$$u = \frac{W_s}{\rho \cdot A} = \frac{32 \times 1000}{3600 \times 900 \times 0.785 \times [(108 - 2 \times 4) \times 10^{-3}]^2} \approx 1.26 \, (\text{m/s})$$

由 $Re = \frac{du\rho}{\mu} = \frac{(108 - 2 \times 4) \times 10^{-3} \times 1.26 \times 900}{0.072} = 1575 < 2000$，可知流动形态为层流，

所以有

$$\lambda = \frac{64}{Re} = \frac{64}{1575} \approx 0.0406$$

根据范宁公式，有

$$h_f = \lambda \frac{L}{d} \cdot \frac{u^2}{2}$$

$$h_f = 0.0406 \times \frac{20}{(108 - 2 \times 4) \times 10^{-3}} \times \frac{1.26^2}{2} \approx 6.45 \, (\text{J/kg})$$

$$压力降 \, \Delta p_f = h_f \rho = 6.45 \times 900 = 5805 \, (\text{Pa})$$

答：流经管道的能量损失为 6.45J/kg，压力降为 5805Pa。

（2）非圆形管道的流动阻力。在工业生产中，有时还会遇到非圆形管道，如方形管道、由两根直径不同的圆形管子构成的同心圆套管等。一般来讲，流通截面形状对速度分布及流动阻力的大小都会有影响。实验证明，在湍流情况下，对非圆形截面的计算可以按照一个与其相当的直径为 d_e 的圆形管计算。d_e 称为当量直径，定义为 4 倍的水力半径：

$$d_e = 4r_H \tag{1-28}$$

水力半径的定义是流体在管道里的流通截面积 A 与润湿周边长度 Π 之比，即

$$r_H = \frac{A}{\Pi} \tag{1-29}$$

对于直径为 d 的圆形管，流通截面积 $A = \frac{\pi}{4}d^2$，润湿周边长度 $\Pi = \pi d$，故

$$r_H = \frac{\frac{\pi}{4}d^2}{\pi d} = \frac{d}{4}$$

或

$$d = 4r_H$$

可见，圆形管的直径 d 与其当量直径 d_e 相等。

对于边长分别为 a 和 b 的矩形管，其当量直径为

$$d_e = 4 \times \frac{ab}{2(a+b)} = \frac{2ab}{a+b}$$

如果 $a=b$，即正方形的方管，则 $d_e=a$。可见，方管的边长即为当量直径。

对于套管的环隙，当内管的外径为 d_1、外管的内径为 d_2 时，其当量直径为

$$d_e = 4 \times \frac{\frac{\pi}{4}(d_2^2 - d_1^2)}{\pi(d_2 + d_1)} = d_2 - d_1$$

所以，流体在非圆形直管内做湍流流动时，其阻力损失仍可用范宁公式进行计算，

只需将式中 Re 中的直径 d 以当量直径 d_e 来代替。

有些研究结果表明,当量直径用于湍流情况下的阻力计算比较可靠,层流时应用当量直径计算阻力的误差会较大。当必须采用范宁公式时,除式中的 d 换以 d_e 外,还需对层流时摩擦因数 λ 的计算式(1-27)进行修正,即

$$\lambda = \frac{C}{Re} \tag{1-30}$$

式中,C——无因次系数,这些非圆形管的常数 C 详见表 1-6。

表 1-6 非圆形管的 C

非圆形管的截面形状	正方形	等边三角形	环形	长方形 长:宽=2:1	长方形 长:宽=4:1
常数 C	57	53	96	62	73

【例 1-10】 某一套管的内管与外管均为光滑管,直径分别为 $\phi 35\text{mm} \times 2.5\text{mm}$ 与 $\phi 56\text{mm} \times 3\text{mm}$,总长度为 50m。平均温度为 40℃的水以每小时 10m^3 的流量流过套管的环隙。试估算水通过环隙的压强降。

解:由已知可得 $d_1 = 35 - 2 \times 2.5 = 30\,(\text{mm}) = 0.03\,(\text{m})$,$d_2 = 56 - 2 \times 3 = 50\,(\text{mm}) = 0.05\,(\text{m})$。

水的流通截面积为

$$A = \frac{\pi}{4}d_1^2 - \frac{\pi}{4}d_2^2 = \frac{\pi}{4}(d_1^2 - d_2^2) = \frac{\pi}{4}(0.05^2 - 0.03^2) = 0.001\,26\,(\text{m}^2)$$

所以水通过环隙的流速为

$$u = \frac{V_S}{A} = \frac{10}{3600 \times 0.001\,26} = 2.2\,(\text{m/s})$$

$$r_H = \frac{A}{\Pi} = \frac{\frac{\pi}{4}(d_1^2 - d_2^2)}{\pi(d_1 + d_2)} = \frac{d_1 - d_2}{4}$$

所以当量直径为

$$d_e = 4r_H = 4 \times \frac{d_1 - d_2}{4} = d_1 - d_2 = 0.05 - 0.03 = 0.02\,(\text{m})$$

查得水在 40℃时,$\rho \approx 992\text{kg/m}^3$,$\mu = 65.6 \times 10^{-5}\text{Pa} \cdot \text{s}$,有

$$Re = \frac{d_e u \rho}{\mu} = \frac{0.02 \times 2.2 \times 992}{65.6 \times 10^{-5}} \approx 6.65 \times 10^4$$

在图 1-39 所示的光滑管的曲线上查得在此 Re 下,$\lambda = 0.0196$。

水通过环隙的压强降为

$$\Delta p_f = \frac{\lambda L}{d_e} \cdot \frac{\rho u^2}{2} = \frac{0.0196 \times 50}{0.02} \times \frac{992 \times 2.2^2}{2} = 117\,631\,(\text{Pa}) \approx 1.18 \times 10^5\,(\text{Pa})$$

答:水通过环隙时的压强降为 1.18×10^5(Pa)。

2）局部阻力的计算

流体流经阀门、三通管、弯管等局部时，由于受到冲击和干扰，不仅流速的大小和方向发生了变化，而且出现旋涡，内摩擦力增大，形成局部阻力。流体在做湍流流动时，由局部阻力引起的能量损失有两种计算方法：阻力系数法和当量长度法。

（1）阻力系数法。此法是将克服局部阻力所消耗的能量表示成动能的倍数，即

$$h_f' = \xi \frac{u^2}{2} \tag{1-31a}$$

或

$$\Delta p' = \xi \frac{\rho u^2}{2} \tag{1-31b}$$

式中，ξ——局部阻力系数，一般由实验测定。

下面对几种常用的局部阻力系数进行讨论。

① 突然扩大：如图 1-40 所示，在流道突然扩大处，流体离开壁面成一射流注入扩大了的截面中，然后扩张到充满整个截面。射流与壁面之间的空间产生涡流，出现边界层分离现象。高速流体注入低速流体中，其动能的绝大部分转变为热能而散失。突然扩大的阻力系数为

$$\xi = \left(1 - \frac{A_2}{A_1}\right) \times 0.5 \tag{1-32}$$

② 突然缩小：如图 1-41 所示，流体在突然缩小以前，基本上不脱离壁面，通过突然收缩口后，并不能立刻充满缩小后的截面，而是继续缩小，经过一最小截面（缩脉）之后，才逐渐充满缩小管的整个截面，故有一射流注入收缩后的流道中。当流体向最小截面流动时，速度增加，在最小截面以后，流股截面扩大而流速变小，其情况有如突然扩大，在流股与壁面之间出现涡流。

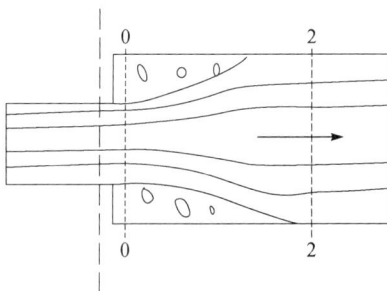

图 1-40　突然扩大　　　　　　图 1-41　突然缩小

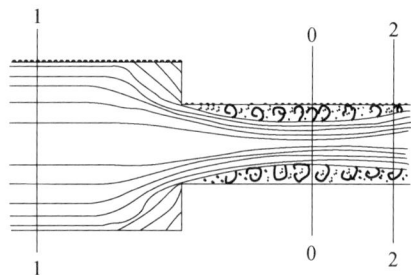

突然缩小的阻力系数为

$$\xi = \left(1 - \frac{A_1}{A_2}\right)^2 \tag{1-33}$$

③ 管出口与入口：流体自管出口进入容器，可看作自很小的截面突然扩大到很大的截面，相当于突然扩大时 $A_1/A_2 \approx 0$ 的情况，按式（1-33）计算，管出口的阻力系数应为 $\xi = 1$。

流体自容器流进管的入口，是指很大的截面突然缩小到很小的截面，相当于突然缩小时 $A_2/A_1 \approx 0$ 的情况，按式（1-33）计算，管入口的阻力系数应为 $\xi = 0.5$。

④ 阀门与管件：不同阀门与管件的局部阻力系数可从有关手册中查取。常用的局部阻力系数 ξ 详见表1-7和表1-8。

表1-7 部分阀门的局部阻力系数 ξ

闸阀	状态	全开		3/4开		1/2开			1/4开	
	ξ	0.17		0.9		4.5			24	
标准截止阀（球心阀）	状态	全开				1/2开				
	ξ	6.4				9.5				
蝶阀	状态	$\alpha=5°$	$\alpha=10°$	$\alpha=20°$	$\alpha=30°$	$\alpha=40°$	$\alpha=45°$	$\alpha=50°$	$\alpha=60°$	$\alpha=70°$
	ξ	0.24	0.52	1.54	3.91	10.8	18.7	30.6	118	751
旋塞	状态	$\theta=5°$		$\theta=10°$		$\theta=20°$		$\theta=40°$		$\theta=60°$
	ξ	0.05		0.29		1.56		17.3		206
角阀（90°）	ξ	5								
单向阀	类型	摇板式				球形式				
	ξ	2				70				
水表（盘形）	ξ	7								

表1-8 部分管件的局部阻力系数 ξ

管件名称		ξ						
标准弯头	45°弯头	0.35						
	90°弯头	0.75						
90°方形弯头		1.3						
180°回弯头		1.5						
活管接头		0.4						
弯管	R/d	φ						
		30°	45°	60°	75°	90°	105°	120°
	1.5	0.08	0.11	0.14	0.16	0.175	0.19	0.20
	2.0	0.07	0.10	0.12	0.14	0.15	0.16	0.17

（2）当量长度法。流体流经管件、阀门等局部所引起的能量损失也可仿照范宁公式写成如下形式：

$$h'_f = \lambda \frac{L_e}{d} \cdot \frac{u^2}{2} \qquad （1-34）$$

或

$$\Delta p'_f = \lambda \frac{L_e}{d} \cdot \frac{\rho u^2}{2} \tag{1-35}$$

式中，L_e——管件或阀门的当量长度，m，表示流体流过某一局部的局部阻力，相当于流过一段与其具有相同直径、长度为 L_e 的直管的流体阻力。

管件或阀门的当量长度都是由实验确定的。在有些图表中查取的是 L_e/d，称为当量系数（也称"当量长度"），用 n 表示，这时有

$$h'_f = \lambda n \cdot \frac{u^2}{2} \tag{1-36}$$

图 1-42 所示是在湍流情况下某些管件与阀门的当量长度。先在图 1-42 左侧的垂直线上找出与所求管件或阀门相应的点，然后在图右侧的标尺上定出与管内径相当的一点，两点连一直线与图 1-42 中间的标尺相交，交点在标尺上的读数就是所求的当量长度。

管件、阀门等构造的细节与加工精度往往差别很大，从手册中查得的 L_e 或 ξ 只是约略值，即局部阻力的计算也只是一种估算。

3）流体流动时总能量损失的计算

管路的总阻力为管路上全部直管阻力和各个局部阻力之和。当流体流经直径不变的管路时，如果局部阻力都以当量长度来表示，则管路的总能量损失为

$$\sum h_f = \lambda \frac{L + \sum L_e}{d} \cdot \frac{u^2}{2} \tag{1-37}$$

式中，$\sum h_f$——管路的总能量损失，J/kg；

L——管路上各段直管的总长度，m；

$\sum L_e$——管路全部管件与阀门等的当量长度之和，m；

u——流体流经管路的流速，m/s。

在管路设计计算中，一般将 $\left(L + \sum L_e\right)$ 称为计算长度。

如果局部阻力都以阻力系数来表示，则管路的能量损失为

$$\sum h_f = \left(\lambda \frac{L}{d} + \sum \xi\right)\frac{u^2}{2} \tag{1-38}$$

式中，$\sum \xi$——管件与阀门等局部阻力系数之和，其他符号与式（1-37）相同。

当管路由若干直径不同的管段组成时，由于各段的流速不同，此时管路的总能量损失应分段计算，然后再求和。

3. 减少流体阻力的措施

流体阻力越大，输送流体的动力消耗也越大，造成操作费用增加。此外，流体阻力的增加还能造成系统压力的下降，严重时将影响工艺过程的正常进行。因此，工业生产中应尽量减小流体阻力，从流体阻力计算公式可以看出，减少管长、增大管径、降低流速、简化管路和降低管壁面的粗糙度都是可行的，主要措施如下。

（1）在满足工艺要求的前提下，应尽可能减短管路。

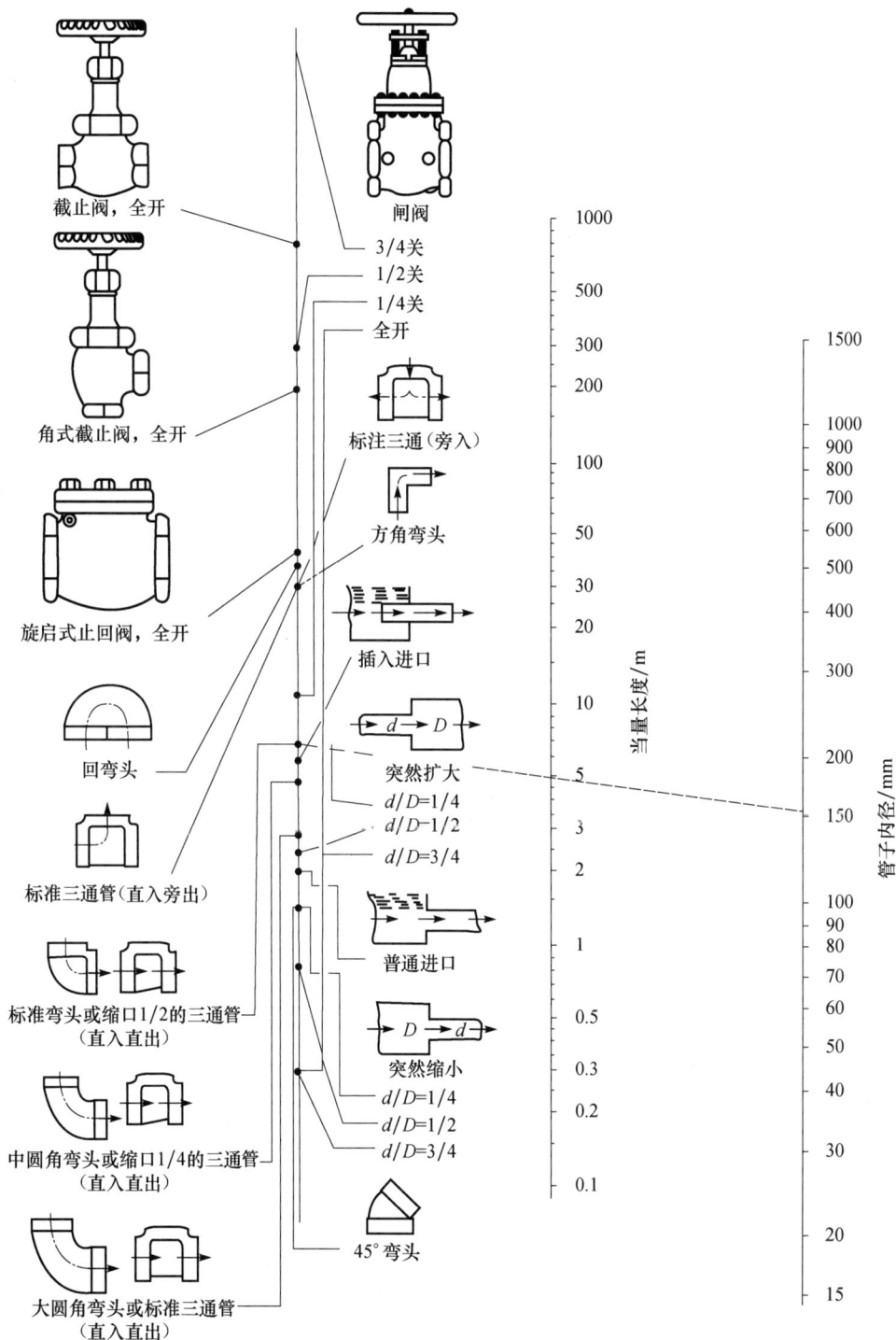

图 1-42 管件与阀门的当量长度共线图

（2）在管路长度基本确定的前提下，应尽可能减少管件、阀门，尽量避免管路直径的突变。

（3）在可能的情况下，适当增大管径。因为当管径增加时，在同样的输送任务下，流速显著减少，流体阻力显著减少。

（4）在被输送介质中加入某些药物，如丙烯酰胺、聚氧乙烯氧化物等，以减少介质对管壁的腐蚀和杂物沉积，从而减少旋涡和流体阻力。

1.3.7　实验演示与分析

1. 装置流程

如图 1-43 所示，该装置为有机玻璃材料制作的管路系统，通过泵使流体循环流动。管路内径为 30mm，节流件变截面处管内径为 15mm。单管压力计 1 和 2 可用于验证变截面连续性方程，单管压力计 1 和 3 可用于比较流体经节流件后的能头损失，单管压力计 3 和 4 可用于比较流体经弯头和流量计后的能头损失及位能变化情况，单管压力计 4 和 5 可用于验证直管段雷诺数与流体阻力系数的关系，单管压力计 5 与 6 配合使用，用于测定单管压力计 5 处的中心点速度。

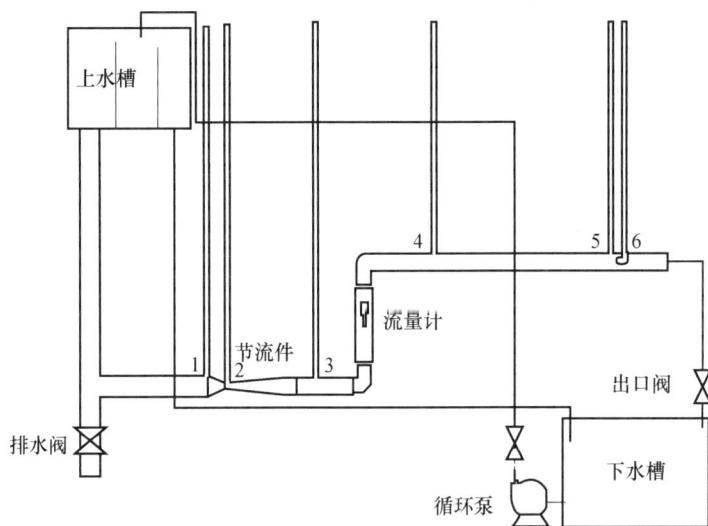

1. ～6. 单管压力计。

图 1-43　流体流动演示实验装置示意图

2. 演示操作

（1）先在下水槽中加满清水，保持管路排水阀、出口阀处于关闭状态，通过循环泵将水打入上水槽中，使整个管路充满流体，并保持上水槽液位在一定高度，可观察流体处于静止状态时各管段的高度。

（2）通过出口阀调节管内流量，注意保持上水槽液位高度稳定（即保证整个系统处于稳定流动状态），并尽可能使转子流量计读数在刻度线上。观察并记录各单管压力计读数和流量值。

（3）改变流量，观察各单管压力计读数随流量的变化情况。注意，每改变一个流量，需给予系统一定的稳流时间，方可读取数据。

（4）结束实验，关闭循环泵，全开出口阀排尽系统内流体，之后打开排水阀排空管内沉积段流体。

3. 数据分析

1）h_1 和 h_2 的分析

由转子流量计的读数及管截面积，可求得流体在 1 处的平均流速 u_1（该平均流速适用于系统内其他等管径处）。若忽略 h_1 和 h_2 间的沿程阻力，且由于 1、2 处等高，则有

$$\frac{p_1}{\rho g} + \frac{u_1^2}{2g} = \frac{p_2}{\rho g} + \frac{u_2^2}{2g}$$

其中，两者静压头差即为单管压力计 1 和 2 的读数差（mH_2O），由此可求得流体在 2 处的平均流速 u_2，验证连续性方程。

2）h_1 和 h_3 的分析

流体在 1 和 3 处，经节流件后，虽然恢复到了原来的管径，但是单管压力计 1 和 3 的读数差说明了存在能头损失（即经过节流件的阻力损失），且流量越大，读数差越明显。

3）h_3 和 h_4 的分析

流体经 3 到 4 处，受弯头和转子流量计及位能的影响，单管压力计 3 和 4 的读数差明显，且随流量的增大，读数差也变大，可定性观察流体局部阻力导致的能头损失。

4）h_4 和 h_5 的分析

在直管段 4 和 5 之间，单管压力计 4 和 5 的读数差说明了直管阻力的存在（小流量时，该读数差不明显，直管阻力系数的测定可使用流体阻力装置），根据

$$h_f = \lambda \frac{L}{d} \cdot \frac{u^2}{2g}$$

可推算出阻力系数，然后根据 Re 做出两者的关系曲线。

5）h_5 和 h_6 的分析

单管压力计 5 和 6 的读数差指示的是 5 处管路的中心点速度，即最大速度 u_c，有

$$\Delta h = \frac{u_c^2}{2g}$$

可考查在不同雷诺数下，管子中心速度与管路平均速度 u 的关系。

1.4 流体流动有关参数的测量

1.4.1 液面的测定

生产中为了了解设备内液体储量或液面高度，需要测定液位。测量设备内液位的装置有多种，如玻璃管液位计、U 形管压差计、磁翻柱液位计等。

流体流动有关
参数的测量

1. 玻璃管液位计

如图 1-44 所示，玻璃管液位计是根据连通器的原理，即在静止的、连通的同一种流体中的同一水平面上各点压力相等设计而成的。图 1-44 中 0—0′ 水平面为等压面，

0—0′面上的点 1 和点 2 处的压力 p_1、p_2 必相等，因液位计上方与储槽相通，且为同一种液体，所以从玻璃管内观察到的液面高度就是储槽中的液位高度。

2. U 形管压差计

U 形管压差计是利用压差法测量液位的装置，其装置形式多种多样，但原理都是一样的。图 1-45 所示就是一种常见的 U 形管压差计装置示意图。

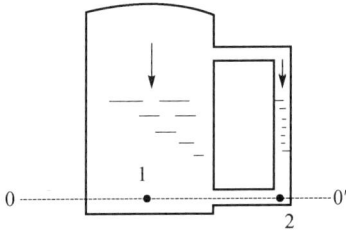

图 1-44　玻璃管液位计

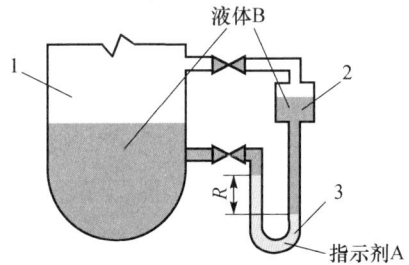

图 1-45　U 形管压差计

1. 容器；2. 平衡器；3. U 形管。

如图 1-45 所示，在容器 1 的外面设置一个平衡器 2，内装液体 B 与容器中液体相同，其液面高度维持在容器中液面允许的最大高度，然后用一个装有指示剂 A 的 U 形管压差计 3 把容器与平衡器连通起来。

显然，当容器中液位达到最高时，指示剂在 U 形管两侧的液位高度相同，压差计读数 R 为零。当容器中液位低于允许的最大液位时，U 形管压差计中指示剂的液面会出现位差 R，液位越低，压差计上的读数 R 越大。

若设容器内液面允许的最大高度处与 U 形管压差计接口处的垂直距离为 H，该接口与 U 形管压差计左端指示剂的液面的垂直距离为 h_1，则根据流体静力学原理可推导出容器内液面相对于接口处的高度 h 的计算式。

取指示剂的低液面为等压面，则有

$$(h + h_1) \cdot \rho_B \cdot g + R \cdot \rho_A \cdot g = (H + h_1 + R) \rho_B \cdot g$$

整理可得

$$h = H - R \frac{\rho_A - \rho_B}{\rho_B} \qquad (1\text{-}39)$$

根据式（1-39）可将 U 形管压差计的读数换算成容器中液位的高度。

3. 磁翻柱液位计

磁翻柱液位计是将连通器原理、磁耦合原理、阿基米德（浮力）定律等巧妙地结合机械传动的特性而制作的一种专门用于液位测量的装置，如图 1-46 所示。

磁翻柱液位计基本结构如图 1-47 所示，它有一容纳浮子的腔体称为主体管、浮筒或外壳，它通过法兰或其他接口与容器组成一个连通器；浮子的结构根据被测介质、压力、温度、介质相对密度的不同而不同，大多数情况下采用不锈钢浮子，也可采用其他材质的浮子，包括特制合金浮子和塑料浮子。浮子一般制作成空心球，在浮球沉入液体与浮出部分的交界处安装了磁钢，密封的浮子看起来像一个 360° 的磁环。在浮筒的外面装有翻柱显示器，由玻璃制成，显示器管内有磁性浮标——翻柱（翻板），它与浮筒内的浮子组成一对，里面充有惰性气体并密封，不会出现凝结。

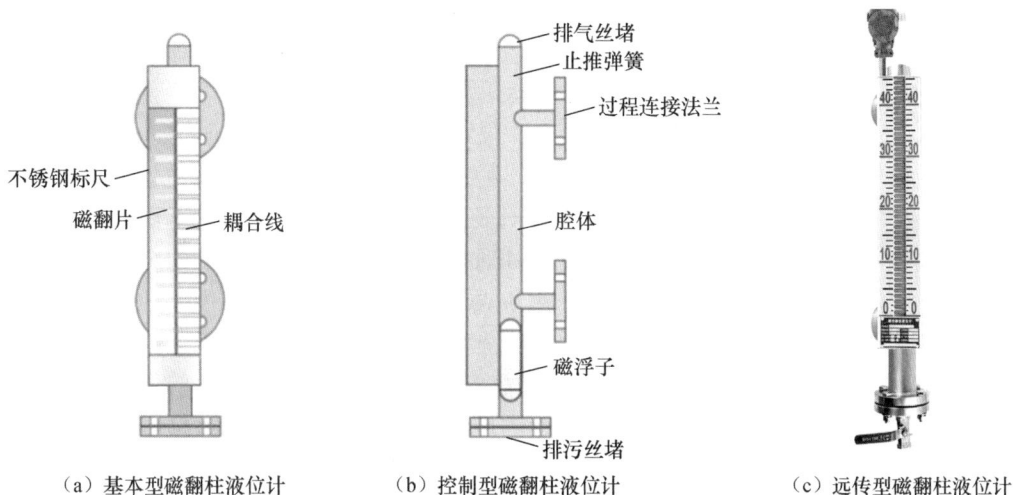

（a）基本型磁翻柱液位计   （b）控制型磁翻柱液位计   （c）远传型磁翻柱液位计

图 1-46　磁翻柱液位计

工作时浮筒内的液面与容器内的液面处于相同高度，因此浮筒内的浮球会随着容器内液面的升降而升降，这时不能看到液位，但浮球随液面升降时，浮球中磁环的磁性透过外壳传递给翻柱显示器，根据磁性耦合作用推动磁翻柱翻转180°；由于磁翻柱是由红、白两个半圆柱合成的圆柱体或立方体，所以翻转180°后朝向翻柱显示器外的颜色会改变，一般液面以下用红色表示，液面以上用白色或绿色表示，两色交界处即液面的高度。

磁翻柱液位计的特点如下。

（1）安全性高：显示装置与容器内的介质不接触，即使玻璃管破碎，也不会产生泄漏，适用于一、二、三类压力容器，尤其对有毒、强腐蚀性、易燃、高温、高压被测介质非常重要。

（2）可靠性强：测量过程中，唯一的可动部件是浮子，因此，磁翻柱液位计具有极高的可靠性。指示器、液位开关、变送器的维修均可在线进行。

1.4.2　压力的测量

压力是流体流动过程中的重要参数，目前工业中常用的测量压力的方法主要有两类：机械式测压仪表和应用流体静力学原理设计的液柱式测压仪表。

1. 机械式测压仪表

常见的机械式测压仪表是弹簧管压力表，它的构造如图 1-48 所示，表外观呈圆形，附有带刻度的圆盘，内部有一根截面为椭圆形的金属弹簧管，管一端封闭并连接拨杆和

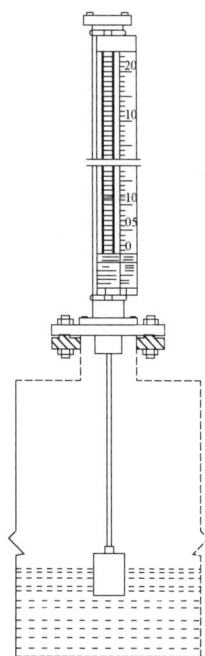

图 1-47　旁通顶装型磁翻柱液位计使用示意图

51

扇形齿轮，扇形齿轮与轴齿轮啮合而带动指针，金属管的另一端固定在底座上并与测压接头相通，测压接头用于螺纹与被测系统连接。

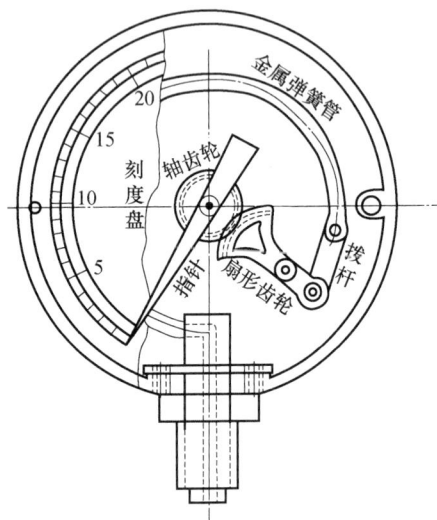

图 1-48　弹簧管压力表构造

弹簧管压力表分三类：用于正压设备的压力表，如图 1-49（a）所示；用于负压设备的真空表，如图 1-49（b）所示；既可测量正压（表压）又可用来测量真空度的双向表——压力真空表，如图 1-49（c）所示；弹簧管压力表的金属管一般是用铜制成的，当测量对铜有腐蚀性的流体时，应选用特殊材料制成的金属管，如氨用压强表的金属管是用不锈钢制成的。

测量时，当系统压强大于大气压时，金属弹簧管受压变形而伸长，变形的大小与管内所受的压强成正比，从而带动拨杆拨动齿轮，使指针移动，在刻度盘上指出被测量系统的压强，其读数即为表压。弹簧管真空表与压强表有相似的结构，测量时弹簧管因负压而弯曲，测得的是系统的真空度。

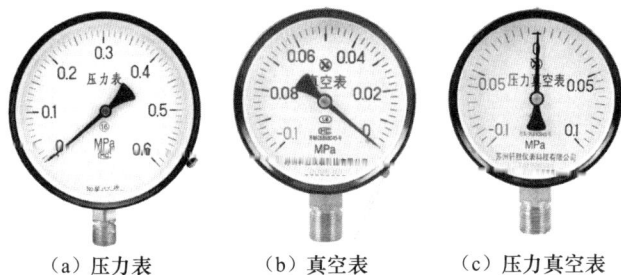

（a）压力表　　　　（b）真空表　　　　（c）压力真空表

图 1-49　弹簧管压力表的类型

弹簧管压力表的测量范围很广。压力表所测量的压强一般不应超过表最大读数的 2/3。例如，测量系统的压强为 500～600Pa（表压），应选取 0～1000kPa 的压力表，以免金属管发生永久变形而引起误差或损坏。

2. 液柱式测压仪表

压力的测量除使用弹簧管式压力表和真空表测量外，还可以利用静力学基本原理进行测量。以静力学原理为依据的测量仪器统称为液柱压力计（又称液柱压差计）。这类压力计可测量流体中某点的压力（表压），也可测两点间的压力差。这类仪器结构简单，使用方便，也是应用较广泛的测压装置。常见的液柱压力计有以下几种。

1）U 形管压差计

U 形管压差计是液柱压力计中最普遍的一种，其结构如图 1-50 所示。它是一个两端开口的垂直 U 形玻璃管，中间配有读数标尺，管内装有液体作为指示液。指示液要与被测流体不互溶,不发生化学反应,而且其密度要大于被测流体的密度。通常采用的指示液有着色水、油、四氯化碳及水银等。

在图 1-50 中,U 形管内指示液上面和大气相通,即作用在两侧指示液液面的压力是相等的,此时由于 U 形管下面是连通的,所以,两支管内指示液液面在同一水平面上。如果将两支管分别与管路中两个测压口相连接,如图 1-51 所示,由于两点的压力 p_2 和 p_1 不相等,且 $p_1 > p_2$,使左支管内指示液液面下降,而右支管内的指示液液面上升,直至在标尺上显示出读数 R 时才停止。由读数 R 便可求得管路两液面间的压力差。

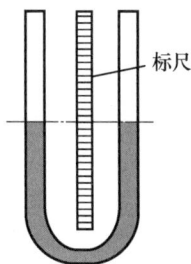

图 1-50　U 形管压差计

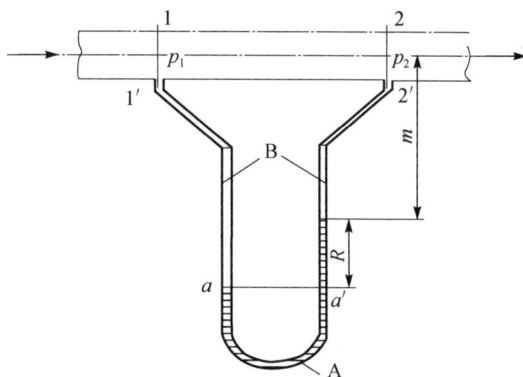

图 1-51　测量压力差

设图 1-51 所示的 U 形管底部装有指示液 A,其密度为 ρ_A,而在 U 形管两侧臂上部及连接管内均充满待测流体 B,其密度为 ρ_B。图 1-51 中 a、a' 两点都在连通的同一种静止流体内,并且在同一水平面上,所以这两点的静压力相等,即 $p_a = p_{a'}$。由流体静力学基本方程可得

$$p_a = p_1 + \rho_B g(m+R)$$
$$p_{a'} = p_2 + \rho_B gm + \rho_A gR$$

于是有

$$p_1 + \rho_B g(m+R) = p_2 + \rho_B gm + \rho_A gR$$

上式化简后即得由读数 R 计算压力差 $p_1 - p_2$ 的公式:

$$p_1 - p_2 = (\rho_A - \rho_B)gR \tag{1-40a}$$

式中,ρ_A——指示液的密度;

ρ_B——待测流体的密度;

R——U 形管标尺上指示液的读数;

$p_1 - p_2$——管路两截面间的压力差。

若被测流体是气体,气体的密度要比液体的密度小得多,即 $\rho_A - \rho_B \approx \rho_A$,于是,式(1-40a)可简化为

$$p_1 - p_2 \approx \rho_A gR \tag{1-40b}$$

若 U 形管的一端通大气,另一端与设备或管道连接,如图 1-52 和图 1-53 所示,则式(1-40a)计算值反映的是设备或管道某一截面处流体的绝对压力与大气压力之差即表

压或真空度。

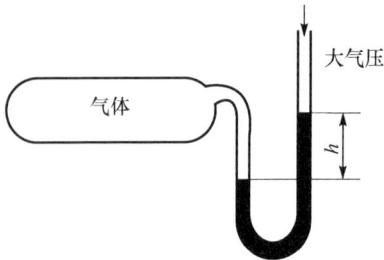

图 1-52　测量表压

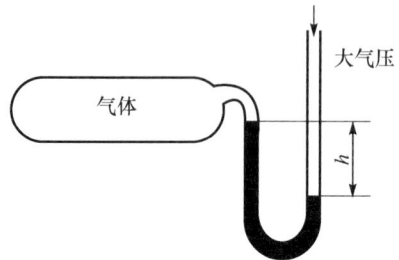

图 1-53　测量真空度

【例 1-11】　如图 1-54 所示，293K 的水流经某水平管道，在管道上相距 10m 的两处装有两个测压孔与 U 形管压差计相连，如果 U 形管压差计上的水银柱读数为 30mm，试求水通过这一段管道时的压力差。

解：已知指示液水银的密度 ρ_{Hg}=13 600kg/m³，待测流体的密度 $\rho_{水}$=998.2kg/m³，U 形管上水银柱的读数 R=30mm=0.03m，则水通过这一管道时的压力差为

$$\rho_1\rho_2 = (\rho_{Hg} - \rho_{水})gR$$
$$= (13\,600 - 998.2) \times 9.807 \times 0.03$$
$$= 3.7 \times 10^3 (\text{Pa})$$

答：水通过这一段管道时的压力差为 3.7×10^3Pa。

【例 1-12】　如图 1-55 所示，水在管道内流动，管道某截面处连接一 U 形管压差计，指示液为水银，读数 R=200mm，h=1000mm。当地大气压 p_0 为 760mmHg，试求水在该截面处的表压力。已知水的密度 $\rho_{水}$=1000kg/m³，水银的密度 ρ_{Hg}=13 600kg/m³。

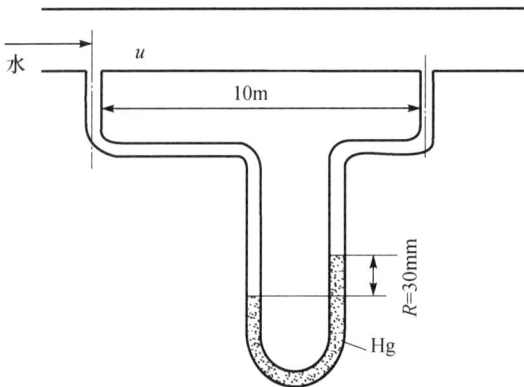

图 1-54　例 1-11 附图

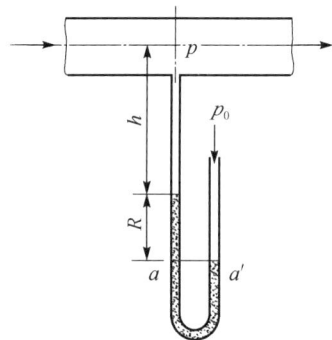

图 1-55　例 1-12 附图

解：水在管内流动时过 U 形管右侧的水银面作水平面 a—a'，依流体静力学基本原理知

$$p_a = p_{a'} = p_0$$

又由静力学基本方程得

$$p_{a'} = p + \rho_{\text{水}} gh + \rho_{\text{Hg}} gR$$

于是

$$p = p_a - \rho_{\text{水}} gh - \rho_{\text{Hg}} gR$$

已知：$R=200\text{mm}=0.2\text{m}$，$h=1000\text{mm}=1\text{m}$，$p_{a'} = p_0 = 760\text{mmHg} \approx 1.0133 \times 10^5 \text{Pa}$，水的密度 $\rho_{\text{水}} = 1000\text{kg/m}^3$，水银的密度 $\rho_{\text{Hg}} = 13\,600\text{kg/m}^3$，所以有

$$p = 1.0133 \times 10^5 - 1000 \times 9.807 \times 1 - 13\,600 \times 9.807 \times 0.2$$
$$= 6.48 \times 10^4 (\text{Pa})$$

由于 p 小于大气压，可表示为真空度，且真空度为

$$p_{\text{真}} = p_0 - p = 1.0133 \times 10^5 - 6.48 \times 10^4 = 3.65 \times 10^4 (\text{Pa})$$

2）双液柱压差计

当测量小压差时，可采用双液柱压差计（微差压差计），如图 1-56 所示。这种压差计的特点如下。

（1）内装有互不相溶的两种指示液 A 与 C，密度分别为 ρ_A 和 ρ_C，为了将读数 R 放大，应尽可能使两种指示液的密度相接近，还应注意使指示液 C 满足 $\rho_A > \rho_C$，且与被测流体不互溶。

（2）U 形管两侧臂的上端装有扩张室 B，扩张室的截面积比 U 形管的截面积大得多（若扩张室的截面也为圆形，应使扩张室的内径与 U 形管内径之比大于 10），这样，在测量时两扩张室内指示液的液面变化很小，仍可近似认为维持在同一水平面。所测的压差用式（1-41）计算可得

$$p_1 - p_2 = (\rho_A - \rho_C) gR \qquad (1\text{-}41)$$

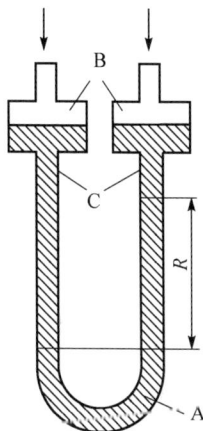

图 1-56 双液柱压差计

1.4.3 流量的测定

流体的流量是流体输送任务的最基本参数，也是工业生产中重要的测量和控制参数。

1. 孔板流量计

1）孔板流量计的结构

孔板流量计的结构如图 1-57 所示。孔板是一中心开有圆孔的圆形金属板，将其置于孔板盒里，再用法兰将孔板盒固定在管道中。为了测取孔板前后的压差，孔板盒上开有测压孔道，又因取压方式不同，孔板盒上的开孔方式也不同。图 1-58 中，上部所示为环室取压，下部所示为测压孔直接取压。

2）孔板流量计的测量原理

如图 1-58 所示，孔板上的孔要加工精细，从前向后逐渐扩大，孔侧线与管轴线成 45°角，称为锐孔。当流体流过锐孔时，因为流动截面收缩而流速增大。流体流过锐孔后，在惯性作用下流动截面还将继续收缩，大约在与锐孔的距离为管径的 1/3 至 2/3 处流动截面达到最小，此处称为缩脉。过了缩脉后，流动截面逐渐扩大到与管截面相等。

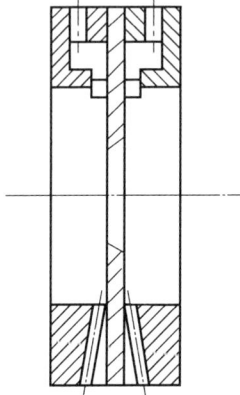

图 1-57　孔板流量计
结构示意图

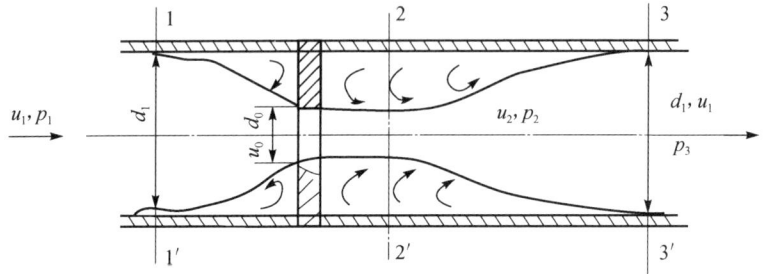

图 1-58　孔板流量计测量原理图

在流体流速变化的同时，压力也随之变化。在图 1-58 中，孔板前流动截面尚未收缩处是 1—1′ 截面，流速为 u_1，压力为 p_1，流动截面收缩后至缩脉处流速增至 u_2，压力降至 p_2。设 $\Delta p = p_1 - p_2$，流量越大，压差越大，流量 V 与压差 Δp 互成一一对应关系。只要用压差计测出孔板前后的压差 Δp，即可得知流量，这就是孔板流量计测流量的原理。

当不可压缩性流体在水平管内流动时，对截面 1—1′ 和 2—2′ 间列伯努利方程，暂不计能量损失，有

$$gz_1 + \frac{p_1}{\rho} + \frac{u_1^2}{2} = gz_2 + \frac{p_2}{\rho} + \frac{u_2^2}{2}$$

对水平管，$z_1 = z_2$，整理此式可得

$$\frac{u_2^2 - u_1^2}{2} = \frac{p_1 - p_2}{\rho}$$

或

$$\sqrt{u_2^2 - u_1^2} = \sqrt{2 \times \frac{p_1 - p_2}{\rho}}$$

由于上式未考虑阻力损失，而且缩脉处的面积 A_2 无法知道，而孔口的截面积 A_0 已知，因此上式中的 u_2 可用孔口处速度 u_0 来代替，同时两测压孔的位置也不在 1—1′ 及 2—2′ 截面上，所以可用校正系数 C 来校正上述各因素的影响，则上式变为

$$\sqrt{u_0^2 - u_1^2} = C\sqrt{2 \times \frac{p_1 - p_2}{\rho}} \tag{1-42}$$

根据连续性方程，对于不可压缩性流体，有

$$u_1 = u_0 \left(\frac{d_0}{d_1} \right)^2$$

将上式代入式（1-42），整理后得

$$u_0 = \frac{C\sqrt{2(p_1 - p_2)/\rho}}{\sqrt{1 - \left(\dfrac{d_0}{d_1}\right)^4}}$$

令 $C_0 = \dfrac{C}{\sqrt{1 - \left(\dfrac{d_0}{d_1}\right)^4}}$，又因 $\dfrac{p_1 - p_2}{\rho} = \dfrac{R(\rho' - \rho)\,g}{\rho}$，于是有

$$u_0 = C_0\sqrt{\frac{2Rg(\rho' - \rho)}{\rho}} \tag{1-43}$$

根据流量方程有

$$V_S = u_0 A_0 = C_0 \frac{\pi d_0^2}{4}\sqrt{\frac{2Rg(\rho' - \rho)}{\rho}} \tag{1-44}$$

式中，ρ'——压差计指示液的密度，kg/m^3；

ρ——被测流体的密度，kg/m^3；

C_0——孔流因数，量纲为 1。

孔流因数 C_0 由实验测定，图 1-59 所示为 C_0 与 Re（以管路直径计算的 Re）及孔与管截面积之比 A_0/A_1 的关系。由图 1-59 可见，对于一定的 A_0/A_1，当 Re 超过某一数值后，C_0 的数值就为常数。若 Re 一定，A_0/A_1 越大，C_0 也就越大。

3）孔板流量计的测量范围

由式（1-44）可知，当孔流因数 C_0 为常数时，孔板流量计所连接的 U 形管压差计的读数 R 与流量的平方成正比，即流量的少量变化可导致 R 的较大变化。这说明测量的灵敏度较大、准确度较高，但允许测量的范围变小。

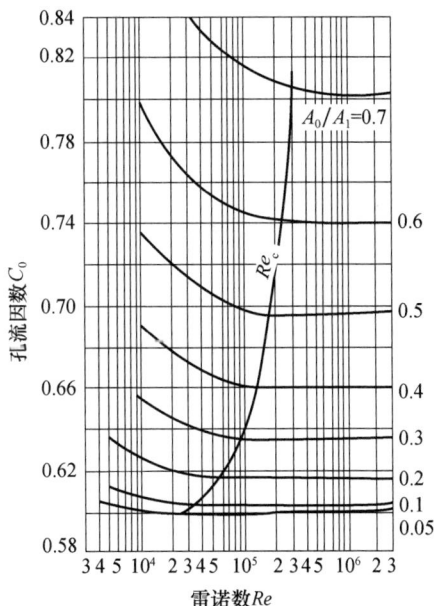

图 1-59 孔流因数 C_0 与雷诺数 Re、A_0/A_1 的关系曲线

为了尽量减小 U 形管压差计读数的相对误差，通常对选用的 U 形管压差计规定一最小值，令其为 R_{min}（因 R 越小，相对误差越大），同时也规定一最大值，令其为 R_{max}，从而可确定其可测的流量范围，即

$$\frac{V_{max}}{V_{min}} = \sqrt{\frac{R_{max}}{R_{min}}} \tag{1-45}$$

式（1-45）表明，V_{max}/V_{min} 与孔板的选择无关，仅与 R_{max} 和 R_{min} 有关，即由 U 形管压差计的长度确定。

4）孔板流量计的安装

安装孔板流量计时，上、下游必须有一段内径不变的直管作为稳定段。通常要求上游直管的长度为（15～40）d，下游为 $5d$。

孔板流量计已是某些仪表厂的定型产品，其系列规格可查阅有关手册或产品目录。但小管径或其他特殊要求的孔板流量计，可自行设计、加工。设计孔板流量计的关键是选择适当的面积比 m，同时要兼顾 U 形管压差计的读数范围和能量损失等。

5）流体经过孔板流量计的能量损失

孔板流量计的优点是结构简单，制造、安装方便，当流量有较大变化时，调换孔板也很方便；主要缺点是流体流过孔板的能量损失大，并随孔径的减小而增大。另外，孔口边缘容易腐蚀和磨损，需要定期进行校正。孔板流量计的能量损失可按下式估算：

$$E_f = \frac{\Delta p}{\rho}\left(1 - 1.1 \times \frac{A_0}{A_1}\right) \tag{1-46}$$

式中，Δp——孔板两侧的压力差，Pa；

A_0、A_1——孔径和管内径，m。

【例 1-13】 脱脂奶在 $\phi76\text{mm}\times3\text{mm}$ 的不锈钢管中流过，管路上有一个孔径为 40mm 的孔板流量计用于测量脱脂奶的流量，现测得 U 形管水银压差计读数为 500mm，求管内脱脂奶的流量和脱脂奶流经孔板流量计的能量损失。已知脱脂奶的密度为 1040kg/m³，黏度为 $1.2\times10^{-3}\text{Pa}\cdot\text{s}$，孔板流量计的孔流系数为 0.64，水银的密度 $\rho_{Hg}=13\,600\text{kg/m}^3$。

解：根据式（1-44）及题中已知条件，管内脱脂奶的流量为

$$V_s = C_0 A_0 \sqrt{\frac{2R(\rho_{Hg} - \rho)\,g}{\rho_{脂}}}$$

$$= 0.64 \times \frac{3.14}{4} \times 0.04^2 \times \sqrt{\frac{2 \times 0.5 \times 9.81 \times (13\,600 - 1040)}{1040}}$$

$$\approx 0.008\,75(\text{m}^3/\text{s})$$

$$= 31.5(\text{m}^3/\text{h})$$

脱脂奶流经孔板流量计的能量损失由式（1-46）得

$$E_f = \frac{\Delta p}{\rho}\left(1 - 1.1 \times \frac{A_0}{A_1}\right)$$

$$= \frac{0.5 \times (13\,600 - 1040) \times 9.81}{1040} \times \left(1 - 1.1 \times \frac{0.04^2}{(76 - 2 \times 3) \times 10^{-3}}\right)$$

$$\approx 37.7(\text{J/kg})$$

2. 文丘里流量计

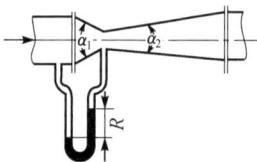

图 1-60 文氏管流量计

针对孔板流量计能量损失大的缺点，人们想到了文丘里管（简称"文氏管"）。文氏管的管径逐渐缩小，然后逐渐扩大，流体流过时不会产生剧烈的涡流，能量损失很小。文氏管流量计如图 1-60 所示，图 1-60 中 α_1、α_2 分别表示收缩管的收缩管角和扩散管的扩散管角。

文氏管流量计的测量原理与孔板流量计相同，流量计算式

也相同，即

$$V = C_v A_0 \sqrt{\frac{2gR(\rho_0 - \rho)}{\rho}}$$ （1-47）

式中，C_v——孔流因数，其值由实验测定，随 Re 不同而改变。湍流时，如喉径 d_0 与管径 d_1 之比即 $d_0/d_1 = 1/4 \sim 1/2$，可取 $C_v = 0.98$。

A_0——喉管处截面积，$A_0 = \frac{\pi}{4} d_0^2$，$m^2$。

其他符号与孔板流量计相同。

与孔板流量计相比，文氏管流量计各部分尺寸要求严格，加工精细，造价较高。

3．转子流量计

1）转子流量计的构造和工作原理

转子流量计如图 1-61 所示，它是由一个截面积自下而上逐渐扩大的锥形玻璃管制成的，锥形玻璃管的锥度约为 4°，并带有刻度。管内装有一个用金属或其他材料制成的转子（也称"浮子"），转子边缘刻有斜槽。当流体自下而上流过转子和玻璃管之间的环隙时，转子向上浮起，并不断旋转。由于玻璃管的直径是上大下小，转子位置越高，它与玻璃管之间的环隙流动截面积就越大。

转子流量计是通过改变流通截面积来测量流量的一种流量计。当流量一定时，转子会停留在一定的高度上，这时转子受力平衡：转子所受向上的力——转子下截面与上截面的压力差，同转子所受向下的力——转子的重力与其所受浮力之差相等，即

$$(\rho_f - \rho) V_f g = (p_1 - p_2) A_f$$

变换可得

$$(p_1 - p_2) = \frac{(\rho_f - \rho) V_f g}{A_f}$$ （1-48）

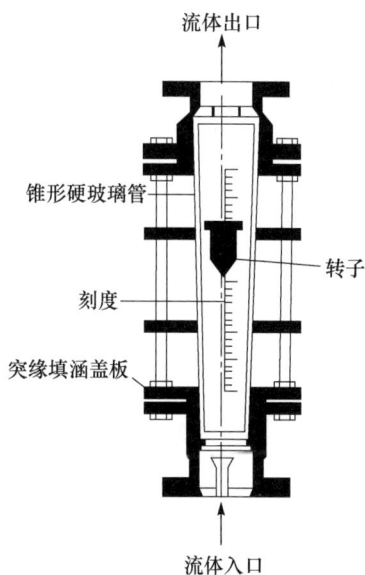

图 1-61 转子流量计

式中，A_f——转子最大直径处的截面积，m^2；

V_f——转子的体积，m^3；

ρ_f、ρ——转子材料的密度和被测流体的密度，kg/m^3；

p_1、p_2——转子上端面与下端面流体的压力，Pa。

由式（1-48）可以看出，不论流量如何变化，转子停留在什么高度，流体流经转子的压力差是恒定的。随着流量增大，转子上升，使得环隙流通面积增大，流速不变，从而使流体流经转子的压力差恒定。所以，流量越大，转子的停留高度越高，因此可用转子的位置来表示流量的大小。

2）转子流量计的校正

转子流量计的刻度是出厂前用某种流体标定的，一般用 20℃的水或 20℃、0.1MPa 的空气进行标定。测量其他流体的流量时，须对原有的流量刻度进行校正。

对于液体转子流量计，若被测流体的黏度与水的黏度相差不大，孔流因数 C_v 可视为常数，可由式（1-49）校正流量：

$$\frac{V_B}{V_A} = \sqrt{\frac{\rho_A(\rho_f - \rho_B)}{\rho_B(\rho_f - \rho_A)}} \tag{1-49}$$

式中，V_A、ρ_A——标定流体的流量和密度；

V_B、ρ_B——其他待测流体的流量和密度；

ρ_f——转子的密度。

3）转子流量计的安装与操作

转子流量计读数方便，阻力小，准确度较高，对不同流体的适用性强，能用于腐蚀性流体的测量。它的主要缺点是玻璃管不能经受高温和高压，在安装和使用时玻璃管易破碎。

转子流量计必须垂直安装，流体自下而上流动时，绝不可倾斜或水平安装，更不能倒着安装；必须在流量计前后安装切断阀，还必须安装带有调节阀的旁路管，以便于检修。具体安装示意如图 1-62 所示。

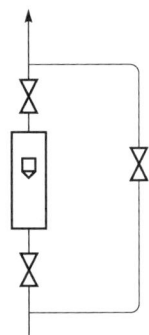

图 1-62 转子流量计安装示意图

转子流量计操作时应缓慢开启阀门，以防转子卡于顶端或击碎玻璃管。

4. 涡轮流量计

涡轮流量计的结构如图 1-63 所示，在管道中心安装一个涡轮，两端由轴承支撑。它的工作原理如图 1-64 所示，当流体通过管道时，冲击涡轮叶片，对涡轮产生驱动力矩，使涡轮克服摩擦力矩和流体阻力矩而产生旋转。在一定的流量范围内，对于介质黏度一定的流体，涡轮的旋转角速度与流体流速成正比。由此，流体流速可通过涡轮的旋转角速度得到，从而计算得到通过管道的流体流量。

图 1-63 涡轮流量计

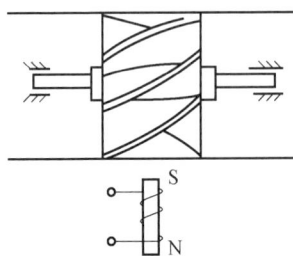

（a）涡轮流量计原理示意图　　（b）涡轮流量计总体原理方框图

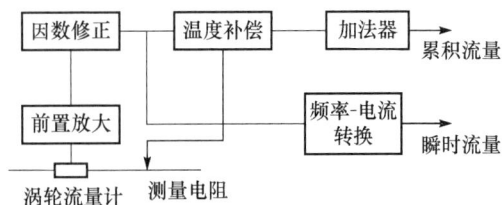

图 1-64 涡轮流量计工作原理

涡轮的转速通过装在机壳外的传感线圈来检测。当涡轮叶片切割由壳体内永久磁钢产生的磁感线时，就会引起传感线圈中的磁通变化。传感线圈将检测到的磁通周期变化信号送入前置放大器，对信号进行放大、整形，产生与流速成正比的脉冲信号，送入单位换算与流量计算电路，得到并显示累积流量值；同时将脉冲信号送入频率电流转换电路，将脉冲信号转换成模拟电流量，进而指示瞬时流量值。

1.5 液体输送机械的选用、安装及操作

1.5.1 流体输送机械的分类

流体是多种多样的，不同流体的黏度大小不同、腐蚀性强弱不同，有些流体中还含有悬浮物杂质；输送条件和输送要求也是多种多样的，如温度、压力、流量等参数在不同的场合完全不同。为适应这些情况，必须制造各种类型的流体输送设备。

液体输送机械的选用、安装及操作

根据输送流体的性质不同，流体输送机械可分为液体输送机械和气体输送机械两大类。液体输送机械一般统称为"泵"，气体输送机械一般统称为"气体压送机械"或"压缩机"。

由于气体具有可压缩性，在输送过程中因压缩或膨胀而引起密度和温度的变化使气体输送机械在结构上具有某些与液体输送机械不同的特点。

液体输送机械的实质是为液体提供能量的机械设备，为了适应所要输送的液体性质、压力、流量大小等要求，设计制造了各种类型的泵。根据工作原理和结构特征的不同，液体输送机械可划分为以下三类。

（1）容积式泵：它是利用工作室的容积做周期性变化来输送液体，有往复泵、旋转泵。

（2）叶片式泵：它是依靠做旋转运动的叶轮把能量传递给液体，有离心泵、轴流泵、混流泵及旋涡泵。

（3）流体动力式泵：它是依靠另外一种工作流体的能量来抽或压送液体，有喷射泵等。

对于大、中流量和中等压力的液体输送任务，一般选用离心泵；对于中、小流量和高压力的输送任务，一般选用往复泵；齿轮泵等旋转泵则多用于小流量和高压力的场合。

1.5.2 离心泵

离心泵是工业生产中应用最为广泛的泵。离心泵的特点是结构简单、流量均匀且调节方便，一般用耐腐蚀材料制造，易于实现自动控制。

1. 离心泵的结构和工作原理

1）离心泵的工作原理

离心泵的基本结构如图 1-65 所示，在蜗牛型的泵壳 3 内

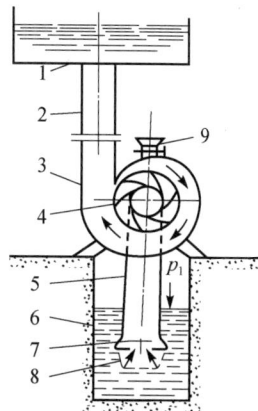

1. 高位槽；2. 排出管；3. 泵壳；
4. 叶轮；5. 吸入管；6. 吸液池；
7. 底阀；8. 滤网；9. 漏斗。

图 1-65　离心泵

有一叶轮 4，叶轮通常有 6～12 片的后弯叶片。叶轮固定在由电动机带动的泵轴上。泵壳上有两个接口，在泵壳轴心处的接口连接液体吸入管 5，在泵壳切线方向上接口连接液体排出管 2。

离心泵一般由电动机带动，在离心泵启动前必须在泵壳内灌满被输送的液体。泵启动后，泵轴带动叶轮高速旋转，叶片间的液体受到叶片推力也跟着一起旋转。在离心力的作用下，液体从叶轮中心被抛向叶轮外缘并获得动能和静压能。获得机械能的液体离开叶轮流入泵壳后，由于泵壳内的蜗型通道的面积是逐渐增大的，液体在泵壳内向出口处流动时，大部分动能转化为静压能，在泵的出口处压强达到最大，于是液体就以较高的压力进入排出管。

当液体从叶轮中心被抛向外缘时，在叶轮中心处形成了真空，在压差的作用下液体就会由吸入管源源不断地进入泵内。这样只要叶轮不停地旋转，液体就连续不断地被吸入和排出从而达到输送的目的。由此可见，离心泵是通过高速旋转的叶轮所产生的离心力来给流体增加能量的。

必须注意，离心泵在启动前，泵壳内一定要灌满被输送的液体。若未充满液体，则泵壳内存在空气，由于空气的密度远小于液体的密度，叶轮旋转时产生的离心力小，在叶轮中心形成的真空度太低，不能将液体通过吸入管吸入泵内，这时泵的叶轮只能空转而不能输送液体。这种由于泵内存有气体而造成离心泵启动时不能吸进液体的现象称为"气缚"。

2）离心泵的主要工作部件

（1）叶轮。离心泵输送液体是依靠泵体高速旋转的叶轮对液体做功的，叶轮的尺寸、形状和制造精度对泵的性能有很大影响。叶轮可分为闭式叶轮、半开式叶轮和开式叶轮三种，如图 1-66 所示。闭式叶轮效率高，应用最多，适用于输送洁净液体；半开式叶轮适用于输送具有黏性或含有固体颗粒的液体；开式叶轮效率低，适用于输送污水、含泥沙及纤维的液体。

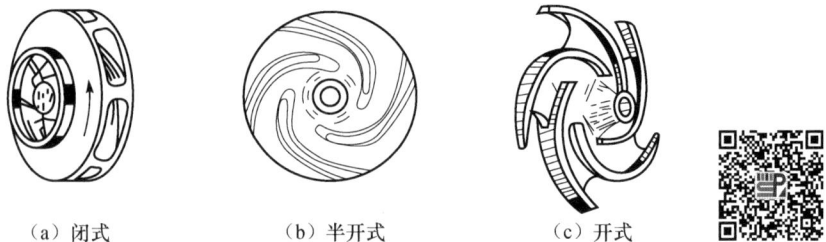

（a）闭式　　　　　（b）半开式　　　　　（c）开式　　　　　闭式叶轮构造
图 1-66　叶轮的类型

另外，叶轮还可按吸液方式不同分为单吸式和双吸式，如图 1-67 所示。

（2）蜗壳与导轮。蜗壳是在单级泵中采用的蜗形泵外壳的简称，如图 1-68 所示。蜗壳呈螺旋线形，其内流道逐渐扩大，出口为扩散管状。液体从叶轮流出后其流速可以缓慢降低，使很大部分能转变为静压能。蜗壳的优点是制造比较方便，泵性能曲线的高效区域比较宽，叶轮切削后泵的效率变化较小；缺点是蜗壳形状不对称，易使泵轴弯曲，所以在多级泵中只有吸入段和排出段采用蜗壳，而中段则采用导轮。

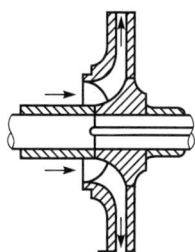
（a）单吸式叶轮

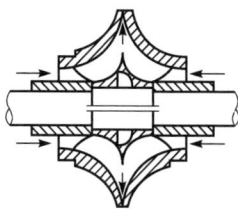
（b）双吸式叶轮

图 1-67　吸液方式

图 1-68　蜗壳

导轮是一个固定不动的圆盘，正面有包在叶轮外缘的正向导叶，它们构成一条条扩散通道，以降低液体流速，实现动能与静压能转换，其结构如图 1-69 所示。它与蜗壳相比，优点是外形尺寸小，缺点是效率低。

（3）轴封装置。旋转的泵轴与固定的泵体之间的密封称为轴封。轴封的作用是防止高压液体从泵体内沿轴漏出，或者外界空气沿轴吸入。离心泵中常用的轴封结构有下列两种形式。

① 填料密封：它是常见的密封形式，其结构如图 1-70 所示，主要由填料套 1、填料环 6、填料 2、压盖 3 等组成。填料一般采用浸油或涂石墨的石棉绳或包有抗磨金属的石棉填料等。填料密封主要靠压盖把填料压紧，并迫使它产生变形，来达到密封的目的。密封的严密程度可由压盖的松紧加以调节，过紧虽能制止泄漏，但机械损失增加，功率消耗过大，严重时会发热、冒烟，甚至烧坏零件。合理的松紧程度是液体从填料中呈滴状渗出，以每分钟 10～60 滴为宜。

填料密封的优点是结构简单；缺点是密封效果差、使用寿命短、功率损失大，需要经常维修更换填料，不适宜用于易燃、易爆、有毒或贵重的液体。

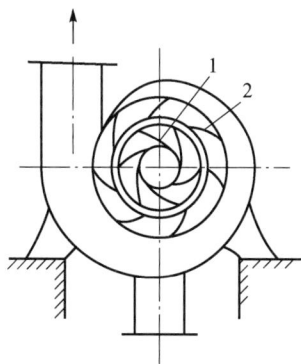

1. 反向导叶；2. 正向导叶。

图 1-69　导轮

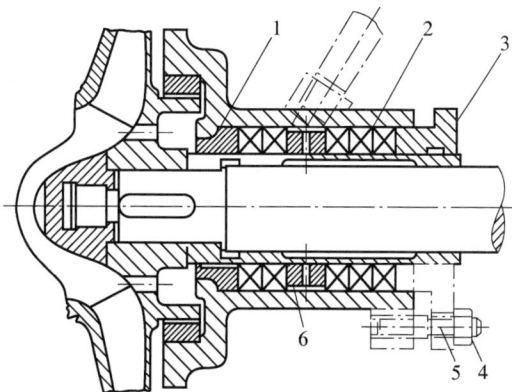

1. 填料套；2. 填料；3. 压盖；4. 螺母；5. 长扣双头螺栓；6. 填料环。

图 1-70　填料密封装置

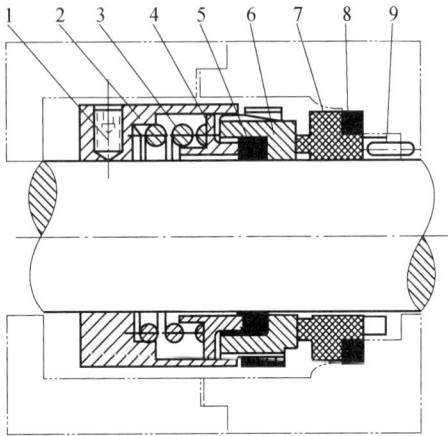

1. 传动螺钉；2. 传动座；3. 弹簧；4. 推环；
5. 动环密封圈；6. 动环；7. 静环；
8. 静环密封圈；9. 防转销。

图 1-71　机械密封结构图

② 机械密封：机械密封的结构如图 1-71 所示，其主要密封原件由装在轴上随轴旋转的动环 6 和固定在泵壳上的静环 7 组成。由于两环的端面非常光滑，而且靠弹簧 3 压紧，流体无法从两环的端面之间渗漏，从而达到密封的目的。故此种机械密封也称为端面密封。两端面之所以能始终紧密贴合是借助于弹簧 3 压紧元件，并通过推环 4 来达到的，因此两端面间的紧密程度可以通过弹簧调节。动环密封圈 5 和静环密封圈 8 等为辅助密封原件，除它们本身有一定的密封功能外，还能吸收对密封面有不良影响的振动。动环和静环通常用不同的材料制成，动环硬度较大，常用钢、硬质合金、陶瓷等制成，而静环硬度较小，常用石墨制品、酚醛塑料、聚四氟乙烯等制成。

机械密封的密封效果好，使用寿命长，功率损失小，不需要经常维修，因此得到了迅速发展和广泛应用。但是机械密封仍存在制造复杂，对材料及其加工精度要求高等缺点。

2. 离心泵的性能参数

离心泵的主要性能参数包括流量、扬程、功率、效率、转速及汽蚀余量等。这些参数都标记在泵的铭牌上。

1）离心泵的流量

离心泵的流量为泵的输送液体的能力，通常是指单位时间内离心泵输送到管路系统中液体的体积，符号为 Q，单位为 m^3/s 或 m^3/h，其大小主要取决于泵的结构形式、尺寸（叶轮直径和叶片宽度）及转速。

2）离心泵的扬程

离心泵的扬程又称离心泵压头，是指离心泵对单位质量液体提供的有效机械能量，也就是液体从泵实际获得的机械能量，符号为 H，单位为 J/N，即 m。对于一个离心泵，在一定的转速下，H 与 Q 具有确定的关系。但由于液体在泵内的流动情况比较复杂，目前尚不能做出精确计算，一般用实验方法测定。

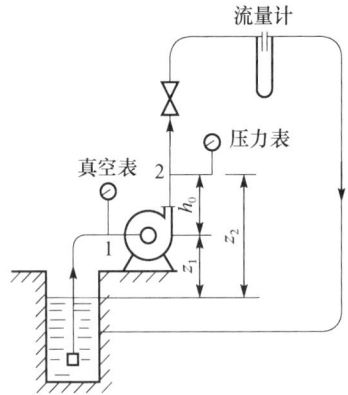

图 1-72　离心泵扬程测定装置示意图

图 1-72 所示为离心泵扬程（压头）的测定装置。在真空表连接截面 1 和压力表连接截面 2 之间列伯努利方程，简化后的扬程计算式如下：

$$H = \frac{p_2 - p_1}{\rho g} + (z_2 - z_1) + \frac{u_2^2 - u_1^2}{2g} = \frac{p_2 - p_1}{\rho g} + h_0 + \frac{u_2^2 - u_1^2}{2g} \qquad （1-50）$$

式中，p_1、p_2——泵的进口和出口处液体的绝对压力，Pa；

u_1、u_2——泵的进口和出口处液体的流速，m/s；

ρ——被输送液体的密度，kg/m^3；

h_0——两测压点之间的垂直距离，m。

3）转速

转速是指泵轴单位时间内的转数，用符号 n 表示，单位为 r/min；或者用符号 n_f 表示，单位为 Hz（每秒的转数）。

4）离心泵的功率与效率

（1）离心泵的功率。功率分为轴功率和有效功率。轴功率为泵轴的输入功率，即电动机通过转轴给泵的功率，用符号 N 表示，单位是 W（J/s）。单位时间内液体经离心泵所获得的机械能量称为有效功率，也就是离心泵对液体做的净功率，以符号 N_e 表示，单位为 W。有效功率表达式为

$$N_e = QH\rho g \tag{1-51}$$

式中，Q——泵的流量，m^3/s。

（2）离心泵的效率，又称为泵的总效率，以 η 表示，其表达式为

$$\eta = \frac{N_e}{N} = \frac{QH\rho g}{N} \tag{1-52}$$

η 值反映了离心泵运转时机械能损失的相对大小。

在液体输送过程中，外界能量通过泵传递给液体，其中不可避免地有能量损失，故泵所做的功不可能全部为液体所获得。离心泵的效率反映了能量损失的大小，离心泵的能量损失主要为容积损失、水力损失和机械损失。

① 容积损失：它是由于泵的泄漏损失造成的。在实际运转的离心泵中，由于密封得不够严密，在泵体内部总是不同程度地存在泄漏，使得泵实际输出的液体量少于吸入的液体量。这种泄漏越严重，泵的工作效率就越低。容积损失与泵的结构、液体进出口的压差及流量大小有关。

② 水力损失：它是由液体在泵内的摩擦阻力和局部阻力引起的，当液体流过叶轮、泵壳时，其流量大小和方向要改变，且发生冲击，因而有能量损失。水力损失与泵的构造和液体的性质有关。

③ 机械损失：它是泵在运转时，泵轴与轴承、轴封之间的机械摩擦而引起的损失，因而会消耗部分能量，使泵的效率降低。

3. 离心泵的特性曲线及影响因素

1）离心泵的特性曲线

离心泵出厂前，在规定条件下（一定转速下，101.3kPa、20℃清水为介质）由实验测得的 H、N、η 与 Q 之间的相互关系曲线称为离心泵的特性曲线。各种型号的泵各有其特性曲线，形状大致相同，如图 1-73 所示。

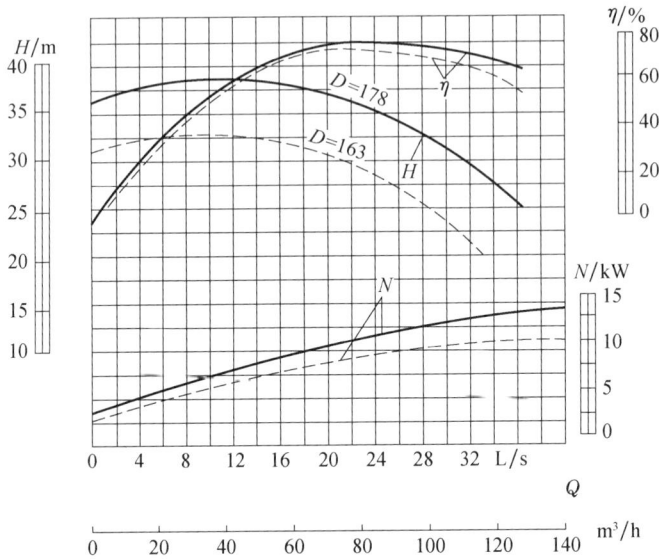

图 1-73　离心泵的特性曲线

（1）*H-Q* 曲线：表示泵的流量和扬程之间的关系。离心泵的扬程在较大流量范围内是随流量增大而减小的。不同型号的离心泵的 *H-Q* 曲线形状有所不同。例如，有的 *H-Q* 曲线较平坦，适用于扬程变化不大而流量变化范围较大的场合；有的 *H-Q* 曲线比较陡峭，适用于扬程变化范围大而不允许流量变化太大的场合。

（2）*N-Q* 曲线：表示泵的流量与轴功率的关系，轴功率随流量的增大而增大。当流量为零时，泵轴消耗的功率最小。因此，启动离心泵时，为了减小启动功率，应将出口阀关闭。

（3）*η-Q* 曲线：表示泵的流量与效率之间的关系。该曲线的最高点为泵的设计点，泵在该点对应的流量及扬程下工作，其效率最高。

选用泵时，总是希望泵能在最高效率下工作，因为在此条件下工作最为经济合理。但实际上泵往往不可能正好在与最高效率相应的流量和扬程下运转。因此，一般只能规定一个工作范围，称为泵的高效率区域，一般该区域的效率不低于最高效率的 92%。在泵铭牌上标明的参数均为最高效率下的。在泵的样本和说明书上通常还标明高效率区域的参数范围。

2）离心泵的特性曲线的影响因素

离心泵的特性曲线是泵在一定转速和常温、常压下，用清水做实验测得的。因此，当泵所输送的液体的物理性质与水有较大差异时，或者泵采用了不同的转速或改变了叶轮的直径时，就需对该泵的特性曲线进行换算。

（1）液体的密度。泵所输送液体的密度对泵的扬程、流量和效率均无影响。泵的 *Q-H* 曲线与 *η-H* 曲线保持不变，但是泵的轴功率与液体的密度成正比，因此当泵输送密度不同于水的液体时，原生产部门提供的 *N-Q* 曲线不再适用，需要按式（1-52）重新计算。

（2）液体的黏度。泵在输送比水黏度大的液体时，泵内的损失加大，一般黏度越大，在最高效率点的流量和扬程就越小，轴功率也就越大。因而，泵的效率也随之下降，其降低量对小型泵尤为显著。一般来说，当液体的运动黏度 ν 小于 $20\times10^{-6}\mathrm{m^2/s}$ 时，如汽油、煤油、轻柴油等，泵的特性曲线不必换算。当 ν 大于 $20\times10^{-6}\mathrm{m^2/s}$ 时，则需按下式进行换算：

$$\begin{cases} Q' = C_Q Q \\ H' = C_H H \\ \eta' = C_\eta \eta \end{cases} \tag{1-53}$$

式中，Q、H、η——离心泵的流量、扬程和效率；

　　　Q'、H'、η'——离心泵输送其他黏度液体时的流量、扬程和效率；

　　　C_Q、C_H、C_η——流量、扬程和效率的换算系数。具体数值可查泵使用手册。

（3）转速与叶轮直径。离心泵的性能曲线是在一定转速和一定叶轮直径下测得的。因此，当叶轮尺寸改变和转速发生变化时，泵的特性曲线就会随之变化，其理论换算关系如下：

$$\frac{Q_1}{Q} = \frac{n_1}{n}, \quad \frac{H_1}{H} = \left(\frac{n_1}{n}\right)^2, \quad \frac{N_1}{N} = \left(\frac{n_1}{n}\right)^3 \tag{1-54}$$

$$\frac{Q_1}{Q} = \frac{D_1}{D}, \quad \frac{H_1}{H} = \left(\frac{D_1}{D}\right)^2, \quad \frac{N_1}{N} = \left(\frac{D_1}{D}\right)^3 \tag{1-55}$$

其中，Q_1、n_1、H_1、D_1 均为转速和直径改变后的参数。式（1-54）、式（1-55）分别称为比例定律和切割定律。

4. 离心泵的类型与选用

1）离心泵的类型

要选用离心泵，就必须了解各种类型离心泵的特点及分类方法。根据实际生产的需要，离心泵有不同的类型：按被输送液体性质的不同可分为清水泵、油泵、耐腐蚀泵、屏蔽泵、杂质泵等；按安装方式不同可分为卧式泵、立式泵、液下泵、管道泵等；按吸入方式不同可分为单吸泵（中、小流量）和双吸泵（大流量）；按叶轮数目不同可分为单级泵和多级泵（高扬程）等。下面介绍几种主要类型的离心泵。

（1）单级单吸式离心泵。单级单吸式离心泵目前有 B 型和 IS 型两类，B 型是旧产品系列，IS 型是新产品系列。

① B 型泵：如图 1-74 所示，B 型泵泵体内部有逐渐扩大的蜗形流道；叶轮上开有平衡孔，用以减小轴向力；轴封采用填料密封；泵内的压力水可直接由开在后盖上的孔送到水封环，起水封作用。这种泵由于结构简单、工作可靠，易于加工制造和维修保养而应用广泛，适用于输送清水及与清水性质相似的液体。

② IS 型泵：IS 型泵的结构与 B 型泵结构相类似，如图 1-75 所示，该泵的泵体和泵盖为后开式结构，优点是检修方便，不用拆卸泵体、管路和电动机，只需拆下加长联轴器的中间连接件，就可退出叶轮、泵轴等零件进行检修。叶轮开有平衡孔以减小轴向力，轴封采用填料密封。该系列泵是我国首次按国际标准（ISO）设计、研制的，全系列共

有 29 个品种，结构可靠、振动小、噪声低、效率高，输送介质温度不超过 80℃，吸入压强不大于 0.3MPa，全系列流量范围为 3.3～400m³/h，扬程范围为 5～125m。

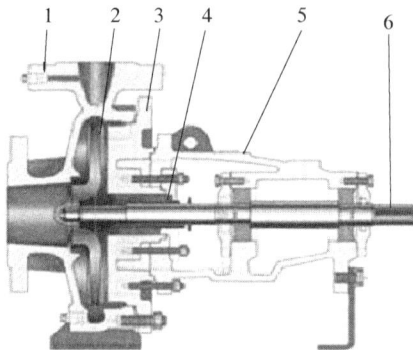

B 型离心泵结构

（a）外形图 （b）剖面图

1. 泵体；2. 叶轮；3. 泵盖；4. 机械密封；5. 悬架部件；6. 泵轴。

图 1-74 B 型单级单吸离心泵结构示意图

图 1-75 IS 型泵结构示意图

（2）单级双吸式离心泵。一般为 Sh 型——单级双吸水平中开式离心泵，其吸入口和排出口均在泵轴线下方与轴线成垂直方向的同一直线上，该泵在不需要拆卸进水管、出水管的情况下就能打开泵盖，检修内部零件，因此检修方便。它的结构如图 1-76 所示，适用于输送温度不超过 356K 的清水或类似于水的液体。

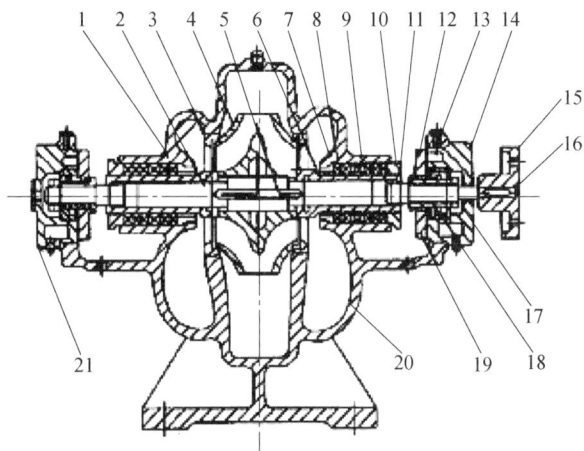

（a）外形图 （b）剖面图

1. 泵盖；2. 轴；3. 双吸密封环；4. 叶轮；5. 键；6. 轴套；7. 填料套；8. 填料；9. 填料环；10. 填料压盖；
11. 轴套螺母；12. 轴承挡套；13. 轴承体压盖；14. 轴承体甲；15. 泵联轴器；16. 键；17. 圆螺母；
18. 单列向心球轴承；19. 轴承端盖；20. 泵体；21. 轴承体乙。

图 1-76 Sh 型泵结构示意图

（3）多级泵。一个叶轮所产生的扬程有限，要想获得更高的扬程，可将几个叶轮串联起来工作，这样就得到了多级泵。多级泵就是在一根轴上串联多个叶轮，被输送液体在串联的叶轮中多次接受能量，最后达到较高的扬程。由于多级泵扬程大，有时也称为高压泵。

图1-77所示为多段式多级泵的结构，其主要零部件有进水口、出水口、叶轮、轴、轴套、密封环及轴封装置、轴向力平衡装置和轴承等。它的吸入口位于进水段的水平方向，排出口位于出水段的垂直方向。

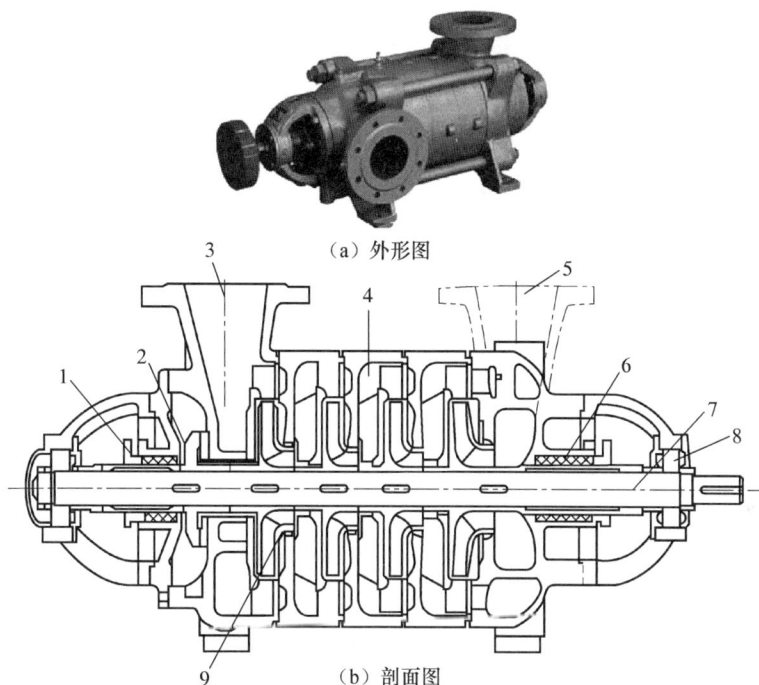

（a）外形图

（b）剖面图

1、6. 轴封装置；2. 轴向力平衡装置；3. 进水口；4. 叶轮；5. 出水口；7. 轴泵；8. 轴承；9. 密封环。

图1-77 多段式多级泵的结构

这种泵的轴上叶轮数代表了泵的级数，液体经第一个叶轮压出，经导轮进入第二个叶轮，经第二个叶轮压出后进入第三个叶轮……扬程随着级数的增加而增加，级数越多，扬程越高。由于这种泵的叶轮是沿一个方向排列在轴上的，轴向力很大，必须采用平衡盘装置来平衡轴向力。分段式多级泵制造比较方便，但其结构复杂，拆装较困难，适用于输送扬程要求较高的常温清水及类似的液体。

（4）耐腐蚀泵。耐腐蚀泵采用各种相应的耐腐蚀材料来制造与输送介质接触的部件，以保证离心泵的使用寿命。耐腐蚀泵有多种类型，常根据腐蚀介质不同采用不同材质。其中 F 型（有些用 FB 型）泵为单级单吸悬臂式耐腐蚀离心泵。它的工作原理和基本结构与一般 B 型清水泵相似，如图1-78所示。它用来输送不含固体颗粒而具有腐蚀性的液体。被输送液体的温度一般为-20～105℃，泵进口压力不大于 $6×10^2$kPa。全系列流量为 3.6～360m³/h，扬程为 5～10m。这种系列泵的特点是体积小、效率高、规格多、运转安全可靠、维护简单、密封要求严，轴封采用机械密封。

（a）外形图   （b）剖面图

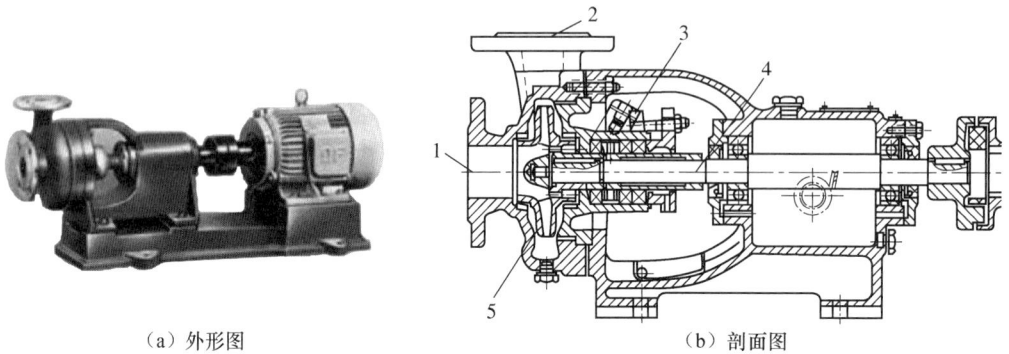

1. 吸入口；2. 排出口；3. 机械密封装置；4. 轴；5. 叶轮。

图 1-78　耐腐蚀泵

近年来已推出 IH 系列耐腐蚀泵，平均效率比 F 型泵提高 5%，其型号规格与 IS 型泵类似。IH 系列耐腐蚀泵高效节能，应用范围广，耐腐蚀性好。

（5）离心式油泵。离心式油泵的结构与 B 型和 F 型泵的结构类似；但是它的密封要求较高，故主要采用机械密封。对于热油泵，由于油温很高，因此在填料函、轴承、支座处均设有冷却水套进行冷却；在填料环里加封油，防止热油漏出；在轴承压盖上通冲洗液，把漏出的少许热油冲掉，以防着火。

2）离心泵的型号

我国泵类产品在旧系列中，型号编制通常由如下三个单元组成。离心泵的型号中第一单元通常是以 mm 表示泵的吸入口直径，但大部分老产品用 in 表示，即以 mm 表示的吸入口直径被 25 除后的整数值。第二单元是以汉语拼音的字首表示的泵的基本结构、特征、用途及材料等，如 B 表示单级悬臂式离心清水泵；D 表示分段式多级离心水泵；F 表示耐腐蚀泵等。第三单元表示泵的扬程。有时泵型号的尾部还带有 A 或 B，这是泵的变形产品标志，表示在泵中装的叶轮是经过切割的。

旧系列型号的表示方法举例如下。

（1）2B31A：表示吸入口直径为 50mm，扬程为 31m，同型号叶轮外径经第一次切割的单级单吸悬臂式离心清水泵。

（2）200D—43×9：表示吸入口直径为 200mm，单级扬程为 43m，总扬程为 387m，九级分段式清水离心泵。

（3）50F—63A：表示吸入口直径为 50mm 的悬臂式耐腐蚀离心泵，63 表示设计点扬程为 63m，A 表示叶轮外径经第一次切割。

在新系列中，泵类产品型号也由三个单元组成。第一单元中的字母表示泵的类型，数字表示泵的吸入口直径，mm；第二单元中的数字表示泵的排出口直径，mm；第三单元中的数字表示叶轮名义直径，mm。例如：

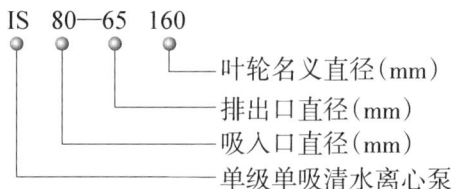

```
IS  80—65  160
         └── 叶轮名义直径（mm）
      └───── 排出口直径（mm）
   └──────── 吸入口直径（mm）
 └────────── 单级单吸清水离心泵
```

IH50—32—160：IH 表示单级单吸悬臂式化工防腐离心泵，吸入口直径为 50mm，排出口直径为 32mm，叶轮名义直径 160mm；适用于输送温度在-20～105℃的腐蚀性介质或物理及化学性质类似于水的介质。

3）离心泵的选型

（1）不同类型离心泵的选用。离心泵的选型首先应根据输送的流体性质、输送条件及输送的要求等选择不同类型的离心泵。

① 输送不含固体颗粒的水或物理、化学性质类似于水的液体时一般选用清水泵。

② 当流量不是很大，扬程也不太高时，一般选用单级单吸式离心泵。

③ 当输送液体的流量较大，而扬程不太高时，一般选用单级双吸式离心泵（Sh 型）。

④ 当输送液体的流量不太大，而扬程较高时，可选用分段式多级泵（D 型）。

⑤ 当需要连续输送有腐蚀作用的液体且量大时，可选用耐腐蚀离心泵。

⑥ 输送原油、轻油、重油等各种冷热油品及与油相近的各种有机介质且量较大时，可选用离心式油泵。

（2）离心泵的选型步骤。在确定了离心泵的类型后，还要根据所需流量、扬程等选择其规格。离心泵的具体选择步骤如下。

① 确定输送系统的流量与扬程：液体的输送量一般由生产任务规定，如果流量在一定范围内变动，选泵时应按最大流量考虑。根据输送系统管路计算出在最大流量下管路所需的扬程。

② 选择泵的类型与型号：根据被输送液体的性质和操作条件确定泵的类型。按已知的流量和扬程从泵的样本上或产品目录中选出合适的型号。选择时，泵的流量和扬程可稍大些，但其效率应较高。

③ 核算泵的轴功率：当输送的液体密度大于水的密度时，必须要核算泵的轴功率。

5. 离心泵安装高度的确定

1）离心泵的汽蚀现象

离心泵是靠储槽液面与泵入口处的压力差将液体吸入泵内的。当储槽液面上的压力一定时，泵入口处的压力越低，吸入压差就越大，扬程就越高。当泵入口处的压力降低到与操作温度下液体的饱和蒸气压相等甚至更小时，叶轮进口处的液体就会汽化出现气泡。当汽化所产生的大量气泡随液流进入叶轮内压力较高处时，又会被压缩凝结而消失，在气泡突然消失处出现局部真空空间，这时周围压力较高的液体以极大速度冲向此真空空间。由于这种冲击的位置是不确定、不均匀的，因此会造成泵的剧烈振动，而且，在这些局部地方的冲击点上产生很高的冲击波，不断打击着叶轮的表面，同时冲击频率很高，致使叶轮表面逐渐疲劳而破坏，这种破坏称为机械剥蚀。同时，溶于液体中的一些活泼气体（如氧气）也使金属产生腐蚀。由于化学腐蚀与机械剥蚀的共同作用，加快了金属的损坏速度，从而使叶轮受到破坏，这就是汽蚀破坏。这种由于液体的汽化和凝结而产生的对叶轮的破坏现象称为汽蚀现象。

汽蚀现象

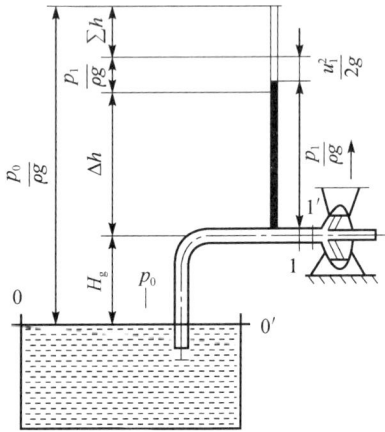

图1-79　离心泵安装

汽蚀发生时，除发出噪声外，同时还会使泵的流量、扬程和效率都明显下降，泵的使用寿命缩短，严重时使泵不能正常工作。因此，应尽量避免泵在汽蚀工况下工作，并采取一些有效的抗汽蚀的措施。

2）离心泵几何安装高度的确定

（1）造成离心泵汽蚀现象的因素。由前面的分析可知，汽蚀现象发生的条件为泵入口处的压力 p_1 小于操作温度下液体的饱和蒸气压 p_v。

设泵的几何安装高度为 H_g，即泵吸入口处中心线距储槽液面的垂直距离为 H_g，如图1-79所示。在储槽液面 0—0′ 与泵入口处截面 1—1′ 之间列伯努利方程，以储槽液面 0—0′ 为基准面，则有

$$\frac{p_0}{\rho g} = \frac{p_1}{\rho g} + \frac{u_1^2}{2g} + H_g + \sum h_{f_{0-1}} \tag{1-56}$$

式中，H_g——几何安装高度，m；

p_0、p_1——液面和泵入口的绝对压强，N/m^2；

$\sum h_{f_{0-1}}$——吸入管路的压力损失，m；

u_1——泵入口处的液体流速，m/s；

ρ——液体密度，kg/m^3。

将式（1-56）变形，得

$$\frac{p_1}{\rho g} = \frac{p_0}{\rho g} - \frac{u_1^2}{2g} - H_g - \sum h_{f_{0-1}} \tag{1-57}$$

讨论：由式（1-57）可得出以下结论。

① 几何安装高度 H_g 越高，泵入口处压力 p_1 越低，若要防止发生汽蚀现象，必须使 p_1 大于 p_v，因此，H_g 有一个最大值。

② $\sum h_{f_{0-1}}$ 越大，泵入口处的压力 p_1 越低，汽蚀的可能性越大。

③ 吸入管内的流速 u_1 越大，泵入口处压力 p_1 就越低，汽蚀的可能性越大。

为了防止汽蚀现象的发生，对离心泵的几何安装高度必须进行限制。通过以上分析可知，离心泵的几何安装高度与泵本身的结构和性能有关，与储槽液面上方的压力、吸入管路流体的流速、流体流动阻力及被抽吸液体的密度等因素有关。

（2）离心泵的允许汽蚀余量。为避免汽蚀现象的发生，叶轮入口处的绝对压强 $p_入$ 必须高于工作温度下液体的饱和蒸气压 p_v，即 $p_入$ 大于 p_v。

一般离心泵在出厂前都需通过实验，确定泵在一定流量与一定大气压下汽蚀发生的条件，并规定一个反映泵的抗汽蚀能力的特性参数——允许汽蚀余量。

允许汽蚀余量是离心泵的一个性能参数，是由离心泵生产厂家规定的。为防止汽蚀现象，离心泵入口处的静压头与动压头之和必须超过被输送液体在操作温度下的饱和蒸气压头的最小值，它们的差值用 $\Delta h_允$ 表示为

$$\Delta h_{允} = \left(\frac{p_1}{\rho g} + \frac{u_1}{2g} \right)_{允} - \frac{p_v}{\rho g} \tag{1-58}$$

式中，p_1——泵入口处的绝对压强，Pa；

$\quad\quad$ p_v——输送液体在工作温度下的饱和蒸气压，Pa；

$\quad\quad$ u_1——泵吸入口处液体的流速，m；

$\quad\quad$ ρ——液体的密度，kg/m³。

（3）离心泵几何安装高度的计算。将式（1-57）变形得

$$H_g = \frac{p_0}{\rho g} - \frac{p_1}{\rho g} - \frac{u_1^2}{2g} - \sum h_{f_{0-1}} = \frac{p_0}{\rho g} - \left(\frac{p_1}{\rho g} + \frac{u_1^2}{2g} \right) - \sum h_{f_{0-1}}$$

若将泵样本中推荐的允许汽蚀余量$\Delta h_{允}$代入上式，则可得到离心泵的允许几何安装高度计算式，即

$$H_g = \frac{p_0}{\rho g} - \frac{p_v}{\rho g} - \Delta h_{允} - \sum h_{f_{0-1}} \tag{1-59}$$

由式（1-59）可得出以下结论。

① 储槽液面压力p_0越大，输送液体的温度越低；输送液体的饱和蒸气压p_v越小，泵的几何安装高度越高；吸入管路的阻力$\sum h_{f_{0-1}}$越小，泵的几何安装高度越高；泵允许汽蚀余量$\Delta h_{允}$越小，泵的几何安装高度越高。

② 若p_0与p_v比较接近或相等，则H_g就是负值，这表明离心泵的吸入口必须在液面以下，即在灌注压头下工作。这种情况在化工厂、石油化工厂及炼油厂中较为常见，如在输送高温液体、沸腾液体及沸点较低液体时。

③ 泵样本中的允许汽蚀余量$\Delta h_{允}$，是以293K的清水为介质测定的最小汽蚀余量Δh_{min}加上0.3m的安全量得到的，即$\Delta h_{允} = \Delta h_{min} + 0.3$。

如果输送的液体是石油或类似石油的产品，操作温度又较高，则$\Delta h_{允}$应按被输送液体的密度及蒸气压来进行校正：$\Delta h_{校} = \varphi \Delta h$。式中的校正系数$\varphi$，可根据被输送液体的相对密度$b$（$b = \rho / \rho_水$）及输送温度下该液体的蒸气压，由图1-80查得。图1-80适用于碳氢化合物。

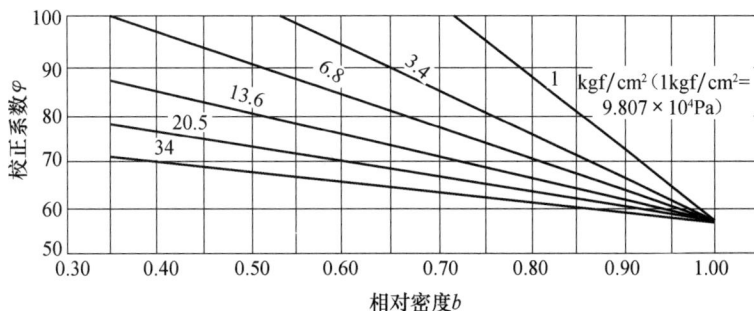

图1-80 允许汽蚀余量校正系数

【**例 1-14**】 用离心泵输送一油类产品，储槽液面压力为 $9.81 \times 10^4 Pa$，该石油产品在输送温度下的饱和蒸气压为 $0.267 \times 10^5 Pa$，密度为 $900 kg/m^3$，泵吸入管路的全部阻力损失为 1m，泵的允许汽蚀余量为 2.6m。试确定泵的几何安装高度。

解：由式（1-59）可得泵的允许安装高度为

$$H_g = \frac{p_0}{\rho g} - \frac{p_v}{\rho g} - \Delta h - \sum h_{f_{0-1}}$$

$$= \frac{9.81 \times 10^4}{900 \times 9.81} - \frac{0.267 \times 10^5}{900 \times 9.81} - 2.6 - 1$$

$$\approx 4.5 (m)$$

为安全起见，泵的实际安装高度应比计算值再低一些，可以取 3.5~4m。

Δh 说明了泵的吸入性能的好坏，Δh 低的泵吸入性能好，不容易发生汽蚀；反之，Δh 高的泵吸入性能就差，容易发生汽蚀。吸入性能差的泵，其几何安装高度就低，但几何安装高度低的泵不一定都是吸入性能差的泵，有的是由输送液体的性质及工艺要求决定的。

6. 离心泵的流量调节

当一个安装在一定的管路系统中的泵工作时，实际流量不仅与离心泵本身的特性有关，还取决于管路的工作特性，即在输送液体的过程中，泵和管路必须是互相配合的。

1）管路特性曲线

管路特性曲线是表示一定管路系统需要的扬程 H_e 与流量 Q_e 之间关系的曲线。输送液体时，管路要求泵提供的扬程随流量的变化而变化。将此关系描绘在相应的坐标上，即得到 H_e-Q_e 曲线（图 1-81），K 为管路系统末端固定静压头。它表明管路要求泵供给的扬程随流量变化而变化。管路情况不同，这种曲线的形状也不同，故称为管路特性曲线。

2）离心泵的工作点

输送液体是靠泵和管路相互配合来完成的，故当安装在管路中的离心泵运转时，管路的流量必然与泵的流量相等。此时泵所提供的扬程与管路要求供给的扬程相一致，即 $H=H_e$。将管路特性曲线与泵的性能曲线绘在同一坐标上，两线必有一个交点（图 1-82 中的 M 点），该点称为泵的工作点，即离心泵的工作点就是管路特性曲线和泵的性能曲线的交点。

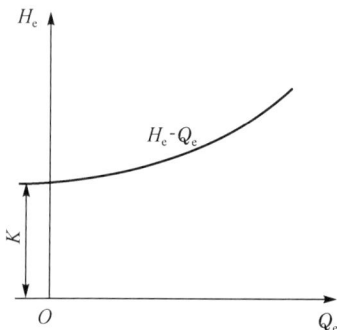

图 1-81　管路特性曲线　　　　图 1-82　离心泵的工作点

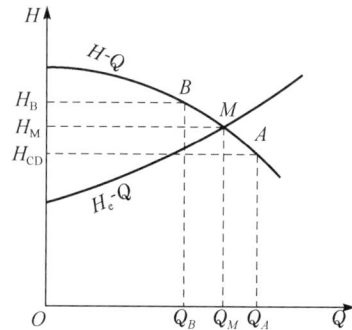

离心泵的稳定工作点具有唯一性。如果泵不在 M 点工作，而在 A 点或 B 点工作，如图 1-83 所示，则流量会增大或减小，并在 M 点重新达到平衡。

3) 离心泵的流量调节

离心泵在指定的管路系统中工作时，由于生产波动，出现泵的工作流量与生产要求不相适应的情况，这时需及时对泵的工作点进行调节，既然泵的工作点是由管路特性曲线与性能曲线所决定的，那么，改变管路特性曲线或泵的性能曲线均能达到调节泵的工作点的目的。

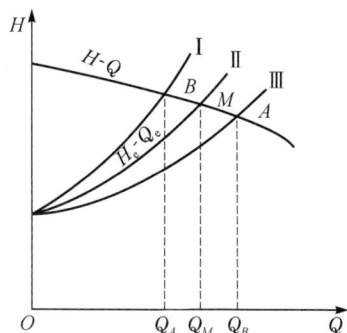

图 1-83 调节阀门时的流量变化
示意图

改变管路特性曲线最方便的方法是调节离心泵出口管路上阀门的开度以改变管路系统的阻力，从而达到调节流量的目的。当阀门关小时，管路的局部阻力损失增大，管路特性曲线变陡，工作点由 M 移至 A 点，流量由 Q_M 减小至 Q_A。反之开大阀门，工作点由 M 点移至 B 点，流量由 Q_M 增大至 Q_B，如图 1-84 所示。用阀门调节流量迅速方便，且流量可以连续调节，所以应用十分广泛；其缺点是在阀门关小时，流体阻力加大，不是很经济。

从理论上看，比较经济的方法是改变泵的转速 n 或叶轮直径 D。前面曾讨论过改变转速和叶轮的外径，均能使泵流量发生变化以适应新的情况。如图 1-84 所示，通过改变转速，可以改变泵的性能曲线，也可实现流量由 Q_M 减小至 Q_A 或增大至 Q_B；从动力消耗看，此种方法比较合理，但改变转速需要变速装置，故很少采用。如图 1-85 所示，减小叶轮外径，也能改变泵的性能曲线，从而使流量由 Q_M 减小至 Q_A；但此种方法调节不够灵活，调节范围不大，也较少采用。

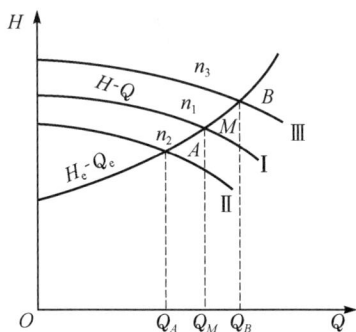

图 1-84 改变转速时的流量变化

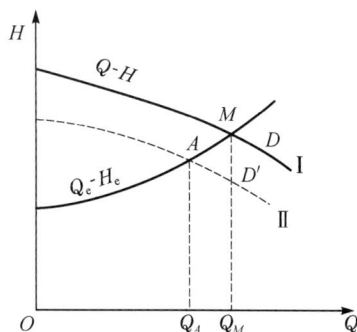

图 1-85 改变叶轮直径时的流量变化

7. 离心泵的安装与运转

1) 安装离心泵的注意事项

对于 7.5kW 以下卧式水泵，可配隔振垫直接安装在基础上。对于 7.5kW 以上卧式水泵，可在浇铸基础上直接安装，也可采用厂家提供的连接板配合隔振器安装。

具体安装要求如下。

（1）安装前应检查机组紧固件有无松动现象、泵体流道有无异物堵塞，以免水泵运行时损坏叶轮和泵体。

（2）安装时管道重量不应加在水泵上，以免泵长期受力而变形。

（3）安装时必须拧紧地脚螺栓，以免启动时振动对泵性能产生影响。

（4）为了维修方便和使用安全，在泵的进出口管路上各安装一只调节阀，在泵出口附近安装一只压力表，以保证在额定扬程和流量范围内运行，以延长泵的使用寿命。

（5）安装后拨动泵轴，叶轮应无摩擦声或卡死现象，否则应将泵拆开检查。

2）离心泵的操作

（1）离心泵的启动。

① 启动前的检查：为了保证泵的安全运行，在泵启动前，应对整个机组做全面仔细的检查，发现问题应及时处理。检查内容：泵的各处螺钉是否松动；泵轴承中的润滑油是否充足、干净或变质等，用手盘动泵轴以使润滑液进入机械密封端面；泵的填料松紧是否适宜；排液管上的阀门开启是否灵活；检查电动机转向是否正确，从电动机顶部向泵看为顺时针旋转，试验时间要短，以免机械密封干磨损；清除现场妨碍工作的杂物等。

② 预灌：离心泵无自吸能力，因此在离心泵启动之前一定要进行预灌，使泵内充满液体后再启动。对于小型泵，多采用人工灌水法，从泵的专用灌水孔或从出水管向泵内灌水。对于大、中型泵，常用由泵排水管处蓄水池向泵内灌水。有时也采用真空泵抽气充水的方法进行预灌。高温型应先进行预热，升温速度为50℃/h，以保证各部分受热均匀。

③ 启动：由于流量为零时功率最小，因此离心泵在启动前应先关闭出口阀，零负荷启动，这样可减小电动机启动电流，同时关闭放气孔或灌泵装置的阀门。然后接通电源启动电动机，观察泵运行是否正常。若运行正常，打开压力表、真空表阀门观察读数是否正常，如无异常现象，可以慢慢地将排液管路上的阀门开到最大位置，完成整个启动任务。

启动后，还要注意检查轴封的泄漏情况，正常时机械密封泄漏应小于3滴/min；检查电动机、轴承处温升≤70℃。

（2）离心泵的停车。对于高温型要先降温，降温速度小于10℃/min，把温度降低到80℃以下，才能停车。离心泵要停车时，应先关闭压力表、真空表，再关闭排出阀，使泵轻载，同时防止液体倒灌。停转电动机，关闭吸入阀、冷却水、机械密封冲洗水等。离心泵在停车后仍要做好清洁、防冻，备用泵的盘车、检修和保养等工作，从而保证泵始终处于良好状态，以便随时可以使用。若长期停车，应将泵内液体放尽。

（3）离心泵工作中常见的故障。离心泵在运转过程中，由于自身的机械原因或因工艺操作或高温、高压及物料腐蚀等，会造成故障。离心泵常见的故障：泵灌不满；泵不能吸液，真空表指示高度真空；泵不吸液和压力表的指针剧烈跳动；压力表虽有压力，但排液管不出液；流量不足；填料函漏液过多；填料过热；轴承过热；泵振动等异常现象。因此，在泵的运转过程中，要注意泵的工作是否正常，对故障情况做具体分析，找出原因，及时排除，从而保证生产的正常进行。表1-9为IS型卧式离心泵故障原因及解决方案。

表 1-9　IS 型卧式离心泵产生原因及排除方法

故障形式	产生原因	排除方法
泵不出水	进出口阀门未打开，进出管路阻塞，流道叶轮阻塞	检查，去除阻塞物
	电动机运行方向不对，电动机缺相，转速很慢	调整电动机方向，紧固电动机接线
	吸入管漏气	拧紧各密封面，排除空气
	泵没灌满液体，泵腔内有空气	打开排气阀，排尽空气，灌满液体
	进口供水不足，吸程过高，底阀漏水	停机检查、调整（并网自来水管和带吸程使用易出现此现象）
	管路阻力过大，泵选型不当	减少管路弯道，重新选泵
水泵流量不足	先按泵不出水的原因检查	先按泵不出水的方法排除
	管道、泵流道叶轮部分阻塞，水垢沉积，阀门开度不足	去除阻塞物，重新调整阀门开度
	电压偏低	稳压
	叶轮磨损	更换叶轮
功率过大	超过额定流量使用	调节流量，关小出口阀门
	吸程过高	降低吸程
	泵轴承磨损	更换轴承
杂音振动	管路支撑不稳	稳固管路
	液体混有气体	提高吸入压力排气
	产生汽蚀	降低真空度
	轴承损坏	更换轴承
	电动机超载发热运行	按电动机发热的排除方法调整
电动机发热	流量过大，超载运行	关小出口阀门
	碰擦	检查排除
	电动机轴承损坏	更换轴承
	电压不足	稳压
水泵漏水	机械密封磨损	更换
	泵体有砂孔或破裂	焊补或更换
	密封面不平整	修整
	安装螺栓松动	紧固

1.5.3　其他类型泵

1. 往复泵

1）往复泵的结构和工作原理

往复泵主要由泵体、活塞（或柱塞）和单向活门所构成。活塞由曲柄连杆机械所带动而做往复运动。当活塞在外力作用下向右移动时，泵体内形成低压，上端的活门（排出活门）受压关闭，下端的活门（吸入活门）则被泵外液体的压力推开，将液体吸入泵内。当活塞向左移动时，由于活塞的挤压使泵内液体的压力增大，吸入活门就关闭，而排出活门受压则开启，由此将液体排出泵外。如此活塞不断地做往复运动，液体就间歇地被吸入和排出，其工作原理如图1-86所示。

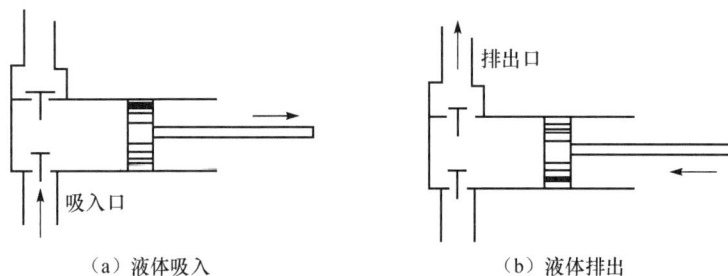

（a）液体吸入　　　　　　　　　（b）液体排出

图1-86　单级往复泵的工作原理　　　　　　　　单级往复泵工作原理

活塞在泵体内左右两点之间移动的距离称为冲程。活塞往复一次，只吸入和排出一次，故称为单动泵（或单作用泵）。单动泵的排液量是不均匀的，即仅在活塞压出行程时，排出液体；而在吸入行程时无液体排出。由于曲柄连杆机械所形成的活塞往复运动是变速运动，排液量也就随着活塞的移动有相应的起伏，其流量曲线如图1-87（a）所示。

（a）单级泵流量曲线　　　　　　　　　　（b）双级泵流量曲线

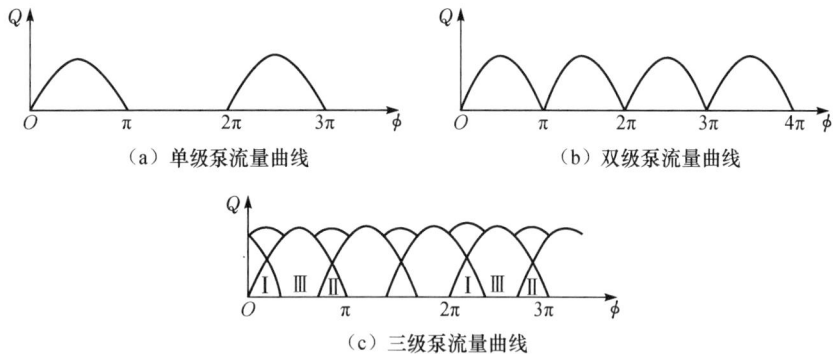

（c）三级泵流量曲线

图1-87　往复泵的流量曲线

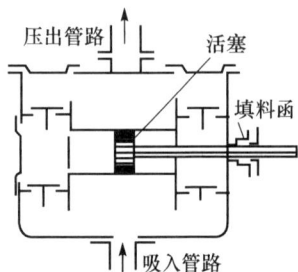

图1-88　双级泵的工作原理

由于单级泵的流量不均匀，导致惯性阻力损失，增加动力消耗。为了解决单级泵流量不均匀的问题，出现了双级泵和三级泵（三联泵）。双级泵如图1-88所示，该泵的活塞往复一次，有两次吸液和排液，故流量较均匀。双级泵的流量曲线如图1-87（b）所示，由图中可看出双级泵的流量仍有起伏。三级泵实质上由三台单级泵并联构成，且在曲柄旋转一周中各泵相差120°吸入和排出液体，从而做到连续排出液体，流量相对均匀，但还不能达到绝对稳定，流量曲线如图1-87（c）所示。

图 1-89 所示是具有空气室的双动往复泵。此泵左右两端排出阀的上方有两个容器，称为空气室。在双动泵活塞的一个往复循环中，当一侧排液时，有部分液体被压入该侧的空气室，空气室的压力增大；当该侧吸液时，空气室内的液体靠空气室的压力继续排出。这样，依靠空气室中空气的压缩和膨胀作用进行缓冲调节，就可以使泵的流量趋于均匀。

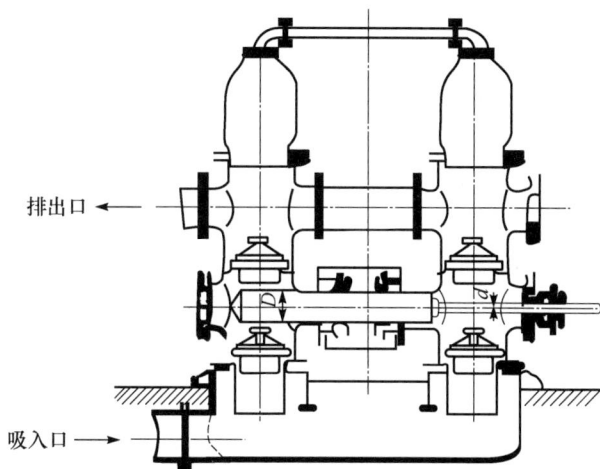

图 1-89 具有空气室的双动往复泵

往复泵的吸液真空度，取决于储槽液面的大气压力、液体的温度和密度，以及活塞运动的速度等，所以往复泵的吸上高度也有一定的限制。往复泵有自吸能力，故启动前无须灌泵。

2）往复泵的性能参数与特性曲线

与离心泵一样，往复泵的主要性能参数也包括流量、扬程、功率与效率。

（1）流量。往复泵的理论流量 Q 取决于活塞扫过的全部体积。

如单动泵，其理论流量 Q_T（m^3/min）为

$$Q_T = ASn = \frac{\pi}{4} D^2 Sn \qquad (1-60)$$

式中，A——活塞面积，m^2；

D——活塞直径，m；

S——活塞的冲程，m；

n——转速，r/min。

双动泵：单缸双动泵的理论流量 Q_T（m^3/min）为

$$Q_T = (2A - a) Sn \qquad (1-61)$$

式中，a——活塞杆的截面面积，m^2。

由此可见，对于一定形式的往复泵，其理论流量是恒定的，只取决于活塞的面积、冲程和转速，不随扬程而改变。实际上由于活塞的密封不严、活门的启闭不及时等原因，往复泵的实际流量比理论流量小，且随着压力的增高，液体的泄漏也增大，实际流

量 $Q_{实}$ 还会降低。图 1-90 所示为往复泵的性能曲线。

（2）扬程。往复泵的扬程与泵的几何尺寸及流量均无关系，主要由泵的机械强度和电动机功率决定。理论上，管路系统需要多大的压头，往复泵就能提供多大的扬程，如图 1-91 所示。

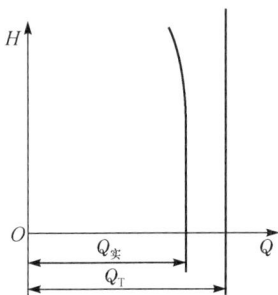

图 1-90　往复泵的性能曲线

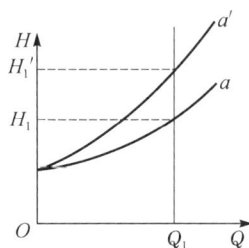

图 1-91　往复泵的工作点

（3）功率和效率。往复泵功率和效率的计算与离心泵相同。但是，往复泵效率比离心泵高，通常为 0.72～0.93，蒸气往复泵的效率可达到 0.83～0.88。

3）往复泵的流量调节

往复泵的工作点原则上仍是往复泵的特性曲线与管路特性曲线的交点，如图 1-91 所示。可以看出，与离心泵不同，往复泵的工作点随管路特性曲线在几乎垂直的方向上发生变动，即输液量几乎不发生变化。因为往复泵流量是固定的，所以绝不允许像离心泵那样直接用出口阀门调节流量，否则会损坏泵的结构或烧毁电动机。往复泵的流量调节，理论上可通过改变活塞的截面面积、冲程和转速来实现，生产中一般采用安装回流支路的调节法（旁路调节）来调节流量，如图 1-92 所示。旁路调节法虽然简单，但会造成一定的能量损失。

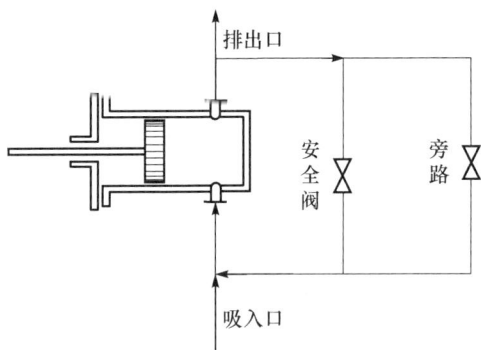

图 1-92　往复泵旁路调节流量示意图

4）往复泵的使用与维护

往复泵的主要特点是流量固定而不均匀，但扬程和效率高。往复泵可用于输送黏度稍大的液体，但由于泵内的阀门、活塞会受腐蚀或被固体颗粒磨损，因而不能用于输送腐蚀性液体和有固体颗粒的悬浮液。另外，由于可用蒸气直接驱动，因此往复泵特别适宜输送易燃、易爆的液体。

往复泵有自吸作用，因此启动前不须灌泵；与离心泵类似，往复泵也是靠压差来吸入液体的，因此安装也受到限制。

往复泵的操作要注意以下要点。

（1）检查压力表读数及润滑油液位指示等情况是否正常。

（2）盘车检查是否异常。

（3）先打开放空阀、进口阀、出口阀及旁路阀等，再启动电动机，关放空阀。

（4）按生产任务要求通过调节旁路阀调节流量。

（5）做好运行中的检查，确保压力、阀门、润滑、温度、声音等均处在正常状态，发现问题及时处理。严禁在超压、超转速及排空状态下运转。

隔膜泵工作原理

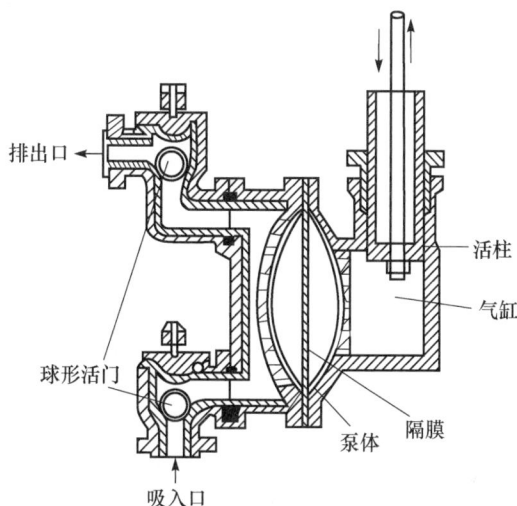

5）特殊类型的往复泵——隔膜泵和计量泵

（1）隔膜泵。为了防止腐蚀性液体对活塞等运动部件的腐蚀，用一弹性隔膜将柱塞与被输送液体隔开，即为隔膜泵，如图 1-93 所示。隔膜泵的弹性隔膜用耐腐蚀、耐磨的橡皮或特制的金属制成。隔膜左边所有部件用耐腐蚀材料制成或涂有耐腐蚀材料。隔膜右边则盛有无腐蚀性的水或油。当泵和柱塞往复运动时，迫使隔膜交替地向两边弯曲，使腐蚀性液体在隔膜左边轮流地被吸入和压出而不与柱塞接触。隔膜泵主要用于输送腐蚀性强的液体。

（2）计量泵。在工业生产过程中，常常需要按照工艺要求精确地定量输送液体，计量泵就是为了满足这些要求而设计的。计量泵也称比例泵，是往复泵的一种，除装有一套可以精确调节流量的调节机构外，其基本构造与往复泵相同。

图 1-93　隔膜泵

计量泵有柱塞式计量泵和隔膜式计量泵两种基本形式，如图 1-94（a）和（b）所示。它们都由转速稳定的电动机通过可变偏心轮带动柱塞运行。改变此轮的偏心程度，就可以改变柱塞冲程或隔膜运动的次数。

从式（1-60）可知，单动泵的理论流量 $Q=ASn$，其中柱塞的截面积 A 为不变量。若保持柱塞的往复次数 n 不变，则流量与冲程长度 S 成正比，因此改变偏心轮的偏心程度，从而改变柱塞冲程的长度或隔膜的运动次数，就可以使流量成比例变化。如果冲程长度 S 不变，设法调整曲柄的转速，使柱塞的往复次数 n 发生变化，也可达到调节 Q 的目的。曲柄转速的调节比较困难，一般采用冲程调节法。在某些特殊情况下，如泵工作在冲程长度 S 的 5% 以下，或需要按比例输入多种介质时，可采用综合调节法，即既改变冲程长度 S，也改变冲程次数 n。

可实现流量调节和进行精确计量的计量泵，现已得到广泛应用，产品的规格比较齐全、系列化和通用化程度高，并且能使流量调节自动化。计量泵的送液量精确度一般在±1%以内，有时甚至可达±0.5%。

用一个电动机驱动两个、三个或三个以上泵头的多缸计量泵，不仅能使每个泵头的流量固定，而且能实现多种液体按比例输送或混合。

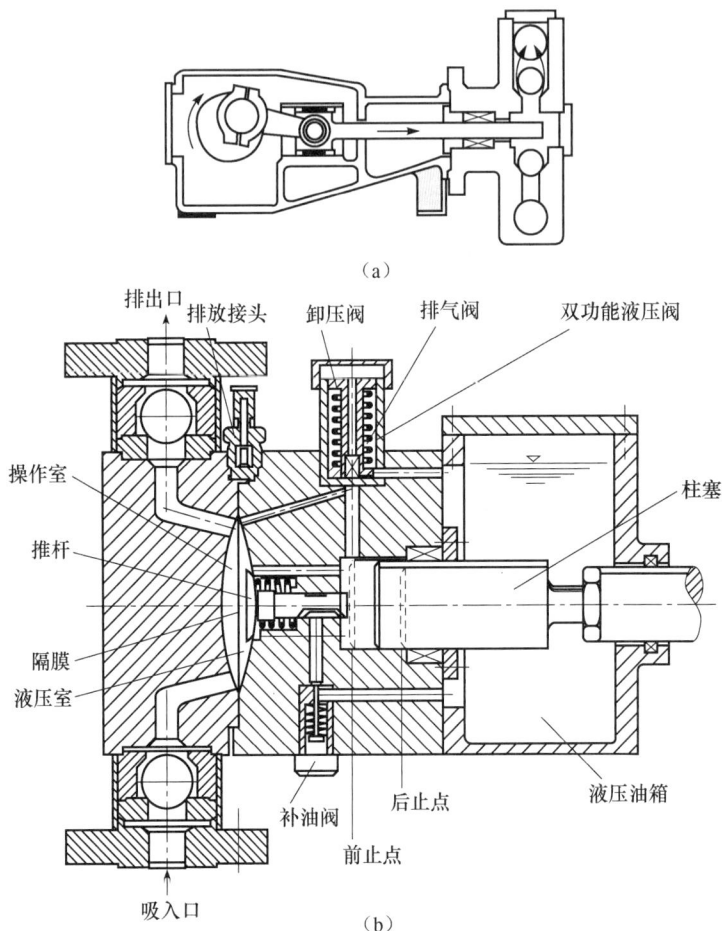

（a）

（b）

图 1-94　计量泵

2. 旋转泵

旋转泵和往复泵一样，属于容积式泵。它的工作原理是通过转子的旋转作用排出和吸入被输送液体，故旋转泵也称为转子泵。

1）齿轮泵

齿轮泵的工作原理与往复泵类似，其主要构件为泵壳和一对相互啮合的齿轮，如图 1-95 所示，其中一个齿轮为主动轮，另一个为从动轮。当齿轮转动时，吸入腔内因两轮的齿互相分开形成低压而将液体从吸入腔吸入低压的齿穴中，并沿壳壁推送至排出腔。排出腔内齿轮的齿互相合拢，形成高压而排出液体。

由于齿轮泵的齿穴不可能很大，因此其流量较小，但它可以产生较高的排出压力。在化工厂中，齿轮泵常用于输送黏稠液体甚至膏状物料，但不宜用来输送含有固体颗粒的悬浮液。

2）螺杆泵

螺杆泵主要由泵壳与一个或一个以上的螺杆所构成。图 1-96（a）所示为单螺杆泵，此泵的工作原理是靠螺杆在具有内螺杆的泵壳中偏心转动，将液体沿轴向推进，最后挤压至排出口。图 1-96（b）所示为双螺杆泵，与齿轮泵十分相像，它利用两根相互啮合的螺杆来输送液体。当所需的压力很大时，可采用较长的螺杆。图 1-96（c）所示为输送高黏度液体的三螺杆泵。

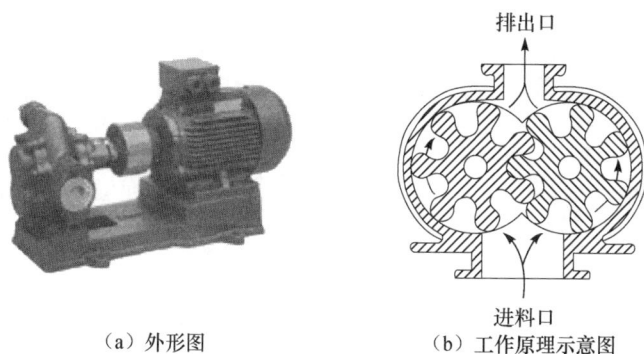

（a）外形图   （b）工作原理示意图

图 1-95 齿轮泵

齿轮泵工作原理

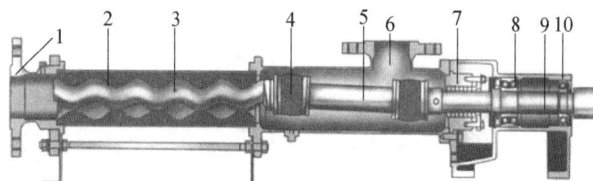

（a）单螺杆泵

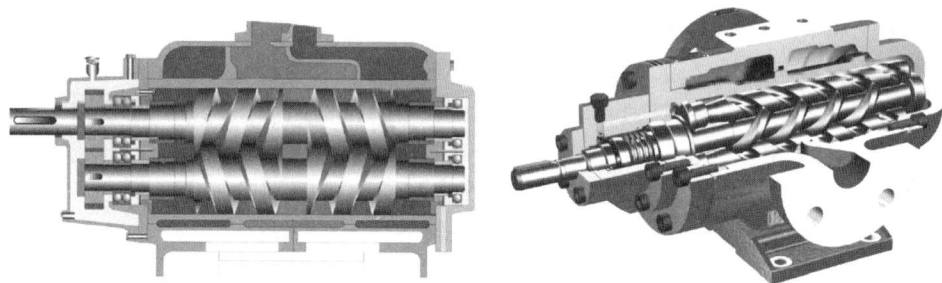

（b）双螺杆泵   （c）输送高黏度液体的三螺杆泵

1.排出体；2.定子；3.转子；4.万向节；5.中间轴；6.吸入室；7.轴封件；8.轴承；9.传动轴；10.轴承体。

图 1-96 螺杆泵

螺杆泵的转速在 3000r/min 以下；最大出口压力可达 175atm（表压），流量范围为 1.5～500m³/h。若在单螺杆泵的壳内衬上硬橡胶，还可用于输送带颗粒的悬浮液。螺杆泵的效率较齿轮泵高，运转时无噪声、无振动、流量均匀，用于在高压下输送黏稠液体。

上述两种类型的旋转泵，特别适用于高黏度的液体，因此这些泵属于高黏度泵。旋转泵在任何给定的转速下，其理论流量与扬程无关。

3）旋涡泵

旋涡泵是一种特殊类型的离心泵，为常用泵。旋涡泵的主要构件如图 1-97 所示。旋涡泵的泵壳呈圆形，叶轮为一圆盘，其上有许多径向叶片 2，叶片与叶片间形成凹槽。在泵壳与叶轮间有一同心的流道3，吸入口5不在泵盖的正中而是在泵壳顶部，与压出口相对，并由隔板6隔开。隔板与叶轮之间的间隙极小，因此吸入腔与排出腔得以分隔开来。

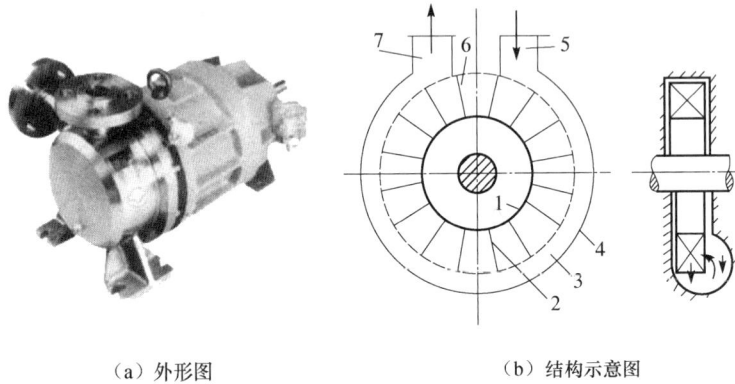

（a）外形图　　　　　　　　　　（b）结构示意图

1.叶轮；2.径向叶片；3.流道；4.泵壳；5.吸入口；6.隔板；7.压出口。

图 1-97　旋涡泵

在充满液体的旋涡泵内，当叶轮高速旋转时，由于离心力的作用，将叶片凹槽中的液体以一定的速度抛向流道，在截面较宽的流道内，液体流速减慢，一部分动能转变为静压能。与此同时，叶片凹槽内侧因液体被抛出而形成低压，因而流道内压力较高的液体又可重新进入叶片凹槽，再度受离心力的作用继续增大压力，这样，液体由吸入口吸入，在叶片凹槽和流道之间进行多次反复的旋涡形运动，在达到压出口时，就获得了较高的压力。

液体在流道内的反复旋涡形运动是靠离心力的作用，故旋涡泵在启动前也要灌水，其流量与扬程之间的关系与离心泵相仿。流量减小时扬程增加很快，功率也增大，这是与一般离心泵的不同之处。因此，旋涡泵的调节，应采用同往复泵一样的方法，即靠旁路来调节，同时，泵开动前不能将出口阀关闭。

旋涡泵的流量小、扬程高，但其效率一般很低（不超过40%），通常在35%～38%。与离心泵相比，由同样大小的叶轮和转速所产生的扬程，旋涡泵比离心泵高 2～4 倍。与转子泵相比，在同样的扬程下，旋涡泵尺寸小得多，结构也简单得多。因此，旋涡泵适宜于流量小、扬程高的情况，比如，适用于输送无悬浮颗粒及黏度不高的液体。

4）屏蔽泵

屏蔽泵是一种无泄漏泵，其叶轮和电动机连为一个整体，并密封在同壳体内，不需要填料或机械密封，故屏蔽泵也称为无密封泵。屏蔽泵常用于输送腐蚀性强、易燃、易爆、有毒及具有放射性或贵重的液体。

按照泵与电动机的布置方式，屏蔽泵有立式和卧式两种。图 1-98 所示为用于化工的管道式屏蔽泵（此为立式屏蔽泵）。泵的叶轮和电动机的转子装在同一根轴上，在被输送的液体中转动，且整套机件和液体密闭在同壳体内。电动机的转子和定子是分别屏蔽隔开的，如图 1-98 中所示的转子屏蔽套和定子屏蔽套，后者是全焊式的，故液体不可能泄漏到电动机的定子或外面去。为了轴承的冷却与润滑及电动机的冷却，可使一部分排出液循环流动。此外，为了解决立式屏蔽泵中的轴向力问题，一部分排出液在空心轴中循环，对作用于叶轮的向下轴向力和作用于转子的向上轴向力进行平衡。残余轴向力则由止推盘和上下轴承滑动面承受。

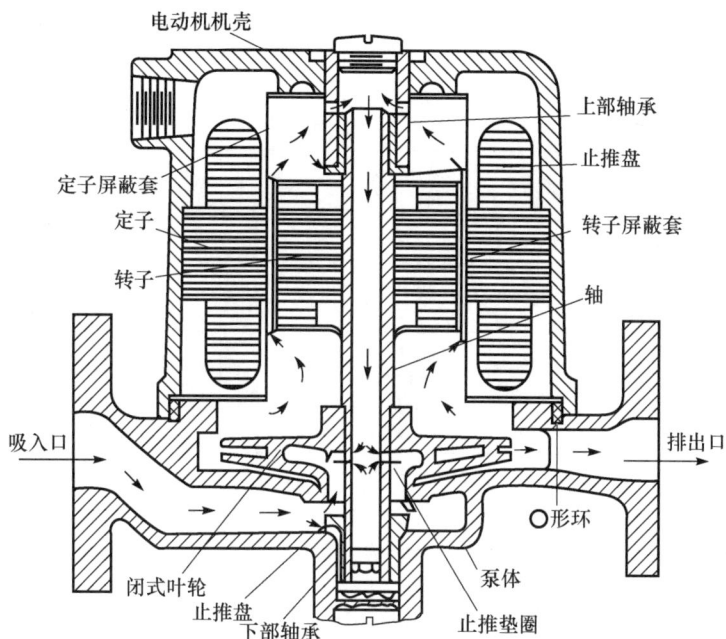

图 1-98　管道式屏蔽泵结构

屏蔽泵具有无泄漏及不需要润滑油和密封液等特点，因而适用于除腐蚀性强、易燃、易爆、有毒和具有放射性等液体外的其他液体，还适用于超高压、高温、极低压、高熔点或含有杂质的液体。

此外，屏蔽泵还有结构简单紧凑、零件少、占地少、操作可靠、长期不需检修等优点，但是屏蔽泵中电动机和转子与定子间的间隙大，转子在液体中转动，摩擦阻力大，从而使电动机效率降低。由于部分的排出液体需作为电动机和轴承的循环冷却液，加之屏蔽泵的叶轮口的间隙较一般离心泵大，因而泵容积效率低。屏蔽泵的效率为 26%～50%。

1.5.4　各类型泵的性能特点比较

各类型泵的性能特点比较见表 1-10。

表 1-10　各类型泵的性能特点比较

项目	离心式		正位移式				
			往复式			旋转式	
	离心泵	旋涡泵	往复泵	计量泵	隔膜泵	齿轮泵	螺杆泵
流量	均匀；随管路特性而变；范围广、易达大流量	均匀；随管路特性而变；小流量	不均匀；恒定；较小流量	不均匀；恒定；小流量	不均匀；恒定；较小流量	尚可；恒定；小流量	尚可；恒定；小流量

续表

项目	离心式		正位移式				
			往复式			旋转式	
	离心泵	旋涡泵	往复泵	计量泵	隔膜泵	齿轮泵	螺杆泵
压头	不易达到高压头	压头较高	压头高	压头高	压头高	压头较高	压头较高
效率	稍低、越偏离额定越小	低	高	高	高	较高	较高
流量调节	出口阀；转速	旁路	转速；旁路；冲程	冲程	转速；旁路	旁路	旁路
自吸作用	没有	没有	有	有	有	有	有
启动	关闭出口阀	出口阀全开	出口阀全开	出口阀全开	出口阀全开	出口阀全开	出口阀全开
流体	各种物料（高黏度除外）	不含固体颗料，腐蚀性也可	不能输送腐蚀性或含固体颗料的液体	精确计量	可输送悬浮液；腐蚀性液体	高黏度液体	可输送悬浮液；高黏度液体
结构造价	结果简单；造价低	结构简单；结构紧凑	结构复杂；造价高；体积大	结构复杂；造价高	结构复杂；造价高	结构紧凑；加工要求高	结构紧凑；加工要求高

1.6 气体输送机械的选用、安装及操作

1.6.1 气体输送机械的分类

气体输送设备按其结构和工作原理可分为离心式、往复式、旋转式和流体作用式等四类。因气体具有可压缩性，故在输送过程中，当气体压力发生变化时，其体积和温度也将随之发生变化。这些变化对气体输送机械的结构、形状有很大影响，因而气体输送设备除按上述进行分类外，还可根据所能产生的终压（出口压力）或压缩比（即气体出口压力与进口压力之比）进行分类。

气体输送机械的选用、安装及操作

（1）通风机：终压小于 15kPa（表压），压缩比为 1～1.5。

（2）鼓风机：终压为 15～300kPa（表压），压缩比小于 4。

（3）压缩机：终压在 300kPa（表压）以上，压缩比大于 4。

（4）真空泵：终压小于当时当地大气压直至达到一定真空度的气体输送设备，压缩比较大。

1.6.2 通风机

1. 通风机的工作原理与结构

工业上常用的通风机主要有离心式通风机和轴流式通风机两种类型，结构如图 1-99 所示，图中左图为外形图，右图为结构示意图。轴流式通风机所产生的风压很

小，一般只作通风换气之用。离心式通风机的工作原理和离心泵一样，在蜗壳中有一高速旋转的叶轮，依靠叶轮旋转时所产生的离心力将气体的压力增大后排出。

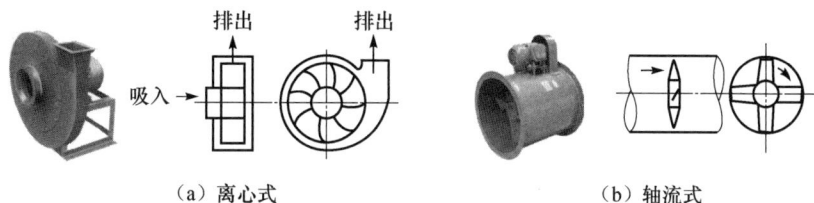

（a）离心式　　　　　　　　　　　　（b）轴流式

图 1-99　通风机

离心式通风机根据所产生的压力大小又可分为以下几种。

（1）低压离心通风机：风压小于等于 100mmH₂O。

（2）中压离心通风机：风压为 100～300mmH₂O。

（3）高压离心通风机：风压为 300～1500mmH₂O。

离心式通风机的工作原理与结构

风压的单位与压力单位相同，均为 Pa，但习惯上风压单位常用 mmH₂O 表示，1mmH₂O=9.81Pa。

2. 离心式通风机的性能参数与特性曲线

1）风量 Q

风量 Q 是单位时间内离心式通风机输送的气体体积（以进口计），单位是 m³/h 或 m³/s。

2）全风压 H_T 与静风压 H_P

全风压或全压以 H_T 表示，是 1m³ 被输送气体（以进口处气体状况计）经过通风机后增加的总能量；静风压或静压以 H_P 表示，是指离心式通风机输送进出口的压力差，只反映静压的增加。离心式通风机风压的测定，是通过测量通风机进出口处有关气体的流速和压力参数，按伯努利方程计算得到的。通风机所供给的能量是以 1m³ 气体作为基准的。根据伯努利方程，如果以 1 和 2 为下标的参数分别表示进口与出口处的状况，各项分别乘以 ρ，则得全风压：

$$H_T = H\rho g = (z_2 - z_1)\,\rho g + (p_2 - p_1) + \frac{u_2^2 - u_1^2}{2}\rho + \sum h_{f\,(1-2)}\rho g$$

式中，ρ 及 z_2-z_1 都比较小，故$(z_2-z_1)\rho g$ 可忽略，因进出口间管段很短，$\sum h_{f\,(1-2)}\rho g$ 也可忽略，又当空气直接由大气进入通风机而无进口管段时，u_1 也可忽略，故上式可简化为

$$H_T = (p_2 - p_1)\rho + \frac{u_2^2}{2}\rho \tag{1-62}$$

式中，p_2-p_1 为静风压 H_P，$u_2^2\rho/2$ 为动风压 H_K，故全风压 H_T 为静风压和动风压之和。在离心泵中，泵进出口处的动压差很小，可忽略不计，而在离心式通风机中，气体出口处的气体流速很大，动压不能忽略，因而与离心泵相比，离心式通风机的性能参数，多了一个全风压。

3）离心式通风机的功率与效率

（1）功率：分为轴功率 N 和有效功率 N_e，有效功率为

$$N_e = \frac{H_T Q}{1000} \tag{1-63}$$

（2）效率：用 η 表示，即

$$\eta = \frac{N_e}{N}$$

离心式通风机的效率由全风压确定，又称为全压效率。

离心式通风机的特性曲线如图 1-100 所示，表示风机在一定转速下，风量与全风压、静风压、轴功率、效率之间的关系。从图 1-100 中可以看出动风压在全风压中占有相当大的比例。

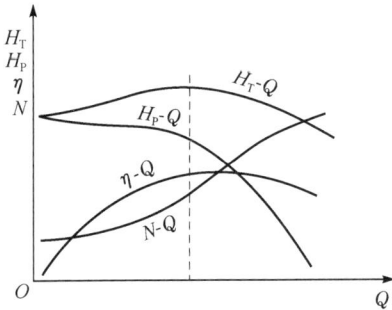

图 1-100　离心式通风机的特性曲线

3. 离心式通风机的选用

离心式通风机的选用和离心泵的情况相仿，根据所需的气体流量和风压，对照离心式通风机的特性曲线或性能表选择合适的通风机。需注意的是，由于离心式通风机的风压及功率与被输送气体的密度密切相关，而产品样本中的风压是在空气的压力为 101.3kPa、温度为 20℃ 的试验条件下测得的。因此，在选用通风机时应根据实际输送气体的密度 ρ 与试验气体密度 ρ_0 的差别将实际所需的全风压 H_T 换算成试验条件下的全风压 H'，然后按 H' 的数值进行选用。H' 按下式计算

$$H' = H\left(\frac{\rho_0}{\rho}\right) \tag{1-64}$$

在选用通风机时，应首先根据所输送气体的性质与风压范围，确定通风机的类型。然后根据所要求的风压和换算成规定状态的风压，从产品样本中选择适宜的型号。

输送常温空气或一般气体的离心式通风机，常用 4-72 型、8-18 型和 9-27 型。前一类属于中低压通风机，可用于通风和气体输送，后两类属于高压通风机，主要用于气体输送。一个型号下会有各种不同的尺寸，于是在型号后加一机号作区别，如 9-27No.7，其中 No.7 就是机号，7 代表风机叶轮外径，单位为 dm。

1.6.3　离心式鼓风机和压缩机

1. 离心式鼓风机

离心式鼓风机的主要构造和工作原理与离心式通风机类似，由于单级叶轮所产生的压头很低，故一般采用多级叶轮。图 1-101 所示为五级离心鼓风机。当机壳内的工作叶轮高速旋转时，气体由吸入口进入机体，在第一级叶轮内压缩后，由第一级叶轮出口被吸至第二级叶轮的中心，如此依次经过所有叶轮，最后由排风出口排出。

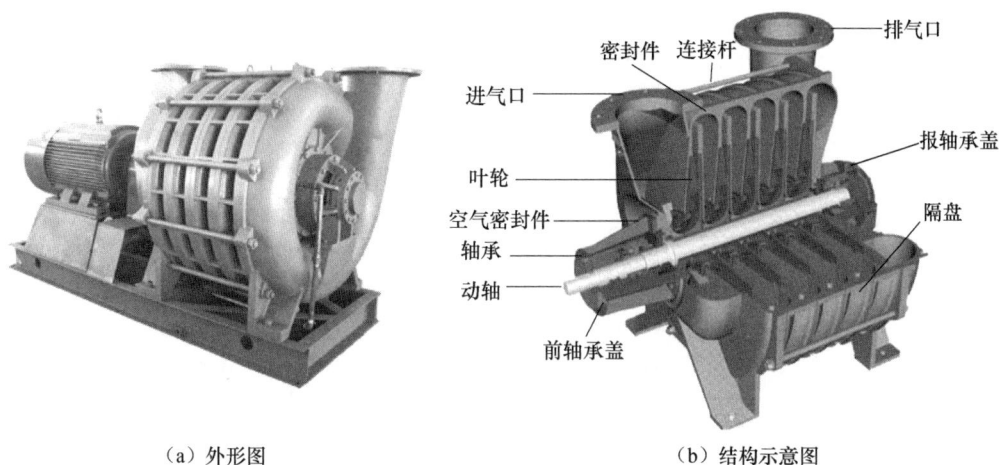

（a）外形图　　　　　　　　　（b）结构示意图

图 1-101　五级离心鼓风机

离心式鼓风机的送气量大，但所产生的风压不高，其出口压力一般不超过 3atm（表压）。由于离心式鼓风机的气体压缩比不高，所以无须冷却装置。各级叶轮的大小大体上相等。

我国目前生产的离心式鼓风机的型号，如 D1200-22，其中 D 表示鼓风机吸风形式为单吸，如果 D 换成 S，则第一级为双吸，1200 表示鼓风机进口流量为 $1200m^3/min$，最后的两个 "2" 中的第一个 "2" 表示鼓风机的叶轮数，第二个 "2" 表示第二次设计。

2. 离心式压缩机

1）离心式压缩机的构造及特点

离心式压缩机常被称为透平式压缩机，其主要构造（图 1-102）和工作原理与离心式鼓风机相同，只是离心式压缩机叶轮数更多，可达 10 级以上，故能产生较高的压力。由于气体压力逐级增大，气体体积相应缩小，因而叶轮也逐级变小。当气体经过多级压缩后，温度显著上升，因而压缩机分为 n 段，每段包括若干级，段与段间设置中间冷却器，以降低气体的温度。气体的压缩比越大，气体温度越高，则更需要中间冷却。

我国离心式压缩机的型号与离心式鼓风机的相同，仅增加一个 "A" 字以便区别。例如，DA350-61 型离心式压缩机表示单吸离心式压缩机，流量为 $350m^3/min$，六级叶轮，第一次设计。与往复式压缩机相比，离心式压缩机具有排气量大、体积小、结构紧凑、维护方便、运转平衡可靠、供气均匀、气体洁净（无润滑油）、动力利用好、投资小、操作费用低等优点。缺点是稳定工作流量范围比较窄，效率低，加工要求高等。随着离心式压缩机在设计、制造方面不断采用新技术、新结构和新工艺，上述缺点正在不断得以克服。

图 1-102　离心式压缩机（单位：mm）

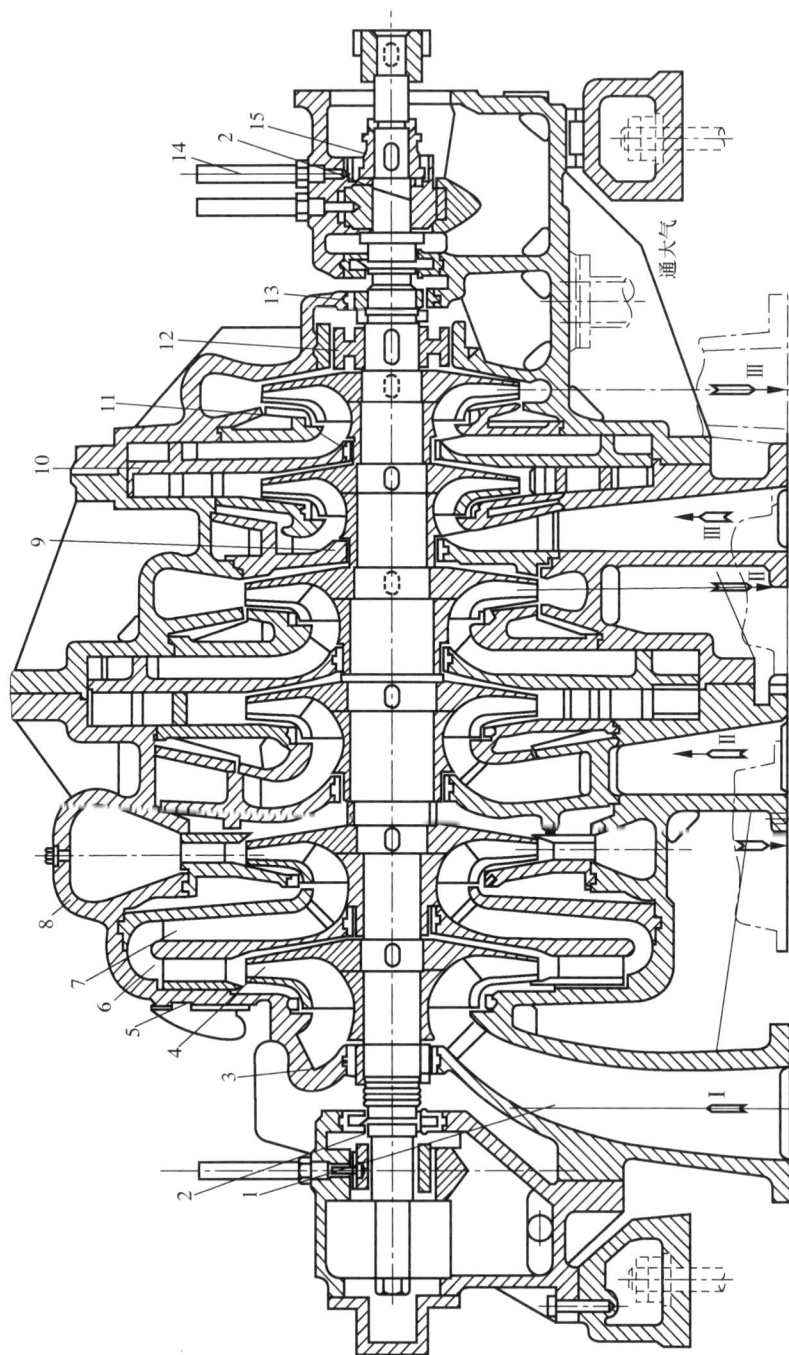

1. 吸气室；2. 径向轴承；3. 前轴封；4. 叶轮；5. 扩压器；6. 弯道；7. 回流器；8. 蜗壳；9. 轴封；10. 隔板；11. 气封；12. 后轴封；13. 后轴封；14. 温度计；15. 止推轴承。

2）离心式压缩机的稳定工况区

离心式压缩机在工作中，当流量减小到某一较小值时，叶轮排出气流的压力大幅下降，以至排气管内较高压力的气体倒流回叶轮里。倒流的气体补充了叶轮流量的不足，使叶轮又恢复正常工作，重新将流回的气体压出去。倒流回叶轮的气体被压出去使叶轮中流量又减小，于是压力又下降，气体又流回，如此周而复始，就出现了周期性的气流脉动，这就是喘振。发生喘振时，压缩机级和其后连接的贮气罐中会产生一种低频高振幅的压力脉动，引起叶轮应力的增加和整个机器产生强烈振动，并产生严重的噪声，甚至无法工作。因此，离心式压缩机的工作流量必须大于喘振发生时的流量。

离心式压缩机在工作中，当流量增大到某一值时，摩擦损失、冲击损失都会很大，气体所获得的能量全部消耗在流动损失上，使气体压力得不到提高。同时，气流速度也将达到声速，不可能再提高，这种现象称为堵塞。在发生堵塞时，流量将不可能再增加，这也是压缩机可以达到的最大流量。

由此可见，离心式压缩机的工作只能在喘振工况与堵塞工况之间，此区域称为稳定工况区。

3）离心式压缩机的调节

在生产过程中，装置的阻力系数或者流量要求经常变化，为适应这种变化，保证装置对压力或流量的要求，就需要对压缩机进行调节。离心式压缩机的性能调节原理与离心泵基本相同，常用的调节方法有以下几种。

（1）出口节流调节法：它是通过调节出口管路中的调节阀开度来改变管路特性曲线，从而实现流量或压力调节的。此种调节的特点是方法简单，经济性差。

（2）进口节流调节法：它是通过调节进口节流阀的开度来改变离心式压缩机的性能曲线，从而实现流量或压力调节的。此种调节的特点是方法比较简单，经济性比较好，但有一定的节流损失。

（3）采用可转动的进口导叶：它是一种通过改变叶轮进口前安装的导向叶片的角度，使进入叶片中的气流产生一定的预旋，来改变压缩机的性能曲线以实现调节。此种方法经济性较好，但结构较为复杂。

（4）改变压缩机的转速：当改变压缩机的转速时，其性能曲线也发生变化，因而可改变压缩机的工作点，实现性能调节。此种方法调节范围大，经济性好，但是设备复杂，价格昂贵。

1.6.4　旋转式鼓风机与压缩机

旋转式鼓风机、旋转式压缩机与旋转泵相似，机壳中有一个或两个旋转的转子。旋转式设备的特点：构造简单、紧凑，体积小，排气连续均匀，适用于所需压力不大，而流量较大的场合。

旋转式鼓风机的出口压力一般不超过 0.8atm（表压，1atm=1.013×10^5Pa，全书同），常见的有罗茨鼓风机。旋转式压缩机的出口压力一般不超过 4atm（表压），常用的有液环式压缩机和滑片式压缩机。

1. 罗茨鼓风机

罗茨鼓风机的工作原理与齿轮泵类似，如图 1-103 所示。机壳内有两个腰形转子或两个三星形转子（又称"风叶"），两转子之间、转子与机壳之间缝隙很小，使转子能自由运动而无过多泄漏，两转子的旋转方向相反，使气体从一侧吸入，从另一侧排出。如果改变转子的旋转方向，可使吸入口和压出口互换。

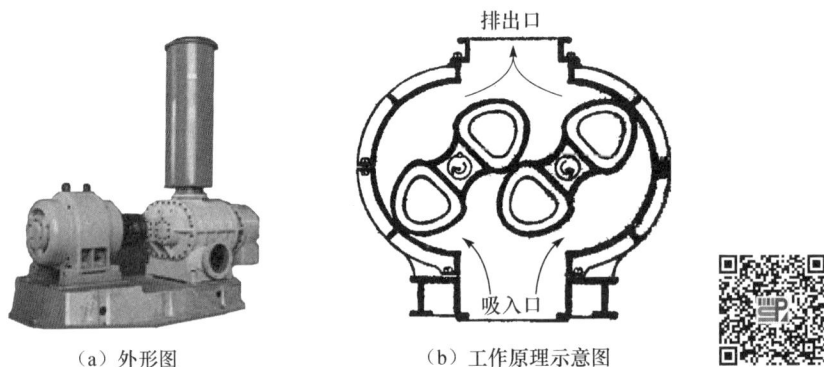

（a）外形图　　　　　　（b）工作原理示意图

图 1-103　罗茨鼓风机　　　　　　　　罗茨鼓风机工作原理

罗茨鼓风机的风量与转速成正比，在转速一定时，出口压力改变，风量可保持大体不变，故又称定容式鼓风机。罗茨鼓风机的出口安装有稳压气柜和安全阀，流量用支路调节，出口阀不能完全关闭。这类鼓风机工作时，温度不能超过 85℃，否则会引起转子受热膨胀而发生碰撞。

2. 液环式压缩机

液环式压缩机又称纳氏泵，如图 1-104 所示。它是由椭圆形外壳和圆形叶轮所组成的。壳内充有适量液体，当叶轮转动时，液体在离心力作用下，沿椭圆形内壳形成一层液环。在液环内，椭圆形长轴两端显出两个月牙形空隙，供气体进入和排出。

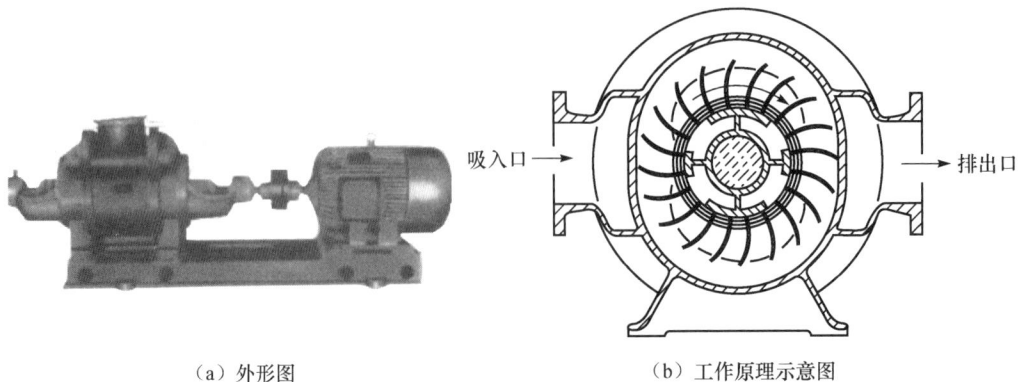

（a）外形图　　　　　　　　（b）工作原理示意图

图 1-104　液环式压缩机

当叶轮转至吸入口位置时，叶片之间充满液体，当此叶轮顺箭头方向转过一定角度时，液层向外移动，在叶片根部形成低压空间，气体则从吸入口进入此空间。叶轮继续

转动，此空间逐渐增大，气体继续被吸入。当叶轮转过泵壳顶端位置后，此空间就逐渐
缩小，气体被压缩，然后自排出口压出。当叶轮转至排出口位置时，叶片之间又完全充
满液体，重新进入吸气过程及排气过程。叶轮旋转一周，同时在两处吸入和排出气体。

液环式压缩机中被压缩的气体仅与叶轮接触，由液环与外壳隔开。因此，在输送腐
蚀性气体时，只需叶轮材料抗腐蚀即可。例如，当用于压送氯气时，壳内充满浓硫
酸；压送空气时，壳内充水即可。液环式压缩机产生的压力可高达 5～6atm（表压），
但压力在 1.5～1.8atm（表压）间效率最高。

3. 滑片式压缩机

滑片式压缩机的主要结构如图 1-105 所示。图中 5 为圆筒形机壳，旋转的转子 1 对圆
筒的中心轴做偏心运动。转子 1 上有一列缝隙。各缝隙内嵌入厚度为 0.8～2.5mm 的可滑动
钢片 2（简称滑片），当转子依箭头方向旋转时，各滑片由于离心力作用自各缝隙滑出，从
而形成若干大小不同的密闭空间。由于偏心的原因，这些密闭的空间随转子旋转而越来越小，
从而将气体压缩而排出。为了降低压缩气体的温度，此机的机壳和盖皆备有冷却水夹套。

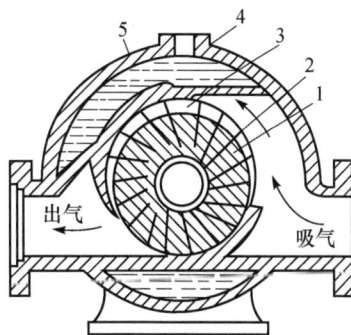

　　　　（a）外形图　　　　　　　　　　　　　（b）工作原理示意图

1. 转子；2. 可滑动钢片（简称滑片）；3. 被压缩气体的空间；4. 水夹套；5. 机壳。

图 1-105　滑片式压缩机

上述各种气体输送设备均有广泛的应用，它们产生的压力一般不高。虽然近年来离
心式压缩机有了很大发展，且在某些领域的现代化装置中已取代往复式压缩机，但在一
般情况下，当要求气体的压力很高时，主要还是采用往复式压缩机。

1.6.5　往复式压缩机

1. 往复式压缩机的工作原理

往复式压缩机主要由气缸、活塞、吸入和压出气阀所组成。它的工作原理与往复泵
相似，即依靠活塞的往复运动将气体吸入和压出。由于压缩机的工作流体为气体，密度
比液体小得多，且可压缩。因此，在结构上要求吸入和排出气阀轻便而易于启闭，而且
活塞与气缸盖间的余隙要小，各处配合需要更严密。此外，还需要根据压缩情况，附设
必要的冷却装置。

图 1-106 所示为一单动往复式压缩机工作时各阶段活塞的位置。图 1-106（a）表示活塞在气缸内运动至最左端时，活塞与气缸之间还留有很小的空隙，称为余隙，其作用主要是防止活塞撞击到气缸上。由于余隙的存在，在气体排出之后，气缸内还残存一部分压力为 p_2 的高压气体，其状态如图 1-106 中的 A 点。图 1-106（b）表示当活塞从最左端向右运动时，残留在余隙中的气体便开始膨胀，压力从 p_2 逐渐降至 p_1，气体的状态变化在图 1-106 上表示为曲线 AB，这一阶段称为膨胀阶段。活塞再向右移动时，气缸内的压力下降到稍低于 p_1，于是吸入阀开启，压力为 p_1 的气体进入气缸，直到活塞移至最右端，气体状态变化在图 1-106 上表示为直线 BC，这一阶段称为吸气阶段。此后，活塞改向左移动，缸内气体被压缩而升压，吸入阀关闭，气体继续被压缩，直至活塞到达图 1-106（d）所示的位置，压力增大到稍高于 p_2，气体状态变化在图 1-106 中表示为曲线 CD，这一阶段为压缩阶段。此时，排出阀开启，气体在压力 p_2 下从气缸中排出，直至活塞恢复到图 1-106（a）所示位置，在图 1-106 中表示为直线 DA，这一阶段称为排出阶段。

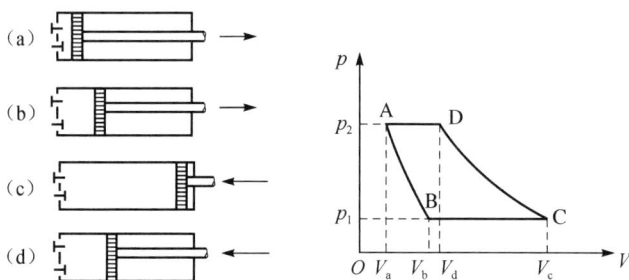

图 1-106　压缩机的实际工作循环

由此可见，压缩机的一个工作循环是由膨胀、吸入、压缩、排出等四个阶段组成，在图 1-106 的 p、V 坐标上为一封闭曲线，BC 为吸入阶段，CD 为压缩阶段，DA 为排出阶段，AB 为余隙气体的膨胀阶段。由于气缸余隙内有高压气体存在，因而吸入气体量减少，动力消耗增加，故余隙不宜过大。一般余隙容积为活塞一次扫过容积的 3%～8%，此百分数又称为余隙系数，以符号 ε 表示。

图 1-106 中 p、V 坐标上的封闭曲线是等温条件下做出的，在实际操作中，很难做到使气体保持等温状态，也很难避免没有一点热的损失，因而气体的实际压缩过程既非等温过程，也非绝热过程，而是介于两者之间，称为多变压缩过程。多变压缩后气体排出的绝对温度和所耗的外功分别为

$$T_2 = T_1 \left(\frac{p_2}{p_1} \right)^{\frac{k-1}{k}} \tag{1-65}$$

$$W = p_1 V_1 \frac{k}{k-1} \left[\left(\frac{p_2}{p_1} \right)^{\frac{k-1}{k}} - 1 \right] \tag{1-66}$$

式中，k——多变指数。

由于余隙的存在和气体具有可压缩性及膨胀性，在往复式压缩机中余隙的影响就显

得特别重要。故用容积系数λ_0来衡量余隙对吸入过程的影响

$$\lambda_0 = \frac{V_c}{V_c - V_a} = 1 - \varepsilon\left[\left(\frac{p_2}{p_1}\right)^{\frac{1}{k}} - 1\right] \tag{1-67}$$

由式（1-67）可见，容积系数λ_0与压缩机的余隙系数ε及压缩比（p_2/p_1）有关。当压缩比高到某一程度时，容积系数可能为0，即余隙膨胀后充满整个气缸，以致不能吸入新的气体。这就是压缩机所能达到的最高压力限制。

2. 往复式压缩机的主要性能参数

1）排气量

往复式压缩排气量即为压缩机的生产能力，是指压缩机在单位时间内排出的气体在吸入状态下的体积。若没有余隙，往复压缩理论的吸气量为

$$V' = \frac{\pi}{4}D^2Sn \tag{1-68}$$

式中，V'——理论吸气体积，m^3/min；

D——活塞直径，m；

S——活塞的冲程，m；

n——活塞每分钟往复的次数。

实际上由于压缩机有余隙，故实际吸入体积应将式（1-66）乘上容积系数λ_0，即

$$V = \lambda_0 V' = \lambda_0 \frac{\pi}{4}D^2Sn \tag{1-69}$$

式中，V——实际吸气体积，m^3/min。

2）轴功率和效率

若压缩机内气体的压缩过程为绝热压缩过程，则其理论功率为

$$N_a = \frac{k}{k-1}p_1\frac{V}{60}\left[\left(\frac{p_2}{p_1}\right)^{\frac{k-1}{k}} - 1\right] \tag{1-70}$$

式中，k——绝热压缩指数。

实际过程非绝热压缩过程，故压缩机所需的实际轴功率大于理论功率。设热效率为η_a，则轴功率为

$$N = \frac{N_a}{\eta_a} \tag{1-71}$$

3）多级压缩

若生产上所需的气体压缩比很大，即用一个气缸一次完成压缩过程，则气体的温度上升过高，动力消耗将显著增大。此时，气缸内的润滑油会变性（黏度下降，甚至焦烘）致使润滑不良，机件受损，严重的会造成爆炸。同时余隙的影响也使压缩机的容积系数严重下降。因此，当压缩比较大时，应采用多级压缩。

多级压缩机是把两个或两个以上的气缸串联起来，将第一个气缸里经过压缩的气体，冷却后送入另一个气缸再次压缩，经几次压缩后达到最终的压力。图1-107所示为

三级压缩机流程。图中 1、4、7 为气缸，其直径逐级缩小，2、5 为中间冷却器，8 为出口气体冷却器，3、6、9 为油水分离器，用以防止润滑油与水带入下一级气缸内。每级之间均需装置中间冷却器用以降低气体温度，这是实现多级压缩的关键。对于同样的总压缩比，多级压缩由于采用中间冷却器，各级所消耗的外功之和比单级压缩时少。通常，各级压缩的压缩比以 4～7 为宜。

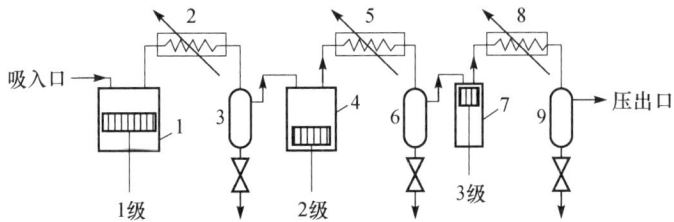

图 1-107　三级压缩机流程

4）往复式压缩机的类型与选用

往复式压缩机的分类方法很多，按活塞的一侧或两侧吸、排气而分为单动和双动式；按气体受压次数而分为单级、双级和多级；按压缩机所产生的终压而分为低压（10atm）、中压（10～100atm）、高压（100～1000atm）、超高压（1000atm 以上）；按生产能力分为小型（10m³/min 以下）、中型（10～100m³/min）和大型（100m³/min 以上）；按所压缩气体种类分为空气压缩机、氨压缩机、氢压缩机、石油气压缩机等。

决定压缩机类型的主要标志，是气缸所在空间的位置及气缸的排列方式，若按此分类，则依照压缩机在空间位置的不同，可分为立式、卧式和角度式压缩机；依照压缩机气缸排列方式的不同可分为单列、双列和对称平衡型压缩机。

我国制造的往复式压缩机，其型号均以拼音字母代表结构形式，如立式为 Z，卧式为 P，对称平衡型为 D、H、M，角度式的有 L、V、W 等。与型号并用的数字分别表示气缸列数、活塞推力、排气量和排气压力。例如，2D6.5-7.2/150 型压缩机表示气缸为 2 列，对称平衡型（D 型），活塞推力 6.5t，排气量 7.2m³/min，排气压力 150atm（表压）。

往复式压缩机的选用步骤：首先应根据输送气体的性质确定压缩机的类型；然后根据生产任务和厂房的具体条件选定压缩结构形式，如是空气压缩机还是氮气压缩机或其他气体压缩机，是立式、卧式还是角式；最后根据生产所需的排气量（即生产能力）和排气压力（或压缩比）两个指标，在压缩样本或产品目录中选择合适的型号。

往复压缩机的排气，如同往复泵的排液一样，是脉动的，因此，压缩机的出口要连接贮气柜（也称"缓冲缸、压缩气包"），使气体输出均匀稳定。同时，缓冲缸还可使气体中夹带的水沫和油沫在此处沉降分离下来。为了操作安全，缓冲缸上要安装压力表和安全阀。压缩机的吸入口应安装过滤器，防止吸入灰尘和杂物磨损活塞、气缸等部件。此外，压缩机在运转过程中必须注意润滑和冷却等。

1.6.6　真空泵

真空泵基本上可分为两大类，即干式和湿式。干式真空泵只从容器中抽出干气体，可以达到 96%～99.9%真空度，而湿式真空泵在抽吸气体的同时，允许带些液体，只能产生 85%～90%的真空度。

1. 往复式真空泵

往复式真空泵的工作原理与往复式压缩机基本相同，在结构上差异也不大，只是所用的吸气和排气阀门必须更加轻便灵活。往复式真空泵和其他形式真空泵一样，是在远低于 1atm 下操作，当所达到的真空度较高时，其压缩比很高，这样余隙中残留气体的影响就更大。为了降低余隙的影响，除真空泵的余隙系数必须很小外，可在真空泵气缸左右两端之间设置平衡气道。活塞排气终了时，主平衡气道连通短时间打开，使余隙中残留的气体流到活塞的另一侧，从而降低余隙中气体的量。

真空泵的主要性能参数有以下两个。

（1）抽气速度。它是指单位时间真空泵在残余压力下所吸入气体的体积，也就是真空泵的生产能力，单位为 m^3/h。

（2）残余压力。它是指真空泵所能达到的最低压力或用真空度表示，单位一般采用mmHg。往复式真空泵的型号为"W"。

W 型往复式真空泵又称活塞式真空泵（图 1-108），由于在粗真空时有很大的抽气量，故 W 型往复式真空泵是获得粗真空的主要设备之一，用于从密封器中或反应锅中抽除气体。W 型往复式真空泵一般都用于工业中的真空蒸馏、真空浸出、真空浓缩、真空结晶、真空干燥、真空过滤的真空作业等方面。

图 1-108 W 型真空泵

2. 水环式真空泵

水环式真空泵结构简单，如图 1-109 所示。圆形叶壳 1 中有一偏心安装的转子 2，由于壳内注入一定量的水，当转子旋转时，由于离心力的作用，将水抛向壳壁形成水环3。此水环具有液封作用，将叶片间空隙封闭成许多大小不同的空室。当转子旋转，空室由小变大时，气体从吸入口 4 吸入；当空室由大变小时，气体由压出口 5 压出。

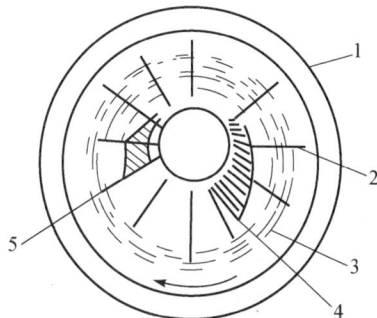

（a）外形图   （b）工作原理示意图

1.圆形叶壳；2.转子；3.水环；4.吸入口；5.压出口。

图 1-109 水环式真空泵

水环式真空泵属于湿式真空泵，结构简单紧凑，没有阀门，最高真空度可达85%。水环式真空泵内的充水量约为容积高度的一半。因此，由于水分的蒸发，在运转时，要不断地充水以保持充水量并维持泵内的液封，同时也冷却了泵体。水环式真空泵也可作为鼓风机用，但其所产生的压力不超过1atm（表压）。由此可见，前面所介绍的液环式压缩机也可作为真空泵用，称为液环式真空泵。水环式真空泵的型号为"SZ"。

3. 喷射式真空泵

喷射式真空泵是利用流体流动时，静压能与动压能相互转换的原理来吸送液体的。它可用于吸送气体，也可用于吸送液体。喷射式真空泵的工作流体可以为蒸汽，也可为水或其他流体。

图1-110所示为一单级蒸汽喷射泵。当蒸汽进入喷嘴后，即做绝热膨胀，并以极高的速度喷出，于是在喷嘴口处形成低压将流体由吸入口吸入；吸入的流体与工作蒸汽一起进入混合室，然后流经扩大管，在扩大管中混合流体的流速逐渐降低，压力增大，最后至压出口排出。单级蒸汽喷射泵仅能达到90%的真空度，如果要得到更高的真空度，则需采用多级蒸汽喷射泵。

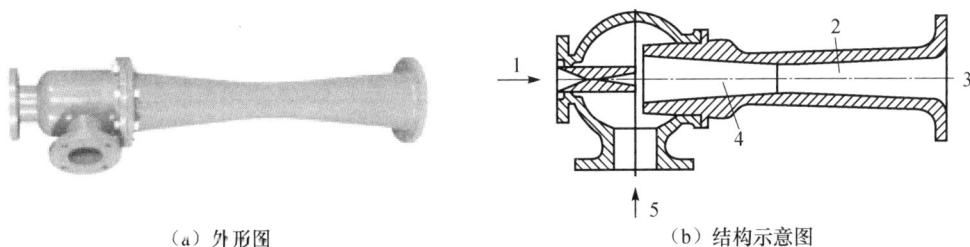

单级蒸汽
喷射泵

（a）外形图　　　　　　　　　　　　　（b）结构示意图

1.工作蒸汽入口；2.扩大管；3.压出口；4.混合室；5.气体吸入口。

图1-110　喷射式真空泵

喷射式真空泵构造简单，制造容易，可用各种耐腐蚀材料制成，不需基础工程和传动设备。由于喷射式真空泵的效率低，只有10%～25%。故一般只用于抽真空，而不用作输送。水喷射泵所能产生的真空度比蒸汽喷射泵低，一般只能达到700mmHg左右的真空度，但是由于结构简单，且兼有冷凝蒸汽的能力，故在真空蒸发中广泛应用。

喷射式真空泵的缺点是产生的真空度，效率低，其所输送的液体要与工作流体混合，因而应用范围受到限制。

思考题

1. 何谓绝对压力、表压、真空度和负压？它们之间有什么关系？设备中的真空度增大，意味着设备中的绝对压力增大还是减小？

2. 为什么压力的单位比较多？为什么多种压力的非法定计量单位一直不能废除？

3. 什么是理想流体、不可压缩流体？什么样的流体可以看成不可压缩流体？

4. 何谓流体的体积流量、质量流量、平均流速和质量流速，它们之间的关系如何？

5. 混合液体的密度可用式（1-3）估算，其准确度主要取决于什么？

6. 何谓稳定流动与不稳定流动？

7. 什么是适宜流速？当流量一定时，如何确定管子的规格？

8. 什么是流体的黏性？什么是流体的黏度？黏度的定义和物理意义是什么？

9. 液体和气体的黏度随温度和压力的变化关系如何？

10. 在一连续稳定的黏性流动系统中，当系统与外界无能量交换时，系统的机械是否守恒？为什么？

11. 为什么可以用 m 作为单位来表示流体的能量？

12. 下水管往往通过一个 U 形管与下水道相连，它起什么作用？

13. 流体的流动形态有几种？怎样判断？

14. 影响流体流动形态的因素有哪些？如何判别流体的流动形态？

15. 分析层流和湍流两种情况下流动阻力与流速的关系。

16. 湍流时，若 ε/d 一定，为什么随着 Re 的增加，摩擦因数 λ 是减小的，而流体的 h_f 反而增加？

17. 何谓层流内层？层流内层的厚度与什么因素有关？

18. 某流体在圆形直管内做层流流动，若管长及流体不变，而管径增加减至原来的 1/2，试问因流动阻力而产生的能量损失为原来的多少。

19. 管路系统若要降低流体阻力，应从哪几方面着手？

20. 试述孔板流量计的结构、工作原理、特点及安装注意事项。

21. 比较文丘里流量计和孔板流量计的异同。

22. 试述转子流量计的结构、工作原理及特点、安装注意事项。

23. 转子流量计与孔板流量计在原理上有什么区别？

24. 对于转子流量计，当转子密度或流体密度改变时，对流量计的读数有何影响？

25. 简述离心泵的构造、各部件的作用及离心泵的工作原理。

26. 离心泵的叶轮有几种形式？各适用于什么场合？

27. 将离心泵泵壳做成蜗壳状的作用是什么？

28. 离心泵启动前为什么要灌满液体？泵的吸入管上为什么要装止逆阀？

29. 离心泵启动后吸不上液体的原因有哪些？怎样才能使泵吸上液体？

30. 扬程和升扬高度有何不同？

31. 气缚现象和汽蚀现象有何区别？

32. 离心泵产生"汽蚀"的原因是什么？汽蚀时有哪些现象？有何危害？如何防止？

33. 何谓汽蚀余量？写出利用汽蚀余量来计算离心泵安装高度的计算式。

34. 何谓泵的工作点？离心泵有哪几种流量调节方法？各有何利弊？

35. 泵铭牌上所标注的性能参数有何意义？

36. 离心泵输送的流体的密度增加时，其流量、扬程、出口压力和功率有何变化？

37. 离心泵的流量调节阀是装在泵的进口管路上还是泵的出口管路上？阀门关小后，吸入口处的真空表和排出口处的压力表的读数应该增加还是减小？

38. 常用的离心泵有哪些类型？简述选择离心泵的方法和步骤。

39. 与离心泵比较，往复泵有何特点？

40. 往复泵启动时，是否需要灌满液体？为什么？其流量如何调节？简述计量泵、齿轮泵和螺杆泵的工作原理及应用场合。

41. 往复泵的流量、扬程与哪些因素有关？

42. 离心式通风机的性能参数有哪些？各自的定义和单位是什么？

43. 何谓全风压？动风压？静风压？如何计算？选用通风机时为什么要把实际所需要的全风压换算成实验条件下的全风压？

44. 往复式压缩机的余隙是什么？它对压缩过程有何影响？

45. 何谓压缩比？压缩机为什么要采用多级压缩？为什么要进行中间冷却？

46. 选用真空泵的依据是什么？

47. 压缩机的主要性能参数有哪些？怎样选用压缩机？

练习题

1. 某设备上真空表的读数为 200mmHg，试计算设备内的绝对压强与表压强各为多少。已知该地区大气压强为 750mmHg。

2. 将以下压力单位换算成 kPa，并分别用绝对压力和表压（或真空度）表示。已知当时大气压为 1atm。

（1）$0.5kgf/cm^2$（表压）；

（2）$30mH_2O$；

（3）500mmHg（表压）；

（4）400mmHg（真空度），

（5）$400mmH_2O$（真空度）。

3. 当地大气压是 750mmHg 时，水下 8m 深处的绝对压力和表压是多少？

4. 某水泵进口管处真空表读数为 650mmHg，出口管处压力表读数为 2.5atm。试求水泵前后水的压力差为多少？

5. 某敞口容器有两种按同体积混合的液体——水和油，密度分别是 $1000kg/m^3$ 和 $850kg/m^3$，在容器中液体总深度为 4.8m，问容器底部的绝对压力和表压分别是多少？（当时的大气压为 100kPa）

6. 用 U 形管压差计测定管路两点的压力差，管路中流动的是密度为 $2kg/m^3$ 的气体，指示液是水，读数是 500mmHg，计算压力差。

7. 管子内径为 100mm，温度为 277K 的水以 2m/s 的流速流过，试求水的体积流量和质量流量。

8. N_2 在内径为 150mm 的管道中流过，温度为 300K；入口处压力为 $150kN/m^2$，出口处压力为 $120kN/m^2$，流速为 20m/s。求 N_2 的质量流速和入口处的流速。

9. 当大气压力是 760mmHg 时，问位于水面下 6m 处的绝对压力是多少？（设水的密度为 $1000kg/m^3$）

10. 计算 CO_2 在 313K 和 0.3MPa 时的密度和 0.5MPa 下饱和水蒸气的密度。

11. 如图 1-111 所示，A、B、C 三个设备通过连通管相连通。连通管的下部是水银，上部是水，三个设备内水面在同一水平面上。问：

（1）1、2、3 三处压强是否相等？

（2）4、5、6 三处压强是否相等？

（3）若 h_1 为 100mm，h_2 为 200mm，且已知设备 A 直接通大气（大气压强为 760mmHg），求 B、C 两设备内水面上方的压强。

12. 如图 1-112 所示，某车间用压缩空气压送 98% 的浓硫酸（相对密度为 1.83），流量为 5m³/h。管道采用 ϕ57mm×3.5mm 的无缝钢管，总的能量损失为 4m（不包括出口损失），两槽中液位恒定。试求压缩空气的压力。

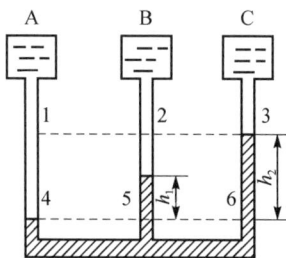

图 1-111 练习题 11 附图

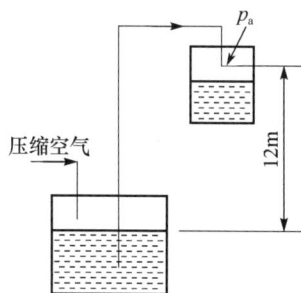

图 1-112 练习题 12 附图

13. 如图 1-113 所示，用泵从贮油池向高位槽输送矿物油，矿物油的密度为 960kg/m³，流量为 38 400kg/h，高位槽液面比贮油池中的油面高 20m，且均为常压。输油管为 ϕ32mm×2mm，矿物油流经全部管道的能量损失（压头损失）为 10m。若泵的效率为 65%，试计算泵的有效功率和轴功率。

14. 用奶泵将 10m³/h 的牛奶由地面奶槽送入贮奶罐，贮奶罐入口管距地面奶槽高度为 12m，牛奶的密度为 1030kg/m³，已知总能量损失为 55J/kg，求奶泵的有效功率。

15. 水从一敞口槽被抽到高处的真空容器中，真空容器中水的入口距敞口槽水面 6m，设水在管

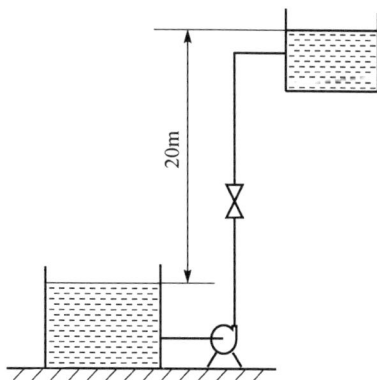

图 1-113 练习题 13 附图

中的流速为 1m/s，能量损失为 19.6J/kg（不包括出口损失），求真空容器中的真空度。已知当时的大气压为 9.81×10⁴Pa。

16. 某套管的大管内径是 51mm，小管外径是 32mm，环隙中流动的是稀奶油，其流量是 5m³/h，求稀奶油在环隙中流动的 Re 和流动形态。已知：稀奶油的密度为 1000kg/m³，黏度为 12mPa·s。

17. 套管冷却器由 ϕ89mm×2.5mm 和 ϕ57mm×2.5mm 的钢管构成。空气在细管内流动，流速为 1m/s，平均温度为 353K，绝对压力是 2atm。水在环隙内流动的流速为 1m/s，

平均温度为 303K。试求：

（1）空气和水的质量流量；

（2）空气和水的流动形态。

18. 将密度为 $1081kg/m^3$，黏度为 $2mPa\cdot s$ 的蔗糖溶液从敞口槽用泵送到高位槽中，流量为 $4.5m^3/h$，输送管路是 $\phi 32mm \times 3.5mm$ 的新镀锌管，全长 30m，其中有三个直角弯头，管子出口高于敞口槽液面 9m，管子出口表压为 36kPa。求泵的有效功率。

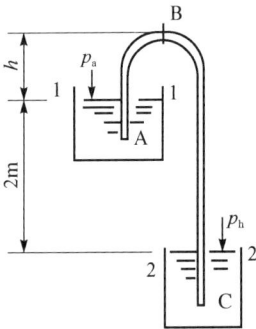

图 1-114　练习题 19 附图

19. 如图 1-114 所示，用虹吸管将池中 363K 的热水引出，两容器水的垂直距离为 2m，管段 AB 长 5m，管段 BC 长 10m（均包括局部阻力的当量长度）。管路内直径为 20mm，直管摩擦因数为 0.02。为保证管路不发生汽化现象，管路顶点的最大安装高度为多少？

20. 用水标定的某转子流量计现改测空气（30℃，98.7kPa）。原来的转子是相对密度为 11 的硬铅，现改用形状相同，相对密度为 1.15 的胶质转子。在同一刻度下，空气流量为水流量的多少倍？

21. 某往复式压缩机的余隙为 0.05mm，如将空气从 $101.3kN/m^2$ 和 283K 绝热压缩至 515kPa，求其容积系数，并求此压缩机的最大压缩比。

22. 密度为 $1050kg/m^3$、黏度为 $70mPa\cdot s$ 的某种液体，在内径为 100mm 的管内从管路 A 处流动到 B 处，流速为 0.7m/s，A 到 B 之间的计算长度为 130m。试求：

（1）管内流体的流动形态；

（2）流体从 A 流到 B 的能量损失。

23. 将冷却水从地面水池送到冷却塔，已知水池水面比地面低 2m，从水池到泵的吸入口为长 10m 的 $\phi 114mm \times 4mm$ 钢管，在吸入管线中有一个 90°弯头，一个吸滤阀。从泵的出口到塔顶喷嘴是总长 36m 的 $\phi 114mm \times 4mm$ 钢管，管线中有两个 90°弯头，一个闸阀（1/2 开）。喷嘴与管子连接处距地面 24m，要求流量 $56m^3/h$。已知水温为 293K，塔内压力 $700mmH_2O$（表压），喷嘴进口处的压力比塔中压力高 10kPa，输水管的绝对粗糙度为 0.2mm。若泵的效率为 0.7，试求泵所需的轴功率。

24. 用泵将敞口容器中相对密度为 1.1 的溶液送到蒸发器中进行浓缩。敞口容器中液位保持恒定。蒸发器内压力为 $1.96 \times 10^4 Pa$（表压）。储槽中液面距蒸发器入口处的垂直距离为 10m，溶液处理量为 $28m^3/h$。溶液流经全部管道的能量损失为 100J/kg，试求所需的有效功率。

第2章

沉　　降

❋ **学习目标**

　　了解：沉降分离过程、主要特点及其在工业中的应用；常见重力沉降设备、离心沉降设备的结构与应用；重力沉降设备的生产能力与沉降面积、沉降高度的关系。

　　理解：沉降速度及其影响因素；影响沉降过程的主要因素；离心沉降相对于重力沉降的优势；重力沉降设备做成多层的依据。

　　掌握：沉降分离方法与设备的选择；板框压滤机的操作要点；转筒真空过滤机的操作。

2.1　工业中的沉降操作及其作用

2.1.1　工业中的混合物种类

　　工业生产中的混合物大致可分为均相混合物和非均相混合物两大类。凡混合物内部均匀且没有相界面者称为均相混合物或均相物系；若混合物内部存在一个以上的相，且相界面两侧的物料性质有差别者称为非均相混合物或非均相物系。

沉降

　　溶液和混合气体属于均相混合物，含尘含雾的气体及悬浮液、乳浊液、泡沫液都属于非均相混合物。非均相系统中处于分散状态的物质（如气体中的尘粒、悬浮液中的颗粒、乳油液中的液滴等）称为分散相，包围着分散物质而处于连续状态的物体（如悬浮液中的液体）称为分散介质或连续相。

　　根据连续相不同，非均相物系可分为液体非均相物系和气体非均相物系。根据分散相不同，液体非均相物系可分为悬浮液（固体）、乳浊液（液体）和泡沫液（气体）；气体非均相物系可分为烟或尘（固体）和雾（液体）。

2.1.2　常见非均相混合物的分离方法

　　工业中的原料、半成品、排放的废物等大多为混合物，为了进行加工、得到纯度较高的产品及环保的需要等，常常要对混合物进行分离。由于非均相物系中分散相和连续相具有不同的物理性质，故工业生产中多采用机械方法进行分离，其方法是设法造成分散相和连续相之间的相对运动，其分离规律遵循流体力学基本规律。常见方法有如下几种。

　　1. 沉降分离法

　　沉降分离法是利用连续相与分散相的密度差异，借助某种机械力的作用，使颗粒和

流体发生相对运动而得以分离。根据机械力的不同，可分为重力沉降、离心沉降和惯性沉降。

2. 过滤分离法

过滤分离法是利用两相对多孔介质穿透性的差异，在某种推动力的作用下，使非均相物系得以分离。根据推动力的不同，过滤分离法可分为重力过滤、加压（或真空）过滤和离心过滤。

3. 惯性分离法

惯性分离法是利用夹带于气流中的颗粒或液滴的惯性进行分离。在气体流动的路径上设置障碍物，气流或液流绕过障碍物时发生突然的转折，颗粒或液滴便由于惯性大而撞击在障碍物上，从而实现与气体的分离。

4. 静电分离法

静电分离法是利用两相带电性的差异，借助于电场的作用，使两相得以分离。属于此类的操作有电除尘、电除雾等。

5. 湿洗分离法

湿洗分离法是使气固混合物穿过液体，固体颗粒因黏附于液体而被分离出来。工业上常用的此类分离设备有泡沫除尘器、湍球塔、文氏管洗涤器等。

2.1.3 沉降分离操作在食品工业中的应用

食品工业中非均相混合物既有液体的也有气体的，重力沉降、离心沉降等各种沉降方法都可能用到。沉降分离操作在食品工业生产中的应用，主要有如下几个方面。

（1）对悬浮液进行分离，满足对连续相或分散相进一步加工的需要。例如，对原料乳进行离心分离（离心沉降）得到稀奶油和脱脂乳，对稀奶油和脱脂乳进行进一步加工，可以得到相应的产品。

（2）从非均相混合物中回收有价值的物质。例如，在奶粉等粉状产品的生产中，由旋风分离器（离心沉降）从干燥后的混合物（奶粉与空气）中分离出大部分奶粉。

（3）除去有害的物质，以净化产品或有利于下一工序的操作。例如，通过沉降操作去除饮料中的悬浮物。

（4）对固体颗粒进行分选。由于密度大、颗粒大的固体颗粒沉降快，因此可以用沉降分离操作对不同密度或不同大小的颗粒状产品进行分离。

（5）减少对环境的污染。例如，通过沉降槽的沉降操作，减少废水中悬浮物的含量；通过旋风分离器对烟道气等工业尾气的处理，大幅度减少排放尾气中粉尘的含量。

2.2 重 力 沉 降

沉降分离是工业生产中经常采用的非均相物系分离方法之一，它是利用分散相和连续相之间的密度差，使分散相相对于连续相运动而实现分离的单元操作。通过沉降操作，可以除去流体中的粒子，得到不含杂质的净化液体，或者从废液中回收产品；对悬浮在流体中的颗粒进行分级，还可获得大小不同、密度不同的颗粒，另外，沉降操作还可用于悬浮液增稠、废气净化等。根据受力性质的不同可把沉降分为重力沉降、离心沉降和惯性沉降，重力沉降适用于分离较大的颗粒，离心沉降可以分离较小的颗粒。

在重力作用下，使流体与颗粒之间发生相对运动而得以分离的操作，称为重力沉降。重力沉降既可分离含尘气体，也可分离悬浮液。

2.2.1 重力沉降速度的影响因素及其计算

1. 球形颗粒的自由沉降

颗粒受重力作用而发生的沉降称为重力沉降。一个颗粒在流体中的沉降速度要受到其他粒子、流体运动及器壁的影响，同时，颗粒的形状也明显影响沉降速度。我们把没有其他因素影响的颗粒沉降过程称为自由沉降，存在其他因素影响的称为干扰沉降。

通常当粒径与容器直径的比值小于 1：200 或溶液中粒子的浓度小于 0.2%（体积）时，器壁和其他颗粒对沉降的影响小于 1%，可认为此时为自由沉降。

将直径为 d、密度为 ρ_s 的光滑球形颗粒置于密度为 ρ 的静止流体中，由于所受重力的差异，颗粒将在流体中降落。如图 2-1 所示，在垂直方向上，颗粒将受到三个力的作用，即向下的重力 F_g、向上的浮力 F_b 和与颗粒运动方向相反的阻力 F_d。对于一定的颗粒与流体，重力、浮力恒定不变，阻力随颗粒的降落速度而改变。这三个力的大小分别如下。

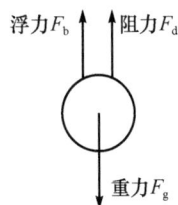

图 2-1 沉降颗粒的受力情况

重力

$$F_g = \frac{\pi}{6} d^3 \rho_s g$$

浮力

$$F_b = \frac{\pi}{6} d^3 \rho g$$

阻力

$$F_d = \zeta A \frac{\rho u^2}{2}$$

式中，ζ——阻力系数，无单位；

　　A——颗粒在垂直于其运动方向上的平面上的投影面积，$A=(\pi/4)d^2$，m^2；

　　u——颗粒相对于流体的降落速度，m/s。

根据牛顿第二定律，可得

$$F_g - F_b - F_d = ma$$

即

$$\frac{\pi}{6} d^3 \rho_s g - \frac{\pi}{6} d^3 \rho g - \zeta \frac{\pi}{4} d^2 \frac{\rho u^2}{2} = ma \qquad (2\text{-}1)$$

假设颗粒从静止开始沉降，在开始沉降瞬间，$u=0$，$F_d=0$，加速度 a 具有最大值。开始沉降以后，u 不断增大，F_d 增大，而加速度不断下降。当降落速度增至某一值时，三力达到平衡，即合力为零。此时，加速度等于零，颗粒便以恒定速度 u_t 继续下降。

由以上分析可知，颗粒的沉降可分为两个阶段：加速沉降阶段和恒速沉降阶段。对于细小颗粒（非均相物系中的颗粒一般为细小颗粒），沉降的加速阶段很短，加速沉降阶段沉降的距离也很短。因此，加速沉降阶段可以忽略，近似认为颗粒始终以 u_t 恒速沉降，此速度称为颗粒的沉降速度；对于自由沉降，则称为自由沉降速度。

由式（2-1），当 $a=0$ 时，有

$$\frac{\pi}{6}d^3\rho_s g - \frac{\pi}{6}d^3\rho g - \zeta\frac{\pi}{4}d^2\frac{\rho u_t^2}{2} = 0$$

则

$$u_t = \sqrt{\frac{4d(\rho_s-\rho)}{3\zeta\rho}g} \tag{2-2}$$

式中，u_t——自由沉降速度，m/s。

在式（2-2）中，阻力系数是颗粒与流体相对运动时的 Re 的函数，即

$$\zeta = f(Re_t)$$
$$Re_t = \frac{du_t\rho}{\mu} \tag{2-3}$$

式中，μ——连续相的黏度，Pa·s。

不同条件下 ζ 与 Re 的关系如下。

（1）流动为层流（$Re<1$）：

$$\zeta = \frac{24}{Re_t} \tag{2-4}$$

（2）流动为过渡状态（$Re=1\sim500$）：

$$\zeta = \frac{18.5}{Re_t^{0.6}} \tag{2-5}$$

（3）流动为湍流（$Re=500\sim2\times10^5$）：

$$\zeta=0.44 \tag{2-6}$$

（4）$Re>2\times10^5$ 后，ζ 急剧下降，在 $Re=(3\sim10)\times10^5$ 范围内可近似取

$$\zeta=0.01 \tag{2-7}$$

实际上，Re 超过 2×10^5 的第四段在沉降操作中一般是达不到的。沉降操作中所涉及的颗粒直径 d_p 一般很小，Re 常在 0.3 以内，将式（2-4）和式（2-3）代入式（2-2）可得

$$u_t = \frac{d^2(\rho_s-\rho)}{18\mu}g \tag{2-8}$$

式（2-8）也称为斯托克斯定律，是计算颗粒自由沉降速度的最常用公式。

由式（2-8）可以看出，影响球形颗粒自由沉降速度的因素有以下三个方面。

颗粒的大小：粒径越大，沉降速度越大，越容易分离。

颗粒的密度：颗粒的密度越大，沉降速度越大。

流体的性质：流体密度越大，沉降速度越小；流体黏度越大，沉降速度越小。

需要指出的是，为简化计算，实际沉降可近似按自由沉降处理，由此引起的误差在工程上是可以接受的。只有当颗粒含量很大时，才需要考虑颗粒之间的相互干扰。

2. 非球形颗粒的自由沉降

一般生产中，非均相物系中的颗粒并非球形颗粒。由于非球形颗粒的表面积大于球形颗粒的表面积（体积相同时），因此沉降时非球形颗粒遇到的阻力大于球形颗粒，其沉降速度小于球形颗粒的沉降速度，非球形颗粒与球形颗粒的差异用球形度（ϕ_s）表示，球形度的定义为

$$\phi_s = \frac{\text{与实际颗粒体积相等的球形颗粒的表面积}}{\text{实际颗粒的表面积}} \qquad (2\text{-}9)$$

对于非球形颗粒，计算 Re 时，应以当量直径 d_e（与实际颗粒具有相同体积的球形颗粒的直径）代替 d，d_e 的计算式为

$$d_e = \sqrt[3]{\frac{6V_p}{\pi}} \qquad (2\text{-}10)$$

式中，V_p——实际颗粒的体积，m^3。

由上述介绍可知，沉降速度不仅与 Re 有关，而且与颗粒的球形度有关。颗粒的球形度由实验测定。很显然，球形颗粒的球形度为 1。图 2-2 所示是对于形状较为普通的颗粒由实验测得的不同 ϕ_s 下 ζ 与 Re_t 的关系。

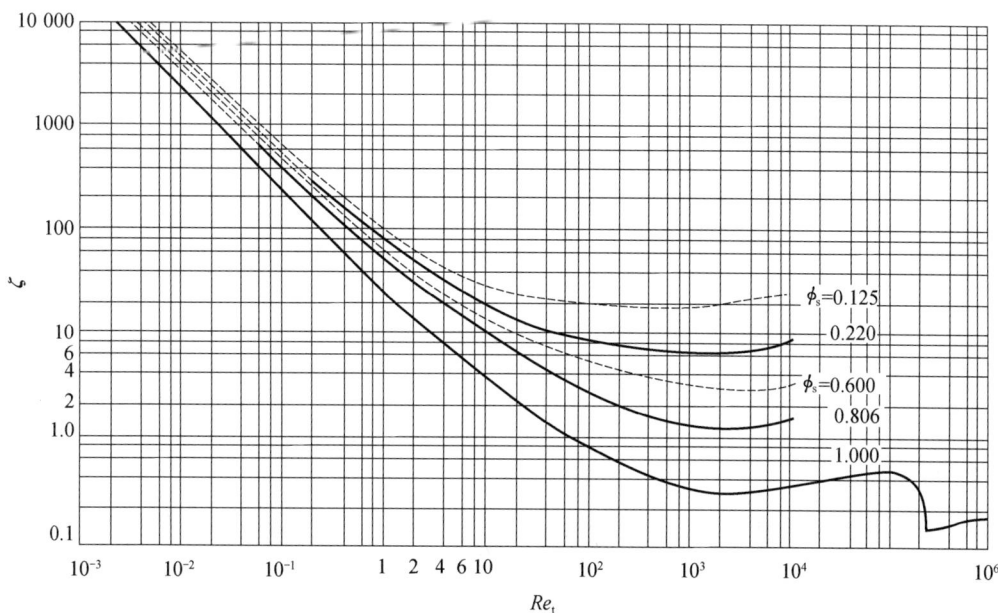

图 2-2　不同球形度下的 ζ 与 Re_t 的关系曲线

对于非球形颗粒，也可先假设颗粒为球形，算出沉降速度后再按其球形度校正。

生产中许多物料的颗粒形状是不规则的，有些颗粒形状差别很大而球形度却相近，分析非球形颗粒的沉降速度时，除了要考虑其形状特点以外，还要考虑其方位，如针形颗粒直立着沉降与平卧着沉降，其阻力显然大有区别。因此，无论是用图2-2查得的数据，还是用球形度校正计算得出的结果，都是很粗略的。

3. 自由沉降速度的计算

要计算沉降速度u_t，必须先确定沉降区域，但由于u_t待求，而Re_t未知，故沉降区域无法确定。为此，需采用试差法，先假设颗粒处于某一沉降区域，按该区公式求得u_t，然后算出Re_t，如果在所设范围内，则计算结果有效；否则，需另选一区域重新计算，直至算得Re_t与所设范围相符为止。由于沉降操作中所处理的颗粒粒径一般较小，沉降过程大多属于层流区，因此，在进行试差时，通常先假设在层流区。

试差法计算沉降速度的步骤如下。

（1）先假设沉降属于某一流型，选用与该流型相应的沉降速度公式计算u_t。

（2）按求出的u_t检验Re_t是否在原设的流型区，如果与原设一致，则求得的u_t有效，否则按算出的Re另选流型，并改用相应的公式求u_t，直至求得的Re_t与所选用公式的Re_t相符为止。

（3）用无因次群K判断流型：先求取一个不包含u_t的数群之值，然后再求得u_t。在滞流区，将式（2-8）代入式（2-3）中得

$$Re_t = \frac{d^3(\rho_s - \rho)\rho g}{18\mu^2}$$

令

$$K = d\left[\frac{(\rho_s - \rho)\rho g}{\mu^2}\right]^{\frac{1}{3}}$$

很明显，K与Re有对应的函数关系，当$Re_t = 1$时（层流区和过渡区分界）：

$$K = (18)^{\frac{1}{3}} \approx 2.62$$

所以，如果$K<2.62$，则在层流区。用同样的方法可得在湍流区$K>69.1$，显然，如果$2.62<K<69.1$，则在过渡区。

【例2-1】 玉米淀粉颗粒的平均直径为15μm，试求淀粉悬浮液在20℃时颗粒的沉降速度。淀粉颗粒的密度可取1020kg/m³。

解：20℃时水的黏度为0.001Pa·s，密度为1000kg/m³。设沉降在层流区进行，由斯托克斯定律算出：

$$u_t = \frac{d_p^2(\rho_s - \rho)g}{18\mu} = \frac{(15\times10^{-6})^2 \times (1020-1000)\times 9.81}{18\times 0.001} \approx 2.45\times10^{-6}(\text{m/s})$$

核算：

$$Re = \frac{du_t\rho}{\mu} = \frac{15\times10^{-6}\times 2.45\times10^{-6}\times 1000}{0.001} \approx 3.68\times10^{-5} < 1$$

可见假设成立，故所得 u_t 有效。

【例2-2】 用重力沉降法净化河水。河水密度为1000kg/m³，黏度为 $1.1×10^{-3}$Pa·s，其中颗粒可近似视为球形，密度为2600kg/m³，粒径为0.1mm。求颗粒的沉降速度。

解：先假设沉降处于层流区，由斯托克斯定律，有

$$u_t = \frac{d^2(\rho_s - \rho)}{18\mu}g = \frac{(10^{-4})^2 \times (2600-1000)}{18 \times 1.1 \times 10^{-3}} \times 9.81 \approx 7.93 \times 10^{-3}\,(\text{m/s})$$

校核：

$$Re_t = \frac{du_t\rho}{\mu} = \frac{10^{-4} \times 7.93 \times 10^{-3} \times 1000}{1.1 \times 10^{-3}} \approx 0.721 < 1$$

原假设层流区正确，故所得 u_t 有效。

2.2.2 实际重力沉降过程的影响因素

实际沉降过程为干扰沉降，颗粒在沉降过程中将受到周围颗粒、流体、器壁等因素的影响。一般来说，实际沉降速度小于自由沉降速度。

实际沉降过程是颗粒群在流体中的相对运动，颗粒在沉降中互相干扰，尤其是当颗粒含量大时，其沉降受到其他颗粒的影响。多数情况下，需要沉降的颗粒量很大，周围的颗粒会影响单个颗粒的运动，使沉降速度减小，此时称为干扰沉降。每个颗粒沉降的速度必然受到周围颗粒的影响，在液体中，向下沉降的颗粒取代了液体的位置，使液体产生了相当明显的向心速度，因此颗粒与流体的相对速度显著高于颗粒与设备本身的相对速度。一般而言，颗粒干扰沉降的速度比用前述方法算出的值要小，原因有二：一是颗粒实质上是在密度与黏度都比清液大的悬浮体系内沉降，所受的浮力与阻力都比较大；二是颗粒向下沉降时，流体被置换而向上运动，阻滞了靠得很近的其他颗粒的沉降。混合物中颗粒的体积百分数超过10%，干扰沉降的影响开始显著，因此，干扰沉降的速度可先用自由沉降速度的计算法估算，然后根据颗粒的浓度对所用流体的密度及黏度进行校正。

当颗粒的直径（d）对于沉降设备的直径（d_1）来说比较大时，设备对颗粒会产生显著的阻滞作用，称为壁面效应。容器壁增加了沉降时的阻力，使沉降速度降低。当 d/d_1 小于0.05，而且沉降处于层流区时，可用斯托克斯定律算出的自由沉降速度乘以壁面效应引起的修正因子 K_w 进行校正：

$$K_w = \frac{1}{1 + 2.1 \times \dfrac{d}{d_1}} \qquad (2-11)$$

实际中，流体常常处于流动状态，流体的流动会对颗粒的沉降产生干扰，为了减少干扰，进行沉降时要尽可能控制流体在流动时处于稳定的低速。因此，工业上的重力沉降设备，通常尺寸很大，其目的之一就是降低流速，消除流动干扰。

如果颗粒大小不一，大颗粒将对小颗粒产生撞击，其结果是大颗粒的沉降速度减小，而对沉降起控制作用的小颗粒的沉降速度加快，甚至因撞击导致颗粒聚集而进一步加快沉降。

2.2.3 固体颗粒的分选

根据固体颗粒的流速或固体颗粒在流体中的沉降速度，可以把颗粒分成几部分，实现固体颗粒分级分离的方法主要有两种，即沉-浮法和分级沉降法。

1. 沉-浮法

沉-浮法是使用一种密度介于重颗粒和轻颗粒之间的液体来进行分离的，在这种液体介质中，重颗粒下沉，轻颗粒上浮。这种分离方法是将具有不同密度的颗粒进行分离，其效果与颗粒的大小无关，仅取决于两种物料的相对密度。由于大多数固体的密度都较大，所以在沉-浮法中所用的液体密度要大于水，但是几乎没有这样的液体，故采用了所谓的假液体。这种假液体是由水和悬浮在水中的极其细小的固体颗粒组成的，如方铅石及磁铁石等。

沉-浮法也是一种干扰沉降，改变介质中细颗粒的数量能使介质的有效密度在很大范围内变化，此技术一般应用于精选矿石和清洗煤块。由于介质中的细颗粒直径很小，其沉降速度可以忽略，因此悬浮液相当稳定。

2. 分级沉降法

按照固体颗粒在介质中沉降速度的不同，把固体颗粒分成大小不同的几部分的分离方法称为分级沉降法，在这种方法中，介质密度要低于待分离的两种物质中的任何一种。食品工业中，此法常用于将粗细不同的颗粒按大小分成几部分。

将沉降速度不同的两种颗粒倾倒入向上流动的水流中，若水的流速介于两种颗粒的沉降速度之间，则沉降速度较小的那部分颗粒便被漂走而分出；另一种方法是将悬浮于流体中的混合颗粒送入截面积很大的室中，流道扩大使流体线速度变小，悬浮液在室内经过一定时间后，其中的颗粒沉降到室底，其中沉降速度大的集于室的前部，沉降速度小的则集于室的后部。

【例 2-3】 采用分级沉降法分离两种不同密度的颗粒 a 和 b，它们的粒度分布为 $(5.21 \times 10^{-6}) \sim (2.50 \times 10^{-5})$ m，在 293.2K 的水中自由沉降，其中 a 的相对密度为 2.65，b 的相对密度为 7.5。该颗粒可视为球形颗粒，求沉降所得各部分的粒度分布。

解：查表可知 293.2K 下水的密度为 998kg/m³，黏度为 1.005×10^{-3} Pa·s。

假设沉降处于层流区，可以验证最大沉降速度为

$$u_0 = \frac{d_{p,max}^2 (\rho_s - \rho) g}{18\mu}$$

$$= \frac{(2.50 \times 10^{-5})^2 \times (7500 - 998) \times 9.8066}{18 \times 1.005 \times 10^{-3}} \approx 2.203 \times 10^{-3} \, (\text{m/s})$$

可计算得出 $Re_{max} = 0.0547$，属于层流区。

纯颗粒 b 的区域应满足：所有颗粒 a 中沉降最快者应小于纯颗粒 b 中沉降最慢者，于是

$$\frac{d_{\rho_b}}{2.50 \times 10^{-5}} = \left(\frac{2650 - 998}{7500 - 998} \right)^{\frac{1}{2}}$$

$$d\rho_{\mathrm{a}} = 1.260 \times 10^{-5}(\mathrm{m})$$

纯颗粒 a 的区域应满足：纯颗粒 a 中沉降最快者应小于所有颗粒 b 中沉降最慢者，于是

$$\frac{5.21 \times 10^{-6}}{d\rho_{\mathrm{a}}} = \left(\frac{2650 - 998}{7500 - 998}\right)^{\frac{1}{2}}$$

$$d\rho_{\mathrm{a}} = 1.033 \times 10^{-5}(\mathrm{m})$$

分离后得到下面三部分产品。

（1）纯颗粒 a。粒度范围为（5.21×10^{-6}）～（1.033×10^{-5}）m。

（2）混合物。其中颗粒 a 和颗粒 b 的粒度范围分别为（1.033×10^{-5}）～（2.50×10^{-5}）m 和（5.21×10^{-6}）～（1.260×10^{-5}）m。

（3）纯颗粒 b。粒度范围为（1.260×10^{-5}）～（2.50×10^{-5}）m。

2.2.4 重力沉降设备及其选用

1. 降尘室

从气流中分离尘粒最简易的方法是利用重力沉降，其设备为降尘室，图 2-3 所示为典型的降尘室外形图。降尘室的结构原理如图 2-4 所示。它的主要优点是结构简单、造价低；阻力小，通常为 50～150Pa；运行可靠，没有磨损部件；可处理量大或高温气体。缺点是分离效率低，一般只用于捕集 50～100μm 的粒子，且占地面积大。

设降尘室入口处含尘气流内的颗粒沿入口截面均匀分布，气体进入沉降室后，因流通截面扩大，其速度逐渐减慢。在重力场作用下，尘粒一方面随气流沿水平方向运动，其速度和气流速度相同，另一方面在重力作用下以沉降速度 u_0 垂向下运动，从而聚集在沉降室底部。只要含尘气体通过降尘室所经历

图 2-3 典型的降尘室

的时间大于或等于尘粒从室顶沉降到室底所需时间，尘粒便可分离出来。

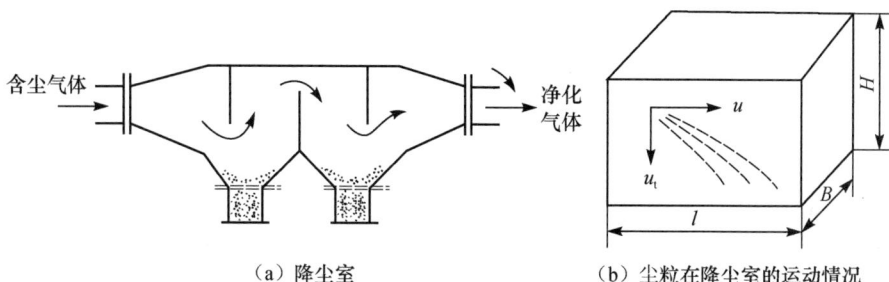

（a）降尘室 （b）尘粒在降尘室的运动情况

图 2-4 降尘室的结构原理

1）降尘室的沉降时间

含尘气体通过降尘室所经历的时间（停留时间）：如图 2-4（b）所示，含尘气体沿

水平方向缓慢通过降尘室，气流中的颗粒除了与气体一样具有水平速度 u 外，受重力作用，还具有向下的沉降速度 u_t。设含尘气体的流量为 q_V（m³/s），降尘室的高为 H，长为 L，宽为 B，三者的单位均为 m。若气流在整个流动截面上分布均匀，则流体在降尘室的平均停留时间（从进入降尘室到离开降尘室的时间）为尘粒从室顶沉降到室底所需时间（沉降时间）；若要使气流中直径大于等于 d 的颗粒全部除去，则需在气流离开设备前，使直径为 d 的颗粒全部沉降至室底。气流中位于降尘室顶部的颗粒沉降至底部所需时间最长，因此，沉降所需时间 θ_t 应以顶部颗粒计算。

$$\theta = \frac{L}{u} = \frac{L}{q_V/BH} = \frac{BHL}{q_V}$$

$$\theta_t = \frac{H}{u_t}$$

2）降尘室的生产能力

要达到沉降要求，停留时间必须大于等于沉降时间，即 $\theta \geqslant \theta_t$，也即

$$\frac{BLH}{q_V} \geqslant \frac{H}{u_t}$$

整理，得

$$q_V \leqslant BLu_t \tag{2-12}$$

即

$$q_{V\max} = BLu_t \tag{2-13}$$

由式（2-13）可知，降尘室的生产能力（达到一定沉降要求单位时间所能处理的含尘气体量）只取决于降尘室的沉降面积（BL），而与其高度（H）无关。

降尘室结构简单，但体积大，分离效果不理想，即使采用多层结构可提高分离效果，也有清灰不便等问题。降尘室通常只能作为预除尘设备使用，一般只能除去直径大于 50μm 的颗粒。

3）降尘室可以除去的最小颗粒

在降尘室中粒子直径越大，越容易被除去。降尘室可以除去的最小颗粒直径可根据式（2-13）计算，整理式（2-13）可得

$$u_t = \frac{Hu}{L} = \frac{HBu}{BL} = \frac{V_s}{A_0} \tag{2-14}$$

式中，V_s——含尘气体通过降尘室的体积流量，即降尘室的生产能力，m³/s；

A_0——降尘室的底面积，m²。

式（2-14）给出了颗粒能被除去的条件：颗粒的沉降速度要大于处理量与底面积之比。显然，能被除去的最小颗粒的沉降速度（因为考虑的是最小颗粒直径，所以可以认为沉降运动处于滞流区）为

$$u_t = \frac{d_{\min}^2 (\rho_s - \rho) g}{18\mu} = \frac{V_s}{A_0}$$

即

$$d_{\min} = \sqrt{\frac{18\mu}{g(\rho_s - \rho)} \cdot \frac{V_s}{A_0}} \qquad (2\text{-}15)$$

式（2-15）说明，能被全部除去的最小颗粒尺寸不仅与颗粒和气体的性质有关，还与处理量和降尘室底面积有关，但与降尘室的高度无关。

4）降尘室的最大处理量

降尘室的最大处理量，即降尘室的生产能力。根据式（2-12），有

$$q_V \leqslant BLu_t = A_0 u_t$$

显然，降尘室的最大处理量取决于两个方面。

颗粒沉降速度：颗粒沉降速度的大小取决于颗粒粒径，降尘室的最大处理量是指某一粒径及大于该粒径的颗粒 100%被除去时的最大气体量。

沉降面积：最大的气体处理量不仅与某一粒径对应，还与沉降面积有关，沉降面积越大，处理量越大，但处理量与沉降高度无关。因此，降尘室一般都设计成扁平形状，或设置多层水平隔板，称为多层降尘室，如图 2-5 所示。

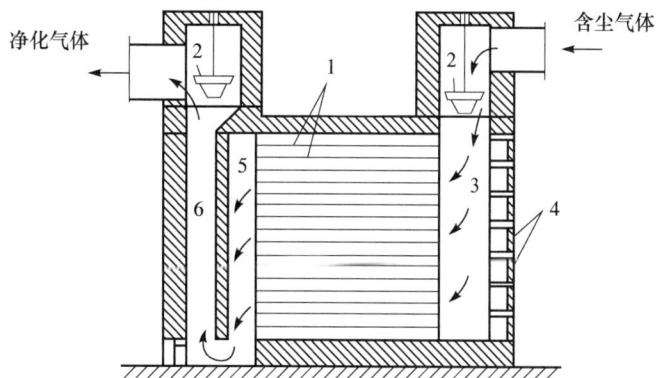

1.隔板；2.调节闸阀；3.气体分配道；4.清灰道；5.气体收集道；6.气道。

图 2-5　多层降尘室

若降尘室内共设置 n 层水平隔板，则多层降尘室的气体处理量为

$$V_s \leqslant (n+1) A_0 u_t$$

降尘室结构简单，流动阻力小，但其体积庞大，分离效率低，通常只适用于分离粒径大于 50μm 的较粗颗粒，故作为预除尘使用。多层降尘室虽能分离较细颗粒且节省空间，但清灰比较麻烦。

需要强调的是，u_t 应根据需要分离下来的最小颗粒尺寸计算。同时，气体在降尘室内的速度不应过高，一般应使气流速度小于 1.5m/s，气体流动的 Re 处于层流区，以免干扰颗粒的沉降或把已沉降下来的颗粒重新扬起。

【例2-4】 用一长 4m、宽 2.6m、高 2.5m 的降尘室处理某含尘气体，要求处理的含尘气体量为 3m³/s，气体密度为 0.8kg/m³，黏度为 3×10⁻⁵Pa·s，尘粒可视为球形颗粒，其密度为 2300kg/m³。试求：①能 100%沉降下来的最小颗粒的直径；②若将降尘室改为

间距为 500mm 的多层降尘室，隔板厚度忽略不计，其余参数不变，要达到同样的分离效果，所能处理的最大气体量为多少（注意防止流动的干扰和重新卷起）？

解：① 由式（2-13）有

$$u_t = \frac{q_{V\max}}{BL} = \frac{3}{2.6 \times 4} \approx 0.288 \, (\text{m/s})$$

假设沉降处于滞流区，由式（2-8）有

$$d = \sqrt{\frac{18\mu u_t}{(\rho_s - \rho) g}} = \sqrt{\frac{18 \times 3 \times 10^{-5} \times 0.288}{(2300 - 0.8) \times 9.81}} \approx 8.3 \times 10^{-5} \, (\text{m})$$

校核流型

$$Re_t = \frac{d u_t \rho}{\mu} = \frac{8.3 \times 10^{-5} \times 0.288 \times 0.8}{3 \times 10^{-5}} \approx 0.637 < 1$$

符合假设，即能 100%沉降下来最小颗粒的直径为 8.3×10^{-5}m=83μm。

② 改成多层结构后，层数为 2.5/0.5=5，即降尘室的沉降面积为原来单层的 5 倍，先不考虑流动干扰和重新卷起，则要达到同样的分离效果，所能处理的最大气体量为单层处理量的 5 倍。要防止流动对沉降的干扰和重新卷起，应使气流速度小于 1.5m/s，当处理量为原来的 5 倍时，气流速度为

$$u = \frac{q_V}{BH} = \frac{5 \times 3}{2.6 \times 2.5} \approx 2.31 \, (\text{m/s}) > 1.5 \, (\text{m/s})$$

所以，应以 u=1.5m/s 来计算此时的最大气体处理量，即

$$q_{V\max} = BH u_{\max} = 2.6 \times 2.5 \times 1.5 = 9.75 \, (\text{m}^3/\text{s})$$

2. 连续沉降槽

沉降槽又称增稠器或澄清器，主要用于处理悬浮液，它利用重力沉降来处理悬浮液以提高其浓度或得到澄清液。

如图 2-6 所示，沉降槽是一个带锥形底的圆形槽，悬浮液于沉降槽中心液面下 0.3～1m 处连续加入，颗粒向下沉降至器底，底部缓慢旋转的齿耙将沉降颗粒收集至中心，然后从底部中心处出口连续排出；沉降槽上部得到澄清液体，清液由四周连续溢出。

为使沉降槽在澄清液体和增稠悬浮液两方面都有较好的效果，应保证沉降槽有足够大的直径以获取清液，同时还应有一定的深度使颗粒有足够停留时间以获得一定增稠浓度的沉渣。

为加速分离常加入聚凝剂或絮凝剂，使小颗粒相互结合成大颗粒。聚凝是通过加入电解质，改变颗粒表面的电性，使颗粒相互吸引而结合在一起；絮凝则是加入高分子聚合物或高聚电解质，使颗粒相互团聚成絮状。常见的聚凝剂和絮凝剂有 $AlCl_3$、$FeCl_3$ 等无机电解质，聚丙烯酰胺、聚乙胺和淀粉等高分子聚合物。

沉降槽一般用于大流量、低浓度、较粗颗粒悬浮液的预处理。工业上大多数污水处理都采用连续沉降槽。

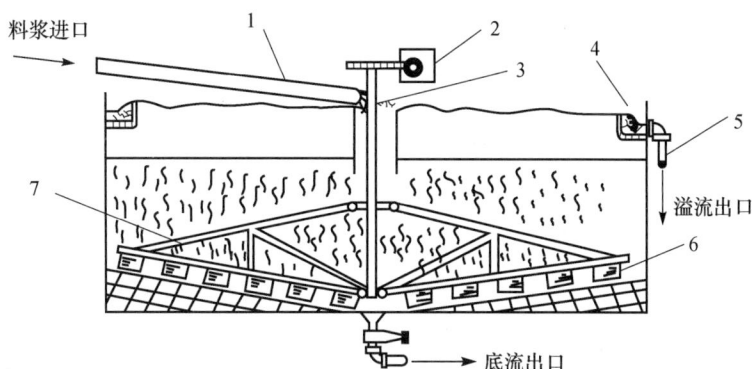

1.进料槽道；2.转动机构；3.料井；4.溢流槽；5.溢流管；6.叶片；7.转耙。

图 2-6　连续沉降槽

2.3　离 心 沉 降

离心沉降是利用离心力的作用而进行的沉降。在重力沉降中，由于重力加速度是常数，对确定的非均相物系，其重力沉降速度是恒定的，人们无法改变其大小。为达到更有效的分离，要尽可能获得较大的沉降推动力，利用离心力能很好地解决这个问题。颗粒的离心力由旋转而产生，转速越大，离心力也越大，因此对于那些在重力沉降器中不能很快沉降或根本不沉降的粒子，可利用离心力将其从流体中分离出来。有时由于颗粒和流体的密度很接近或者由于缔合力的作用使组分聚在一起而导致重力沉降速度减慢，这个问题在从牛奶中提取奶油的工艺操作中表现尤为突出，若用重力沉降法需要几个小时，而在奶油分离器中用离心分离法仅需几分钟就可完成。

2.3.1　离心沉降速度

当颗粒以一定的速度沿着设备中心轴做圆周运动时，会受到向心力的作用，但颗粒的惯性却使它脱离圆周轨道而沿切线方向飞出，此种惯性力即所谓的离心力，它与向心力大小相等而方向相反，离心力的作用方向是沿旋转半径从圆心指向外。

设颗粒为球形颗粒，其直径为 d，密度为 ρ_s，旋转半径为 R，圆周运动的线速度为 u_T，流体密度为 ρ，且 ρ_s 大于 ρ。颗粒在圆周运动的径向上受到三个力的作用，即惯性离心力、向心力和阻力。其中，惯性离心力的方向从旋转中心指向外周，向心力的方向沿半径指向中心，阻力方向与颗粒运动方向相反，也沿半径指向中心。三个力的大小为

$$惯性离心力 F_惯 = \frac{\pi}{6} d^3 \rho_s \frac{u_T^2}{R}$$

$$向心力 F_向 = \frac{\pi}{6} d^3 \rho \frac{u_T^2}{R}$$

$$阻力 F_阻 = \zeta \frac{\pi}{4} d^2 \frac{\rho u_R^2}{2}$$

式中，u_R——径向上颗粒与流体的相对速度，m/s。

和重力沉降一样，在三力作用下，颗粒将沿径向发生沉降，其沉降速度即是颗粒与

流体的相对速度 u_R。在三力平衡时，同样可导出其计算式，若沉降处于层流区，则离心沉降速度的计算式为

$$u_{\mathrm{R}} = \frac{d^2(\rho_{\mathrm{s}} - \rho)}{18\mu} \cdot \frac{u_{\mathrm{T}}^2}{R} \tag{2-16}$$

比较式（2-8）和式（2-16），离心沉降速度与重力沉降速度的计算式形式相同，只是将重力加速度 g（重力场强度）换成了离心加速度 u_{T}^2/R（离心力场强度）。但是，重力场强度 g 是恒定的，而离心力场强度 u_{T}^2/R 随半径和切向速度而变，即可以人为控制和改变，这就是采用离心沉降的优点——选择合适的转速与半径，就能够根据分离要求完成分离任务。

离心沉降速度远大于重力沉降速度，其原因是离心力场强度远大于重力场强度。对于离心分离设备，通常用两者的比值——离心分离因数来表示离心分离的效果，用 K_{c} 表示，即

$$K_{\mathrm{c}} = \frac{u_{\mathrm{T}}^2/R}{g} = \frac{(2\pi R n_{\mathrm{s}})^2/R}{g} \approx \frac{Rn^2}{900} \tag{2-17}$$

式中，n_{s} 和 n 均表示转速，其单位分别为 r/s 和 r/min。

例如，旋转半径为 0.4m，切向速度为 20m/s，则分离因数为

$$K_{\mathrm{c}} = \frac{u_{\mathrm{T}}^2/R}{g} = \frac{20^2/0.4}{9.8} = 102$$

要提高 K_{c}，可通过增大半径 R 和转速 n_{s} 来实现，但出于对设备强度、制造、操作等方面的考虑，实际上，通常采用提高转速并适当缩小半径的方法来获得较大的 K_{c}。例如，对于 $R=0.2\mathrm{m}$ 的设备，当 $n=800\mathrm{r/min}$ 时，其 K_{c} 就可达到 142，如有必要，还可以提高其转速。目前，超高速离心机的离心分离因数已经达到 500 000，甚至更高。

尽管离心分离沉降速度大、分离效率高，但离心分离设备较重力沉降设备复杂，投资费用大，且需要消耗能量，操作要求严格而且费用高。因此，综合考虑，不能认为在任何情况下采用离心沉降都优于重力沉降。例如，对分离要求不高或处理量较大的场合采用重力沉降更为经济合理。有时，先用重力沉降再进行离心分离也不失为一种行之有效的方法。

2.3.2　离心沉降设备

1. 旋风分离器

1）旋风分离器的构造与工作原理

旋风分离器又称为旋风除尘器，是利用气流自身高速旋转产生的离心力进行离心沉降的设备。图 2-7 所示是常见的旋风分离器外形图。标准型旋风分离器的基本结构如图 2-8 所示，主体上部为圆筒形，下部为圆锥形。各部分尺寸比例如图 2-8 所示，从中可以得知，只要确定了圆筒直径，就可以按比例确定出其他各部分的尺寸。下面简单分析旋风分离器的除尘过程。

含尘气体由圆筒形上部的切向长方形入口进入筒体，在器内形成一个绕筒体中心向下做螺旋运动的外旋流，如图 2-9 所示。在此过程中，颗粒在离心力的作用下，被甩向

器壁与气流分离，并沿器壁滑落至锥底排灰口，定期排放；外旋流到达器底后（已除尘）变成向上的内旋流，最终内旋流（净化气）由顶部排气管排出。旋风分离器结构简单，造价较低，没有运动部件，操作不受温度、压力的限制，因而广泛用作工业生产中的除尘分离设备。

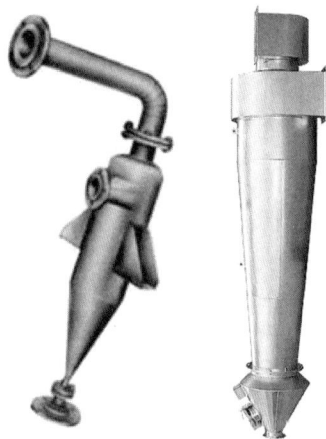

图 2-7　旋风分离器

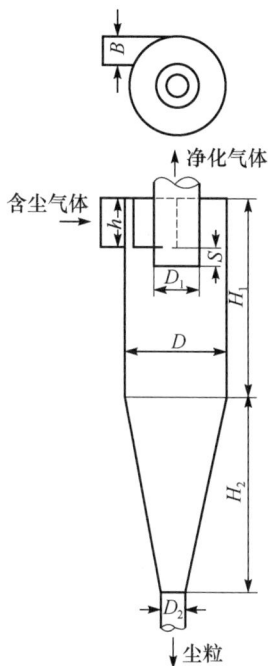

图 2-8　标准型旋风分离器的基本结构

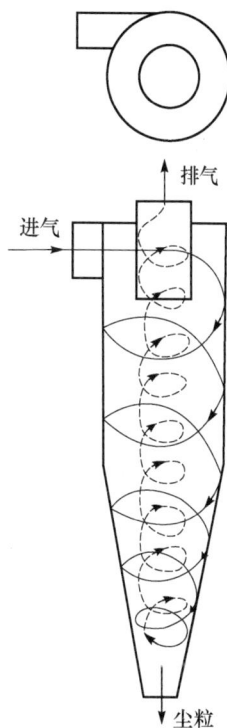

$h=D/2; B=D/4; D_1=D/2; H_1=2D; H_2=2D,$
$S=D/8; D_2=D/4$。

图 2-9　气体在旋风分离器内的运动情况

旋风分离器一般可分离 5μm 以上的尘粒，对 5μm 以下的细微颗粒分离效率较低。其离心分离因数为 5～2500。旋风分离器的缺点是气体在器内的流动阻力较大，对器壁的磨损比较严重，分离效率对气体流量的变化比较敏感，且不适合用于分离黏性的、含水量高的粉尘及腐蚀性粉尘。

2）旋风分离器的主要性能参数

（1）临界粒径：是指理论上能够完全被旋风分离器分离下来的最小颗粒直径。在如下假设的前提下可推导出临界直径 d_c 的计算公式。

① 颗粒与气体在旋风分离器内的切线速度恒定，与所在的位置无关，且等于进口处的速度。

② 颗粒沉降过程中所穿过的气流最大厚度等于进气口宽度 B（图 2-8）。

③ 颗粒与气流的相对运动为层流。

$$d_c = \sqrt{\frac{9\mu B}{\pi N \rho_s u}} \tag{2-18}$$

式中，d_c——临界粒径，m；

B——进口管宽度，m；

N——气体在旋风分离器中的旋转圈数，对标准型旋风分离器，可取 $N=5$；

ρ_s——气体的密度，kg/m³；

u——气体做螺旋运动的切向速度，通常可取气体在进口管中的流速，m/s。

（2）分离效率：旋风分离器的分离效率有两种表示法，即粒级效率和总效率。

总效率：

$$\eta_0 = \frac{C_{进} - C_{出}}{C_{进}} \tag{2-19}$$

式中，$C_{进}$、$C_{出}$——进出旋风分离器的气体颗粒的质量浓度，g/m³。

总效率并不能准确地代表旋风分离器的分离性能。因为气体中颗粒大小不等，各种颗粒被除下的比例也不相同。颗粒的尺寸越小，所受的离心力越小，沉降速度就越小，所以被除下的比例也越小。因此，总效率相同的两台旋风分离器其分离性能可能相差很大，这是因为被分离的颗粒具有不同粒度分布的缘故。

粒级效率 η_i：是指粉尘中含有大小不同的颗粒，通过旋风分离器后，各种大小不同的颗粒被分离出的百分数各不相同，按颗粒大小分别表示出其被分离的百分率（一般按质量分率计）：

$$\eta_0 = \frac{C_{i进} - C_{i出}}{C_{i进}} \tag{2-20}$$

式中，$C_{i进}$、$C_{i出}$——进出旋风分离器气体中粒径为 d_{pi} 的颗粒的质量浓度，g/m²。

总效率与粒级效率的关系为

$$\eta_0 = \sum x_i \eta_i$$

式中，x_i——进口气体中粒径为 d_{pi} 颗粒的质量分率。

根据临界直径的定义，直径大于等于 d_c 的颗粒，粒级效率均为 1。又因式（2-18）是按照颗粒降落行程为最大距离 B 来确定能分离的直径 d_c，而颗粒在进入时与筒壁的距离可能小于 B，其直径虽比 d_c 小也可能被分离。由式（2-18）可知能分离的颗粒直径与此颗粒距筒壁的距离的 1/2 次方成正比。

通常将经过旋风分离器后能被除下 50% 的颗粒的直径称为分割直径 d_{pc}，某些高效旋风分离器的分割直径可小至 3～10μm。不同粒径 d_{pi} 的粒级分离效率 η_i 不同，其与 d_{pi}/d_{pc} 的关系如图 2-10 所示。

通过以上分析可以看出：

（1）临界粒径随气速增大而减小，表明气速增加，分离效率提高。但是，气速过大会将已沉降颗粒卷起，反而降低分离效率，同时使流动阻力急剧上升。

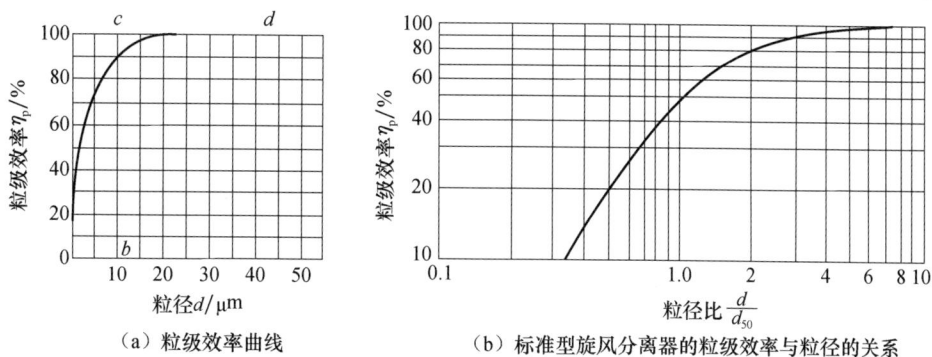

（a）粒级效率曲线　　　　（b）标准型旋风分离器的粒级效率与粒径的关系

图 2-10　粒级分离效率与粒径关系图

（2）临界粒径随设备尺寸的减小而减小，因旋风分离器的各部分尺寸成一定比例，尺寸越小，则 B 越小，从而临界粒径越小，分离效率越高。

（3）压力降：压力降大小是评价旋风分离器性能好坏的一个重要指标。受整个工艺过程对总压降的限制及节能降耗的需要，气体通过旋风分离器的压力降应尽可能低。气体通过旋风分离器的压力降可用式（2-21）计算：

$$\Delta p = \zeta \frac{\rho u^2}{2} \tag{2-21}$$

式中，阻力系数 ζ 取决于旋风分离器的结构和各部分尺寸的比例，与筒体直径大小无关，一般由经验式计算或通过实验测取。对于标准型旋风分离器，可取 $\zeta=8$。旋风分离器压力降一般为 500～2000Pa。

压力降的大小除了与设备的结构有关外，主要取决于气体的速度，气体速度越小，压力降越低，但气体速度过小，又会使分离效率降低。因而要选择适宜的气速以满足对分离效率和压力降的要求。一般进口气速以 10～25m/s 为宜，最高不超过 35m/s，同时压力降应控制在 2kPa 以下。

3）旋风分离器的结构形式与选用

旋风分离器的分离效率不仅受含尘气体的物理性质、含尘浓度、粒度分布及操作的影响，还与设备的结构尺寸密切相关。只有各部分结构尺寸恰当，才能获得较高的分离效率和较低的压强降。

近年来，在旋风分离器的结构设计中，主要对以下几个方面进行改进，以提高分离效率或降低气流阻力。

（1）采用细而长的器身：减小器身直径可增大惯性离心力，增加器身长度可延长气体停留时间，所以细而长的器身有利于颗粒的离心沉降，使分离效率提高。

（2）减小涡流的影响：含尘气体自进气管进入旋风分离器后，有一小部分气体向顶盖流动，然后沿排气管外侧向下流动，当达到排气管下端时汇入上升的内旋气流中，这部分气流称为上涡流。分散在这部分气流中的颗粒由于短路而逸出器外，这是造成旋风分离器低效的主要原因之一。采用带有旁路分离室或异形进气管的旋风分离器，可以改善上涡流的影响。

在标准型旋风分离器内，内旋流旋转上升时，会将沉积在锥底的部分颗粒重新扬起，这是影响分离效率的另一重要原因。为抑制这种不利因素，设计了扩散式旋风分离器。

此外，排气管和灰斗尺寸的合理设计都可使除尘效率提高。

鉴于以上考虑，对标准型旋风分离器加以改进，设计出了一些新的结构形式。现列举几种工业中常见的旋风分离器类型。

（1）CLT/A 型：这种旋风分离器是将入口做成下倾斜的螺旋切线形进口的旋风分离器，倾斜角为 15°，同时将圆筒部分加长，其结构如图 2-11（a）所示。这种进口结构形式，在一定程度上可以减小涡流的影响，并且气流阻力较低（阻力系数 ζ 值可取 5.0～5.5）。

CLT/A 型旋风分离器根据其在系统中的位置不同分为 Y 型和 X 型两种：Y 型为压入型，安装在风机后面；X 型为吸入型，安装在风机前面。

（2）XLP 型（旧称 CLP 型）：XLP 型是带有旁路分离室的旋风分离器，故也称旁路旋风分离器。它采用蜗壳式进气口，其上沿较器体顶盖稍低。含尘气体进入分离器内后即分为上、下两股旋流。"旁室"结构能迫使被上旋流带到顶部的细微尘粒聚结并由旁室进入向下旋转的主气流而得以捕集，对 5μm 以上的尘粒具有较高的分离效果。根据器体及旁路分离室形状的不同，XLP 型又分为 A 型和 B 型两种，图 2-11（b）所示为 CLP/B 型，其阻力系数 ζ 可取 4.8～5.8。

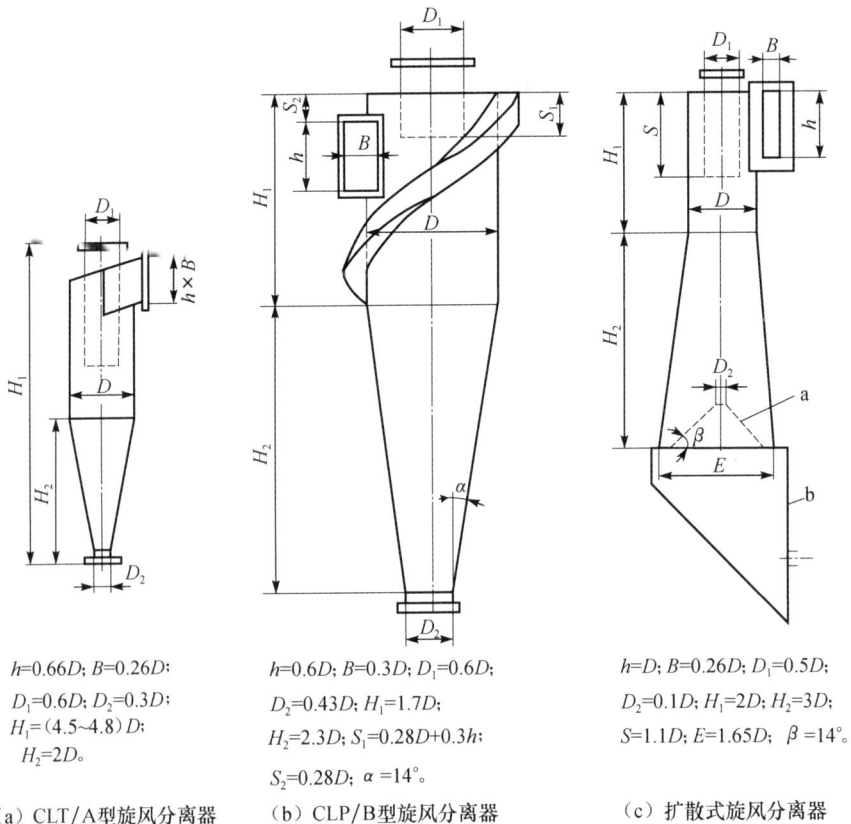

$h=0.66D$；$B=0.26D$；
$D_1=0.6D$；$D_2=0.3D$；
$H_1=(4.5\sim4.8)D$；
$H_2=2D$。

$h=0.6D$；$B=0.3D$；$D_1=0.6D$；
$D_2=0.43D$；$H_1=1.7D$；
$H_2=2.3D$；$S_1=0.28D+0.3h$；
$S_2=0.28D$；$\alpha=14°$。

$h=D$；$B=0.26D$；$D_1=0.5D$；
$D_2=0.1D$；$H_1=2D$；$H_2=3D$；
$S=1.1D$；$E=1.65D$；$\beta=14°$。

（a）CLT/A 型旋风分离器　　（b）CLP/B 型旋风分离器　　（c）扩散式旋风分离器

图 2-11　工业上常见的旋风分离器

（3）扩散式：扩散式旋风分离器的结构如图 2-11（c）所示，其主要特点是具有上小下大的外壳，并在底部装有挡灰盘（又称反射屏）。挡灰盘 a 为倒置的漏斗形，顶部中央有孔，下沿与器壁底圈留有缝隙。沿壁面落下的颗粒经此缝隙降至集尘箱 b 内，而气流主体被挡灰盘隔开，少量进入箱内的气体则经挡灰盘顶部的小孔返回器内，与上升旋流汇合后经排气管排出。挡灰盘有效地防止了已沉下的细粉被气流重新卷起，因而使效率提高，尤其对 10μm 以下的颗粒，分离效果更为明显。其阻力系数 ξ 值可取 7～8。

选用旋风分离器形式、尺寸与台数时，要首先根据系统的物理性质与任务要求，结合各型设备的特点，选定旋风分离器的形式，而后通过计算决定尺寸与个数。

旋风分离器计算的主要依据有三个方面：一是含尘气体的体积流量，二是要求达到的分离效率，三是允许的压强降。严格按照上述三项指标计算指定形式的旋风分离器的尺寸与台数时，需要知道该型设备的粒级效率及气体含尘的粒度分布数据或曲线。但实际应用时往往缺乏这些数据。此时不能对分离效率做出较为确切的计算，只能在保证满足规定的生产能力及允许压强降的同时，对效率做粗略的考虑。具体步骤如下。

在选定旋风分离器的形式之后，便可查阅该型旋风分离器的主要性能表。表中有各种尺寸的该型设备在若干个压强降数值下的生产能力，可据此确定型号。型号是按圆筒直径大小编排的。CLT/A 型、CLP/B 型及扩散式旋风分离器的生产能力见表 2-1～表 2-3。表中所列生产能力的数值为气体流量，单位为 m^3/h；所列压强降是当气体密度为 $1.2kg/m^3$ 时的数值，当气体密度不同时，压强降数值应予校正。

表 2-1　CLT/A 型旋风分离器的生产能力

型号	圆筒直径 D/mm	进口气速 u_i/(m/s)		
		12	15	18
		压强降 Δp/Pa		
		755	1187	1707
CLT/A-1.5	150	170	210	250
CLT/A-2.0	200	300	370	440
CLT/A-2.5	250	400	580	690
CLT/A-3.0	300	670	830	1000
CLT/A-3.5	350	910	1140	1360
CLT/A-4.0	400	1180	1480	1780
CLT/A-4.5	450	1500	1870	2250
CLT/A-5.0	500	1860	2320	2780
CLT/A-5.5	550	2240	2800	3360
CLT/A-6.0	600	2670	3340	4000
CLT/A-6.5	650	3130	3920	4700
CLT/A-7.0	700	3630	4540	5440
CLT/A-7.5	750	4170	5210	6250
CLT/A-8.0	800	4750	5940	7130

表 2-2　CLP/B 型旋风分离器的生产能力

型号	圆筒直径 D/mm	进口气速 u_i/（m/s）		
		12	16	20
		压强降Δp/Pa		
		412	687	1 128
CLP/B-3.0	300	700	930	1 160
CLP/B-4.2	420	1 350	1 800	2 250
CLP/B-5.4	540	2 200	2 950	3 700
CLP/B-7.0	700	3 800	5 100	6 350
CLP/B-8.2	820	5 200	6 900	8 650
CLP/B-9.4	940	6 800	9 000	11 300
CLP/B-10.6	1 060	8 550	11 400	14 300

表 2-3　扩散式旋风分离器的生产能力

型号	圆筒直径 D/mm	进口气速 u_i/（m/s）			
		14	16	18	20
		压强降Δp/Pa			
		785	1030	1324	1570
1	250	820	920	1050	1170
2	300	1170	1330	1500	1670
3	370	1790	2000	2210	2500
4	455	2620	3000	3380	3760
5	525	3500	4000	4500	5000
6	585	4380	5000	5630	6250
7	645	5250	6000	6750	7500
8	695	6130	7000	7870	8740

常用旋风分离器的主要性能列于表 2-4 中。

表 2-4　常用旋风分离器的主要性能

性能参数	CLT 型	CLP 型	CLK 型
适宜气速/(m/s)	12～18	12～20	12～20
除尘范围/μm	>10	>5	>5
含尘浓度/(g/m³)	4.0～5.0	>0.5	1.7～200
阻力系数ξ	5.0～5.5	4.8～5.8	7～8

按照规定的允许压强降，可同时选出几种不同的型号。若选直径小的分离器，则效率较高，但可能需要数台并联才能满足生产能力的要求。反之，若选直径大的，则所需台数可以减少，但效率要低些。

采用多台旋风分离器并联使用时，须特别注意解决气流的均匀分配及排除出灰口的窜漏问题，以便在保证气体处理量的前提下兼顾分离效率与气体压强降的要求。

旋风分离器性能表中的压强降是当气体密度为 $1.2kg/m^3$ 时的数据，当气体密度不同时，应校正压强降数据。

2. 旋液分离器

分离液态非均相物系的旋液分离器又称水力旋流器，是利用离心沉降原理从悬浮液中分离出固体颗粒的设备，其结构和作用原理与旋风分离器相类似，如图 2-12 所示。旋液分离器不能将固体颗粒与液体介质完全分开，悬浮液经入口管切向进入圆筒，向下做螺旋运动，增浓液从底部排出管排出称为底流；清液或含有细微颗粒的液体成为上升的内旋流，从顶部中心管排出称为溢流，内层旋流中心还有一个空的空气芯。调节旋液分离器底部出口的开度，可以调节底流量与溢流量的比例，从而使绝大多数或者仅使一部分固体颗粒从底流送出，使小直径颗粒从液流中送出的操作称为分级。底流量与溢流量之比的调节，还可以控制两部分中颗粒大小的范围。

由于固液间密度差较小，因此旋液分离器与旋风分离器相比，其结构特点是直径小，而圆锥部分长。在一定的切向进口速度下，小圆直筒有利于增大惯性离心力，可以提高沉降速度；锥形部分加长，可增大液流的行程，延长悬浮液在器内的停留时间。

旋液分离器既可用于悬浮液增浓，也可用于不同粒径的颗粒或不同密度的颗粒分级。旋液分离器往往是很多个组合为一组来使用的，它可从液流中分出直径为几微米的小颗粒，但其作为分级设备，应用更广泛。根据增浓或分级的要求不同，各部分尺寸比例也有相应的变化，如图 2-12 中标注。同时旋液分离器还可用于不互溶液体的分离、气-液分离，以及传热、传质和雾化等操作中，因此广泛应用于工业领域中。在旋液分离器中，由于圆筒直径小，液体进口速度大（可到 10m/s），故阻力损失很大。另外，颗粒沿壁面快速运动时，对旋液分离器内壁产生严重磨损，故旋液分离器应采用耐磨材料制造或采用耐磨材料作内衬。

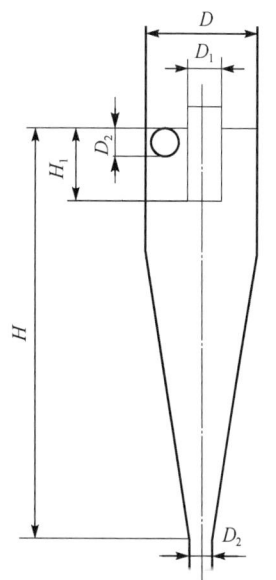

D_1	$D/4$	$D/7$
D_2	$D/3$	$D/7$
H	$5D$	$2.5D$
H_1	$(0.3\sim0.4)\,D$	$(0.3\sim0.4)\,D$

锥形段倾斜角一般为 $10°\sim20°$

图 2-12 旋液分离器

【例 2-5】 用一筒体直径为 0.8m 的标准型旋风分离器处理从气流干燥器出来的含尘气体，含尘气体流量为 $2m^3/s$，气体密度为 $0.65kg/m^3$，黏度为 $3\times10^{-5}Pa\cdot s$，尘粒可视为球形，其密度为 $2500kg/m^3$。求：①临界粒径；②气体通过旋风分离器的压降。

解：① 进口气速：

$$u = \frac{q_V}{Bh} = \frac{2}{\left(\frac{0.8}{4}\right) \times \left(\frac{0.8}{2}\right)} = 25(\text{m/s})$$

临界粒径：

$$d_c = \sqrt{\frac{9\mu B}{\pi N \rho_s u}} = \sqrt{\frac{9 \times 3 \times 10^{-5} \times (0.8/4)}{\pi \times 5 \times 2500 \times 25}} \approx 7.42 \times 10^{-6}(\text{m}) = 7.4(\mu\text{m})$$

② 压降：

$$\Delta p = \zeta \frac{\rho u^2}{2} = 8 \times \frac{0.65 \times 25^2}{2} = 1625(\text{Pa})$$

3. 离心机

离心机与旋风（液）分离器的主要区别：在后者中，离心力是由被分离的混合物以切线方向进入设备而引起的，但在前者中，则是由设备本身的旋转产生的。离心机的旋转带动混合物的旋转，从而产生离心力。为使混合物能随离心机一起旋转，离心机所分离的混合物中至少有一相是液体，即混合物应是悬浮液或乳浊液。

应用在食品工业上的离心机的品种规格很多，可根据不同的使用场合与工艺要求加以合理选用。根据分离因数、操作原理或操作方式的不同，离心机可分为不同的种类。

按分离因数大小分类：分离因数 K_c 是指离心机所产生的离心力与重力之比，即 $K_c = r\omega^2/g$。根据其大小，离心机可分为以下几种。

（1）常速离心机：$K_c < 3000$，适用于 0.01～1.0mm 颗粒悬浮液的分离和物料的脱水。

（2）高速离心机：$3000 < K_c < 50\,000$，适用于极细颗粒的稀薄悬浮液及乳浊液的分离。

（3）超速离心机：$K_c > 50\,000$，适用于分离超微细粒悬浮系统和高分子的胶体悬浮液。

按分离方式，离心机可分为间歇式和连续式两种，目前，连续式生产设备已逐渐代替间歇式生产设备。以下介绍几种常见的离心机。

1）螺旋沉降离心机

螺旋沉降离心机有卧式和立式两种，图 2-13（a）是卧式螺旋沉降离心机，图 2-13（b）是立式螺旋沉降离心机。

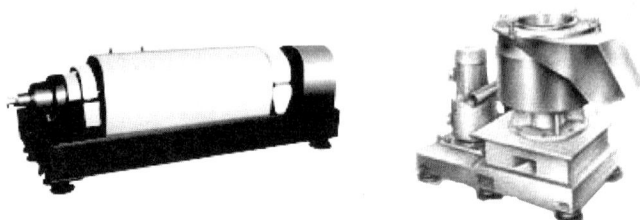

（a）卧式螺旋沉降离心机　　　　（b）立式螺旋沉降离心机

图 2-13　螺旋沉降离心机

卧式螺旋沉降离心机结构示意图如图 2-14 所示，悬浮液经进料管进入螺旋内筒后，由内筒的进料孔进入转鼓，沉降到鼓壁的沉渣由螺旋输送器输送至转鼓小端的排渣孔排出，螺旋输送器与转鼓同向回转，但具有一定的转速差。分离液经转鼓大端的溢流孔排出。转鼓是螺旋离心机的关键部件之一，有圆锥形、圆柱形和柱锥形三种基本结构形式。圆锥形有利于固相脱水；圆柱形有利于液相澄清；柱锥形则可兼顾两者的特点，是常用的转鼓形式。

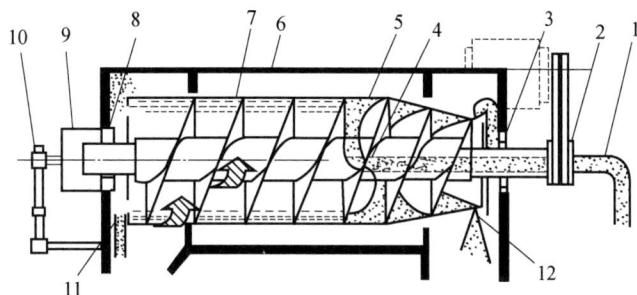

1.进料管；2.V带轮；3.右轴承；4.螺旋输送器；5.进料孔；6.机壳；7.转鼓；8.左轴承；9.行星差速器；
10.过载保护装置器；11.溢流孔；12.排渣孔。

图 2-14　卧式螺旋沉降离心机结构示意图

螺旋沉降离心机主要用于不互溶的液体互相分散得很细的乳浊液，是食品工业中常见的单元操作之一，如牛奶加工中把牛奶乳浊液分离成脱脂牛奶和奶油，就是一个典型的例子。转鼓旋转时，乳浊液在离心力的作用下分为两层，相对密度大的液体首先沉降形成外层，相对密度小的液体则留在内层，从而达到液-液分离的目的。

在离心机内分离两种液体时，既要有足够停留时间使两种液体分层，又要将液体溢流堰的位置安排得使已分层的液体不致重新混合。因此，离心机的出口溢流堰的位置非常重要，它不仅控制着离心机中液体的容量，而且决定着分离实际上能否实现。

2）碟片式高速离心机

碟片式高速离心机也称分离机，是利用高速沉降离心机锥形碟片和转鼓高速旋转所产生的强大离心力来工作的机械，如图 2-15 所示。碟片式高速离心机的底部为圆锥形，壳内有几十个至 100 以上的圆锥形碟片叠置成层，由一垂直轴带动而高速旋转。碟片直径大到 1m，碟片在中央至周边的半途上开有孔，各孔串联成垂直的通道。转速多在 4000～7000r/min。分离因数 $K_c \approx 4000～10\,000$。

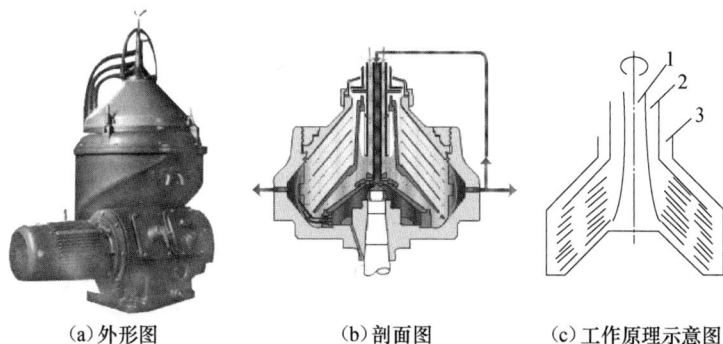

（a）外形图　　　（b）剖面图　　　（c）工作原理示意图

1.加料口；2.轻液出口；3.重液出口。

图 2-15　碟片式高速离心机结构示意图

碟片式高速离心机可用于不互溶液体混合物的分离及从液体中分离出极细的颗粒，因而广泛用于润滑油脱水、牛奶脱脂、饮料澄清、催化剂分离等场合。操作时，要分离的液体混合物从顶部的垂直管送入，直达底部，在经过碟片上的孔上升的同时，分布于两碟片之间的窄缝中。受离心力作用，密度大的液体趋向外周，到达机壳内壁后上升到上方的重液出口流出；轻液则趋向中心而自上方较靠近中央的轻液出口流出。各碟片的作用在于将液体分成许多薄层，缩短液滴沉降距离；液体在狭缝中流动所产生的剪切力也有助于破坏乳浊液。若液体中有少量细颗粒悬浮固体，这些颗粒也会趋向外周运动而到达机壳内壁附近沉积下来，可间歇地加以清除。

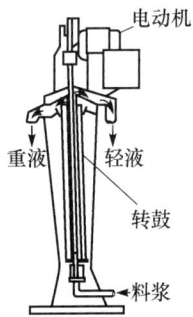

图2-16 管式超速离心机结构示意图

3）管式超速离心机

管式超速离心机的转速高达 8000～50 000r/min，分离因数达 15 000～60 000，结构如图 2-16 所示。管式超速离心机分离能力强，能分离一般离心机不能分离的物料，可获得澄清度较高的分离液。

管式超速离心机的管式转鼓，内径为 75～150mm，长度约为 1500mm，内装三片纵向平板，以使混合物迅速达到与转鼓相同的角速度。转鼓转速为 15 000r/min 左右。管式超速离心机可用于分离乳浊液及含细颗粒的稀悬浮液。操作时，乳浊液从底部进口引入，在管内自下而上运行的过程中，因离心力作用，依相对密度不同而分成内外两个同心层。外层为重液层，内层为轻液层。到达顶部后，分别自轻液溢流口与重液溢流口送出管外。若用于从液体中分离出少量极细的固体颗粒，则将重液出口堵塞，只留轻液出口。附于管壁上的小颗粒，可通过间歇地将管取出加以清除。

2.4 气体的其他净制方法

固体或液体微粒悬浮在气体介质中形成的气态分散系统称为气溶胶，或称为气态非均一系，按形成过程的不同，可分为机械分散系气溶胶和凝结分散系气溶胶两种类型。气体的净制是工业生产过程中较为常见的分离操作，在工业上，气溶胶中悬浮物分离的基本方法除了前面介绍的沉降和第 3 章将要学习的过滤除尘之外，还有以下三种。

（1）惯性分离。

（2）湿法净制。

（3）电除尘。

下面对这些分离方法及设备做概略介绍。

2.4.1 惯性分离

如图 2-17 所示，在惯性分离室内，主要是使气流急速转向或冲击在挡板上再急速转向，由于惯性效应，其中颗粒的运动轨迹与气流轨迹发生偏差，从而使两者得以分离。气流速度高，惯性效应就大，分离室的体积就大幅减小，对细颗粒的分离效率大幅提高，可

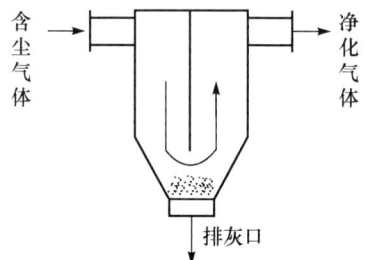

图2-17 惯性分离器

捕集到 20μm 的颗粒。在惯性分离中，气流回转半径小、回转角大，则分离效率就高。在结构形式上，大体上有无分流式与分流式惯性分离室两类。无分流式结构较为简单，但分离效率不是很高。在用各种挡板结构制成的分流式惯性分离室中，提高气流急剧转折前的速度可以有效地提高分离效率，但过高会引起已捕集颗粒的二次飞扬。

惯性分离器的操作原理与旋风分离器相近，颗粒的惯性越大，气流转折的曲率半径越小，则其分离效率越高。所以颗粒的密度与直径越大，则越易分离；适当增大气流速度及减小转折处的曲率半径也有利于提高分离效率。一般说来，惯性分离器的分离效率比降尘室略高，也常作为预除尘器使用。

2.4.2 静电分离

静电分离是使含有悬浮颗粒的气体通过金属电极间的强烈电场，使气体发生电离而产生电子及离子，这些电子和离子在向两极运动的过程中，又不断撞击中性分子产生新的离子或电子，离子、电子与灰尘颗粒相遇而附于其上，颗粒被电极吸引而从气体中除去。

静电分离设备称为静电除尘器（或静电除雾器），简称电除尘器。电除尘器有各种不同的结构形式，其电除尘室由平行竖管束（圆形断面或六面体）或平行竖板组成。沿 0.15～0.30mm 直径的管子轴线，悬挂并张紧直径约 2mm 的导线，也可将导线张紧于板间。管子与导线（或者板与导线）之间接以高压电，可高达 90 000V。

电除尘器的结构主要取决于沉淀电极的形式，管式电除尘器的结构如图 2-18 所示，需要净化的气体进入下方除尘室，由下而上穿过管子，然后由气体出口排出。电源负极悬挂在框架上，框架固定在绝缘子上。

根据目前常见的电除尘器形式，主要有以下几种分类方法：按气流方向分为立式和卧式；按沉淀电极形式分为板式和管式；按沉淀极板上粉尘的清除方法分为干式和湿式等。

电除尘器的计算一般采用经验数据和近似算式。

（1）单位长度的电流，对管式取 $I=0.3～0.5$mA/m，对板式取 $I=0.1～0.35$mA/m。

（2）电场强度通常取 4～450kV/m，应小于 800kV/m。

（3）工作电压为 35～70kV。

（4）电场长度为 3～4m 时的气体允许流速：管式为 0.8～1.5m/s，板式为 0.5～1.0m/s。

电除尘器的除尘效率可为 90%～99%，适用于大量含尘气体的净化处理。

电除尘器的优点如下。

（1）净化效率高，能够铺集 0.01μm 以上的细粒粉尘。在设计中可以通过不同的操作参数，来满足所要求的净化效率。

（2）阻力损失小，一般在 20mmH₂O 以下，和旋风除尘器比较，即使考虑供电机组和振打机构耗电，其总耗电量仍比较小。

（3）允许操作温度高，如 SHWB 型电除尘器允许操作温度为 250℃，其他类型还有 350～400℃或者更高的。

（4）处理气体范围量大。

（5）可以完全实现自动控制。

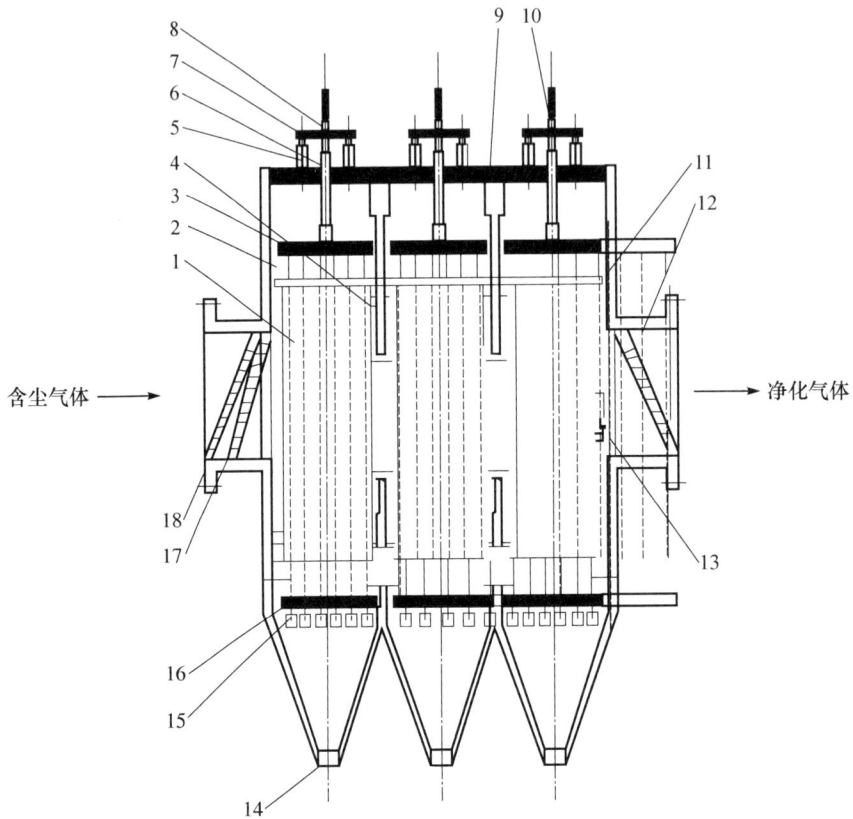

1.阳极；2.阴极；3.阴极上部支架；4.阳极上部支架；5.绝缘支座；6.石英绝缘管；7.阴极悬吊管；8.阴极支撑架；
9.顶板；10.阴极振打装置；11.阳极振打装置；12.出口分布板；13.外壳；14.排灰装置；15.极吊锤；16.阴极下部支架；
17.进口第二块分布板；18.进口第一块分布板。

图 2-18　管式电除尘器结构示意图

电除尘器的缺点如下。

（1）设备比较复杂，要求设备的调运和安装及维护管理水平高。

（2）对粉尘比电阻有一定要求，所以对粉尘有一定的选择性，不能使所有粉尘都获得很高的净化效率。

（3）受温度、相对湿度等的操作条件影响较大，同是一种粉尘如在不同温度、相对湿度下操作，所得的效果不同。有的粉尘在某一个温度、相对湿度下使用效果很好；而在另一个温度、相对湿度下，由于粉尘电阻的变化几乎不能使用电除尘器。

（4）一次投资较大，卧式电除尘器占地面积较大。

2.4.3　湿法分离

1. 文丘里除尘器

文丘里除尘器是一种湿法除尘设备，其核心是文丘里管。文丘里管由收缩管、喉管及扩散管三部分组成，喉管四周均匀地开有若干径向小孔，有时扩散管内设置有可调锥，以适应气体负荷的变化。文丘里除尘器的结构如图 2-19 所示，操作中，含尘气体通过图中的文丘里管（简称"文氏管"），在文氏管的喉部附近通入水或其他液体，液体在管内被喷成细小的液滴，分散液滴与悬浮颗粒密切接触促使尘粒润湿并聚结变大，随后引入旋风分离器或其他分离设备进行分离，使气体得以净化。在文丘里除尘器内，含尘气体以 50～100m/s 的速度通过文氏管喉部，气体与液体的相对运动也非常激烈，因液体高度分散，相际接触面很大，所以是高效的除尘设备。

　　文丘里除尘器结构简单紧凑、造价较低、操作简便，但阻力较大，其压力降一般为 2000～5000Pa，需与其他分离设备联合使用。

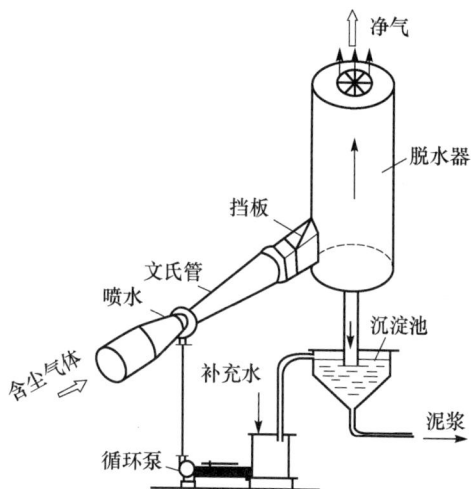

图 2-19　文丘里除尘器结构示意图

　2. 泡沫除尘器

　　泡沫除尘是让气体通过一种称为泡沫塔的除尘设备，在泡沫塔内不断加入水或其他液体，气体通过运动的泡沫层而得以净化。泡沫除尘器的结构如图 2-20 所示，外壳为圆形或方形筒体，泡沫塔内有筛板，筛板上有很多筛孔，其上有流动的液体。水平筛板将内部分成上、下两室。

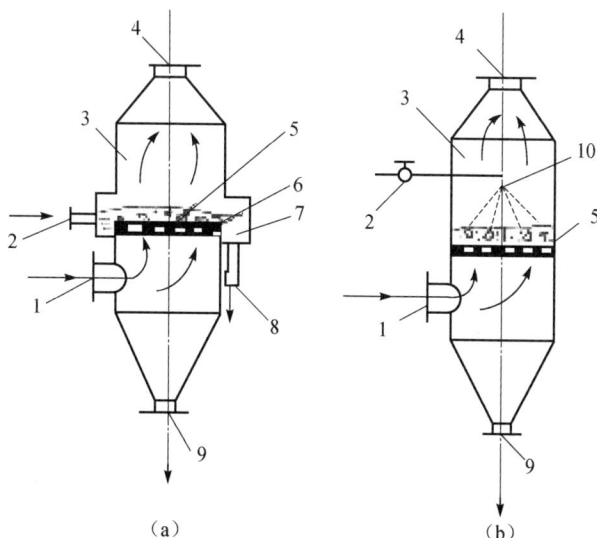

（a）　　　　　　　　　（b）

1. 烟气入口；2. 洗涤液入口；3. 泡沫除尘器；4. 净气出口；5. 筛板；6. 水堰；
7. 溢流槽；8. 溢流水管；9. 污泥排出口；10. 喷头。

图 2-20　泡沫除尘器结构示意图

当气流以一定速度（一般为 10～30m/s）通过时，筛板上即出现气-液两相充分混合的泡沫层，这种泡沫层处于剧烈运动状态，如图 2-20 所示。如果一块筛板不能达到所要求的除尘效率，可用多块筛板。液体通过板间的溢流管自上板流至下板。气流则由下而上与液体接触形成泡沫层。泡沫层是剧烈运动的气-液混合物，具有极大的相际接触面，而且接触面在不断地进行破灭与再生，从而创造了良好的捕尘条件。气体中的尘粒一部分（较大尘粒）被从筛板泄漏下来的液体吸去，由器底排出，另一部分（微小尘粒）则在通过筛板后被泡沫层所截留，并随泡沫液经溢流板流出。但是，不是任何操作条件都可以得到这种泡沫层，气速过大或过小，有可能使液层成为鼓泡层或雾沫层，对除尘不利。

泡沫除尘器具有分离效率高、构造简单、阻力较小等优点，但对设备的安装要求严格，特别是筛板的水平度对操作影响很大。

思考题

1. 解释名词：非均相混合物、分散相、连续相、沉降分离、过滤分离、比表面积、当量直径、自由沉降、干扰沉降。
2. 简述非均相混合物的种类。怎样区分均相混合物和非均相混合物？
3. 影响自由沉降的因素有哪些？
4. 如何计算球形颗粒的沉降速度？
5. 影响实际沉降的因素有哪些？在操作中要注意哪些方面？
6. 自由沉降与干扰沉降有何不同？离心沉降与重力沉降有何异同？
7. 常用的重力沉降设备有哪几种？各有何特点？
8. 确定降尘室高度要注意哪些问题？
9. 分级沉降的概念是什么？怎样计算沉降后各部分的粒度分布？
10. 常用的离心沉降设备有哪几种？各有何特点？
11. 如何提高离心沉降设备的离心分离因数？
12. 简述旋风分离器的工作原理并说明其主要的性能指标有哪些？
13. 旋风分离器的分离效率与哪些因素有关？
14. 什么叫离心分离因数？如何提高离心分离因数？
15. 离心机的直径为什么不宜过大？

练习题

1. 用落球法测液体的黏度，方法如下：将待测液体置于玻璃容器中，测定一钢球在其中的沉降时间，从而算出液体的黏度。今用此法测糖蜜的黏度，测得直径为 5mm 的钢球在糖蜜中沉降 200mm 所需时间为 5.35s，已知钢球密度为 7800kg/m³，糖蜜密度为 1400kg/m³，试计算糖蜜的黏度。
2. 有两个品种的豌豆混合物，其中一个品种的粒径为 6mm，密度为 1050kg/m³，另一个品种的粒径为 7.5mm，密度为 1080kg/m³。此混合物在常温的水中自由沉降时，当第一种豌豆下降 0.5m 时，第二种下降多少？

3. 某谷物的颗粒粒径为 4mm，密度为 1400kg/m³，求在常温水中的沉降速度。又有该谷物的淀粉粒，在同样的水中测得其沉降速度为 0.1mm/s，试求其粒径。

4. 某气体中含有大小不等的尘粒，最小的粒子直径为 10μm。已知气体流量为 3000m³/h（标准态），温度为 500℃，密度为 0.43kg/m³，黏度为 3.6×10^{-5}Pa·s，尘粒的密度为 2000kg/m³。现有一降尘室，共有五层，求每层的沉降面积。

5. 某药厂用降尘室回收气体中所含的球形固体颗粒。已知降尘室的底面积为 10m²，宽和高均为 2m，在操作条件下气体密度为 0.75kg/m³，黏度为 2.6×10^{-5}Pa·s，固体密度为 3000kg/m³。降尘室生产能力为 4m³/s，试确定：

（1）理论上能完全收集下来的最小颗粒的直径；

（2）粒径为 40μm 的颗粒的回收率。

6. 气流干燥器送出的含尘空气量为 10 000m³/h，空气温度为 80℃。现用直径为 1m 的标准型旋风分离器收集空气中的粉尘，粉尘密度为 1500kg/m³，计算：

（1）临界粒径；

（2）压强降。

第3章

过　　滤

✿ **学习目标**

　　了解：过滤分离过程、主要特点与工业应用；常见过滤设备的结构特点与用途；压榨操作过程及其常用的设备。

　　理解：影响过滤的主要因素。

　　掌握：过滤方法及设备的选择；板框压滤机的操作要点；转筒真空过滤机的操作。

3.1　工业中过滤方法的种类及其选用

3.1.1　食品工业中过滤分离操作的应用

　　过滤分离操作简称过滤，与沉降分离一样，过滤分离也是用来分离液体非均相物系的一种单元操作。如图 3-1 所示，过滤是利用多孔介质达到分离目的的，此多孔介质称为过滤介质，滤浆过滤后得到的固体称滤饼，澄清液体称为滤液。

过滤

　　与沉降分离相比，过滤分离具有操作时间短，分离比较完全等特点。尤其是当液体非均相物系含液量较少时，沉降法已不大适用，而适合采用过滤的方法进行分离。此外，在气体净化中，若颗粒微小且浓度极低，也适宜采用过滤操作。

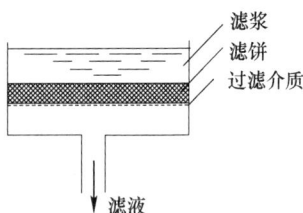

图 3-1　过滤

　　过滤是以某种多孔物质为介质，在外力作用下使连续相流体通过介质的孔道，而分散相颗粒被截留，从而实现分离的操作。它是分离悬浮液极普通、极有效的操作之一，也可用于气-固体系的分离。与沉降相比，过滤分离更迅速、更彻底。过滤在食品工业上的应用主要有以下三个方面。

　　（1）作为一般固-液系统的分离手段，如在食用油的浸取和精炼上，板框压滤机和加压叶滤机既可用于过滤除去种子碎片和组织细胞，也可用于油类脱色后滤去漂白土或啤酒厂过滤麦芽汁和发酵后回收酵母等。

　　（2）用于澄清液体，如陶质管滤机和流线式过滤机已广泛应用于澄清啤酒、葡萄酒、酵母浸出液等液体食品。

　　（3）用过滤法除去微生物，如管滤机常用于葡萄酒、啤酒、果汁和酵母浸出液的过滤，以降低微生物（酵母和某些细菌）的数目。

3.1.2 过滤分离操作的类型

工业上过滤有两类：滤饼过滤（又称"表面过滤、饼层过滤"）和深层过滤（也称"深床过滤"）。滤饼过滤和深层过滤（图 3-2）是两种不同类型的过滤。

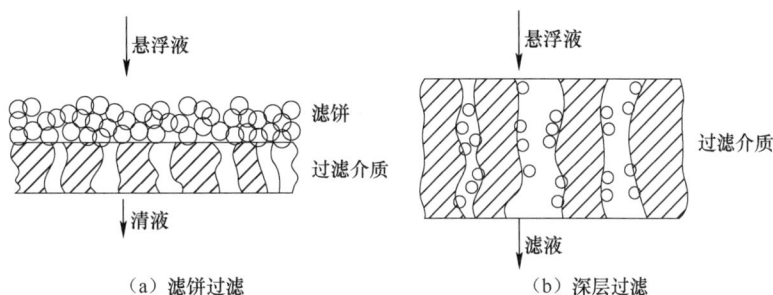

图 3-2 滤饼过滤与深层过滤

1. 滤饼过滤

滤饼过滤是利用滤饼本身作为过滤隔层的一种过滤方式。

过滤介质的孔径可能大于滤浆中部分颗粒，因而过滤初始时会有一些细小粒子穿过介质，使滤液浑浊。随着过滤的进行，颗粒沉积于过滤介质而形成滤饼层，层内的孔道可小于过滤介质的孔道。另外，如图 3-3 所示，小粒子会在过滤介质的孔道中和在孔口处堆积，发生"架桥"现象，从而使得尺寸小于孔道直径的颗粒也能被拦截。随着被拦截的颗粒越来越多，滤饼的厚度逐渐增

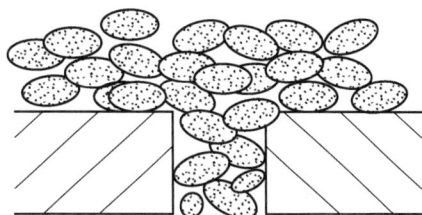

图 3-3 "架桥"现象

加，使得微小颗粒也能被截留。由于滤饼中的孔道通常比过滤介质的孔道要小，滤饼更能起到拦截颗粒的作用。可见在饼层过滤中起截留粒子作用的主要是滤饼层而非过滤介质，更准确地说，只有在滤饼形成后，过滤操作才真正有效，滤饼本身起到了主要过滤介质的作用。滤饼过滤要求能够迅速形成滤饼，常用于分离固体含量较高（固体体积百分数大于 1%）的悬浮液。

2. 深层过滤

深层过滤是指当过滤介质为很厚的床层且过滤介质孔径较大时（如纯净水生产中用活性炭过滤水），固体颗粒通过在床层内部的架桥现象被截留或被吸附在介质的毛细孔中，在过滤介质的表面并不形成滤饼。在这种过滤方式中，起截留颗粒作用的是介质内部曲折而细长的通道（图 3-2）。可以说，深层过滤是利用介质床层内部通道作为过滤介质的过滤操作。在深层过滤中，介质内部通道会因截留颗粒的增多逐渐减少和变小，因此过滤介质必须定期更换或清洗再生。深层过滤常适用于生产能力大、固体含量很少（固体体积百分数小于 0.1%）且颗粒直径较小（小于 5μm）的悬浮液。

3. 动态过滤

在滤饼过滤中，随着过滤的进行，滤饼的厚度不断增加，导致过滤速度不断下降。为了解决这一问题，1977 年蒂勒（Tiller）提出一种新的过滤方式，即使料浆沿着过滤介质平面高速流动，使大部分滤饼得以在剪切力的作用下移去，从而维持较高的过滤速度。这种过滤被称为动态过滤或无滤饼过滤。

3.1.3 过滤介质的种类及其选用

过滤介质的作用是截留悬浮液中的固体颗粒，而使液体从介质的孔道中通过，促进滤饼的形成，并且作为滤饼的支撑物。食品工业所用过滤介质应符合下列要求：具备多孔性结构，滤液通过时阻力小，使最初滤饼能快速形成，有适当的孔径；具有支撑滤饼的足够强度，并在操作条件不利时保持其强度且使用寿命长；无毒，不易滋生微生物；容易清洗消毒，对酸碱等耐腐蚀，理化性质稳定。常用过滤介质如下所述。

（1）织物介质：用于滤饼过滤操作，这类介质使用最广泛。一般是用棉、毛、丝、麻等天然纤维及各种合成纤维制成的织物，故又称滤布。另一种是用玻璃丝、金属丝织成耐腐蚀的丝网，根据编织方法和疏密程度的不同有多种形式，所截留颗粒度范围很大，从几十微米到 $1\mu m$，可用于醋等酸性食品的过滤。织物介质较薄，阻力小，清洗更换方便，价格也比较便宜。

（2）粒状介质：又称堆积介质，用砂、活性炭、砾石、锯屑等细小坚硬的粒状物堆积成一定厚度的床层，借粒间微细孔道截留悬浮固体，使液体通过。粒状介质用于深层过滤，特别是在给水的净化过程中广泛使用。

（3）多孔固体介质：是具有很多微细孔道的固体材料，如陶瓷、塑料、金属等粉末烧结而成的多孔性板或管，或由纤维制成的深层多孔介质。此类介质具有耐腐蚀、孔隙小、过滤效率比较高等优点，常用于处理含少量微粒的腐蚀性悬浮液及其他特殊场合。

（4）多孔膜：用高分子材料制成的薄膜，是分离粒度可达 $0.005\mu m$ 的过滤介质，主要应用在超滤、微滤等膜分离技术中。

生产中应根据混合物中颗粒的含量、性质、粒度分布及分离要求等选用适宜的过滤介质。一般情况下，在颗粒浓度小、粒径小、分离要求不太高的场合均采用粒状介质；在颗粒浓度较大、粒径分布不均匀、分离要求较高的场合均采用织物介质。

3.1.4 助滤剂的选用

1. 滤饼的压缩性

滤饼是由被截留下来的颗粒积聚而形成的固体床层。随着操作的进行，滤饼的厚度和流动阻力都逐渐增加。若构成滤饼的颗粒为不易变形的坚硬固体（如硅藻土、碳酸钙等），则当滤饼两侧的压差增大时，颗粒的形状和床层的空隙都基本不变，故单位厚度滤饼的流动阻力可以认为恒定，此类滤饼称为不可压缩滤饼。反之，若滤饼由较易变形的物质（如某些氢氧化物之类的胶体）构成，则当压差增大时，颗粒的形状和床层的空隙都会有不同程度的改变，使单位厚度滤饼的流动阻力增大，此类滤饼称为可压缩滤饼。

2. 助滤剂

对于可压缩滤饼，在过滤过程中会被压缩，使滤饼的孔道变窄甚至堵塞，或因滤饼粘嵌在滤布中而不易卸渣，使过滤周期变长，生产效率下降，介质使用寿命缩短。为了改善滤饼结构，克服以上不足，通常需要使用助滤剂。

助滤剂一般是质地坚硬的细小固体颗粒，如硅藻土、石棉、炭粉等。将助滤剂加入悬浮液中，在形成滤饼时助滤剂便能均匀地分散在滤饼中间，在滤饼中起到骨架作用，改善滤饼结构，使液体得以畅通，也可以预敷于过滤介质表面以防止介质孔道堵塞。不过，助滤剂只能用于滤液为产品而滤饼无利用价值的场合。

对助滤剂的基本要求如下。

（1）在过滤操作压差范围内，具有较好的刚性，能与滤渣形成多孔床层，使滤饼具有良好的渗透性和较低的流动阻力。

（2）具有良好的化学稳定性，不与悬浮液反应，也不溶解于液相中。

3.2　过滤速度的计算

3.2.1　颗粒床层的特性

过滤速度是指单位时间内通过滤饼的液体的体积，它表示过滤过程进行的快慢程度。滤饼层可看作由许多颗粒组成的床层，颗粒的尺寸通常很小且不一致，使饼层中形成许多不规则的、细小曲折的孔道。为研究滤液通过滤饼床层的流动速度，首先必须研究颗粒床层的情况。

1. 颗粒床层的空隙率

单位体积床层中的空隙体积称为空隙率，用 ε 表示，即

$$\varepsilon = \frac{\text{床层空隙体积}}{\text{床层总体积}} = \frac{V_0}{V} \tag{3-1}$$

空隙率的大小与下列因素有关。

（1）均匀颗粒堆成的床层，其空隙率比不均匀颗粒堆成的床层大，颗粒表面越光滑，床层空隙率越小。

（2）颗粒球形度越小，床层空隙率就越大。

（3）颗粒直径与床层直径之比 d_p/D 越小，床层的平均空隙率就越小。在容器壁附近空隙率较大，称为壁效应。

单位体积颗粒所具有的表面积称为比表面积：

$$\alpha = \frac{\text{颗粒表面积}}{\text{颗粒体积}}$$

2. 颗粒床层孔道的当量直径

将床层内的孔道视作流道，由非圆形管当量直径的定义，有

$$d_e \propto \frac{流道截面积}{湿润周边} = \frac{流道截面积 \times 流道长度}{湿润周边 \times 流道长度} = \frac{流道容积}{流道表面积} = \frac{\varepsilon}{(1-\varepsilon)a} \tag{3-2}$$

流体流过截面积为 A 的床层时，有效流动截面积称为平均自由截面积 A_ε。如果床层是均匀的，那么 A_ε 与 A 之比就等于床层的空隙率。在与过滤介质垂直的方向上，床层空隙中的实际流速 u_1 与按整个床层截面积计算的滤液平均流速 u 之间的关系为

$$u_1 = \frac{u}{\varepsilon} \tag{3-3}$$

3. 过滤速度

由于颗粒床层中的孔道很小，滤液通过床层的流动一般为层流。根据推导可得过滤速度的计算式：

$$u = \frac{dV}{Ad\tau} = \frac{\Delta p_c}{R\mu} \tag{3-4}$$

式中，u ——滤液体积流量与床层截面积之比，称为过滤速度，单位为 m/s；

$\dfrac{dV}{d\tau}$ ——滤液的体积流量，也称为过滤速度，而过滤速度则为单位面积上的过滤速度。

4. 过滤介质的阻力

$R=rL$ 称为滤饼阻力，单位为 1/m，它反映了滤饼床层对滤液流动的阻力，r 为单位厚度床层的阻力，称为滤饼比阻，它在数值上等于黏度为 1Pa·s 的滤液以 1m/s 的平均流速通过厚度 1m 的滤饼层时产生的压降。仿照式（3-4）可以写出滤液流过过滤介质时过滤速度与介质阻力的关系式：

$$\frac{dV}{Ad\tau} = \frac{\Delta p_m}{\mu R_m} \tag{3-5}$$

式中，Δp_m——滤液通过介质时的压降；

R_m——介质阻力，它是一个常数。在一般情况下，其值比滤饼阻力小得多，但在某些情况下则不能忽略。

3.2.2 过滤速度的计算方法

通常滤饼床层和过滤介质的面积相同，故可将式（3-4）和式（3-5）合并成：

$$\frac{dV}{Ad\tau} = \frac{\Delta p}{\mu(R+R_m)} \tag{3-6}$$

其中，$\Delta p=\Delta p_c+\Delta p_m$ 为过滤的总压差。在实际设备中，一般若过滤介质的下游侧为大气压，则为加压过滤；若滤饼层上游侧为大气压，则为真空过滤。在特殊情况下，上游、下游侧均通大气，只靠液柱推动过滤，称为重力过滤。无论是何种情况，Δp 均可视为过滤的表压强，而 $R+R_m$ 则为滤饼层和过滤介质的阻力之和。

为方便起见，设想用一层厚度为 L_e 的滤饼层代替过滤介质，而保持原来的过滤速度，那么这层假想的滤饼层就具有与过滤介质相同的阻力，也就有 $rL_e=R_m$，则式（3-6）就

可写为

$$\frac{\mathrm{d}V}{A\mathrm{d}\tau} = \frac{\Delta p}{\mu r(L + L_{\mathrm{e}})}$$

（3-7）

设每获得单位体积滤液，相应地产生体积为 v 的滤饼，则有 $LA=vV$。同样，若生成厚度为 L_{e} 的滤饼层，相应地应获得滤液 V_{e}，则 $L_{\mathrm{e}}A=vV_{\mathrm{e}}$。

这样，式（3-7）又可化为

$$\frac{\mathrm{d}V}{A\mathrm{d}\tau} = \frac{A\Delta p}{\mu rv(V + V_{\mathrm{e}})}$$

（3-8a）

或

$$\frac{\mathrm{d}V}{\mathrm{d}\tau} = \frac{A^2\Delta p}{\mu rv(V + V_{\mathrm{e}})}$$

（3-8b）

此式适用于不可压缩滤饼。对可压缩滤饼，其比阻 r 与压强差有关。通常用经验方程式（3-9）表示：

$$r = r'(\Delta p)^s$$

（3-9）

式中，r'——单位压强差下的比阻；

s——滤饼的压缩性指数，其值介于 0 和 1 之间。对不可压缩滤饼，$s=0$。几种典型物料的压缩指数值见表 3-1。

表 3-1　几种典型物料的压缩指数值

物料	硅藻土	碳酸钙	高岭土	滑石	黏土	硫酸锌	氢氧化铝
s	0.01	0.19	0.33	0.51	0.56~0.6	0.69	0.9

将式（3-9）代入式（3-8），得

$$\frac{\mathrm{d}V}{\mathrm{d}\tau} = \frac{A^2\Delta p^{1-s}}{\mu r'v(V + V_{\mathrm{e}})}$$

（3-10）

式（3-10）称为过滤基本方程，适用于各种过滤情况。针对具体操作情况将过滤基本方程积分，就得到各具体操作情况下的过滤方程。

3.3　滤饼过滤操作条件的选择

3.3.1　滤饼过滤操作方式

1. 恒压过滤

在压强差恒定的条件下进行过滤操作，称为恒压过滤。在进行恒压过滤时，滤饼层逐渐加厚，阻力逐渐增加，因而过滤速度逐渐降低。

对一定的悬浮液，μ、r'、v 均为常数，可令：

$$k = \frac{1}{\mu r'v}$$

（3-11）

代入过滤基本方程（3-10），推导整理后得恒压过滤方程：

$$V^2+2VV_e=kA^2\tau \tag{3-12}$$

令 $q=V/A$，$q_e=V_e/A$，得恒压过滤方程的另一种形式：

$$q^2+2q_eq=k\tau \tag{3-13}$$

式中，q——单位面积上获得的滤液量，引入 q 有助于过滤试验结果的放大；

k——过滤常数，单位为 m^2/s，由物料特性和过滤压差决定。

恒压过滤方程表明，恒压过滤时 $q-\tau$（或 $V-\tau$）关系为一抛物线。

2. 恒速过滤

在过滤过程中，过滤速度维持恒定的过滤操作方式称为恒速过滤。恒速过滤时的过滤速度为

$$\frac{dV}{Ad\tau}=\frac{V}{A\tau}=\frac{q}{\tau}=u_R=常数 \tag{3-14}$$

从而有

$$q=u_R\tau \tag{3-15}$$

或

$$V=u_RA\tau \tag{3-16}$$

故恒速过滤时 $q-\tau$（或 $V-\tau$）关系为一直线。

对不可压缩滤饼，由过滤方程可写出

$$\frac{dq}{d\tau}=\frac{\Delta p}{\mu rv(q+q_e)}=u_R=常数 \tag{3-17}$$

在一定操作条件下，μ、r、u_R、q_e 均为常数，故有

$$\Delta p=\mu rvu_R^2\tau+\mu rvu_Rq_e=A\tau+B \tag{3-18}$$

式（3-18）表明，对不可压缩滤饼进行恒速过滤时，其压强差随过滤时间呈直线增加，所以在实践中很少采用完全恒速过滤的方法。

3. 先恒速后恒压过滤

为避免过滤初期因压差过高引起滤布堵塞和破损，可以采用先恒速后恒压的操作方式：过滤开始后，压差由较小值缓慢增大，过滤速度基本维持不变，当压差增大至系统允许的最大值后，维持压差不变，进行恒压过滤。先恒速后恒压过滤是工业中常用的一种过滤方法，计算时可参照恒速、恒压过滤公式。

3.3.2 提高过滤速度的途径

1. 降低悬浮液的黏度

悬浮液的黏度对过滤速度有较大影响，黏度越小，过滤速度越快。因此，在操作中应尽量降低悬浮液的黏度。

（1）对热料浆不应在冷却后再过滤，有时可将滤浆先适当预热。

（2）滤浆浓度越大，其黏度也越大。为了降低滤浆的黏度，可以先将滤浆加以稀释再进行过滤，但这样会使过滤容积增加，同时稀释滤浆也只能在不影响滤液的前提下进行。

2. 提高过滤压力差

要使过滤操作得以进行，必须保持一定的推动力，即在滤饼和介质的两侧保持一定的压力差。根据过滤压力的获得途径不同，滤饼过滤可分为以下四类。

（1）重力过滤：靠悬浮液自身重力作用形成过滤压力差。重力过滤设备简单，但推动力小，过滤速度慢，一般仅用来处理固体含量少且容易过滤的悬浮液。

（2）加压过滤：通过在介质上游加压形成过滤压力差。加压过滤可获得较大的推动力，过滤速度快，并可根据需要控制压差大小。压差越大，对设备的密封性和强度要求越高，即使设备强度允许，也还受到滤布强度、滤饼的压缩性等因素的限制，因此，加压操作的压力不能太大，一般以不超过 500kPa 为宜。

（3）减压过滤：也称真空抽滤，是在过滤介质的下游抽真空形成过滤压力差。真空过滤也能获得较大的过滤速度，但操作真空度由于受到液体沸点等因素的限制，不能过高，一般在 85kPa 以下。

（4）离心过滤：利用离心力的作用形成过滤压力差。离心过滤的过滤速度快，但设备复杂，投资费用和动力消耗都较大，多用于颗粒粒度相对较大、液体含量较少的悬浮液的分离。

一般说来，对不可压缩滤饼，增大推动力可提高过滤速度，但对可压缩滤饼，加压却不能有效地提高过滤过程的速度。

3. 选择合适的过滤介质

过滤介质的影响主要表现在对过滤过程的阻力和过滤效率上，金属网与棉毛织品的空隙大小相差很大，生产能力和滤液的澄清度也就有很大差别。因此，要根据悬浮液中颗粒的大小来选择合适的过滤介质。

4. 控制合适的滤饼厚度

滤饼对过滤速度的影响主要是指颗粒的形状、大小、滤饼紧密度和厚度等。显然，颗粒越细，滤饼越紧密、越厚，其阻力越大。一般在操作中可以控制的只有滤饼厚度，随着过滤的进行，滤饼厚度逐渐增大，当滤饼厚度增大到一定程度时，过滤速度会变得很慢，操作再进行下去是不经济的，这时只能将滤饼卸去，进行下一个周期的操作。卸除滤饼频率过大，会使一个周期中卸料、滤布的洗涤与装卸等时间所占比例加大，平均过滤速度降低。

5. 合理安排过滤操作周期

过滤操作可以连续进行，但以间歇操作更为常见，不管是连续过滤还是间歇过滤，都存在一个操作周期。过滤过程的操作周期主要包括以下步骤：过滤、洗涤、卸渣、清理等，对于板框过滤机等需装拆的过滤设备，还包括组装。有效操作步骤只是"过滤"这一步，其余均属辅助步骤，但也是必不可少的。例如，在过滤后，滤饼空隙中还存有滤液，为了回收这部分滤液，或者因为滤饼是有价值的产品，不允许被滤液所玷污时，都必须将这部分滤液从滤饼中分离出来，因此，就需要用水或其他溶剂对滤饼进行洗涤。对于间歇操作，必须合理地安排一个周期中各步骤的时间，尽量缩短辅助时间，以提高生产效率。

3.4 过滤设备及其选用

过滤设备种类繁多，结构各异，按产生压差的方式不同可分为重力式、压滤式、吸滤式和离心式四类，其中重力式过滤设备较为简单，这里不做介绍。

3.4.1 压滤式过滤设备

1. 板框压滤机

板框压滤机如图 3-4（a）所示，它是一种古老却仍在广泛使用的间歇操作过滤设备，其过滤推动力为外加压力。它是由多块滤板、滤框交替排列于机架上构成的，图 3-4（b）为滤板和滤框。滤板和滤框的数量可在机座长度内根据需要自行调整，板框压滤机的过滤面积一般为 $2 \sim 80 m^2$。

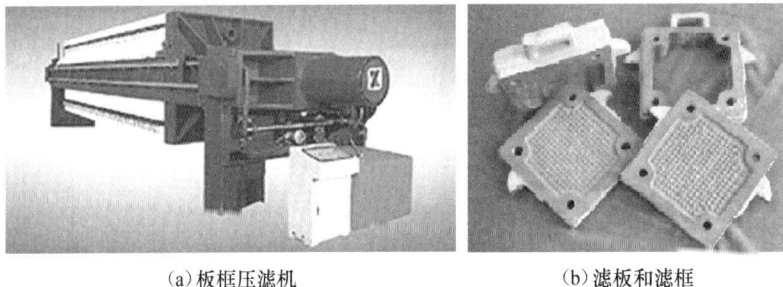

(a) 板框压滤机　　　　　　　　(b) 滤板和滤框

图 3-4　板框压滤机

滤板和滤框的结构如图 3-5 所示，滤板和滤框的四个角端均开有圆孔，组装压紧后构成四个通道，可供滤浆、滤液和洗涤液流通。组装时将四角开孔的滤布置于板和框的交界面，再利用手动、电动或液压传动压紧滤板和滤框。

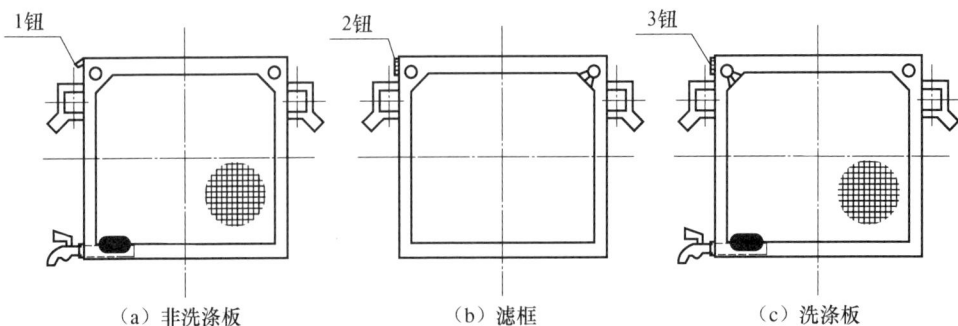

(a) 非洗涤板　　　　　　　　(b) 滤框　　　　　　　　(c) 洗涤板

图 3-5　滤板和滤框的结构

图 3-5 中（b）为滤框，中间空间用于积存滤渣，滤框右上角圆孔中有暗孔与滤框中间相通，滤浆由此进入框内，（a）和（c）均为滤板，但结构有所不同，（a）所示滤板称为非洗涤板，（c）所示滤板称为洗涤板，洗涤板左上角圆孔中有侧孔与洗涤板两侧相通，洗涤液由此进入滤板，非洗涤板则无此暗孔，洗涤液只能从圆孔通过而不能进入滤板。滤板两面均匀地开有纵横交错的凹槽，可使滤液或洗液在其中流动。为了将三者区别，一般在滤板和滤框的外侧铸上小钮之类的记号，1 钮表示非洗涤板，2 钮表示滤框，3 钮表示洗涤板。组装时滤板和滤框的排列顺序为非洗涤板—框—洗涤板—框—非洗涤板……（1-2-3-2-1-…），一般两端机头均为非洗涤板。

图 3-6 所示为板框压滤机过滤过程示意图。悬浮液在一定压差下经滤浆通道 1 由滤框角端的暗孔进入滤框内；滤液分别穿过两侧的滤布，再经相邻板的凹槽汇集进入滤液通道 3 排走，固相则被截留在滤框内形成滤饼。过滤后即可进行洗涤。洗涤时，关闭进料阀和滤液排放阀，然后将洗涤液压入洗涤液入口通道 2，经洗涤板角端侧孔进入两侧板面，之后穿过一层滤布和整个滤饼层，对滤饼进行洗涤，再穿过一层滤布，由非洗涤板的凹槽汇集进入洗涤液出口通道 4 排出。洗涤完毕后，即可旋开压紧装置，卸渣、洗布、重装，进入下一轮操作。

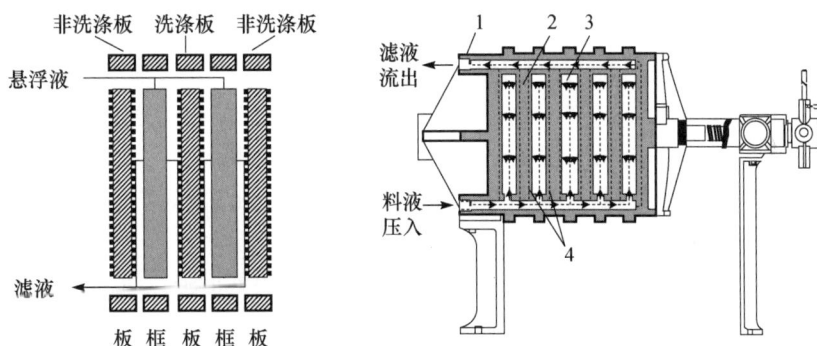

1.滤浆通道；2.洗涤液入口通道；3.滤液通道；4.洗涤液出口通道。
图 3-6　板框压滤机过滤过程示意图

2. 叶滤机

叶滤机也是一种由许多滤叶组成的间歇加压过滤设备，滤叶为其基本过滤元件。滤叶由金属筛网框架或带沟槽的滤板组成，在框架或滤板上覆盖滤布，如图 3-7 所示。过滤时，将滤叶置于密闭槽中，滤浆位于滤叶外围，借滤叶外部的加压或内部的真空进行过滤，滤液在滤叶内汇集后排出，固体颗粒则积于滤布上成为滤饼，厚度通常为 5～35mm。叶滤机有许多形式，有立式，也有卧式；其滤叶形状有矩形、圆形等，滤叶可分为固定的和转动的。

3.4.2　吸滤式过滤设备

1. 转筒真空过滤机

转筒真空过滤机为连续式真空过滤设备，其外形如图 3-8 所示。

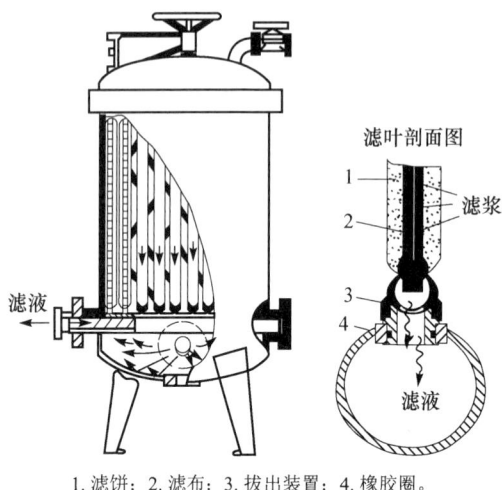

1. 滤饼；2. 滤布；3. 拔出装置；4. 橡胶圈。

图 3-7　叶滤机构造

图 3-8　转筒真空过滤机

转筒真空过滤机的构造如图 3-9 所示，主体为可转动的水平圆筒，称为转鼓，其直径为 0.3～4.5m，长 0.3～6m。圆筒外表面由多孔板或特殊的排水构件组成，上面覆滤布，筒的下部浸入滤浆中。转筒沿径向分成若干个互不相通的扇形格，每个格室有吸管与空心轴内的孔道相通，而空心轴内的孔道则沿轴向通往位于轴端并随轴旋转的转动盘上。转动盘与固定盘紧密配合，构成一个特殊的旋转阀，称为分配头。分配头的固定盘上分布若干个弧形空隙，分别与减压管、洗液贮槽及压缩空气管路相通，当转鼓旋转时，借分配头的作用，扇形格内分别获得真空和加压，如此便可控制过滤、洗涤等操作循序进行。

分配头是关键部件，由转动盘和固定盘构成（图 3-10），两者借弹簧压力紧密贴合。转动盘与转筒一起旋转，其孔数、孔径均与转筒端面的小孔相一致，固定盘开有五个槽（或孔），槽 1 和槽 2 分别与真空滤液罐相通，槽 3 和真空洗涤液罐相通，孔 4 和孔 5 分别与压缩空气管相连。转动盘上的任一小孔旋转一周，都将与固定盘上的五个槽（孔）连通一次，从而完成不同的操作。

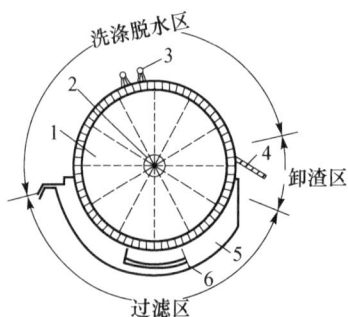

1. 转鼓；2. 分配头；3. 洗涤液喷嘴；4. 刮刀；5. 滤浆槽；6. 摆式搅拌器。

图 3-9　转筒真空过滤机构造

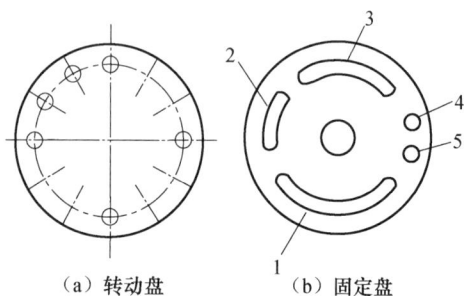

1、2. 与真空滤液罐相通的槽；3. 与真空洗涤液罐相通的槽；4、5. 与压缩空气管相通的圆孔。

图 3-10　分配头示意图

当转筒中的某一扇形格转入滤浆中时，与之相通的转动盘上的小孔也与固定盘上槽 1 相通，在真空状态下抽吸滤液，滤布外侧则形成滤饼；当转至与槽 2 相通时，该格的过滤面已离开滤浆槽，槽 2 的作用是将滤饼中的滤液进一步吸出；当转至与槽 3 相通时，该格上方有洗涤液喷淋在滤饼上，并由槽 3 抽吸至洗涤液罐。当转至与孔 4 相通时，压缩空气将由内向外吹松滤饼，迫使滤饼与滤布分离，随后由刮刀将滤饼刮下，刮刀与转筒表面的距离可调；当转至与孔 5 相通时，压缩空气吹落滤布上的颗粒，疏通滤布孔隙，使滤布再生。然后进入下一周期的操作。

连续转筒（鼓）真空过滤机

转筒真空过滤机滤饼层薄的为 3～6mm，厚的可达 100mm。转筒真空过滤机操作连续、自动，节省人力，生产能力强，能处理浓度变化大的悬浮液，在制碱、造纸、制糖、采矿等工业中均有应用。但是，转筒真空过滤机结构复杂，过滤面积不大，滤饼含液量较高（10%～30%），洗涤不充分，能耗高，不适宜处理高温悬浮液。

2. 转盘真空过滤机

图 3-11 所示为转盘真空过滤机示意图，它是由一组安装在水平转轴上并随轴旋转的滤盘（或转盘）所构成的。转盘真空过滤机及其转盘的结构和操作原理与转筒真空过滤机相似。盘的每个扇形格各有其出口管道通向中心轴，而当若干个盘联结在一起时，一个转盘的扇形格的出口与其他同相位角转盘相应的出口就形成连续通道。与转筒真空过滤机相似，这些连续通道也与分配头相连。转盘真空过滤机具有非常大的过滤面积，可以达到 $200m^2$，其单位过滤面积占地少，滤布更换方便，消耗少，能耗也较低。缺点是滤饼的洗涤不良，洗涤水与悬浮液易在滤槽中相混。

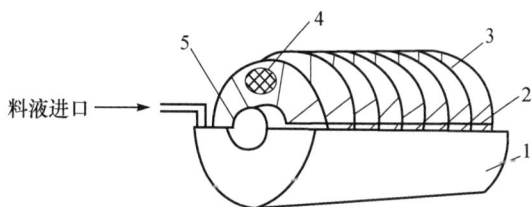

1. 料槽；2. 刮刀；3. 转盘；
4. 金属丝网；5. 分配头

图 3-11 转盘真空过滤机示意图

3. 袋式过滤器

袋式过滤器是利用有机纤维或无机纤维织物作为过滤布袋，将气体中的粉尘过滤出来的高效净化设备，已广泛应用于食品、化工、采矿等工业。

袋式过滤器的形式有多种，可以是压滤式，也可以是吸滤式。袋式过滤器可根据不同的特点进行分类。

（1）按滤袋形状可分圆袋和扁袋两种。圆袋结构简单，便于清灰及更换滤袋；扁袋结构较复杂，清灰及换袋困难。

（2）按含尘气流进入滤袋的方向可分为内滤式及外滤式。内滤式为含尘气流首先进入滤袋内部，由内向外过滤，粉尘沉积于滤袋内表面；外滤式为含尘气流自滤袋外部向内过滤，粉尘积于滤袋外表面。

（3）按进气位置可分为上进风、下进风及直流式三种：上进风为含尘气流由设备上部进入过滤器内,下进风为含尘气流自下部进入过滤器,而扁袋过滤器大都采用直流式。

（4）按过滤器内的压强可分为负压式和正压式：前者为风机置于过滤器之后,过滤器内呈负压状态将含尘气流吸入器内,而后者风机置于过滤器之前,过滤器内呈正压状态。

图 3-12 所示为各种形式袋式过滤器的结构示意图。含尘气体进入袋式过滤器并穿过支撑于骨架上的滤袋,洁净气体汇集从出口管排出,尘粒被截留于滤袋表面。清灰操作时,开启压缩空气以反吹系统,使尘粒落入灰斗。

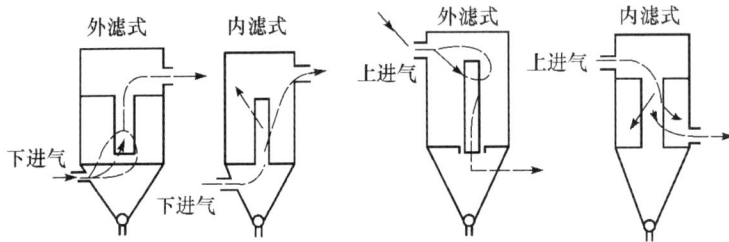

图 3-12　袋式过滤器结构示意图

图 3-13 所示为脉冲式袋滤器清灰时,由袋的上部输入压缩空气,通过文氏管喉部进入袋内。气流速度较高,清灰效果比较理想。

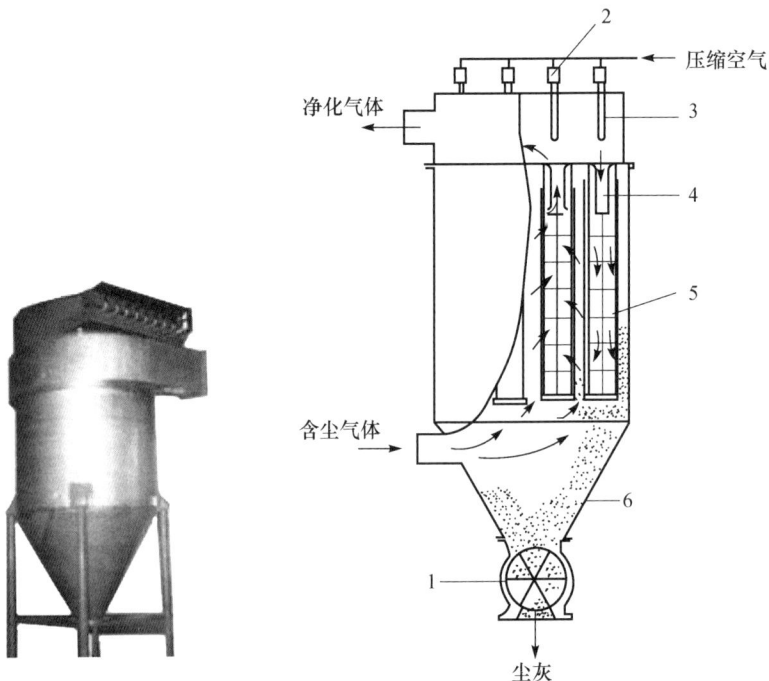

（a）外形图　　　　　　（b）结构及工作原理示意图

1.滤袋；2.电磁阀；3.喷嘴；4.自控器；5.骨架；6.灰斗。

图 3-13　脉冲式袋滤器

袋式过滤器的捕集性能通常很高,几乎在各种情况下捕集效率（分离效率）都可达到 99%，袋式过滤器可除去 1μm 以下的尘粒，常用作最后一级的除尘设备。

影响袋式过滤器捕集效率的主要因素有粉尘特性、滤材特性、粉尘层厚度、压降、过滤速度及清灰方式等。过滤过程实际上分成两个阶段，首先是含尘气体通过清洁滤材，此时起过滤作用的主要是纤维。其次，当滤材上捕集的粉尘不断增加时，一部分粉尘嵌入滤材内部，一部分附着在其表面形成粉尘层。在此阶段中，含尘气体的过滤主要是依靠粉尘层进行的，此时粉尘层起着比滤材更为重要的作用，并使捕集效率显著提高。

袋式过滤器的优点如下。

（1）捕集效率高，一般可达 99%以上。

（2）适应能力强，可以捕集不同性质的粉尘。

（3）使用灵活，处理量可由每小时数百立方米到每小时数十万立方米。

（4）结构简单，性能稳定，维修方便，造价较低。

袋式过滤器的主要缺点是：应用范围受过滤材料的耐温、耐腐蚀性等特性所限制，不适于黏附性强及吸湿性强的粉尘，气体温度不能低于露点温度，设备尺寸及占地面积较大。

3.4.3　离心式过滤设备

离心过滤机的主要部件是转鼓，转鼓上开有许多小孔，鼓内壁敷以滤布，将悬浮液加入鼓内并随之旋转，液体受离心力作用被甩出而固体颗粒被截留在鼓内。离心过滤也可分为间歇操作和连续操作两种，间歇操作又分为人工卸料和自动卸料两种。下面介绍几种常见的离心机。

1. 三足式离心机

三足式离心机（图 3-14）为一种常用的间歇式离心机，是最早出现的离心机。按滤渣卸除方式、卸料部位和控制方法的不同，有人工上卸料、吊袋上卸料、人工下卸料、刮刀下部卸料、自动刮刀下部卸料、上部抽吸卸料和密闭防爆等结构形式。

三足式离心机

三足式离心机的主要部件为一外口向上的篮式转鼓，整个机座和外罩借三根拉杆弹簧悬挂于三足支柱上，以减轻运转时的振动。

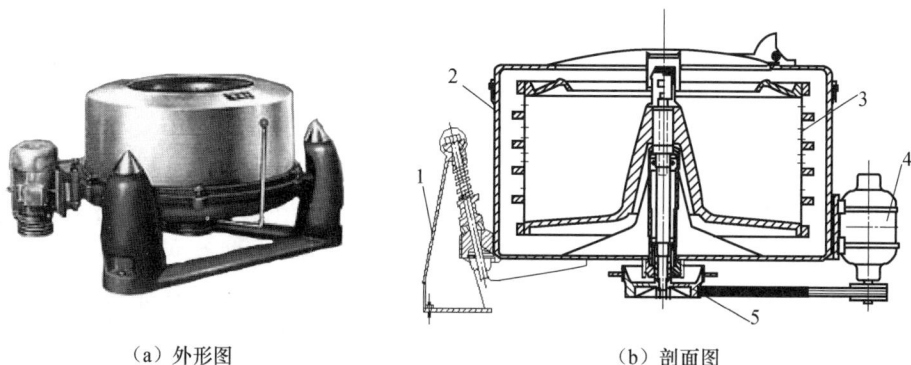

（a）外形图　　　　　　　　　　（b）剖面图

1. 支脚；2. 外壳；3. 转鼓；4. 电动机；5. 带轮。

图 3-14　三足式离心机

机盖打开后，浆料经加料管进入，机盖关闭后才能运转，从转鼓上的小孔甩出的液体集于机壳底部，用管子连续地引出。滤渣沉积于转鼓内壁，待一批料液过滤完毕，或转鼓内滤渣量达到设备允许的最大值时，可不再加料，并继续运转一段时间以沥干滤液或减少滤饼中的含液量。必要时也可进行洗涤，然后停车卸料，清洗设备。三足式离心过滤机的转鼓直径大多在 1m 左右，设备结构简单，运转周期可灵活掌握。多用于小批量物料的处理，颗粒破损较轻。缺点是卸料不方便，转动部件位于机座下部，检修不方便。

2. 刮刀卸料离心机

刮刀卸料离心机如图 3-15 所示，这种离心机的特点是在转鼓连续全速运转下，能自动进行加料、分离、洗涤、甩干、卸料、洗网等工序的操作，各工序的操作时间可在一定范围内根据实际需要进行调整，且全部自动控制。

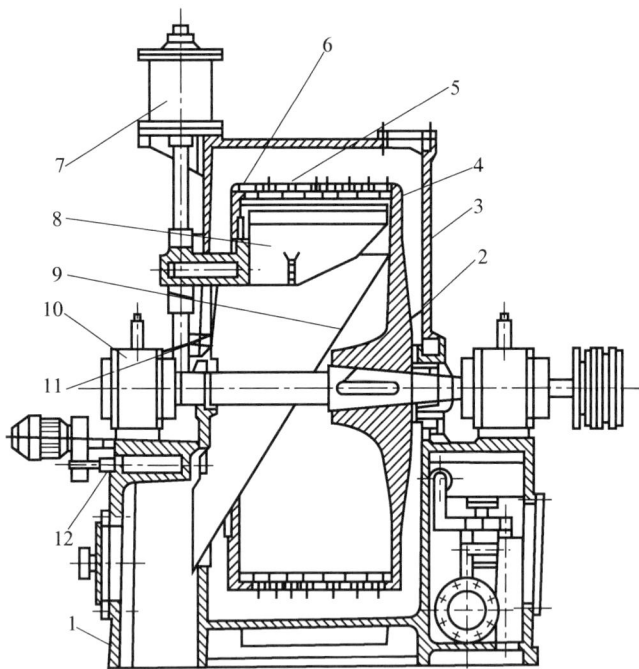

1.机座；2.轴；3.机壳；4.底板；5.转鼓；6.拦液板；
7.液压缸；8.刮刀；9.斜槽；10.轴承；11.加料管；12.振动器。

图 3-15　刮刀卸料离心机

操作时，进料阀定时开启，悬浮液经加料管进入，均匀地分布在全速运转的转鼓内壁；滤液经滤网和转鼓上的小孔被甩到鼓外，固体颗粒则被截留在鼓内；当滤饼达到一定厚度时，停止加料，进行洗涤、甩干；然后刮刀在液压传动系统推动下上移，将滤饼刮入卸料斗卸出；最后清洗转鼓和滤网，完成一个操作周期。

卧式刮刀卸料离心机的每一工作周期为 35～90s，连续运转，生产能力大，适用于大规模生产，但在刮刀卸料时，颗粒会有一定程度的破损。

3. 活塞往复式卸料离心机

活塞往复式卸料离心机如图 3-16 所示，它是一种自动卸料连续操作的离心机。加料、过滤、洗涤、沥干、卸料等操作同时在转鼓内的不同部位进行。

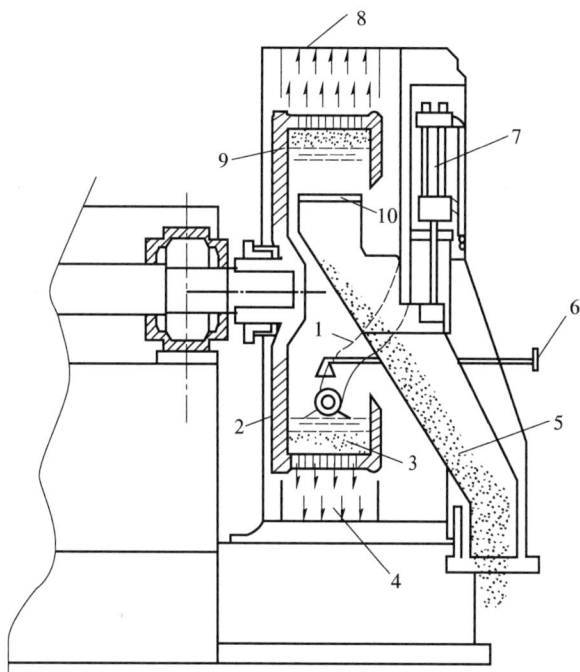

1. 转鼓；2. 滤网；3. 进料管；4. 进料斗；5. 固体排出口；6. 滤液出口；
7. 洗水出口；8. 滤饼；9. 活塞推送器；10. 冲洗管。

图 3-16 活塞往复式卸料离心机

操作时，料液由旋转的锥形料斗连续地进入转鼓底部（图 3-16 中左边），在一小段范围内进行过滤，转鼓底部有一个与转鼓一起旋转的推料盘，推料盘与料斗一起做往复运动（其冲程较短，约为转鼓全长的 1/10，往复次数约为 30 次/min），将底部得到的滤渣沿轴向逐步推至卸料口（图 3-16 中右边）卸出。滤饼在被推移过程中，可进行洗涤、沥干。

活塞往复式卸料离心机生产能力大，颗粒破损程度小，和卧式刮刀卸料离心机相比，控制系统较为简单，但对悬浮液的浓度较为敏感。若料浆太稀，则来不及过滤，料浆直接流出转鼓；若料浆太稠，则流动性差，使滤渣分布不均，引起转鼓振动。此种离心机常用于食盐、硫铵、尿素等生产中。

3.4.4 过滤设备的选用

过滤设备的选择主要根据被处理滤浆的性质、洗涤要求、固定费用和操作费用。

（1）对于固体含量高的滤浆，在生产规模较大的情况下选用转筒真空过滤机比较适合；如果生产规模不大，则选用板框压滤机较为有利。

（2）如果滤液量很大且要求洗涤水尽可能少用的情况下，最好选用转筒真空过滤机或叶滤机等。

（3）对固体颗粒非常细小的液体，宜采用流线式过滤机或用离心沉降方法过滤。

（4）对于连续大规模过滤，转筒真空过滤机是合适的设备；而小规模间歇过滤，使用压滤机最为方便。

（5）对于颗粒较少，但悬浮液量很大的情况，最好先采用沉降的方法对悬浮液进行增浓处理，再用板框压滤机等过滤设备处理。

3.5 压　榨

3.5.1 压榨操作及其应用

1. 压榨操作

压榨是通过机械压缩力将液相从液固两相混合物中分离出来的一种单元操作，在压榨过程中液相流出而固相截留在压榨面之间。

压榨与过滤都是分离液固混合物的操作，但过滤的滤浆呈流体状，而压榨的原料呈固体状。如果对过滤得到的滤饼继续加压，将滤饼中夹带的液体部分压出，则过滤操作转变为压榨操作。当然，对不可压缩滤饼不能通过过滤后的压榨来降低滤饼含液量，滤饼压缩性越显著，采用压榨操作越有意义。

压榨的基本原理是对物料施加压力使液体分离释出，释出的液体透过固态物料内部空隙流向自由边缘或表面。这是一个复杂的操作过程，主要表现为固体颗粒的集聚和半集聚过程，也涉及液体从固体中分离的过程。

2. 压榨操作的基本方法

压榨操作的基本方法有以下三种。

（1）利用两个平面，其中一个固定不动，另一个靠所施的压力而移动。置于两平面之间的物料一般需预先经过成型或以滤布包裹。该法可将多个压榨单元沿垂直方向组合，并共用一个排液设备，操作压力可以灵活控制。

（2）利用一个多孔的圆筒表面和另一个螺距逐渐减少的旋转螺旋面之间的空间进行压榨。圆筒表面沿全长适当钻孔，使液体能连续排出，螺距逐渐减小的作用在于使压缩物料进入容积逐渐缩小的空间。此操作易实现连续化。

（3）利用旋转辊子之间的空间进行压榨，有分别排出液体、固体的装置，辊子表面需要适当地刻出沟槽。

3. 压榨操作的应用

在油脂和食品的加工中，常利用压榨操作来获得产品。例如，从可可豆、椰子、花生、棕榈仁、大豆、菜籽等种子或果仁中榨取油脂；从苹果、柑橘、番茄等瓜果蔬菜中制取果蔬汁，都要采用压榨机进行压榨操作。

3.5.2 压榨操作基本工艺参数

1. 压榨出汁率

出汁率表示压榨过程固-液分离的效率,是压榨机的主要性能指标之一。

出汁率=榨出的汁液量/被压榨的物料量

出汁率除了与压榨机有关之外,还取决于物料性质和操作工艺等因素。压榨操作在所采用的温度和对物料施加压力的方法上大不相同。操作方法不仅要考虑有最大的产量和最低的榨饼残液量,而且要考虑固-液分离的效率。食品工业中常采用加热或酶处理方法改变组织结构以增加多孔性并控制所施加压力的大小。

2. 压榨速度

压榨速度是指液体从饼渣中榨出的速度,是压榨操作的一个重要参数。对于不同的物料,压榨速度变化很大。压榨过程是一项较为复杂的分离过程,目前,一般采用经验或半经验公式来计算压榨过程的分离速度和得率,但是这些经验公式的使用范围是非常有限的。

3. 压榨压力

压榨操作的主要影响因素为压榨压力,压榨压力的大小影响着出汁率。在压榨过程中对榨料施加压力时,榨料被压缩,榨汁逐渐从榨料中流出,榨料中固体颗粒之间的间隙越来越小。

当固体颗粒之间的间隙被压缩到零时,压缩到达极限,此时即使压力继续升高,压缩的效果也微乎其微。因此,榨料的压缩有一个限度,这个不可压缩开始点的压力,称为"极限压力",此时压榨压力和体积压缩达到了平衡,压榨操作结束。

3.5.3 压榨设备的选用

压榨设备有间歇式和连续式两类,间歇式压榨设备具有结构简单、安装费用低廉、操作维修方便等优点,在小规模或传统的生产过程中广泛使用。在大规模工业生产中,间歇式压榨设备已逐渐被连续式压榨设备取代,常用的榨汁机有以下几种。

1. 裹包榨汁机

裹包榨汁机的榨汁机理是将原料包于滤布内,然后对其施加机械压力,使游离细胞液排出,同时压裂部分细胞使细胞液排出,从而达到榨汁的目的。

裹包榨汁机是历史最悠久的榨汁机,有层叠式、木桶式、单工位、多工位等多种形式。裹包榨汁机结构简单、工作可靠、操作简便灵活。由于裹包榨汁机的单位面积压榨力高达 2.0MPa,因此可用于出汁困难的水果和蔬菜(如苹果、梨、生姜、芹菜等多纤维果蔬品种)的榨汁作业。

裹包榨汁机适用范围广,物料受压时间长,排汁面积较大,其出汁率在各种榨汁机中是最高的,但裹包榨汁机为间歇操作设备,装料、卸料都为人工作业,劳动生产率较低,且卫生条件差。裹包榨汁机结构简单,购置费用低,一般作为小型加工厂榨汁设备及实验室用设备。

2. 螺旋榨汁机

螺旋榨汁机是利用一个或两个合并为一体的机筒内旋转的变螺距螺杆来输送果糊，通过螺距、槽深变化和出口阻力调整，使机筒内的果糊在输送过程中受压，果汁通过机筒四周的细孔筛网排出来完成榨汁作业的。螺旋榨汁机在榨汁过程中对果糊有剪切、搓擦作用，可进一步对果糊起到破碎作用。图3-17所示为两种常见的螺旋榨汁机。

图 3-17　螺旋榨汁机　　　　　　　　　　　螺旋压榨机

螺旋压榨机是使用比较广泛的一种连续式压榨机，由榨笼、螺旋轴和出饼口等几部分组成（图 3-18）。螺旋压榨机具有结构简单、体积小、出汁率高和操作方便等特点，适用于压榨油菜籽、大豆、花生、棉籽、葵花籽、桐籽等。近年来随着压榨理论研究的进展，以及设备本身的革新，该设备的应用更加广泛，也可用于经过破碎后的葡萄、苹果、番茄、胡萝卜、梨等浆果和仁果类的压榨。

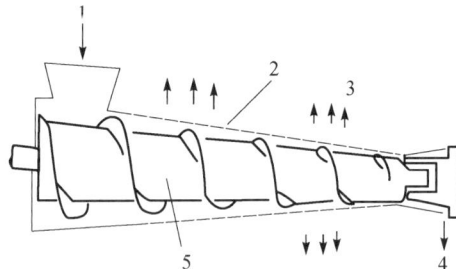

1.加料口；2.缝孔；3.液体出口；4.卸渣口；5.螺旋轴。

图 3-18　螺旋压榨机示意图

3. 带式榨汁机

带式榨汁机（图3-19）的工作机理是利用两条张紧的环状网带夹持果糊后绕过多级直径不等的榨辊，使绕于榨辊上的外层网带对夹于两带间的果糊产生压榨力，从而使果汁穿过网带排出，如图3-20所示。为了提高出汁率，可用浸提或辊压等方法与其配合。如采用普通的带压工艺，新鲜国光苹果的出汁率可达75%以上，采用浸提工艺出汁率可达85%以上。

（a）带压-浸提型　　　　　　（b）带压-辊压型

图 3-19 带式榨汁机

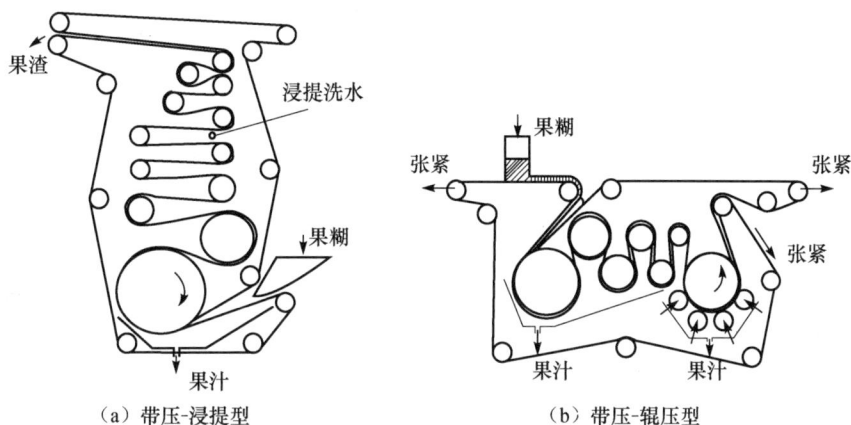

（a）带压-浸提型　　　　　　（b）带压-辊压型

图 3-20 带式榨汁机工作机理示意图

　　带式榨汁机具有结构简单、工作连续、生产率高、通用性好、造价适中等特点，是大型果汁加工厂常用的榨汁设备。带式榨汁机的主要缺点是榨汁作业开放进行，果汁易氧化褐变，卫生条件差；整个受压过程中，物料相对网带静止，排汁不畅；网带为聚酯单丝编织带，张紧时孔隙度较大，果汁中的果肉含量较高；网带孔隙易堵，需随时用高压水冲洗；果胶含量高及流动性强的物料易造成侧漏，布料宽度较窄，生产率较低；浸提压榨工艺得到的产品的固形物含量较低，后期浓缩负担加重。

　　4. 双锥盘榨汁机

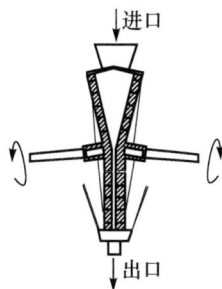

　　如图 3-21 所示，双锥盘榨汁机的工作机理是利用两个母线重合的伞状锥体的啮合滚动，使进入啮合区域的果糊受压，果汁通过伞状锥体表面的滤孔排出。双锥盘榨汁机可对果糊产生很高的压榨力，但压榨时作用时间短，对浆状物料的夹持性能差，排汁面积相对较小，排汁孔大，因此适用于高纤维、质硬原料，如生姜、芹菜等的压榨。

图 3-21 双锥盘榨汁
机结构示意图

5. 液力通用榨汁机

液力通用榨汁机的工作机理是将果糊打入一圆形筒内，筒内布置有多根包裹滤网的滤排汁芯，压榨活塞推压筒内的果糊，使果汁通过埋于果糊内的滤芯中的通道排出筒外。图 3-22（a）所示为液力通用榨汁机结构，图 3-22（b）所示为液力通用榨汁机的滤芯。

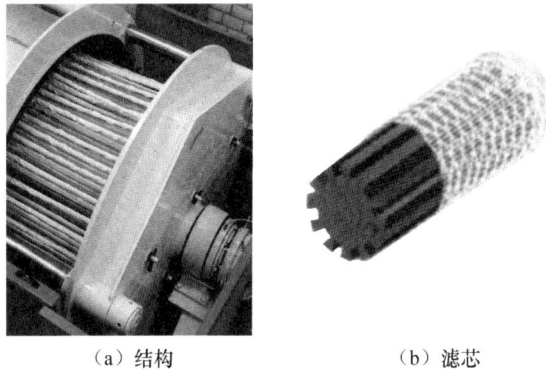

（a）结构   （b）滤芯

图 3-22　液力通用榨汁机

液力通用榨汁机是目前最先进的一种榨汁设备，生产率高，虽然是间歇操作，但可编制完备的压榨程序实现完全自动化连续生产。另外，液力通用榨汁机密闭进行作业，如有特殊要求，还可在筒内充氮，果汁氧化程度轻。

液力通用榨汁机压榨过程柔和缓慢，可进行多次松渣，排汁彻底。压榨新鲜国光苹果时采用常规压榨工艺即可使出汁率达到 80%以上，如对原料进行酶解，则国光苹果出汁率可达 92%，杏等核果的出汁率可达 90%。另外，由于滤排汁芯外套的针织多丝滤网较厚密，且压榨过程孔隙不会变稀，因此果汁中果肉含量低，是目前果汁加工厂的首选机型。

液力通用榨汁机造价较高，控制要求较高，压榨工艺复杂，但由于其出汁率高和产品品质高，使产品产出率高、产品售价高、企业经济效益高，故成为企业公认的性价比较高的先进设备。

6. 气囊式通用榨汁机

气囊式通用榨汁机常用于葡萄榨汁，故又称葡萄榨汁机。气囊式通用榨汁机的工作机理是将果糊打入封闭圆筒内，然后给圆筒内的气囊充入压缩空气，气囊充气膨胀后挤压果糊，使果汁排出。果汁通过埋于果糊中的排汁滤绳和筒壁的排汁通道排出筒外。

气囊式通用榨汁机的使用特点与液力通用榨汁机相近，但气囊式通用榨汁机的结构相对简单，造价略低。由于气囊式通用榨汁机的排汁性能较液力通用榨汁机要差，因此，一般用于果胶含量较低、排汁容易、所需压榨力较低的果蔬品种，如葡萄的榨汁作业。

7. 爪杯式榨汁机

爪杯式榨汁机（图 3-23）属整榨型榨汁机，是一种专用榨汁机，用于柑、橘、橙的榨汁作业。压榨方式与上述几种榨汁机有很大的差别，属于整体压榨，原料不破碎。压榨对象为各个原料单体，压榨一般与果汁以外成分的回收同步进行。

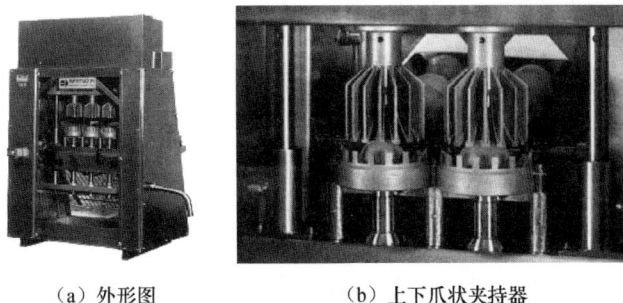

（a）外形图　　　　　　（b）上下爪状夹持器

图 3-23　爪杯式榨汁机

爪杯式榨汁机的工作机理是将球状原料放入压榨工位，上下爪状夹持器包围、挤紧原料，同时一滤排汁管插入原料内，随着上下爪状夹持器挤压原料，果汁通过滤排汁管排出。

爪杯式榨汁机经过几十年的发展、完善，目前主要机型为 FMC 型橘汁提取器。FMC 型橘汁提取器采用了先进的柑、橘、橙的榨汁作业原理，开发研制了可靠的工作部件，使这种榨汁机的工作性能近于完美。

8. 压板式榨汁机

压板式榨汁机中配置一个工作时旋转的圆柱形机筒，机筒壁上开有长缝方便汁液透过，机筒轴心装有一双向丝杠，丝杠的转动带动机筒两端的圆形压板相向移动。压榨时，物料用泵泵入机筒内，压板由两端向中间移动挤压机筒内的物料，汁液通过机筒壁上的长缝排出，压榨结束后渣从机筒中部的开口排出。

压板式榨汁机的压榨力较小，汁液的透过面积较小。因此，压板式榨汁机仅可用于经过充分破碎的多汁、低果胶含量物料的压榨，生产中主要用于干红葡萄酒生产中带皮发酵后的皮酒分离。

9. 辊式压榨机

辊式压榨机是将机械碎解作用力与压榨压力结合起来进行压榨的压榨机，常用在制糖工业的甘蔗榨汁上。它有竖立式和横卧式两种类型，以后者最为常见。横卧式压榨机有双辊、三辊、四辊和六辊等多种，以三辊压榨机最为普遍。在制糖工业中，常将 4～6 台辊式压榨机排成一列，压榨机之间由裙式输送带传送压榨过的糖渣层，甘蔗先被榨干，在后面几道压榨工序中又加入水或稀糖液以提高糖的回收率，这一过程相当于甘蔗辊榨与浸提的结合。

思考题

1. 简述过滤介质的作用、要求及选择方法。

2. 什么叫助滤剂？有何要求？常见的使用方法有哪几种？

3. 饼层过滤和深床过滤有什么不同？

4. 过滤一定要使用助滤剂吗？为什么？

5. 过滤操作的推动力是什么？根据推动力来源不同，过滤操作可分为哪几类？

6. 简述过滤操作的基本程序。

7. 图示说明板框压滤机的组成、结构、工作原理、操作要点及有关注意事项。

8. 如何结合生产实际选择过滤设备？

9. 工业生产中，提高过滤速度的方法有哪些？

10. 影响过滤速度的因素有哪些？过滤操作中如何利用好这些影响因素？

11. 简述转筒真空过滤机的工作过程。

12. 什么是离心分离？离心分离有哪些类型？如何选择离心分离方法？

13. 试比较离心过滤与离心沉降的异同点。

14. 如何提高离心分离因数？

15. 简述离心机的分类，并举例说明离心机的工作原理。

16. 如何根据生产任务合理选择非均相物系的分离方法？

17. 压榨的方法有哪几种？各有何特点？

18. 什么是压榨压力、压榨平衡？

19. 怎样计算压榨速度？

第4章

膜分离技术

学习目标

了解：膜分离技术在工业中的应用；膜材料的种类；膜组件的种类及其基本构造。

理解：膜分离技术的特点；常用膜分离技术的基本原理；各种超滤、反渗透流程的特点。

掌握：超滤、反渗透流程的确定；超滤、反渗透的操作与膜的清洗方法。

4.1 膜分离技术及其应用

4.1.1 膜分离技术概述

膜分离技术是一种借助于膜的选择性透过作用，实现混合物分离的方法。由于膜分离一般在常温或温度不太高的条件下操作，既节约能耗，又适用于热敏性物料的处理，因而在食品、医药和生物制品工业中备受欢迎。

膜分离技术

1. 膜分离技术的种类

滤膜是膜分离技术和设备的核心元件，膜可以是固相、液相或气相。工业中使用最多的是固相膜。按固相膜的不同，膜分离技术主要可分为微滤（MF）、超滤（UF）、纳米过滤（NF）、反渗透（RO）、电渗析（ED）等。

1) 微滤

当过滤分离的粒子直径为 10^{-7}m 数量级时，称为微滤，是较早应用的膜分离技术之一。同一般过滤一样，它可以分为表面型和深层型两类。鉴于微孔滤膜的分离特征，微孔滤膜的应用范围主要是从气相和液相中截留微粒、细菌及其他污染物，以达到净化、分离、浓缩的目的。具体涉及领域有医药工业、食品工业（明胶、葡萄酒、白酒、果汁、牛奶等）、高纯水、城市污水、工业废水、饮用水、生物技术、生物发酵等。

2) 超滤

当孔径进一步减小至 $10^{-9}\sim10^{-7}$m 数量级时，称为超滤。超滤膜分离技术的原理就是利用一个只能留下大分子物质而只允许水分子和其他一些小分子物质通过的膜，对各类分子进行分离的过程。

超滤膜是介于微滤膜和纳米过滤膜之间的一种膜，它是利用筛分原理对有机物进行截留分离的。由于分离尺寸太小，实际中不再用粒径或孔径来表征其分离性能，而是用"截留分子量"（MWCO）。一般超滤膜的 MWCO 为 1000～100 000。超滤的推动力也是压差。超滤所用的膜材料与微滤大体相同，适用于大分子物质与小分子物质及 DNA、病毒、蛋白质等的分离、浓缩和纯化过程。

超滤技术最初主要应用于工业废水和污水处理。目前，随着技术的发展，超滤已经涉及食品加工、饮料工业、医药工业、生物制剂、中药制剂、临床医学、印染废水处理、食品工业废水处理、资源回收、环境工程等众多领域。

3）纳米过滤

纳米过滤简称纳滤，顾名思义，是指具有"纳米级孔"的膜。一般认为纳滤用于分离比超滤更小的粒子或分子，其推动力也是压差。这是一项较新的技术，一般用于较小的分子之间的分离，介于超滤和反渗透之间，MWCO 为 200～1000。

4）反渗透

渗透是水从稀溶液一侧通过半透膜向浓溶液一侧自发流动的过程。半透膜只允许水通过，而阻止溶解固形物（盐）的通过，如图 4-1（a）所示。浓溶液随着水的不断流入而不断稀释，当水向浓溶液流动而产生的压力足够用来阻止水继续净流入时，渗透处于平衡状态。此时，半透膜两侧的压力差即为渗透压，如图 4-1（b）所示。当在浓溶液上施加压力，且该压力大于渗透压时，浓溶液中的水就会克服渗透压而通过半透膜流向稀溶液，使得浓溶液的浓度更大，这一过程就是渗透的相反过程，称为反渗透，如图 4-1（c）所示。

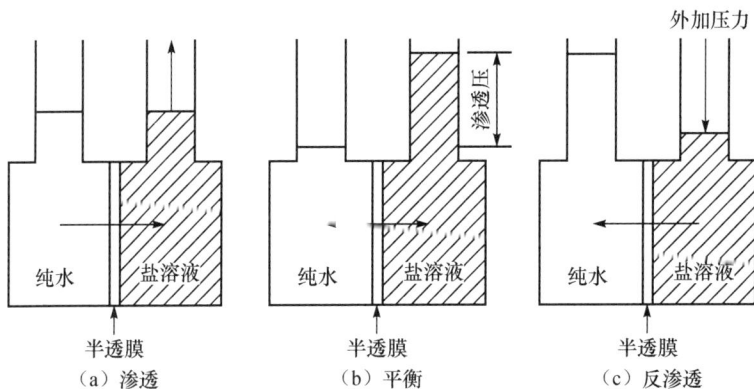

图 4-1　渗透与反渗透示意图

反渗透膜分离技术是一种类似于超滤的膜分离技术，只是反渗透膜所用的膜更加致密，在膜的两侧施加一个超过渗透压的压力差，水就会透过膜而达到浓缩的目的。由于反渗透膜分离技术具有先进、高效和节能的特点，在国民经济各个部门都得到了广泛的应用，主要应用于水处理和热敏感性物质的浓缩。

5）电渗析

电渗析技术的关键部分也是膜，但其推动力不是压力差而是电位差。它利用离子交换膜对离子的选择性透过的特性，在电场作用下使离子做定向移动达到分离的目的。

由于电荷有正、负两种，因此离子交换膜也有两种。只允许阳离子通过的膜称为阳离子交换膜，简称阳膜；只允许阴离子通过的膜称为阴离子交换膜，简称阴膜。如图 4-2 所示，由于正、负两种离子在电场中的定向运动和离子交换膜对离子的选择性透过，使得 1、2、3、4、5 等空间分别成为淡化室、浓缩室、淡化室、浓缩室、淡化室，从淡化室和浓缩室引出的溶液分别是淡化液和浓缩液。

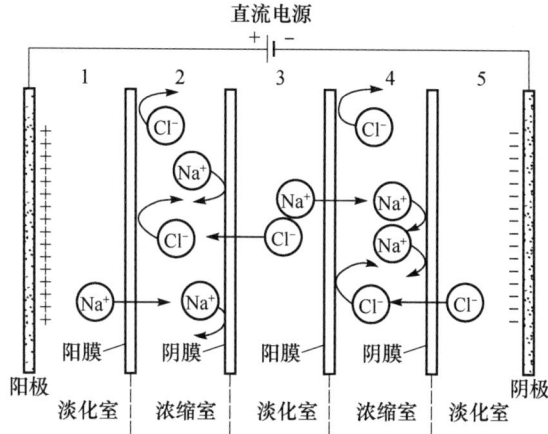

图 4-2　电渗析示意图

2. 膜分离技术的基本特征

膜分离技术以其节能效果显著、设备简单、操作方便、容易控制而受到广大用户的普遍欢迎。选择适当的膜分离技术，可替代鼓式真空过滤、板框压滤、离子交换、离心分离、溶媒抽提、静电除尘、袋式过滤、吸附-再生、絮凝-共聚、倾析-沉淀、蒸发、结晶等多种传统的分离与过滤方法。常用膜分离技术的基本特征，如表 4-1 所示。

表 4-1　常用膜分离技术的基本特征

膜分离技术	分离目的	截留组分	透过组分在料液中的含量	推动力	膜类型	进料和透过物的物态
微滤	溶液脱粒子、气体脱粒子	0.02～10μm 粒子	大量溶剂及少量溶质	压力差	多孔膜和非对称膜	液体或气体
超滤或纳滤	溶液脱大分子、大分子溶液脱小分子、大分子分级	1～20nm 大分子溶质	大量溶剂和少量小分子溶质	压力差	非对称膜	液体
反渗透	溶剂脱溶质、含小分子溶质溶液浓缩、脱盐	0.1～1nm 小分子溶质电解质	溶剂	压力差	非对称膜或复合膜	液体
电渗析	脱盐	电解质	少量电解质	电位差	离子膜	液体

3. 膜分离技术的优越性

膜分离过程是一个高效、环保的分离过程，它是多学科交叉的高新技术，在物理、化学和生物性质上可呈现出多种多样的特性，具有较多的优势。与传统的分离技术，如蒸馏、吸附、吸收、萃取、深冷分离等相比，膜分离技术具有以下优越性。

（1）高效。它可以做到将分子量为几千甚至几百的物质进行分离（相应的颗粒大小为纳米级）。

（2）节能。大多数膜分离过程都不发生相的变化，而相的变化的潜热是很大的，所以较节能。传统的冷冻、萃取和闪蒸等分离过程发生相的变化，通常能耗比较高。

（3）操作条件温和。多数膜分离过程的工作温度在室温附近，因而膜本身对热过敏物质的处理具有独特的优势。目前，尤其是在食品加工、医药工业、生物技术等领域有其独特的推广应用价值。

（4）操作方便。膜设备本身没有运动的部件，工作温度又在室温附近，所以不需经常维护，可靠度很高。它操作十分简便，从设备开启到得到产品的时间很短，可以在频繁地启、停下工作，相比传统工艺可显著缩短生产周期。

（5）操作连续化。膜分离过程容易实现连续化操作，符合工业化大生产的实际需要。

（6）使用灵活。膜设备的规模和处理能力可变，易于工业逐级放大推广应用。膜分离装置可以直接插入已有的生产工艺中，易与其他分离过程结合，方便进行原有工艺改进和上下工艺整合。

（7）环保。膜分离是纯物理过程，不会发生任何化学变化，更不需要外加任何物质，如助滤剂、化学试剂等。另外，膜分离设备的制作材质清洁、环保，工作现场清洁、卫生，符合国家产业政策。

4.1.2 膜分离在食品工业中的应用实例

1. 海水淡化

海水淡化主要是除去水中所含的无机盐，常用的方法有离子交换法、蒸馏法和膜分离法（反渗透、电渗析）等。其中，膜分离法海水淡化技术有投资费用少、能耗低、占地面积少、建造周期短、易于自动控制、运行简单等优点，已成为海水淡化的主要方法。图 4-3 所示为 $800m^3/d$ 二级反渗透海水淡化工艺流程。

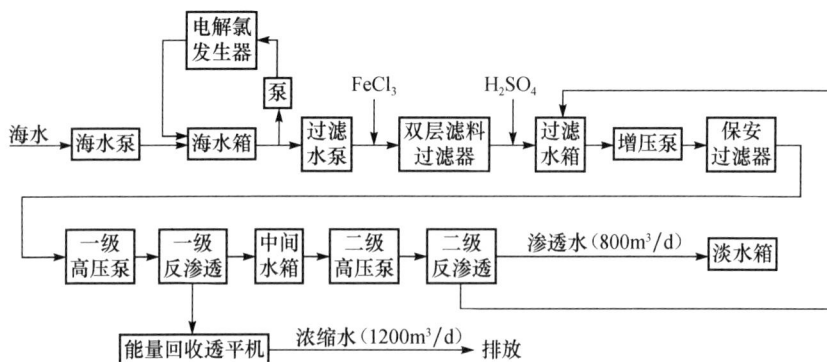

图 4-3　二级反渗透海水淡化工艺流程

2. 果汁浓缩

使用多级真空蒸发的方法进行果汁浓缩，易使芳香物质挥发而导致果汁风味变差、色泽改变和"蒸煮味"的产生,能耗也高。采用反渗透法浓缩果汁能够较好地保存果汁的风味和营养成分,能耗较低。用反渗透法浓缩果汁时,浓缩倍数取决于分离压力,而分离设备的压力承受能力有限,通常只能将果汁浓缩 2~5 倍。膜分离技术与冷冻浓缩相结合能够综合两种工艺之长,避免冷冻浓缩时果汁的损失。

如图 4-4 所示,果蔬原汁首先被冷却到冻结温度,然后喷射到蒸发制冷器的真空室中,在蒸发的同时形成大量微小的冰晶,含冰浓缩液经多级的横向流动膜过滤,去除冰晶,得到浓度达 45% 的浓缩汁,冰晶上吸附的果蔬汁用反渗透装置回收。

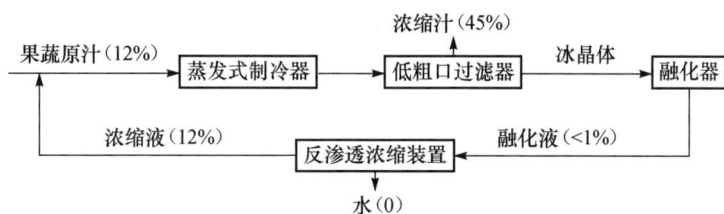

图 4-4 冷冻浓缩-反渗透联合浓缩示意图

对于黏度较高的果蔬汁,采用反渗透技术与真空蒸发相结合的方法更为合适。先用反渗透除去大部分水分,然后再用真空蒸发将果蔬汁浓缩到更高浓度,这样不但降低了蒸发成本,风味成分也得到有效保留。

3. 乳清加工

乳清中的乳清蛋白、大豆低聚糖和盐类,排放到自然水体中会造成污染,回收利用则将其变废为宝。在乳清蛋白的回收中,最为普遍采用的工艺是利用超滤对乳清进行浓缩分离,通过超滤分离可以获得蛋白质含量在 35%~85% 的乳清蛋白粉。

此外,引入超滤和反渗透组合技术,可以在浓缩乳清蛋白的同时,从膜的透过液中除去乳糖和盐类。目前,采用超滤与反渗透组合技术回收乳清蛋白的方法已成为回收乳清蛋白的标准技术,其工艺流程如图 4-5 所示。如果在超滤的最后阶段向高蛋白的浓缩物中加水,还可以将其中的乳糖和盐类脱除,以获得高纯度乳清蛋白浓缩物。

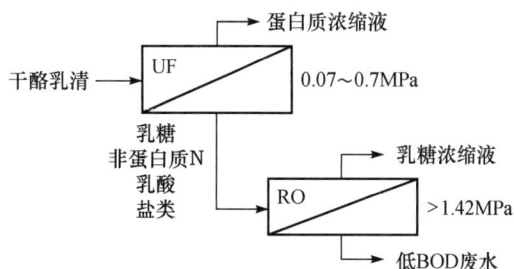

图 4-5 超滤-反渗透回收乳清蛋白的工艺流程

4.2 膜分离设备的选用

4.2.1 分离用膜的类型及其性能

膜分离技术的基础是具有分离性能的膜,广义的膜是两相之间的不连续区间,这个区间用以区别相界面。这个区间的厚度与长度和宽度相比要小得多。

1. 膜材料

膜材料需要有良好的成膜性和物化稳定性，要耐化学腐蚀和微生物侵蚀。反渗透、超滤、微滤用膜应有良好的亲水性，以具有高水通量和抗污染能力。电渗析用膜应有较强的耐酸、耐碱能力和热稳定性。工业上应用最多的是固相膜，占99%以上，主要有以下类型。

1）有机材料

一般是高分子聚合物，如醋酸纤维素、芳香族酰胺、聚四氟乙烯、聚砜、聚丙烯等材料制成的膜。

醋酸纤维素是应用较早的一类膜材料。它的特点有：滤液通量、截留率高；原料来源丰富，价格低廉；是一种生物可降解材料；耐 pH 值范围为 2～8；不耐高温，最好在 30℃以下使用，不利于提高通量；易被细菌和酶降解，耐氯性也不强，长时间作用只能耐 1mg/L 的游离氯；长时间施压会使膜结构变得紧密而通量下降。

除了醋酸纤维素外，其他纤维素衍生物也是常用的膜材料，它们的性能大体相似。为了克服纤维素类材料的缺点，人们尝试了其他类型的有机高分子聚合物，聚砜就是其中的一种。聚砜膜的特点：滤液流量高，截留性能好；耐 pH 值范围较宽，为 1～13；耐温性能较好，能在 75℃下使用；耐氯性强，短时间作用能耐 200mg/L 的游离氯，长时间作用能耐 50mg/L 的游离氯；耐压性能较差，一般不高于 0.17MPa。

2）无机材料

无机膜是一类较新型的膜，有特种钢、玻璃、碳、陶瓷四大类，其中以陶瓷膜的应用最广，碳膜次之，特种钢膜多用于微滤。常用的陶瓷材料有氧化硅、氧化铝、氧化锆等。

与有机膜相比，无机膜具有一些突出的优点：化学稳定性好，能耐强酸、强碱、化学溶剂和强氧化剂；热稳定性好，能在高温下长时间操作；机械强度高，使用寿命长。近年来新型的高性能无机膜材料的研制已经成为膜材料领域的热点。

2. 膜的种类

膜的种类很多，很难用一种方法进行分类。最常用的方法是按结构分类，其次是按作用机理。按膜的结构与作用特点可将分离用膜分为以下几类。

1）均匀膜

均匀膜也称致密膜、均质膜，是一层均匀的致密薄膜，无多孔性结构，类似于一团纤维。物质依靠分子扩散通过薄膜，由于膜较厚，扩散阻力大，渗透流率（通量）一般较低，目前已经很少在工业上应用。因此，目前均质膜用于微滤和超滤已较少见，而多用于其他膜分离过程如气体分离、渗透气化、电渗析等。离子交换膜和液膜也属于致密膜。

2）微孔膜

微孔膜具有多孔性结构，又称多孔膜，平均孔径为 0.05～20μm，膜内的孔形成通道，孔形成的通道可以是倾斜或弯曲的，从而形成类似于滤布的过滤介质。工业上多用作微滤膜或复合膜的支撑层。

微孔膜有两种类型：多孔膜和核孔膜。多孔膜呈海绵状，孔径范围宽，孔道曲折，目前应用较多。核孔膜是用均匀膜经过特殊处理制得，孔径均匀且为圆柱形直孔，开孔率低，应用较少。

3）不对称膜

不对称膜是目前应用较广的一类膜。它由两层不同结构的薄层——致密的表皮层和疏松多孔的支撑层组成，表皮层厚度为 0.1～0.5μm，支撑层厚度为 50～150μm。支撑层由于孔径比表皮层大得多，故其本身无分离作用，对滤液流动的阻力也很小，一般可忽略不计，它决定膜的机械强度。真正起分离作用的是表皮层，由于它很薄，阻力较小，有助于增加滤液的流量。不对称膜具有通量高、机械强度好的优点，在同样的压差下，其通量可比同样厚度的对称膜高 10～100 倍，是目前广泛应用的一种膜。

4）复合膜

复合膜原则上属于不对称膜，但多数人将它单独列为一类。它与不对称膜的区别在于：不对称膜的表皮层和支撑层是用同一种材料制成的，而复合膜的表皮层和支撑层则是用不同材料制成的。复合膜的优点是表皮层可选择的材料种类多，因此是应用范围最广的膜。均匀膜、不对称膜和复合膜的比较如图 4-6 所示。

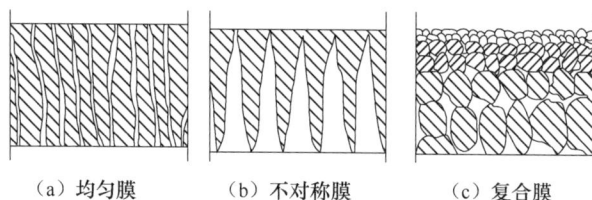

（a）均匀膜　　　（b）不对称膜　　　（c）复合膜

图 4-6　均匀膜、不对称膜和复合膜的比较

5）离子交换膜

离子交换膜是一种由高分子材料制成，对离子具有选择透过性能的薄膜。适用于电渗析、渗析、膜电解等过程，有阴离子交换膜和阳离子交换膜两类。

3. 膜的性能参数

膜的性能参数有化学稳定性，包括耐酸、碱、化学溶剂的性能及与其他化学物质的相容性；耐热性；机械强度；耐生物降解的性能。此外，对各种特定用途的膜，还应当测定其分离性能。

表示微滤膜分离性能的指标有两项：一是溶质截留率，即被分离的粒子被截留的百分数；二是滤液通量，即单位膜面积上的滤液体积流量。具体的指标包括：孔径、孔径分布、孔隙率和水通量。其中水通量是用纯水在 25℃、100kPa 压差下做试验，测得的滤液通量。若操作条件不是 25℃ 和 100kPa，则应进行换算。换算时假设水通量与压差成正比，与水的黏度成反比。

超滤膜分离性能的表示与微滤膜相似，但改用截留分子量表征膜的分离性能。将一系列球形分子配成溶液后做试验，把能够被截留 90%～95% 的分子的分子量作为截留分子量。

表示反渗透膜性能的指标如下。

（1）纯水渗透系数：即单位时间、单位面积、单位压差下纯水的通量，相当于微滤和超滤中的水通量，测定方法虽相同，但压差大得多。

（2）溶质渗透系数：即膜两侧无流动时溶质的渗透性。

（3）反应系数：为膜两侧无流动时，一侧渗透压与另一侧外压之比，它表示膜的完好程度。

（4）脱盐率：为盐被脱除的百分率，也是表征膜的完好程度的参数，相当于微滤膜和超滤膜的截留率。

表示离子膜性能的指标包括含水率、交换容量、膜电阻和膜电位等。

4.2.2 膜分离设备的类型及其选用

膜分离设备的核心部分是膜组件，目前工业上应用的膜组件主要有平板式、管式、螺旋卷式和中空纤维式四种。

1. 膜分离设备的类型

1）平板式膜组件

图4-7所示是平板式膜组件构造示意图（RO型）。平板式膜是开发研究和工业应用较早的一类膜，膜组件内装有多孔支撑平板，板的表面覆以固体膜，再将平板以适当的方式组合叠装在一起，形成类似于板框压滤机的结构，即为平板式膜组件。料液进入容器后沿膜表面逐层横向流过，穿过膜的渗透液在多孔板中流动并从板端部流出，浓缩液流经许多平板膜后流出容器。

图4-7 平板式膜组件构造示意图（RO型）

图4-8所示是紧螺栓式平板式反渗透膜组件。相比之下，这种膜组件在结构上更接近于板框压滤机。

平板式膜组件的特点：每两片膜之间的渗透物是被单独引出的，可以分别观察各板上渗透物的流动情况，并取样分析，必要时可以通过关闭个别膜组件来消除操作故障，以免使整个装置停止运转；剪切速度高，流动边界层薄；膜的更换和清洗均较容易，对堵塞不很敏感；装填密度高于管式膜组件，但不算很高，低于$400m^2/m^3$；流体流动的转折较多，阻力损失较大。

2）管式膜组件

取一根多孔不锈钢管或用玻璃钢纤维增强的塑料管，在其表面（内、外表面均可）涂膜，即为管式膜，管的直径为6~24mm 不等。如果膜在管的内壁，就称为内压式膜，加压料液从管内流过，透过膜的渗透液在管外侧被收集，如图 4-9（a）所示；如果膜在管的外壁，就称为外压式膜，流体的流向与内压式相反。国外的管式膜组件多用内压式。为了提高装填密度，可将许多根管并联装在一套筒中，成为一个管束式的管式膜组件。

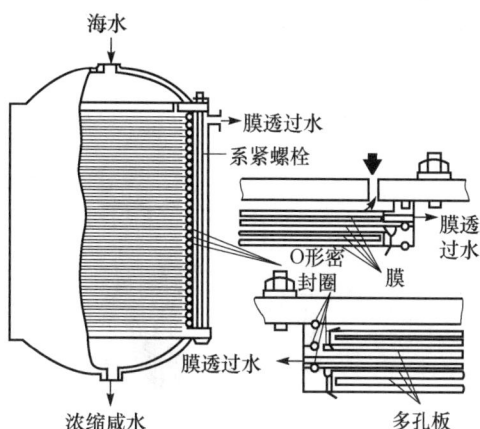

图 4-8　紧螺栓式平板式反渗透膜组件

如图 4-9（b）所示，内压管束式的管式膜组件的结构类似于管壳式换热器，其结构主要是把膜和多孔支撑体均制成管状，将两者装在一起，管状膜可以在管内侧，也可在管外侧，再将一定数量的这种膜管以一定方式联成一体。

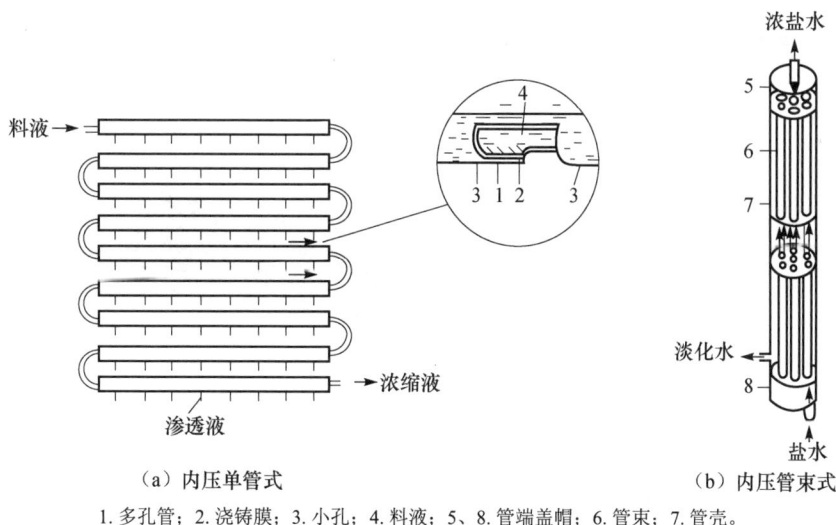

（a）内压单管式　　　　　　　　　　　　（b）内压管束式

1. 多孔管；2. 浇铸膜；3. 小孔；4. 料液；5、8. 管端盖帽；6. 管束；7. 管壳。

图 4-9　管式膜组件（内压式）示意图

管式膜组件的优点是原料液流动状态好，流速易控制；膜容易清洗和更换；能够处理含有悬浮物的、黏度高的，或者能够析出固体等易堵塞液体通道的料液。它的缺点是设备投资和操作费用高，单位体积的过滤面积较小。

3）螺旋卷式膜组件

螺旋卷式膜组件是目前应用最广的膜组件，其结构原理类似于螺旋板式换热器。在两张平板膜中间用支撑材料或间隔材料隔开，密封其中三个边，使之成为信封状的膜袋，膜袋口与一根多孔的渗透液收集管（中心管）连接，在膜袋外再叠合一层间隔材料，然后将膜袋和间隔材料一起缠绕在收集管上成为一支螺旋卷式膜，装入圆筒形压力容器内，就成了一个螺旋卷式膜组件。原料液从端面进入，沿轴向流过组件，滤液则按螺旋形流入收集管，整体结构如图 4-10 所示。

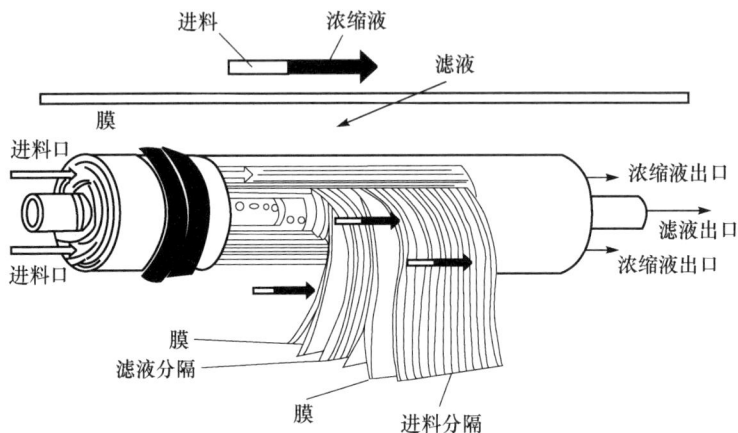

图 4-10　螺旋卷式膜组件示意图

为了提高装填密度，一个螺旋卷式膜组件中的圆筒形压力容器内可装入多个螺旋卷式膜，如图 4-11 所示。

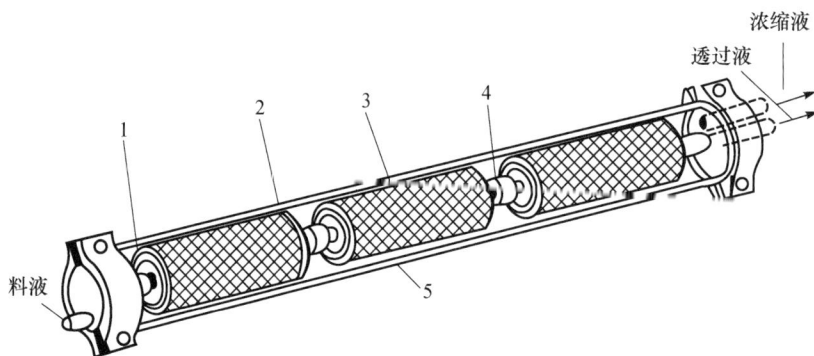

1.端盖；2.密封圈；3.螺旋卷式膜；4.连接器；5.耐压容器。

图 4-11　螺旋卷式膜组件装配示意图

螺旋卷式膜组件是一种较新的组件。最初它是为反渗透开发的，后来也应用于超滤和气体渗透。螺旋卷式膜组件的优点是结构简单紧凑，单位体积内的有效膜面积大，透液量大，能耗较低，设备费用低。缺点是易堵塞，不易清洗，也不能部分更换膜，膜组件的制作工艺和技术复杂，不宜在高压下操作。

螺旋卷式膜组件的进料浓度对组件的操作有影响，浓度较高时可采用预过滤或较厚的间隔材料，以增加流道高度，促进湍流。流速对回收率（截留率）和通量都有影响。以聚砜膜为例，当流速较小，如小于 0.02m/s 时，膜的去除率随流速的增加而提高。流速大于 0.04m/s 时，对去除率影响不大。通量随温度的上升而增加，一般温度每上升 1℃，通量增加 1%，但温度一般不宜超过 40℃。

4）中空纤维式膜组件

管式膜组件的缺点是单位体积的膜面积比较小，改善的途径是尽量减小管的直径，由此产生了中空纤维式膜组件。中空纤维式膜是一种极细的厚管壁空心管，其外径为 50～200μm，内径为 25～45μm。可以把它看成直径很细的管式膜。

中空纤维式膜具有较高的强度，不需要支撑材料就可以承受很高的压力。中空纤维式膜组件的结构原理与管式膜组件类似，也分为内压式和外压式两种，如图 4-12 所示。一般外压式所能承受的压力更大一些，将大量的中空纤维式膜安装在一个管状容器内，两端头的密封采用环氧树脂固封。图 4-13 所示为中空纤维式反渗透膜组件示意图。

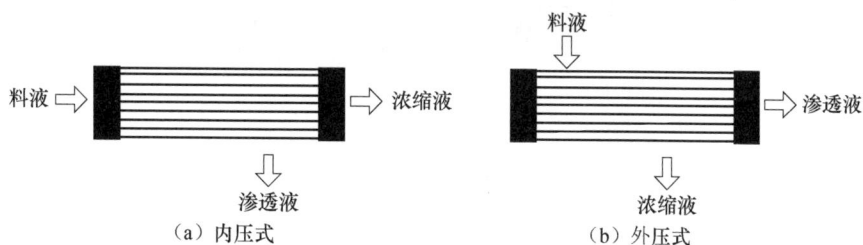

图 4-12　中空纤维式膜组件示意图

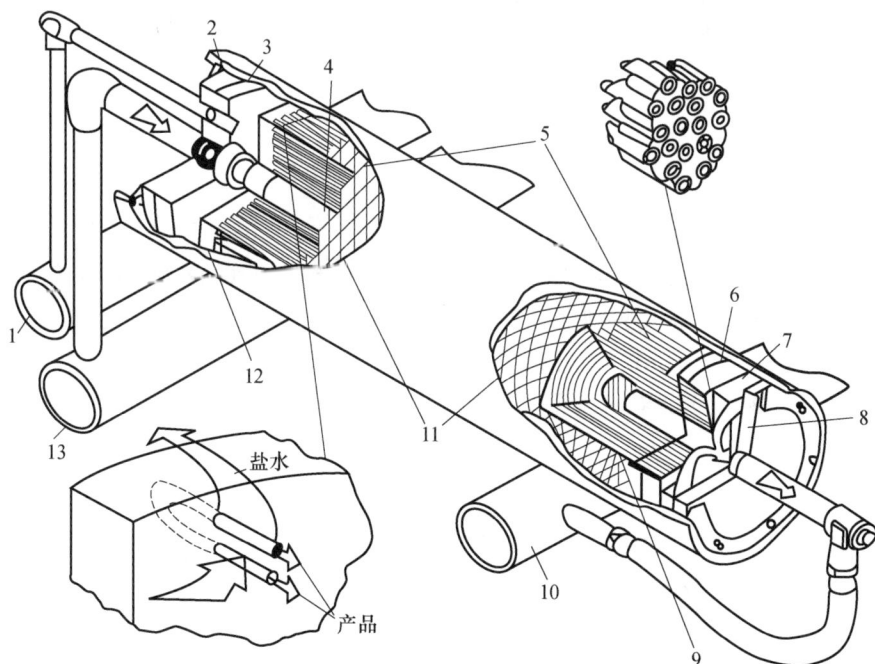

1. 盐水收集管；2、6. O 形圈；3. 盖板（料液端）；4. 进料管；5. 中空纤维；7. 多孔支撑板；8. 盖板（产品端）；
9. 环氧树脂管板；10. 产品收集器；11. 网筛；12. 环氧树脂封管；13. 料液总管。

图 4-13　中空纤维式反渗透膜组件示意图

中空纤维式膜组件的优点是单位体积内的膜面积大，最多可达 30 000m²/m³，且不需要支撑材料，使用寿命可达 5 年，设备投资低。它的缺点是膜组件的制作技术复杂，管板制造也较困难，易堵塞，不易清洗。

5）毛细管式膜组件

毛细管式膜组件由许多直径为 0.5～1.5mm 的毛细管组成，结构与中空纤维式膜组件相同，只是管径较大，其结构如图 4-14 所示，料液从每根毛细管的中心通过，透过液从毛细管壁渗出，毛细管由纺丝法制得，无支撑。

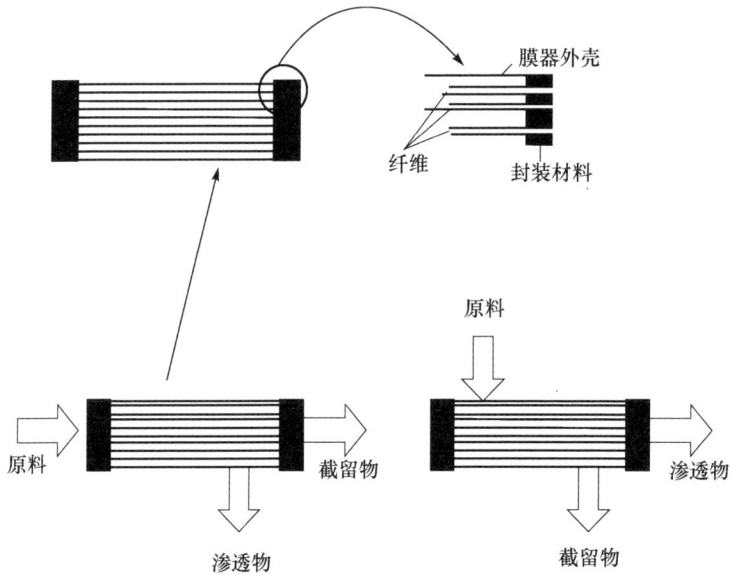

图 4-14　毛细管式膜组件示意图

6）槽式膜组件

槽式膜组件是一种新型的组件，目前主要用于反渗透，其结构如图 4-15 所示。用聚丙烯或其他塑料挤压而成的槽条，直径为 3mm 左右，槽条上有 3～4 个槽沟，槽条表面织编上涤纶长丝或其他材料，再涂刮上铸膜液，形成膜层，并将槽条一端密封，然后将几十根至几百根槽条组装成一束装入耐压管中，形成一个槽式反渗透膜组件。

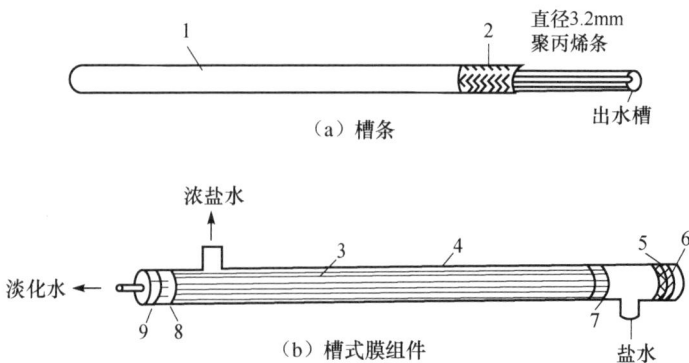

1. 膜；2. 涤纶纺织层；3. 槽条膜；4. 耐压管；5、8. 橡胶密封；6. 端板；7. 套封；9. 多孔支撑板。

图 4-15　槽式膜组件示意图

2. 膜组件的比较

各种膜组件各有自己的优点和缺点。目前应用较多的膜组件是管式、板式、中空纤维式和螺旋式。表 4-2 对这四种膜组件做了较详细的比较。

表 4-2　四种膜组件的比较

项目	管式	板式	中空纤维式	螺旋式
流层高度/cm	>1.0	<0.25	<0.3	<0.15
流道长度/m	3.0	0.2～1.0	0.3～2.0	0.5～2.0
流动形态	湍流	层流	层流	湍流
抗污染性	很好	好	很差	中等
膜支撑体结构	简单	复杂	不需要	简单
膜清洗难易	（内压）易（外压）难	易	（内压）较易（外压）难	难
膜更换方式	膜或组件	膜	组件	组件
膜更换难易	（内压）费时（外压）易	易	—	—
膜更换成本	中	低	较高	较高
对水质要求	低	较低	高	较高
预处理成本	低	低	高	高
能耗/通量	高	中	中	低
工程放大	易	难	中	中
装填密度/（m²/m³）	33～330	160～500	16 000～30 000	650～1600
压降	低	中等	高	中等
要求泵容量	大	中	小	小

4.3　微滤与超滤

4.3.1　微滤和超滤的特征及其应用

1. 微滤和超滤的操作特点

微滤和超滤与常规过滤相同，只是被截留的粒子很小。常规过滤一般是深床过滤，微滤和超滤则通常采用切向过滤。一般情况下，微滤和超滤的滤液流量较小，必须使料液循环通过膜，以维持一定的流速，同时避免在膜处形成厚的粒子层，以减小过滤阻力。

在微滤和超滤中，作为推动力的压强差比常规过滤大，一般不采用真空过滤。微滤常用的压强差为 0.1～0.3MPa，超滤常用的压强差为 0.1～0.5MPa，最大可达 1MPa。此压强差明显高于常规过滤，但与反渗透相比则又低得多。微滤和超滤操作的温度上限原则上取决于膜和物料的耐热程度。

微滤和超滤的分离界限大致在 $0.1\mu m$，但实际上两者的分离范围无严格的界限。在微滤和超滤过程中，随着过滤的进行，膜孔逐渐被堵塞，导致滤液流量下降，到一定程度时必须停下来进行清洗。因此，微滤和超滤都不能算是真正意义上的连续过程。

2. 微滤和超滤所用的膜

微滤和超滤所用的膜以多孔膜为主，大多是不对称膜或复合膜。膜的孔径分布并不均匀，在正常情况下呈正态分布：正态分布曲线的峰值处对应的孔径称为标称直径，也就是生产商给出的孔径。由此可见，膜的分离性能并不完全取决于孔径，还与孔径分布有关。显然，分布范围越窄，膜的分离性能就越好。

微滤膜的孔径较大，为 $0.08\sim10\mu m$，相对于超滤而言，其过滤阻力较小，因此有时也用对称膜。超滤膜一般都是不对称膜或复合膜，其分子量为 1000～100 000。微滤和超滤常用的膜材料有聚丙烯（PP）、聚四氟乙烯（PTFE）、醋酸纤维素、聚酰胺、聚砜（PS）和聚偏氟乙烯（PVDF）等有机材料；氧化铝、氧化锆、不锈钢、碳纤维等无机材料。

3. 微滤和超滤的应用

微滤和超滤可视为用孔径很小的膜作为介质进行过滤的过程。微滤、超滤和反渗透都是以压差为推动力的液相分离操作，但是它们的分离范围各不相同。微滤和超滤多数情况下用于液体分离，也可用于气体分离，如空气中细菌的去除。

微滤可以用于处理含细小粒子的溶液，截留直至 $0.1\mu m$ 数量级的粒子，如烟灰、细菌、漆、酵母细胞、淀粉、血红细胞、花粉等。

超滤可截留的粒子更小，实际上已是大分子。因此不再使用粒径的概念，而是用被截留分子的分子量来表征超滤膜的分离性能。一般认为超滤的分子量为 5000～100 000，也有认为其下限为 1000 的。可分离的粒子或者分子包括病毒、蛋白质、多糖、胶粒等。

4.3.2　微滤和超滤工艺流程

在工业中微滤和超滤的工艺流程相似，大都为连续式流程。在膜分离工艺流程中存在级和段的概念：段是指浓缩液经过膜处理的次数，两段间不需泵加压；级是指透过液进一步经过膜处理的次数，两级之间需要泵加压。为了得到较高浓度的浓缩液，或为了提高透过液的回收率，有时将浓缩液进行循环或部分循环。在实际生产中，根据不同的条件和要求，可以采用不同的工艺流程。

1. 一级一段循环式流程

一级一段循环式流程如图 4-16 所示，将部分浓缩液返回进料槽与原料液混合，此流程可以提高透过液的回收率。但是由于进料浓度提高，透过液质量有所下降。

2. 一级多段流程

一级多段流程如图4-17所示,将第一段的浓缩液作为第二段的进料,第二段的浓缩液作为第三段的进料,以此类推。这种流程透过液回收率高,浓缩液减少。由于料液量逐段减少,因此各段膜的面积也要依次减小。

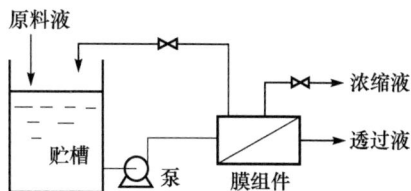

图4-16 一级一段循环式流程

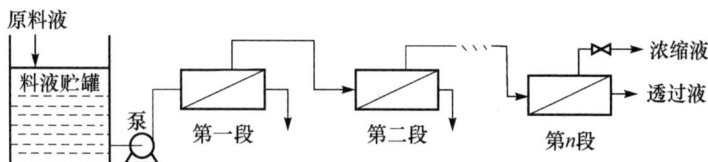

图4-17 一级多段流程

3. 多级多段循环式流程

多级多段循环式流程如图 4-18 所示,将第一级的透过液作为第二级的进料再次进行分离,如此延续,将最后一级的透过液作为产品。浓缩液从后一级向前一级返回循环分离。这种流程既提高了透过液的回收率,又提高了透过液的质量,还降低了操作压力和对膜截留率的要求。但是,能耗和投资都较大。

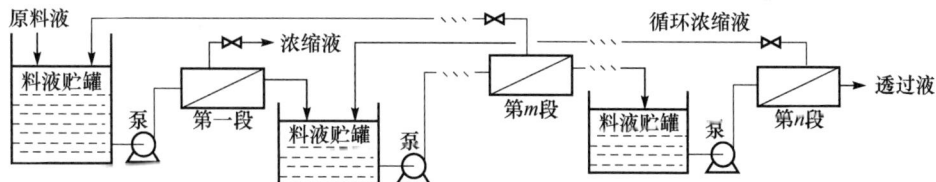

图4-18 多级多段循环式流程

4.3.3 微滤和超滤操作的影响因素及其控制

1. 压差的影响

膜两侧的压差是微滤和超滤的推动力,提高压差可提高滤液通量。但是,提高压差并不一定总能使滤液通量显著增加,如果过滤过程在传质控制区,增加压差不仅不能使滤液通量增加,反而增加了膜堵塞的机会,此时只能设法通过减少浓度边界层厚度来增加滤液通量。减少浓度边界层厚度,则可借助提高料液流速和在料液侧安装搅拌装置等方法。

2. 进料浓度的影响

滤液通量随进料浓度的增加而降低,而当进料浓度达到一定值后,通量将降为零。

3. 温度的影响

提高操作温度可以使液体黏度降低,扩散系数增大,从而使滤液通量增加。当然,必须以膜的耐温能力为限。

4. 湍流程度的影响

提高湍流程度可使边界层厚度减小，使传质系数增加，是提高通量的有效途径。当膜的长度较小时，在料液入口段，由于速度和浓度边界层均未充分建立，边界层的厚度较小，使滤液通量有所增加。这对短的膜组件较为有利。同理，可以采取在膜的两侧施加周期性反向压差脉冲的方法，搅乱边界层，以起到增加通量的效果。

4.3.4 微滤和超滤膜的堵塞原因和膜的清洗方法

膜堵塞的原因是一些小粒子在膜内积累，或在膜表面沉积，甚至形成另一层"膜"，增大了传质阻力。导致膜堵塞的因素很多，最主要的是溶质的强亲水性、钙等易沉淀离子的存在及操作压差过高等。几乎所有的溶质都能造成堵塞，大分子更易堵。当堵塞发展到一定程度时，必须停止过滤，对膜进行清洗。

如何进行清洗常常成为膜分离操作需解决的关键问题，应当根据膜堵塞的原因来选择清洗方法。清洗方法有以下几种。

（1）用清水进行反向冲洗：简称反冲洗，主要是清除膜表面松散的杂质。反冲洗不会对膜造成损害，但由于反冲洗不能清除膜内的堵塞，故清洗后一般难以达到过滤前的水通量。

（2）酸清洗：简称酸洗，可以有效清除酸溶性无机物，也可以清除果胶等有机胶体。常用的酸有盐酸、柠檬酸、草酸等。配成酸洗溶液的 pH 值依膜材料而定，如对 CA 膜为 3～4，对 PS、PAN、PVDF 膜为 1～2。酸洗方法可用泵循环或浸泡，时间不宜过长，以 0.5～1h 为宜。

（3）碱清洗：简称碱洗，可以有效清除蛋白质等有机物。常用的碱是氢氧化钠，配成溶液的 pH 值依膜材料而定，对 CA 膜为 8 左右，对耐腐蚀的膜为 12。碱洗方法与酸洗方法相同，也用泵循环或浸泡 0.5～1h。

（4）氧化剂清洗：可以起到清除污垢和杀菌的作用。常用的氧化剂有 1%～3%的 H_2O_2、NaClO 等溶液。

（5）酶清洗：可以针对性地清除某些堵塞的有机物质。常用的酶有蛋白酶、脂肪酶、果胶酶等。酶清洗方法是将酶配成浓度 0.5%～1.5%溶液，用泵循环或浸泡，温度依酶的作用特性而定。

无论采用哪一种清洗方法，都要在清洗后再用清水清洗，使 pH 值恢复中性。一般而言，清洗后应能恢复 90%以上的初始水通量。

4.4 反 渗 透

4.4.1 反渗透在工业生产中的应用

反渗透过程是从溶液（一般为水溶液）中分离出溶剂——水的过程，故它的应用主要有脱盐和浓缩两个方面，而前者是当前最重要的应用。目前，由于反渗透技术的成本低、产品质量稳定及环保等方面的优势，在水质净化方面得到了广泛应用，特别是在纯净水生产中已经取代了传统的电渗析加离子交换的生产方法。

反渗透法生产纯净水的最大优点是能耗低，其膜材料以前一般使用不对称的醋酸纤维素膜，现在已开发出一些新的材料，且越来越多地使用复合膜。在膜组件方面，一般采用中空纤维和螺旋式组件。

图 4-19 所示是典型的反渗透纯净水生产工艺流程，水源的质量直接影响反渗透设备的运行，因此必须对水源进行预处理，使进入反渗透系统的水的水质符合反渗透膜设备的耐受程度要求，并保持恒定。

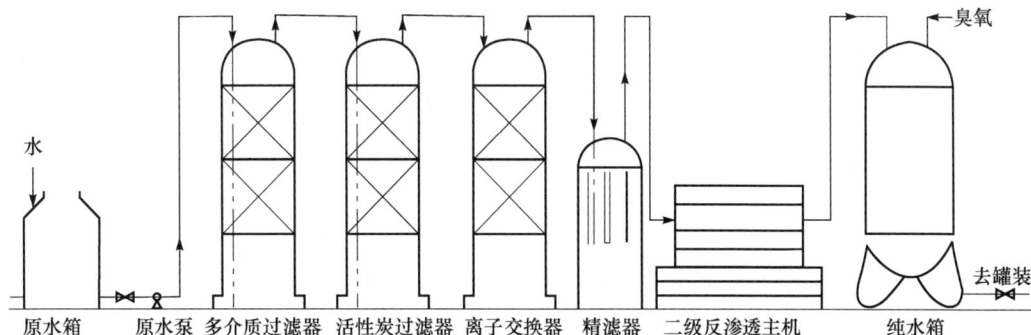

图 4-19 反渗透纯净水生产工艺流程

预处理系统中预过滤是最重要的操作，具体的流程按照进水的性质而定。对于水中的悬浮粒子，常用介质过滤器除去。介质过滤器的过滤介质是颗粒状物料如沙、煤、石子等。典型的悬浮固体有淤泥、有机胶体、海藻、沙子、絮凝物、各种沉淀物等。在某些情况下，在过滤前必须加入某种絮凝剂。常用的絮凝剂有三氯化铁、矾、铝酸钠和阳离子聚合物。

在许多情况下，预处理费用是很高的。此外，原水中的含盐量也是决定反渗透操作经济性的一个重要因素。含盐量越高，生产成本就越高。

4.4.2 反渗透设备的选用

1. 反渗透膜用的材料

反渗透膜用的材料与超滤膜相似，全为有机高分子膜，目前常见的反渗透膜材料有如下两大类。

1）纤维素

纤维素是开发最早的膜材料，具备高透水率、高脱盐率和良好的成膜性能。醋酸纤维素可溶于丙酮、吡啶、二甲基酰胺、四氯乙烷等，适用 pH 值为 3～8，耐游离氯 2.1mg/kg。三醋酸纤维素适用 pH 值为 2～9，耐游离氯 5mg/kg。

2）聚酰胺

聚酰胺主要是芳香酰胺，这是又一大类反渗透膜材料。它的透水性和脱盐率均较好，机械强度高，耐高温，耐压实，适用 pH 值为 3～11，比醋酸纤维素膜宽，耐生物降解，对操作压强的要求低，但不耐氧化，对游离氯敏感，耐受度为 0.1mg/kg，抗污染能力差。

2. 反渗透膜组件

反渗透采用的膜组件类型与超滤相同，也有平板式、管式、螺旋式和中空纤维式四种。使用最早的反渗透膜组件是平板式膜组件，目前应用最广的则是中空纤维式和螺旋式膜组件。

由于反渗透的渗透通量一般较低，而中空纤维式和螺旋式膜组件单位体积的膜面积较大，故采用这两种膜组件比较理想。目前，反渗透膜组件的应用以螺旋式膜组件为主，约占 74%，中空纤维式膜组件约占 26%。反渗透的设备和操作方式也与超滤大体相同。常用反渗透膜组件的性能和操作条件见表 4-3。

表 4-3　常用反渗透膜组件的性能和操作条件

项目	螺旋式	中空纤维式	管式	平板式
填充密度/（m²/m³）	245	1830	21	150
料液流速/[m³/（m²·s）]	0.25～0.5	0.005	1～5	0.25～0.5
料液侧流动阻力/MPa	0.3～0.6	0.01～0.03	0.2～0.3	0.3～0.6
易堵塞程度	易	易	难	中等
清洗难易	差	差	很好	好
预过滤要求/μm	10～25	5～10	不需要	10～25
相对价格	低	低	高	高

反渗透操作对原料有一定要求。为了保护反渗透膜，料液中的微小粒子必须预先除去。因此，反渗透装置中一般有预处理设备，常用的预处理方法是微滤或超滤。

4.4.3　反渗透操作条件的选择

1. 回收率

回收率也称浓缩比，是指渗透液流量与进料流量之比。为了降低成本，要在尽可能高的回收率下操作，然而过高的回收率将使渗透液的含盐量增加，通量下降，并导致膜的污染或浓缩液中产生沉淀，这些都是对膜分离不利的。

2. 操作温度

升高温度，一方面渗透压增大，使通量下降；另一方面，液体的黏度下降，使通量上升。总的来说，温度升高时通量是增加的。根据经验，水温每升高 1℃，膜的产水量增加 3%。

3. 操作压力

反渗透操作所用的推动力——压差比较大，对膜会产生压密效应问题。多数反渗透组件的压差限度为 8MPa，某些垫套式组件的压差限度可达 20MPa。

4. pH 值

纤维素膜易水解，醋酸纤维素在水中是不稳定的，水解会产生酸和醇，此反应在酸性和碱性条件下均会加速，pH 值为 4.5 左右时反应速度最低。

5. 膜的耐氯性

在用反渗透法进行海水淡化时，原水必须用氯进行预处理，不同膜的耐氯性不同。醋酸纤维素的耐氯性小于 0.1mg/L，聚酰胺在 pH 值小于 8 的条件下耐氯性小于 0.1mg/L、pH 值大于 8 的条件下耐氯性小于 0.25mg/L。

6. 抗氧化性

臭氧是强氧化剂，膜对臭氧都是不稳定的。相同条件下，聚酰胺膜比醋酸纤维素膜对臭氧更敏感。某些膜对水中的溶解氧也很敏感，解决的方法是加入亚硫酸氢钠（浓度约 60mg/kg）。

7. 有机溶剂

有机溶剂也会损坏膜。用有机溶剂浸泡后，有些膜的水通量增大，有些膜的水通量减小，但截留率总是大为降低。

4.4.4 反渗透法纯净水生产装置的操作与维护

目前，生产纯净水一般采用两级反渗透法，图 4-19 所示是比较典型的工艺流程，这里以该流程为例介绍反渗透法纯净水装置的操作与维护。

1. 开停车操作

（1）检查出水管路是否畅通，原水是否充足，电路是否接通，多介质过滤器、活性炭过滤器是否处于正确的工作状态。系统中的各个阀门都应处于正确的位置，高压泵前后阀门、产水阀门、浓缩阀门应处于开启状态，而与清洗有关的阀门应处于关闭状态。

（2）原水泵启动后，应依次打开多介质过滤器、活性炭过滤器和软水器上的冲洗排放阀门，排放几分钟后，关闭排污阀门。

（3）当一级高压泵进水压力达到低压保护开关所设定的压力时，一级高压泵自动启动，缓慢调整一级浓缩水阀门，使一级纯水流量达到设计值，工作压力在 1.0MPa 左右。当二级高压泵进水压力达到低压保护开关所设定的压力时，启动二级高压泵（一般为自动启动），然后缓慢调节二级浓缩水阀门，使二级纯水流量达到设计值，工作压力在 1.0MPa 左右，整个水处理系统即进入正常工作状态。

（4）整个水处理系统严禁无水运行和水量不足运行。

（5）在正常状态下，产水阀必须处于开启状态，否则将产生背压损坏膜元件。

（6）停机时，首先依次关闭二级浓缩水阀门、一级浓缩水阀门，然后立即关停原水泵，即可使整个系统完全停止工作。

（7）系统正常工作时，应随时观察设备各部分的工作情况，如果各压力表和流量计异常波动，或出现其他异常情况时，应及时关机，出现意外情况立即按下急停按钮，全部控制回路即可断电，查清原因后方可再次开机。

2. 维护与保养

（1）定期对原水水质进行监测，确保进水水质满足要求，如进水水质达不到要求，应采取有效措施，使水质达到要求。

（2）定期对多介质过滤器和活性炭过滤器进行反冲和快速冲洗，在正常情况下，每个星期应对过滤器进行反冲洗一次，以保证过滤器处于良好的工作状态，或者发现在原水没有变化而反渗透进水明显不足时，也需对过滤器进行反冲洗。

（3）定期对反渗透系统进行冲洗。方法：完全打开浓缩水阀门，开启系统运行 10min 左右即可。

（4）当设备停止运行 4～30d 时，应按下述方法对反渗透膜进行保存。

① 用给水冲洗反渗透系统，同时注意将气体从系统中完全排出。

② 将压力容器及相应管路充满水后，关闭相应阀门，防止气体进入系统。

③ 每隔 5d 按上述方法冲洗一次。

（5）当设备停止运行 30d 以上，需按下述方法对反渗透膜进行保存。

① 清洗系统中的膜元件。

② 用反渗透膜产出水配制杀菌液，并用杀菌液冲洗反渗透膜系统。

③ 杀菌液充满反渗透膜系统后，关闭相应阀门使杀菌液保留于系统中，此时应确认系统完全充满。

（6）如果系统温度低于 27℃，应每隔 30d 用新的杀菌液进行第二、第三步操作；如果系统温度高于 27℃，则应每隔 15d 更换一次杀菌液。

（7）在反渗透系统重新投入使用前，用低压给水系统冲洗 1h，然后再用高压给水系统冲洗 4～10min。无论低压冲洗还是高压冲洗时系统的产水排放阀均应完全打开。在系统恢复至正常操作前，应检查并确认产品水中不含有任何杀菌剂。

思考题

1. 膜分离技术的优点有哪些？

2. 比较电渗析、反渗透、超滤、微滤的区别。

3. 简述电渗析、反渗透、超滤、微滤的应用。

4. 膜分离用的膜应满足哪些基本要求？

5. 什么叫膜分离过程中的浓差极化？在超滤、反渗透、电渗透过程中，如何防止浓差极化？

6. 简单说明膜分离用膜的种类、膜组件的种类。

7. 简述膜分离工艺流程的类型。

8. 反渗透之前要进行哪些预处理，各预处理的作用是什么？

9. 反渗透、超滤膜的清洗方法有哪几种？

10. 简述反渗透装置的开车、停车的操作步骤。

11. 反渗透装置在停产后如何进行保养？

第5章

混　合

❀ **学习目标**

了解：混合操作在食品工业中的应用；混合过程的机理；混合过程功率消耗的计算方法；常用混合设备的结构及其特点。

理解：混合过程机理；影响搅拌器功率消耗的主要因素；常用混合设备的工作原理。

掌握：混合程度的表示方法；乳化剂的种类及其作用；搅拌、混合、捏合、均质、乳化等操作的基本概念；常用混合设备的操作要点。

5.1　混合操作及其应用

5.1.1　混合操作及其分类

1. 混合操作

混合是工业中一项重要的单元操作，是指将两种或两种以上的不同物料相互混合，使各组分粒子均匀分布的过程。

混合

混合的对象，可以是固体、液体，也可以是气体。工业上大多数情况是固体与固体、固体与液体、液体与液体之间的混合，混合后的混合物可以是均相的，也可以是非均相的。在组分互不相溶的液-液混合的情形下，必须使一种液体在另一种液体中成为很小的液滴而且分散，并要求有一定的分散度和均匀度，有时还要求有一定的悬浮稳定性，这时的混合操作包含了乳化和均质等操作。

2. 混合操作的类型

混合操作有多种类型，可以按物料状态和混合要求分类：通常将液-液混合称为搅拌；将固-固混合称为混合；塑性物料或膏状物料等高黏度物料的混合称为捏合；将乳浊液、悬浮液进行边破碎、边混合的操作称为均质；将两种互不相溶液体混合成均匀状态的操作称为乳化。

5.1.2　混合操作在工业中的应用

混合操作的应用有两类：一是把混合作为最终目的用于产品加工；二是作为其他单元操作的辅助操作。精细化工、食品工业中的许多产品是由多种成分组成的非均相混合物，其中有些成分（如蛋白质、糖、脂肪等）是大量的，有些（如防腐剂、抗氧化剂、维生素）是少量的，利用混合操作可以使它们在产品中均匀混合。作为其他单元的辅助

操作，混合操作可以达到以下目的。

（1）促进吸附、浸出、溶解、结晶等物理操作过程的进行。

（2）改善物料间的接触，促进化学反应有效进行。

（3）防止悬浮物沉淀。

（4）强化传质与传热过程，如促进溶解、吸收、吸附、萃取、传热等过程的速度。

5.2　物质的混合过程分析

5.2.1　混合机理

物质的混合过程主要有三种作用机理，即对流混合、扩散混合和剪力混合。

1. 对流混合机理

对于互不相溶组分的混合，由于混合机外壳或混合机内的叶轮、螺旋带等构件的旋转运动，促使所有物料粒子大幅度地移动位置，在形成定向循环流动的过程中进行混合。混合的分离尺度逐渐降低，但因物料内部不存在分子扩散现象，故分离强度不可能降低，这种混合称为对流混合。

2. 扩散混合机理

对于互溶性物料，如固体与液体、气体与液体、液体与液体等，在混合过程中以分子扩散的形式向四周做无规则运动，增加了两组分间的接触面积，达到均匀分布状态；对于互不相溶的粉状粒子，在混合过程中以单个粒子为单元向四周移动，就像气体和液体分子的扩散一样，使各组分的粒子在局部范围内扩散，达到均匀分布。这两种混合都称为扩散混合。扩散混合速度较小，但最终可达到完全均匀的混合。

3. 剪力混合机理

对于高黏度物料之间的混合，由于黏度大造成流动性差，同时无明显的分子扩散现象，故难以形成良好的湍流以分割组分元素。在这种情况下，混合主要靠剪力。剪力的作用是使组分被拉成越来越薄的料层，物料群体中粒子间有速度差异，进而使各粒子产生相互滑动或碰撞，其结果是使一种组分所独占的区域减小。例如，在单螺旋挤压机中，混合作用主要依靠剪力使色素和其他添加剂混入食品物料中并成型为棒状、片状或其他形状。剪力混合一般称为捏合。

在实际的混合操作中，以上三种作用机理往往同时存在，只不过在某种场合下以某种方式为主而已。

5.2.2　混合物的稳定性

混合物的稳定性是指参与混合的各组分分散后重新聚集的程度。若各组分分散后不发生重新聚集，则表示该混合物很稳定；若参与混合的各组分分散后经过很长时间才发生重新聚集，则表示该混合物稳定；若各组分分散后短时间或随即发生重新聚集，则表示该混合物的稳定性很差。通常情况下，互溶的液体与液体的混合物最稳定；固体与固体的混合物次之；不相溶的固体与液体及互不相溶的液体之间的混合物稳定性较差。

5.2.3　混合程度的表示方法

1. 混合均匀度

根据混合的目的，均匀度是一种或几种组分的浓度或其他物理性质的均匀性，混合良好的混合物应达到一定的均匀度。各组分在混合过程中，整个物料的体积被不断地分割成大量局部小区域，同时进行着高浓度区域和低浓度区域间组分物质的传递与分配。这些局部区域的浓度高于或低于物料的平均浓度 c_m。

2. 分离尺度和分离强度

在某一特定局部区域内，浓度 c 可视为定值，但对各个不同的局部区域，c 又是一个变量，所以引入分离尺度和分离强度的概念以更好地反映混合物的均匀程度。各个局部小区域的体积的平均值反映了分散物的集中程度，称为分离尺度。分离尺度越大，表示混合的均匀性越差。各局部区域内的浓度与整个混合物平均浓度的偏离程度称为分离强度。分离强度越大，表示混合的均匀性越差，如图 5-1 所示。

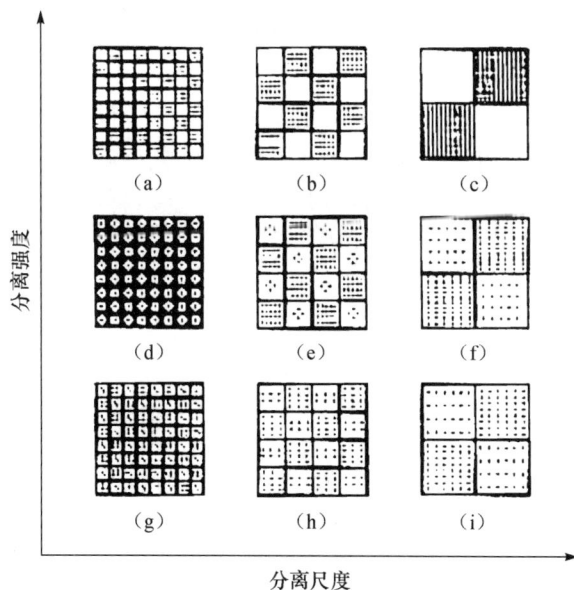

（a）表示各组分混合得最均匀；（b）～（h）表示组分混合得由均匀到不均匀；（i）表示各组分混合得最不均匀。

图 5-1　分离尺度和分离强度示意图

上述局部区域的大小是一个随机变量，要完全描述分离尺度，必须知道这些局部区域体积的概率分布函数。局部区域浓度的偏差也是具有一定分布的随机变量。所以用纯数学方法处理是有困难的，在实际应用中，一般采用抽样检查的统计方法。因此，必须规定一定的取样大小，并要求试样浓度 c 的平均偏差值应小于某个规定的最大值，此最大偏差值称为允许偏差，规定的取样大小称为检验尺度。如果制品符合下列条件之一，则认为是合格的制品。

（1）分离尺度小于检验尺度，且分离强度小于允许偏差。

（2）分离尺度虽大于检验尺度，但分离强度远远小于允许偏差，足以补偿前者。

（3）分离强度虽大于允许偏差，但分离尺度远远小于检验尺度，足以补偿前者。

这样，一定尺度试样的浓度偏差平均值就可以作为混合物质量的鉴别标准。

取 n 个大小符合检验尺度的试样，分析结果得其浓度值为 c_i（$i=1,2,3,\cdots,n$），若混合物平均浓度的真值已知（设为 c_m），则混合物的分离强度可用如下偏差来量度：

$$\delta^2 = \frac{1}{n}\sum_{i=1}^{n}(c_i - c_m)^2 \tag{5-1}$$

若平均浓度的真值未知，则必须先从分析所得的 n 个浓度值中找出最可能的浓度平均值 $\bar{c}$（算术平均值），然后用下式表示混合物的分离强度。

$$S^2 = \frac{1}{n-1}\sum_{i=1}^{n}(c_i - \bar{c})^2 \tag{5-2}$$

式（5-1）和式（5-2）中，δ^2 和 S^2 称为均方差，均方差的平方根（即 δ 和 S）称为标准差，均方差和标准差都是对偏差的量度。如果对一定数目有一定大小的试样，规定 c 值的均方差或标准差的最大值，则对合格的制品，应要求其均方差或标准差小于此最大值。

3. 混合指数

混合质量除用混合均匀度、分离强度偏差表示外，还可用混合指数 I_m 来表示。当混合开始进行时，混合器内物料分成两层，一层全为痕量物质（如维生素），另一层完全不含痕量物质，所以对于痕量物质的含量来说，从一层取样，其浓度为 1；另一层取样，浓度为零。在这种条件下，标准差 δ_0 可表示为

$$\delta_0 = \sqrt{c_m(1-c_m)} \tag{5-3}$$

当混合进行到一定时间后，混合指数可用式（5-4）定义

$$I_m = \frac{\delta}{\delta_0} = \sqrt{\frac{\sum(c-c_m)^2}{nc_m(1-c_m)}} \tag{5-4}$$

当混合物平均浓度未知时，也可定义 $I_m = S/S_0$。

4. 混合度

混合度是表示混合质量的另一种方法，定义为

$$D_m = \frac{\delta_0^2 - \delta^2}{\delta_n^2 - \delta_\infty^2} \tag{5-5}$$

式中，δ_∞——混合到最终组分完全随机分配时的均方差。

显然，在混合开始阶段 $D_m=0$；当组分完全随机分配时，$D_m=1$。故混合度是一个数值在 0～1 的无因次数。

5.3　混合设备及其选用

5.3.1　搅拌设备

在液体中的混合比较容易，一般采用搅拌装置进行混合。

1. 搅拌装置结构及工作原理

典型的液-液搅拌器如图 5-2 所示，其结构为一个带机械搅拌的容器。容器多为圆柱形，其顶部为开放式或密闭式，底部大多数呈蝶形或半球形，目的是避免搅拌时存在死角。容器内液体的深度通常等于容器的直径。在容器的中央装有搅拌轴，固定在容器上方，并由电动机带动。轴的下部安装一对或几对不同形状的桨叶。此外，还设有物料进口、出口管线、蛇管、夹套、温度计插套及挡板等。

由桨叶搅拌造成的液体速度可分为三个方向上的分速度，即径向速度、轴向速度和切向速度。通常情况下，径向速度和轴向速度对混合起着主要作用。切线速度主要是促使液体绕轴转动，形成速度不等的液层，并产生表面下凹的旋涡。从结构来看，按桨叶形式的不同，搅拌器有桨式、涡轮式、旋桨式等。

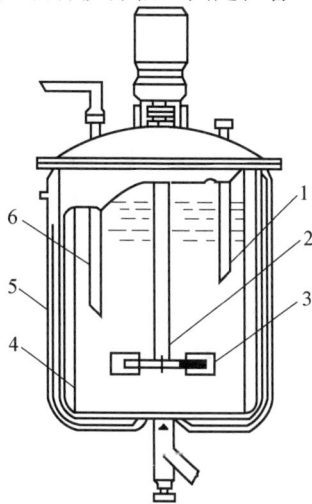

1. 温度计插套；2. 搅拌轴；3. 桨叶；
4. 挡板；5. 夹套；6. 料管。

图 5-2　典型的液-液搅拌器

1）桨式搅拌器

桨式搅拌器是一种最简单的搅拌器，常用于处理低黏度或中等黏度的物料。桨叶的形式有平桨式、框式和锚式三种，如图 5-3 所示。桨式搅拌器的转速较慢，一般为 20～150r/min。液流的径向速度较大，而轴向速度很低。为了加强轴向混合，并减少因径向速度所产生的表面旋涡，常在容器内壁附近加装挡板。这种搅拌器的主要特点如下。

（1）混合效率较低。

（2）局部剪力效应有限，不易发生乳化作用。

（3）桨叶易于制造和更换。

（4）适用于有特殊触液材料要求的料液。

2）涡轮式搅拌器

涡轮式搅拌器类似于桨式搅拌器，只是叶片多而短，且安装在中央的旋转轴上，并以较高的速度旋转，转速为 30～500r/min。叶片有平直的、弯曲的、垂直的和倾斜的，如图 5-4 所示。搅拌器可做成开式、半封闭式或外周套以扩散环式。平直叶片产生强烈的径向和切向流动，通常加挡板以减小中央旋涡，同时增强因折流而引起的轴向流动。此外，为了增强轴向流动，叶片也可装成倾斜式。这种搅拌器的特点如下。

釜式搅拌混合器

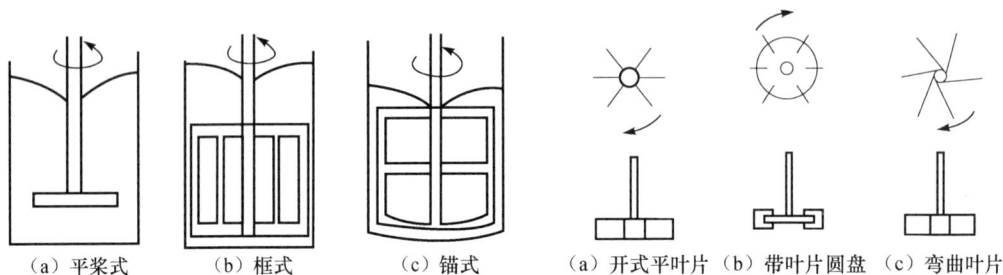

（a）平桨式　　　（b）框式　　　（c）锚式

图 5-3　桨式搅拌器的形式

（a）开式平叶片　（b）带叶片圆盘　（c）弯曲叶片

图 5-4　涡轮式搅拌器的形式

（1）适宜处理多种物料，对中等黏度的物料特别有效。

（2）生产能力大。

（3）局部剪力效应较强。

（4）易清洗。

（5）价格较高。

3）旋桨式搅拌器

旋桨式搅拌器的桨叶由 2～3 片螺旋桨组成，如图 5-5 所示。它是一种适用于低黏度液体的轴流式高速搅拌器，其直径为容器直径的 1/4～1/3，其转速很高，通常在 400r/min 以上。旋桨高速转动所造成的液体速度主要为轴向和切向速度，所以液体做螺旋状运动，同时受到强烈的切割或剪切。搅拌器的转轴常偏心地安装或与垂直方向成一偏角。搅拌容器最好为带碟形或半球形器底的圆柱形容器，它的深度为容器直径的1.5～2 倍。

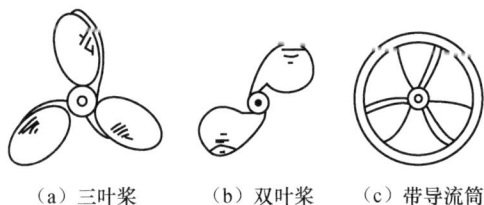

（a）三叶桨　　　（b）双叶桨　　　（c）带导流筒

图 5-5　旋桨式搅拌器的叶轮

旋桨式搅拌器的主要特点如下。

（1）生产能力较大。

（2）结构简单。

（3）易形成旋涡。

（4）适用于大容器内低黏度液体的搅拌。

2. 搅拌器的功率消耗

搅拌器的功率消耗取决于液体的流动形态、速度、搅拌器的结构形式及物料的性质。具体地说，搅拌器的功率消耗与叶轮的形状、大小和转速、液体的黏度和密度、搅拌槽的大小和内部构件及在液体中的位置等有关。因为涉及的变量较多，一般采用因次分析与实验相结合的方法，将功率消耗和其他参数关联起来，以求得搅拌过程的功率消耗。

1）功率关联式

设有一搅拌器在搅拌槽中将溶液混合，其搅拌功率的消耗与下列因素有关：搅拌槽直径 D，槽中液体的深度 H_1，挡板数目、大小和位置，叶轮直径 d 及转速 n，液体的密度 ρ 和黏度 μ 等。此外，若槽内产生打旋现象，有部分液体被升举到平均液面上，此部分液体需克服重力做功，则在变量中还需考虑重力加速度 g。

在搅拌装置中，各尺寸都和搅拌器的直径形成了一定的比例关系，这些比值称为形状因子。

若暂不考虑形状因子，则功率 N 可表述为上述变量的函数：

$$N=f(n,d,\rho,\mu,g) \tag{5-6}$$

利用因次分析法，可将式（5-6）转化为无因次数间的关系：

$$Eu=KRe^xPr^y \tag{5-7}$$

式中，Eu——欧拉准数，也称功率准数，$Eu=\dfrac{N}{\rho n^3 d^5}$，含有搅拌器的功率 N，表示输入功率施加于搅拌液体的力；

Re——雷诺数，$Re=\dfrac{d^2 n\rho}{\mu}$，含有黏度 μ，代表惯性力和黏性力之比；

Pr——普兰德准数，$Pr=\dfrac{dn^2}{g}$，含有重力加速度 g，代表惯性力和重力之比。

式（5-7）可改写成

$$\phi=\frac{Eu}{Pr^y}=KRe^x \tag{5-8}$$

其中，ϕ 称为功率函数。

若搅拌中没有产生打旋，则不考虑重力的影响，$y=0$，则 $Pr^y=1$，式（5-8）可简化为

$$\phi=Eu=KRe^x \tag{5-9}$$

2）功率曲线

将 ϕ 或 Eu 与 Re 的关系在双对数坐标图上标绘，所得的曲线称为功率曲线。对于一个具体的搅拌器，因构型一定，只有一条功率曲线，曲线形状与搅拌槽的大小无关。因此，在大小不同的搅拌槽中，只要搅拌器的几何构型一样，就可采用同一条功率曲线。

现以图 5-6 所示的功率曲线来说明功率特性的一般规律，曲线 1 为标准搅拌装置的功率曲线，曲线 2 为与标准型相同，但槽中无挡板的搅拌装置的功率曲线。

（1）在 Re 小于 10 的层流区，功率曲线为一直线，直线的斜率为-1，此时，液体的黏性力控制系统内的流形，而重力的影响可忽略不计。对标准构型，式（5-9）可表示为

$$\phi=Eu=\frac{71}{Re} \tag{5-10}$$

即

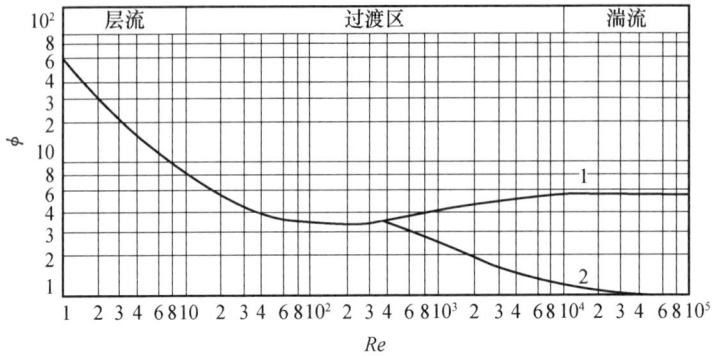

图 5-6　功率曲线

$$\frac{N}{\rho n^3 d^5}=71\left(\frac{d^2 n \rho}{\mu}\right)^{-1}$$

$$N=71\mu n^2 d^3 \tag{5-11}$$

式（5-11）表明，在一定的搅拌转速下，层流区的功率消耗与液体黏度成正比。又由图中曲线可知，对于相同几何构型的搅拌装置，无论有无挡板，功率消耗都相同。

（2）在 Re 大于 10^4 的充分湍流区，功率曲线趋于水平，ϕ 为一常数（对标准构型），与 Re 和 Pr 都无关。

$$\phi=Eu=6.1$$

即

$$N=6.1rn^3 d^5 \tag{5-12}$$

（3）在 Re 大于 10 以后，流动从层流向湍流逐渐过渡。对于有挡板的搅拌装置而言，在 Re 等于 $10\sim 10^4$ 时，由于挡板抑制了打旋现象，因此功率与流动特性仍取决于 Re，式（5-9）仍适用，但 K 和 x 均为变量，可利用功率曲线求得功率。对于无挡板搅拌装置，当 Re 大于 300 时，由于打旋现象的加剧，Pr 的影响不能忽略，需由式（5-8）计算功率 N，式中 y 用经验公式计算：

$$y=\frac{\alpha-\lg Re}{\beta} \tag{5-13}$$

式中，α、β——与叶轮形式、直径及搅拌槽直径有关的常数，其值见表 5-1。

表 5-1　Re 大于 300 时无挡板搅拌装置的 α 和 β

搅拌器形式	d/D	α	β
螺旋桨式	0.48	2.6	18
	0.37	2.3	18
	0.33	2.1	18
	0.30	1.7	18
	0.22	0	18
涡轮式	0.30	1.0	40
六平叶涡轮式	0.33	1.0	40

因此，当 Re 大于 300 时，无挡板搅拌装置的功率关系式为

$$\phi = \frac{Eu}{Pr^{(\alpha-\lg Re)/\beta}} \qquad (5\text{-}14)$$

$$N = \phi\rho n^3 D^5 Pr^{(\alpha-\lg Re)/\beta} \qquad (5\text{-}15)$$

上述功率曲线不仅适用于单一液相，也适用于非均相的液-液和液-固系统。此时，需用混合物的平均密度和平均黏度来代替单一相的密度和黏度。气-液相搅拌需要的功率与充气量有关，须进行修正，修正方法可参考有关设计手册。

对于一定构型的搅拌装置，如已知功率曲线，则可据此计算各种转速和液体特性条件下的功率消耗。

上面的讨论，仅限于搅拌器所消耗的净功率，考虑到电动机与机械上的各种损失，实际的功率应较此为大，约等于净功率除以 0.8 所得的商。

在搅拌装置的选择和设计中，由于影响因素很多，有许多具体情况与经验关联式不相符，很难做到精确的设计。因此，常采用先以小型设备进行试验，在试验中使表示工艺特征的参数达到生产要求，然后再将此小型设备放大到生产规模的方法。此过程称为搅拌器的放大。

【例 5-1】 在一标准构型的搅拌装置内，搅拌密度为 960kg/m³、黏度为 100mPa·s 的某种溶液。已知叶轮直径 d=0.5m，转速 n=100r/min，试求搅拌功率。若搅拌槽不安装挡板，其搅拌功率又为多少？

解：此搅拌系统符合图 5-6 所示曲线的条件，可用此线计算功率。

① 有挡板时：

$$Re = \frac{n\rho d^2}{\mu} = \frac{100 \times 960 \times 0.5^2}{100 \times 10^{-3} \times 60} = 4000$$

在图 5-6 所示曲线 1 上，当 Re=4000 时，查得 ϕ=5.4，即 Eu=5.4，故

$$N = Eu\rho n^3 d^5 = 5.4 \times 960 \times \left(\frac{100}{60}\right)^3 \times 0.5^5 = 0.75(\text{kW})$$

② 无挡板时：在图 5-6 所示曲线 2 上，当 Re=4000 时，查得 ϕ=1.6，但 Re>300，因此

$$\phi = \frac{Eu}{Pr^y}$$

$$Pr = \frac{n^2 d}{g} = \frac{\left(\frac{100}{60}\right)^2 \times 0.5}{9.81} \approx 0.142$$

而 $y = \dfrac{\alpha - \lg Re}{\beta}$，由表 5-1 查得六平叶轮的 α=1，β=40，则

$$y = \frac{1 - \lg 4000}{40} = -0.065$$

$$Eu = \phi Pr^y = 1.6 \times 0.142^{-0.065} = 1.41$$

$$N = 1.41 \times 960 \times \left(\frac{100}{60}\right)^3 \times 0.5^5 \approx 1.958(\text{W}) = 0.196(\text{kW})$$

【例 5-2】 标准构型搅拌槽的直径为 0.9m，在此槽内搅拌黏度为 50Pa·s、密度为 1050kg/m³ 的某液体，要求叶轮的叶端速度为 3.5m/s，试求需要的叶轮转速和功率。

解：对标准构型，叶轮的直径为

$$d = \frac{D}{3} = \frac{0.9}{3} = 0.3(\text{m})$$

叶轮的叶端速度 $u = n\pi d$，故

$$n = \frac{u}{\pi d} = \frac{3.5}{3.14 \times 0.3} = 3.72(\text{r/s})$$

$$Re = \frac{d^2 n \rho}{\mu} = \frac{0.3^2 \times 3.72 \times 1050}{50} = 7.03 < 10$$

故

$$N = 71 \mu n^2 d^3 = 71 \times 50 \times 3.72^2 \times 0.3^3 \approx 1326.4(\text{W}) = 1.33(\text{kW})$$

3. 搅拌器安装及操作要点

（1）设备应牢固地安装在水泥地面上。

（2）当电气控制系统接通后，按操作说明检查动作顺序是否符合要求。

（3）检查搅拌桨的转向是否正确。

（4）定时检查搅拌桨是否松动。

（5）传动带松动时应及时张紧。

（6）换物料时，要将锅体表面清洁干净。

（7）按规定在需要润滑油的部位定期注入润滑油。

5.3.2 捏合设备

1. 捏合及其特点

在粉状物料中加入少量液体，制备均匀的塑性物料或膏状物料及在高黏度物料中加入少量的粉末或液体添加剂等混合操作统称为捏合。高黏度浆体和塑性固体的混合都属于捏合操作。捏合操作具有以下特点。

（1）比其他任何混合操作都要困难，时间较长。

（2）捏合操作的功率消耗较大。

（3）捏合机的搅拌叶轮与壁面之间的间隙大小和叶轮形状对于捏合操作非常重要。

（4）物料的进料状态对捏合操作有很大影响。为了保证产品质量，需预先处理物料。如加入固体是微量的，且溶于某一组分，应先将固体溶于此组分内，再与其他组分进行捏合。

捏合所用设备与液-液搅拌装置不同。在特定的情形下，混合物的黏度变得很大，可达 2000Pa·s 以上，流动极为困难，局部区域被激发而引起的流动，不能遍及整个区域。此时，混合变为一个严格的机械问题，所用的混合器必须是重型设备，统称为捏合

机。捏合机的捏合作用是由机器的运动件在局部区域的动作所导致的，物料被压向器壁，折叠后包以新物料，同时，物料必须被带往造成主体移动的区域，局部动作又使物料的新鲜部分再次出现，如此反复进行，达到均匀捏合的目的。

2. 捏合设备

1）混合锅

混合锅通常有两种类型：一种是固定式，另一种是转动式。固定式混合锅是锅体不动，混合元件除本身转动外兼做行星运动。

混合锅的锅体由一段短圆筒和一个半球形器底组成，锅体可以在与机架连接的支座上升降，并装有手柄，以人工的方法卸除物料。它的混合元件在动作时，与器壁的间隙很小，搅拌作用可遍及所有物料，如图 5-7（a）所示。

转动式混合锅的锅体被安装在转动盘上进行转动，其混合元件偏心安装于靠近锅壁处做固定的转动。它是通过转盘带动锅体做圆周运动将物料带到混合元件的作用范围之内而起到局部混合的作用，如图 5-7（b）所示。

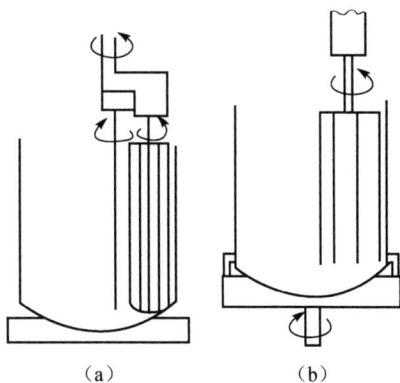

混合元件的形式有多种，其中框式最为普遍，叉式应用也较广，还有的将桨叶做成扭曲状或其他形式以增加轴向运动，如图 5-8 所示。

图 5-7　混合锅的工作原理示意图

2）双臂式捏合机

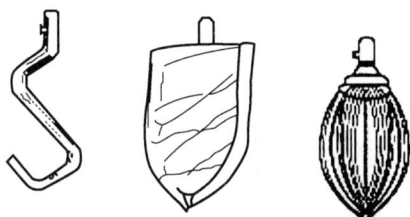

双臂式捏合机是利用位于机内的两个转动元件的若干混合动作的结合，尽可能达到物料移动、局部捏合、拉延和折叠等效果的一种混合机。它由容器、两只搅拌臂（或称桨叶）、传动装置和支架等部件组成。双臂式捏合机如图 5-9 所示。两个捏合叶片轴平行并排安装于槽内，两叶片以相反方向旋转，且转速不同，叶片和槽壁之间间隙很小。在叶片旋转时，物料受剪切力和挤压力作用而被捏合。

双臂式捏合机

图 5-8　混合锅的几种混合元件形式

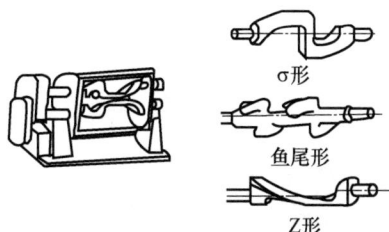

图 5-9　双臂式捏合机

双臂式捏合机的搅拌臂有多种形式，其中 Z 形最为普遍，这种搅拌臂不与其转轴平行，而是略带螺旋形，以便推动器内物料做向前或向后的运动。容器为矩形，其底可做成容纳两只搅拌臂的两个半圆形槽，搅拌臂与槽底的间隙很小。整个容器装在另一个固定的转轴上，可侧倾，以便卸空。

3）螺旋式捏合机

螺旋式捏合机属于连续式捏合机，如图 5-10 所示。在机内，每个螺旋叶片上都有几个缺口，在内壁上则有向内凸出的捏合齿。螺杆连续转动，同时又沿轴做往复运动。当螺旋叶轮旋转时，推动物料前进；而当做往复运动时，捏合齿恰好通过螺旋叶片上的缺口，产生强大的剪切效应。因此，螺旋叶轮每旋转一次，捏合齿就对物料捏合一次。故在较短的时间内，就能达到很高的混合程度。

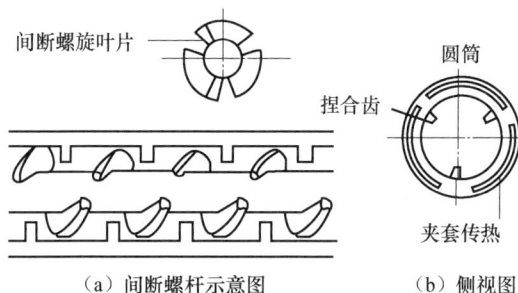

图 5-10　螺旋式捏合机结构示意图

5.3.3　固体混合设备

1. 固体混合过程的特点

固体粒子混合的目的是要得到组分浓度均匀的混合物。颗粒状态或粉状固体的混合主要靠流动性，而固体颗粒的流动性是有限的。流动性问题主要与颗粒的大小、形状、相对密度和附着力有关。混合时，最小的和形状最圆的颗粒易趋向混合机底部。颗粒的黏附性越大，就越易聚集在一起，不易分散。

固体混合时，最重要的是防止分离现象发生。相对密度差和粒度差较大者易发生分离。混合机内存在速度梯度的部分，因粒子群的移动易发生分离。另外，对干燥的颗粒，由于长时间混合而带电，也易发生分离。

2. 固体混合设备

固体混合机按照结构可分为机壳旋转型和机壳固定型两种；按照操作方式可分为间歇式和连续式。间歇式混合机容易控制混合质量，适用于物料配比经常改变的场合。

1）旋转筒式混合机

旋转筒式混合机属于间歇式混合机，如图 5-11 所示。机壳（转鼓）有圆筒形、双圆锥形或 V 形，机壳绕轴旋转。随着机壳的旋转，改善了机内粒子的运动状态，增强了混合能力。视物料及过程不同，可在机内加装破碎装置、加液装置或挡板。这类混合机适合轻度混合的情况，机内有效体积大，易于清洗，适用于细粉或磨料混合。

双圆锥混合机是由两个锥筒和一段短圆筒连接而成。这种混合机克服了水平单筒中物料水平运动的缺点，转动时物料会产生强烈滚动作用，且由于流动断面的变化，产生了良好的横流。它的主要特点如下。

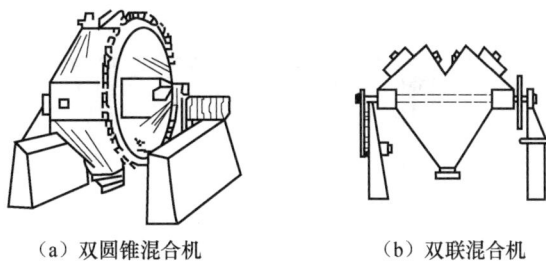

（a）双圆锥混合机　　　　　　　（b）双联混合机

图 5-11　旋转筒式混合机示意图

（1）对易流动的固体物料，混合较快，功率较低。

（2）适于不允许污染的物料的混合。

双联混合机是由两段圆柱形筒互成一定的角度呈 V 形连接而成的，其旋转轴为水平轴，其作用原理与双圆锥混合机类似。由于设备不对称，操作时物料时聚时散，产生了比双圆锥混合机更为良好的混合作用。

2）螺带式混合机

螺带式混合机如图 5-12 所示。机壳为固定的，机壳内水平轴上装有方向相反的螺旋带，一螺带使物料向一端移动，而另一螺带则使之向相反的一端移动。如果两相反螺带使物料移动的速度有快慢，则物料与物料之间就有净位移，设备即可做成连续式。否则，只能是间歇式。通常螺带与机底的间隙较小，因此易发生颗粒磨碎现象。这种设备可用于处理低密度的细料、纤维状物料或黏稠物料。

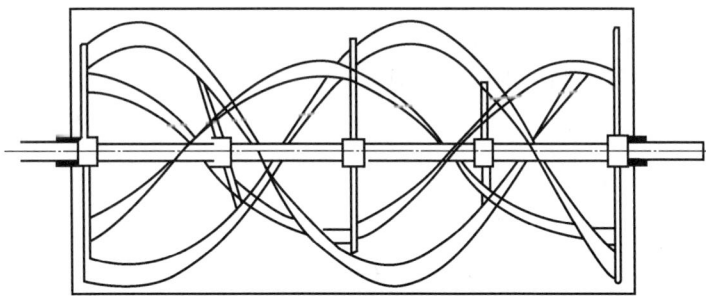

图 5-12　螺带式混合机示意图

3）螺旋式混合机

螺旋式混合机是在立式容器内将易流动的物料利用螺旋输送器提升到上部并进行循环的一种混合设备。如图 5-13（a）所示为垂直螺旋式混合机，其优点：①投资费用低；②功耗小；③占地面积小。

缺点：①混合时间长；②产量低；③制品均匀性较差；④处理潮湿及泥浆状物料比较困难。

为使混合操作更为有效，并消除近壁处料层得不到混合的现象，可将螺旋输送器近壁安放，并使之绕容器轴线摆动旋转，这样可使螺旋作用到全部的物料，如图 5-13（b）所示。

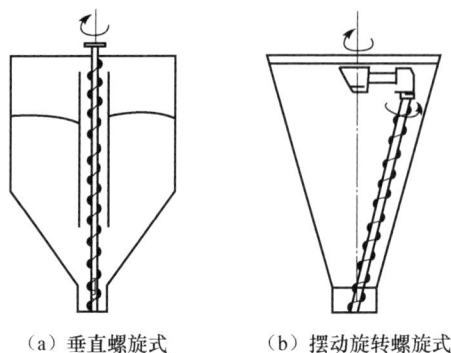

（a）垂直螺旋式　　　　（b）摆动旋转螺旋式

图 5-13　螺旋式混合机

5.4　乳　　化

5.4.1　乳化操作及其在工业中的应用

1. 乳化液及乳化操作

乳化是将两种互不相溶的液体进行密切混合，使一种液体（称为分散相，又称内相）以微小液滴的形式均匀地分散在另一种液体（称为连续相，又称外相）中的混合操作。

乳化操作的产物叫乳化液。乳化液是一种不稳定体系。为了得到稳定的乳化液，在乳化操作中，除了采用机械搅拌和均质外，一般还要加入第三种成分——乳化剂，以保持乳化液的稳定性。通过乳化处理，能使产品中互不相溶的组分相互融合，形成稳定、均匀的形态，并可改善产品内部结构，提高产品质量。乳化技术在食品、精细化工及制药等生产中的应用相当广泛。

2. 乳化液的形成过程

在液体的相界面上存在着表面张力。表面张力有使液体保持最小表面积的趋势。例如，在油和水的混合物中，由于其各自表面张力的作用，将使两相尽量缩小其表面积，即尽量缩小接触面积。只有当油、水分层时，它们的接触面积最小，体系才最稳定。

若对油和水的混合物进行搅拌，将使两相界面不断破裂，界面面积急剧增大，最后一相以微粒（或液滴）形式分散于另一相中，形成乳化液。但是，此时的体系在热力学上是不稳定的，一旦静置，还会出现分层现象。

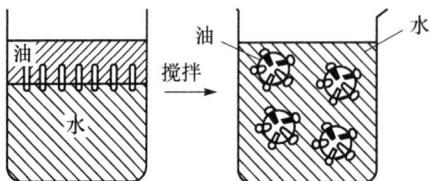

图 5-14　乳化作用示意图

若在体系中加入乳化剂，它将吸附油水界面，并在分散相表面形成具有一定强度的界面膜，包住分散相液滴，从而防止液滴聚合，使液滴均匀地分散于连续相中。图 5-14 所示为乳化作用示意图。

3. 乳化液的类型

在食品、制药生产中，大多数乳化液都是油和水的混合物，但不是绝对的纯水与纯油的混合物。除了油与水外，在体系中还有盐类、糖类等水溶性物质及其他油溶性物质。乳化液按其分散相和连续相的不同，可分为两类，即水包油型（O/W 型）和油包水型（W/O 型）。乳化液的类型与两相的组成和比例有关。连续相是水、分散相为油的乳化液为水包油型（O/W 型），其基本特性由水决定，如牛奶；反之，连续相是油、分散相为水的乳化液是油包水型（W/O 型），其基本特性由油决定，如人造奶油、乳酪等。

4. 乳化液的稳定性

不论是 O/W 还是 W/O 型乳化液，在重力场或其他力场中大多是不稳定的，即系统迟早会发生两相分层现象，轻相（油滴）上浮，重相（水滴）下沉。但是，对于一定的系统，虽然静置时两相密度差和外相黏度不发生变化，然而液滴的大小却因界面张力的作用而发生变化。因此，界面张力成为影响乳化液稳定性的间接因素。影响乳化液稳定性的主要因素如下。

（1）液滴的大小。液滴的沉降速度与液滴直径的平方成正比。可见液滴的大小是影响乳化液稳定性的主要因素。乳化操作的主要作用是微粒化和均质化。

（2）两相密度差。由于沉降速度与两相的密度差成正比，因此，在乳化操作中，应尽量减小两相的密度差。

（3）两相的黏度。乳化液两相的黏度也是影响稳定性的重要因素。若分散液滴的黏度高，则可减慢液滴的聚合速度；若分散介质的黏度高，则沉降速度下降。液滴聚合因液滴互相碰撞而引起，故增大黏度有阻止这种倾向的作用。为此，常在乳化液中加入甘油、阿拉伯树胶等增稠剂以增加分散介质的黏度。

（4）粒子的电荷。当使用离子性表面活性剂作乳化剂时，因为增加了分散液滴的电荷，加强了液滴间的相互排斥，所以也有阻止聚合的作用。有时为了增加液滴的带电性，使用如食盐之类的电解质，也会起到增强稳定性的效果。

5.4.2 乳化剂及其选用

1. 乳化剂的作用

乳化剂是由分子中同时含有极性和非极性基团的物质所组成。在乳化液中，它被吸附在两相界面上，亲油性的非极性基团朝向油相，亲水性的极性基团朝向水相，从而在两相界面处形成了乳化剂薄膜。此界面膜作为液滴的保护层，阻止了在界面张力作用下液滴之间的合并。乳化剂的作用主要有三个方面。

（1）在分散相表面形成了有一定强度的稳定的保护膜。由于乳化剂分子具有两亲性，使其分子在分散相表面形成一定的组织结构——界面吸附膜，这层膜具有一定的强度，使液滴在碰撞时不易聚合。

（2）降低界面张力。由于界面吸附膜的存在，降低了两相界面的表面张力，使液滴均匀分散在连续相中。

（3）在分散液滴表面形成双电层。对于离子型乳化剂，被吸附于分散液滴表面后，其亲水基团经电离后带有电荷，形成双电层，使液滴之间相互排斥，阻止液滴的聚合。

2. 乳化剂的类型及其性能

乳化剂的种类很多，可分为以下几类。

1）小分子表面活性剂

小分子表面活性剂是制备乳化液时最有意义的一类乳化剂。多数乳状液的类型是由这类小分子表面活性剂型乳化剂所确定的。从化学结构看，小分子表面活性剂型乳化剂可以分为离子型、非离子型及两性型（图 5-15）。离子型表面活性剂又可分为阴离子型和阳离子型两类。

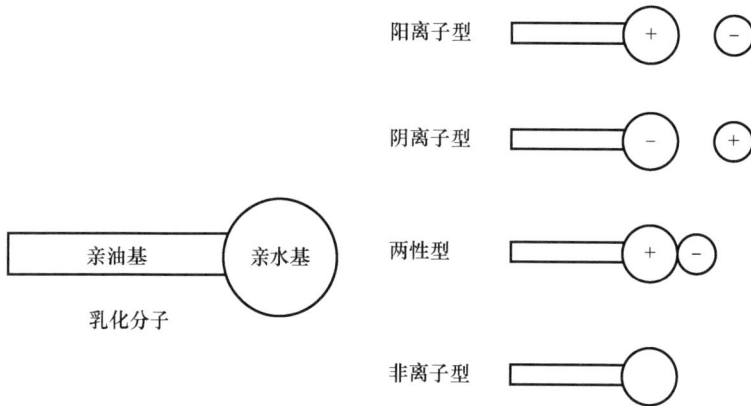

图 5-15　小分子乳化剂的结构类型

可用作乳化剂的物质很多，如甘油脂肪酸酯、磷脂、固醇等，人工合成丙二醇、山梨糖醇脂肪酸酯、纤维素醚等。最常用的乳化剂是甘油单硬脂酸酯，如图 5-16 所示，甘油单硬脂酸酯同时包含了亲脂性的脂肪酸碳氢链和甘油上余下的两个亲水性羟基。

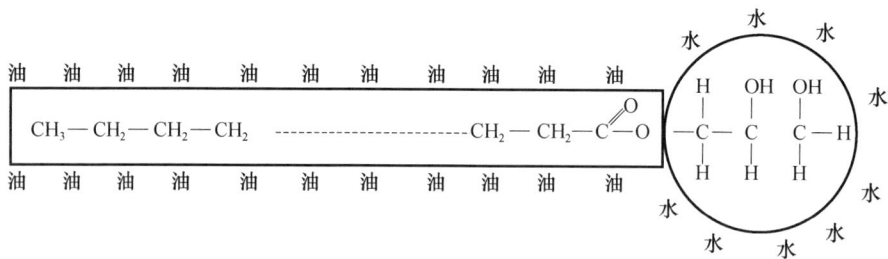

图 5-16　甘油单硬脂酸酯

2）固体粉末类乳化剂

固体粉末是很有意义的一类乳状液稳定剂，如芥末、氢氧化镁粒子等均可吸附在油水界面，防止液滴的聚结。以固体粉末为乳化剂时，稳定性主要取决于界面膜的机械强度。固体粉末能形成 O/W 型乳状液者，其必然较易为水所润湿，同样形成 W/O 型乳状液者较易为油所润湿。

根据润湿理论，固体粉末在界面上所表现的性质，决定于它被水和油所润湿的情况，即决定于三个界面张力：固-水界面张力、固-油界面张力和油-水界面张力。只有当油-

水界面张力大于另两个界面张力之和或三个界面张力中没有一个大于其他二者之和时，固体粉末才可能处于油-水界面，起乳化作用。

3）大分子型乳化剂

大分子型乳化剂主要包括蛋白质和多糖类物质。

（1）蛋白质。蛋白质一般由疏水性氨基酸基团和亲水性氨基酸基团构成，由于疏水基和亲水基的平衡使蛋白质显示出表面活性。酪蛋白、大豆蛋白和菜籽蛋白等都具有良好的乳化性。

（2）多糖类物质。亲水胶质或植物胶质的多糖类，因可以增加连续相的黏度，有时还可以在油滴表面生成坚固的界面膜，所以可作为 O/W 型乳化液的稳定剂。

3. 乳化剂的选用

选择乳化剂时应根据其性质、乳化效果及经济性等各方面综合考虑。一般乳化剂应符合以下要求。

（1）无毒、无味、无色。

（2）可以降低表面张力。

（3）可以很快地吸附在界面上形成稳固的膜。

（4）不易发生化学变化。

（5）亲水基和憎水基之间有适当的平衡。

（6）要求在低浓度时也可以发挥作用，还要价格便宜。

在食品、制药工业中，乳化剂必须同时具备下列条件。

（1）无毒。

（2）无臭、无味。

（3）无色。

（4）在加工、运输、贮藏条件下，物理性质和化学性质稳定。

（5）价格便宜。

5.4.3　乳化方法及其选择

1. 乳化的基本方法

乳化液是热力学上的不稳定体系，必须提供一定量的机械能使一相分散于另一相之中，所用的机械力一般为剪切力。机械力可以在一定的条件下使乳化物的内相液滴变小并分散于外相之中，而在另一条件下可以使已经分散了的内相物聚集变大。因此，关键是要控制操作条件，这些条件包括温度、时间、两相的组成比例、乳化剂及其他助剂的正确选择和适当的添加量等，甚至投料次序也是一个重要的影响因素。

乳化的方法基本上可以分为凝聚法和分散法两种。

1）凝聚法

凝聚法是将成分子状态分散的液体凝聚成适当大小的液滴的方法。例如，把油酸置于乙醇中溶解成分子状态，然后加到大量的水中并不断搅拌，则油酸分子将凝聚析出而成乳化分散物。此外，将液体 A 先在另一液体 B 中溶解成过饱和溶液，然后此过饱和溶液在一定条件下被破坏，就可获得乳化分散物。

2）分散法

分散法是将一种液体加到另一种液体中，同时进行强烈搅拌而生成乳化分散物的方法。这是以机械力强制作用使之分散的方法，主要有以下几种。

（1）机械强制分散法。简单地将两种不互溶液体混合起来，一般不会自动形成乳化液，借助于机械作用（如搅拌等）可以形成分散的乳化液。一般的搅拌作用得到的乳化液的稳定性不会很好，普通机械搅拌的微粒化程度有限，只有通过进一步的均质化作用，才可以改善乳化液的稳定性。

机械强制分散法是制取乳化液制品的主要方法之一，均质机、胶体磨都有很大的剪切力，很适合用来制取流动性较好的乳化体系。对于流动性差的乳化体系，也可以通过机械强制分散法制取。

（2）同时乳化法。这是进行两次混合乳化的方法。例如，先将脂肪酸和碱分别溶解于油相和水相，然后将其混合并搅拌，从而在界面上形成乳化剂进行乳化。由于组成乳化剂的成分事先完全溶解，故所得的为较均匀的乳化液。

（3）转相法。要制取 O/W 型乳化液时，应先将乳化剂溶解于油相，以后每次加少量水，最初成为均匀的 W/O 型乳化液。加水到接近转相点时，进行充分搅拌，至完全转变成转相物之后，加余下的水稀释到所要求的乳化液。如果制取的是 W/O 型，则过程相反，人造奶油的制造也可采用此法。

（4）浆体法。制取 O/W 型乳化物时，在少量的水中加入全部乳化剂，然后每次加少量油，制成非常黏稠的浆体。经充分搅拌，使油相成微滴分散后，将其加到全部的水相中进行稀释，此法的操作要点与转相法相似。

（5）自然乳化法。自然乳化法指乳化时不要求强烈搅拌为特点的方法。将乳化剂全部溶解于欲乳化的油相中，将其加入水中，不经搅拌而发生乳化作用。此法所选择的乳化剂极易溶于油相，因此在水相和油相之间的界面张力非常小的场合下方为有效。

以上基本方法在实际应用时，根据不同要求可将几种方法加以组合或做一定的改变。

分散乳化法在实际生产中，根据乳化剂加入方法的不同，可分为三种类型。

① 乳化剂在油中：先将乳化剂溶于油相，进行加热，然后在搅拌条件下，将温水加入混合物中。此条件形成 W/O 型乳化液。若再继续加入水，可得到 O/W 型的乳化液，此过程称为乳化液的转相。

② 乳化剂在水中：将乳化剂溶于水中，在强烈搅拌下将油加入。利用这种方法，可直接生产 O/W 型乳化液。若想得到 W/O 型乳化液，则继续加油直至发生转相。

③ 轮流加液：每次取少量油或水，轮流加入乳化剂中。这种方法特别适用于制造含油量高的 O/W 型乳化液，乳化液在乳化后，还必须经过后处理，如均质、巴氏杀菌、冷却降温等，以使制品达到生产要求。

2. 确定乳化方法时的注意事项

（1）选用的乳化剂应有利于制取所要求的乳化液的型式，即 O/W 型或 W/O 型。

（2）相的体积百分比对形成乳化液的形式有影响。体积大的相易形成外相，体积百分率超过 50%的相很难形成以此相为内相的乳化液。

（3）温度升高，表面张力和黏度都将下降，有利于乳化过程。但是，温度上限要根据原料的热敏性而定。

5.4.4 乳化设备及其安装、使用与维护

根据制备乳化液时所采用的机械力的效果、液滴分散和聚合的速度及空气混入对乳化液的影响等，乳化设备一般可分为以下几类。

（1）以乳化剂的乳化作用为主的设备——搅拌乳化器。

（2）以机械剪力为主的设备——胶体磨、均质机。

（3）依靠其他乳化原理工作的设备——超声波乳化器等。

搅拌乳化器主要是指前面讨论过的搅拌混合器，是以乳化剂的乳化作用为主的设备。原则上，搅拌混合器均可作为乳化器，但均有其局限性。下面主要介绍专用的乳化设备。

1. 胶体磨

1）胶体磨的作用

胶体磨是对以乳浊液为基础的组成物进行精细研磨、粉碎、均质、乳化及混合等处理，并将物料加工成胶体或近似于胶体的机械。它也可把固体颗粒粉碎到胶体粒子的大小。处理后物料粒度一般可达 2～50μm，因此，胶体磨是一种较为理想的精细加工设备。

2）胶体磨的结构及工作原理

胶体磨由一固定的表面（固定体）和一旋转的表面（转动件）所组成，两表面间有可调节的微小间隙，物料就在此间隙中通过。当物料通过间隙时，由于转动件高速旋转，附于旋转面上的物料速度很大，而附于固定面上的物料速度为零。其间产生急剧的速度梯度，使物料受到强烈的剪力和湍动，从而产生乳化作用。

胶体磨有卧式和立式两类，卧式胶体磨的结构如图 5-17 所示。它的转动件随水平

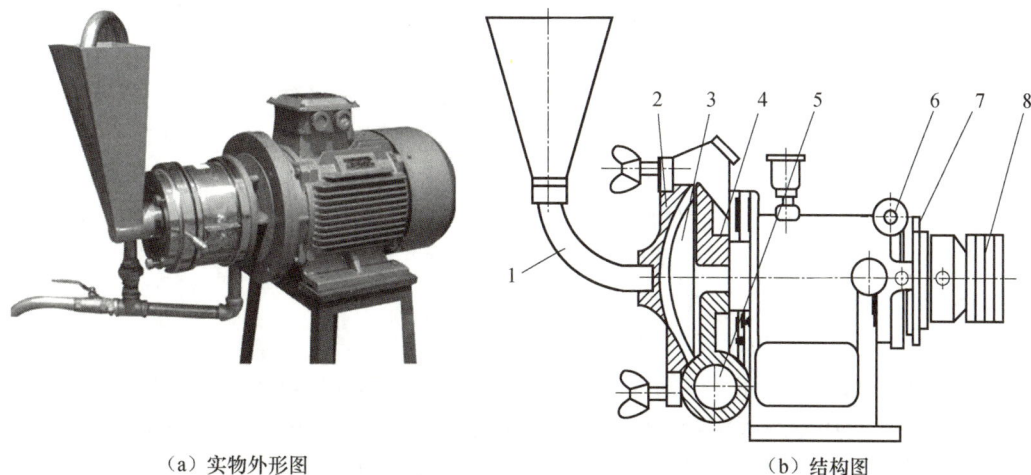

（a）实物外形图   （b）结构图

1.进料口；2.工作面；3.转动件；4.固定件；5.卸料口；6.锁紧装置；7.调整环；8.带轮。

图 5-17 卧式胶体磨

轴旋转,固定件与转动件之间的间隙一般为 50～150μm,依靠转动件的水平位移来调节。料液从旋转中心处进入,流过间隙后,从四周卸出。转动件的转速为 3000～15 000r/min,这种胶体磨适用于黏度较低的物料。

对于黏度较高的物料,可采用立式胶体磨。立式胶体磨的结构如图 5-18 所示,转速为 3000～10 000r/min,这种胶体磨在卸料和清洗时都很方便。

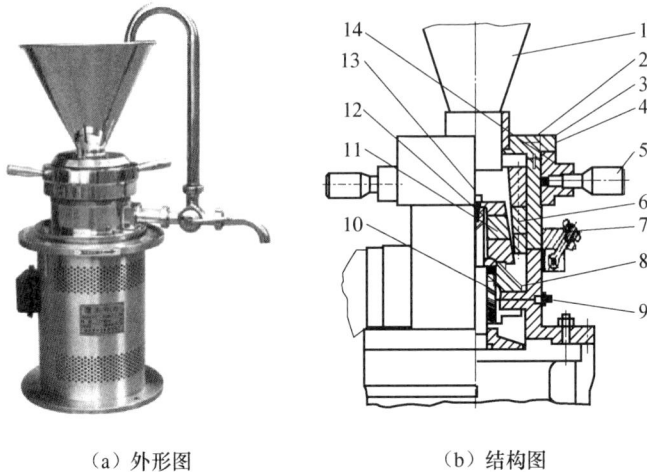

（a）外形图　　　　　　　　（b）结构图

1. 料斗；2. 刻度环；3. 固定环；4. 紧固螺钉；5. 调节手柄；6. 定盘；7. 压紧螺钉；8. 离心盘；9. 溢水嘴；
10. 机械密封；11. 动盘；12. 对称轴；13. 中心螺钉；14. 调节环。

图 5-18　立式胶体磨

3）胶体磨的特点

（1）结构紧凑,占地面积小。

（2）设计合理,装拆方便,便于清洗。

（3）运转平稳,噪声小。

（4）主要工作部件定子、转子均采用特殊工艺加工而成。硬度一般为 50～70HRC,耐磨性能好,韧性强,利于剪切。

（5）调节方便。定子与转子之间的间隙可通过调整手柄进行任意调节（精度高的则采用多级微调机构,精度可达 0.001mm）。

（6）除底座是铸铁外,其他零部件全部采用不锈钢制成。耐酸、碱,抗腐蚀,无毒。

（7）一般大于 50 号的胶体磨均配有冷却系统,可控制被加工物料的温度,保证加工物料不致因温度过高而影响成品的质量。

（8）可与多种加工生产线配套使用。

4）胶体磨的安装与调试

（1）设备水平安装在平整的混凝土基础上,并用地脚螺钉固定。

（2）使用前用专用扳手转动转子,检查与定子是否接触,有无卡死现象。

（3）检查电源线,接通电源,并注意转子旋转方向应与箭头所示一致。

（4）接通冷却水,并注意进水和出水标志。

（5）启动电动机，并检查是否有噪声、振动。如声音异常，应立即停机，经检修后才可再度运转。

（6）乳化结束后，清洗定子和转子内残余物料时，应在运转状态下进行。

（7）不能加工干燥的固体物料，只能进行湿磨。

（8）研磨前应对物料进行除杂。

（9）应根据试验确定产品的研磨工作间隙。

（10）使用过程中应经常检查胶体磨的工作情况，如遇异常情况，应立即停机检查，并及时加以维修。

（11）胶体磨用毕或短期内不用，应涂油保养，以防锈蚀。

2. 均质机

均质设备是对液体物料进行分散处理的机械。通过均质作用可使液体物料的组成变得均匀一致；在某些生产中，还可通过均质来改变物料的物理化学性能，使产品更符合工艺要求，进而提高产品的质量。因此，均质机的功能有以下几个方面。

（1）使产品颗粒减小。

（2）使产品均匀性得到改善。

（3）使产品质量提高，并得以稳定。

（4）使产品具有较高的吸收性能。

（5）使产品黏度发生变化。

（6）可减少添加剂的用量。

以下介绍几种常用的均质机。

1）高压均质机

（1）高压均质机的结构及工作原理。高压均质机主要由高压泵和均质阀等组成。高压泵多采用三柱塞往复泵，均质阀安装在高压泵的排出管路上。

高压均质机的关键部分是均质阀，均质阀的结构如图 5-19 所示。

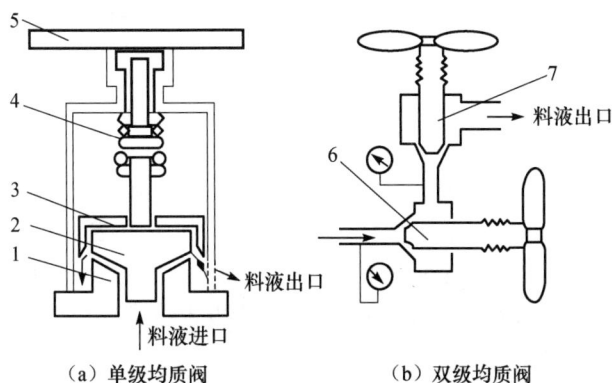

（a）单级均质阀　　　　（b）双级均质阀

1. 阀座；2. 阀盘；3. 挡板环；4. 弹簧；5. 调节阀柄；6. 第一级阀；7. 第二级阀。

图 5-19 均质阀结构示意图

高压均质机加工的原料一般为乳化液或悬浮液。原料经高压泵获得高压后被推入均质阀。均质阀处料液通道为一环形间隙，间距很小，流体在做高速流动时，在均质阀中产生很大的压力差，在均质机头缝隙处发生气涡、湍流和剪切作用，从而达到均质效果。高压均质机适用于乳化液或悬浮液的均质处理。

高压均质机的工作压力和流量范围很大，乳品工业上常用的工作压力为 14～21MPa。近年来，由于超高压技术的发展，利用超高压（200～400MPa）可破坏液体物料中的细菌体，从而达到杀菌的目的，与常规的高温杀菌方法相比，有着无比的优越性。

实验发现，全乳在 60℃时进行均质，所得均质牛奶中脂肪球的平均直径 d_p 和均质压强 Δp 之间的关系可用经验公式（5-16）表示：

$$d_p = \frac{12}{\sqrt{\Delta p}} \tag{5-16}$$

式中，d_p——脂肪球的平均直径，μm；

　　　Δp ——均质压强，Pa。

由式（5-16）可根据均质要求确定牛奶的均质压强。

有时为了改善乳制品的乳化分散性，采用双级均质，即物料经压力较高的一级均质之后，立即做压力较低的第二级均质处理。

（2）高压均质机的使用与维护。

① 高压均质机不适用于含大颗粒的悬浮液和高黏度、高浓度的料液，否则会引起阀体阻塞，电动机过载，阀芯磨损过快，甚至损坏机器。

② 生产完毕后必须将泵体和均质阀清洗干净，以免残存物料腐败而污染泵体和均质阀。

③ 清洗、消毒时，必须选择适当的化学试剂，以保护不锈钢材料，保证设备精度。

④ 设备不得空运转。

⑤ 启动前，应检查各紧固件及管路接合是否紧固可靠。

⑥ 启动前应先接通冷却水，使柱塞往复运动时有充分的冷却水冷却。

⑦ 泵与曲柄机构的运动部分应保持润滑良好。

⑧ 泵体的活门与活门座的密封锥面是否接触良好，将直接影响到预期的压力，应经常检查其接触面是否良好。若发现有毛口或磨纹，应及时进行修磨。

2）离心式均质机

离心式均质机是依靠高速离心分离达到分离杂质的目的，同时具有均质功能。它适用于低脂肪、低黏度的液体物料。离心式均质机的转鼓如图 5-20 所示。转速一般为6000r/min 左右，牛奶从上方进入，在转鼓内分离，奶油流向中央再导入稀奶油室，在此处与一个特殊圆盘相遇，圆盘上有刀刃状的突起，如图 5-21 所示。当圆盘在稀奶油室固定旋转时，稀奶油则以很高的速度围绕它旋转，这样就产生一种空穴作用，使脂肪球被打碎，与脱脂乳一起流出。若脂肪球的破碎程度未达到要求，可返回稀奶油室进一步打碎，直至完全均质为止。

3）高剪切均质机

高剪切均质机的结构如图 5-22 所示。它是利用高速旋转的剪切动轮和静止剪切轮配合，将料液和混合物进行高速剪切混合，以实现均质、乳化、拌和等目的。高剪切均质机特别适用于食品、化工、制药等领域料液的均质。

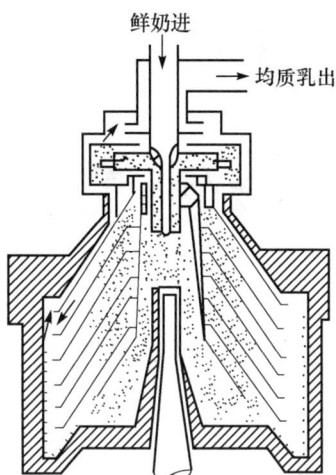

图 5-20 离心式均质机的转鼓

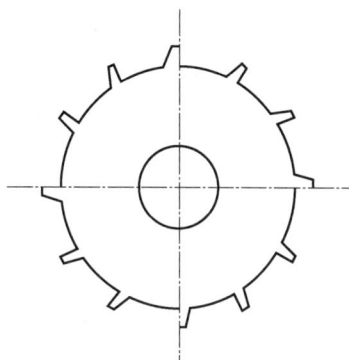

图 5-21 带齿圆盘

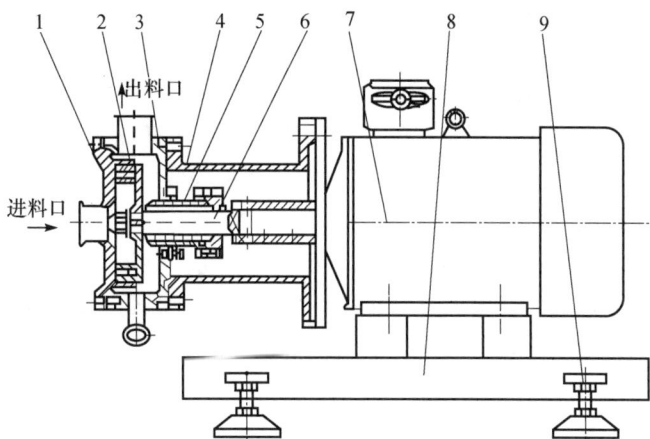

1. 定子；2. 转子；3. 壳体；4. 支架；5. 机封；6. 主轴；7. 电动机；8. 底座；9. 支脚。

图 5-22 高剪切均质机结构示意图

3. 超声波乳化器

超声波是指频率大于 16kHz 的声波。利用超声波可使两种互不相溶的液体之一分散于另一种液体之中而形成乳浊液。

当声波遇到障碍时，它对障碍物起着迅速交替的压缩和膨胀作用。所以当物料被高能量超声波冲击时，物料中每一局部小区域都处于压缩和膨胀的交替作用之下。在膨胀的半个周期内，物料受到张力作用，物料中存在的气泡发生膨胀；而在压缩的半个周期内，此气泡将被压缩。当压力的变化很大而气泡很小时，压缩的气泡就急速崩溃，对周围产生巨大的复杂应力，这种现象称为"空蚀"。空蚀作用可能释出相当大的能量，空蚀作用也可能发生在没有气体存在的物料中。低频超声波最有利于产生空蚀作用。

对于乳化液中悬浮的液滴，若空蚀作用发生在两相界面上，液滴便受到巨大应力而分散为更细的液滴，形成更为稳定的乳化体系，这就是超声波乳化的基本原理。

超声波通常由机械系统所产生，最普通的机械式超声波乳化器如图 5-23 所示。这种装置有一边缘呈楔形的簧片置于喷嘴的前方。液体被泵送经喷嘴成为射流，冲击簧片前缘，使簧片振动。

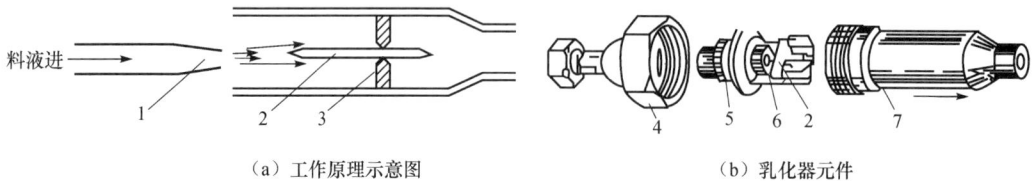

料液进

1   2   3   4   5 6 2   7

（a）工作原理示意图   （b）乳化器元件

1. 矩形缝隙；2. 簧片；3. 夹持装置；4. 底座；5. 可调喷嘴体；6. 喷嘴；7. 共鸣钟。

图 5-23 超声波乳化器

通常簧片有一个或数个节点固定，簧片以其自然频率引起共振，并将超声波传给液体。声波强度虽不大，但足以使簧片附近的液体内部产生空蚀作用，从而达到乳化的目的。

超声波乳化与一般机械乳化相比具有以下优点。

（1）所形成的乳液平均液滴尺寸小，可为 0.2～2μm；液滴尺寸分布范围窄，可为 0.1～10μm 或更窄；浓度高，纯乳液浓度可超过 30%，外加乳化剂浓度可高达 70%。

（2）超声波乳化的一个重要特点就是可以不用或少用乳化剂而得到极稳定的乳液。

（3）超声波乳化，在某些声场条件下，O/W 型和 W/O 型乳液都可制备，而采用机械乳化时只有乳化剂的性质才能控制乳液的类型。

超声波乳化器与搅拌桨、胶体磨、均质机等传统乳化器相比，具有乳化质量好、生产效率高、成本低等优点，在食品、造纸、油漆、化工、医药、纺织、石油、冶金等许多工业处理中已越来越多地得到应用。

4. 乳化设备的安装、使用与维护

1）乳化设备的安装与调试

（1）安装前应检查机体内有无杂物、金属屑等有损设备的物质混入。

（2）应安装安全接地电气装置。

（3）在该设备的进口、出口与工艺管路连接之前，应清洗工艺管路，确保无焊渣、金属屑、玻璃屑、石英砂等有损设备的硬物质。

（4）设备的安装位置应靠近容器，以使管路简单，并尽可能减少弯头等管件，从而减小流动阻力。

（5）安装设备时，进、出口管道采用快装式卡箍活接结构。

（6）调试开机前，首先转动主轴，手感应轻重均匀、灵活、无摩擦声和异常声。

（7）在上述工作均完成后，启动电源，反复开关查看电动机转向是否与主动轴的转向标志一致，严禁反转、空转。若运行正常即可使用。

2）乳化设备的使用与维护

（1）开机前，先连接好机械密封的冷却水。停机时，先关机再切断冷却水。冷却水的压力小于等于 0.2MPa。物料必须进入工作腔内方可开机，并保证在不断料的情况下运行，以免空转使机械密封件因高温烧坏或影响使用寿命。

（2）确认接通机械密封冷却水后，启动电动机，电动机转向应与主动轴的转向标志一致，严禁反转。

（3）使用时，液态物料必须连续输入或在容器内保持一定量。若物料流动性较差，设备的进口要配输送泵，防止空机运转，以免物料在工作腔内产生高温或结晶固化而使设备受损。

（4）严禁金属屑或坚硬的杂物进入工作腔内，以免造成定子、转子及设备的毁灭性损坏。

（5）运转过程中一旦出现异常声音或其他故障，应立即停机检查，待故障排除后再运转。停机后应将工作腔内及定子、转子清洗干净。

（6）在易燃、易爆的工作环境中使用设备时，必须选用相应级别的防爆电动机。

（7）生产完毕后，必须将设备清洗干净，既可保持定子、转子的工作效率，又能保护机器的密封性。

（8）根据使用的介质不同，进出口过滤器必须做定期清洁。进入工作腔内的物料必须是流体，不允许有干粉料、团块物料直接进入机内，否则会损坏设备。

（9）定期检查定子、转子，若发现磨损严重，应及时更换相应的部件，以保证分散、乳化的效果。

（10）运转过程中，若发现渗漏现象，必须在停机后调节机械密封的压力。

3）乳化设备的常见故障及排除方法

以高剪切均质机为例介绍乳化设备的常见故障及排除方法，如表5-2所示。

表5-2 乳化设备的常见故障及排除方法（以高剪切均质机为例）

故障	原因	故障排除
不出料或出料过少	阀门没开或进、出料管路堵塞	打开阀门，清理有堵塞的管路
	管路流程复杂，阻力过大	简化、缩短管路
	设备反转	调整电动机的电源连接线路
	物料的黏度过大	设备进料口增设输送泵或稀释物料
设备振动发出金属摩擦声	受到金属等硬质物料的冲击，造成主轴偏心	清除硬杂质，更换主轴
	受到金属等硬质物料的冲击，造成定子、转子轻微变形	清除硬杂质，修复或更换定子、转子
设备突然不运转转盘不动	受到金属屑等硬质物料杂质的冲击，造成主轴偏心或定子、转子变形而咬死	清除硬杂质，修复或更换定子、转子
	物料黏性过高或进口前端输送流量过载跳闸或电动机烧坏	调整物料的黏性，选择流量匹配的送料泵或调整送料泵流量
泄漏	静密封圈损坏	更换静密封圈
	密封工作面受力不均	调整密封工作面的受力
	机械密封泄漏	更换机械密封件或动、静环O形圈

5.4.5　常用乳化系统简介

乳化系统由乳化设备、辅助设备、管路及控制部件等构成。通常有间歇式和连续式两种。一般小型生产厂家多采用间歇式，生产能力大的厂家多采用连续式。

1. 间歇式乳化系统

间歇式乳化系统如图 5-24 所示。此系统主要由油相和水相的预混合罐和乳化罐及搅拌、均质、后处理设施等组成。操作时，两相先分别在乳化罐进行混合，经过均质、冷却等处理，最后得到稳定的乳化液。图 5-24 中的料锅盖为自动升降式，水、油锅中的物料通过输送管道可在真空状态下直接进入乳化锅，出料方式有乳化锅翻转式及锅底阀放料式等。间歇式乳化系统通过电热管对锅夹层内的导热介质进行加热来实现对物料的加热，加热温度可任意设定，并实现自动控制。在夹层内接入冷却液即可对物料进行冷却，操作简单、方便，夹层外设有保温层。均质系统和搅拌系统可分开使用，也可同时使用。物料的微粒化、乳化、混合、调匀、分散等可于短时间内完成。

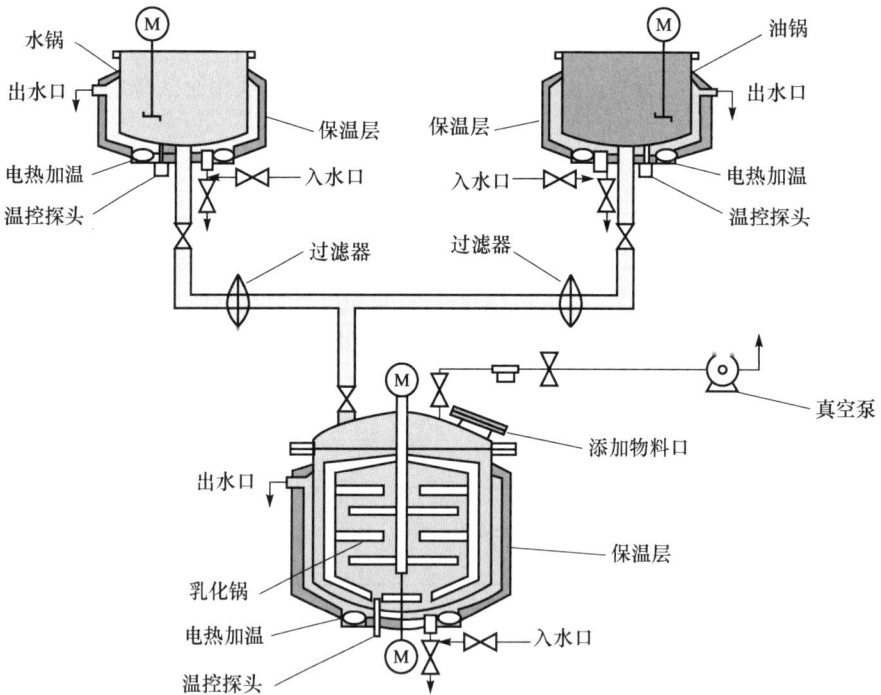

图 5-24　间歇式乳化系统

2. 连续式乳化系统

连续式乳化系统工作流程如图 5-25 所示，油相和水相经预混合后经计量泵送入乳化罐进行连续的混合、均质、冷却等处理。必要时，还可以进行机械后处理。连续式乳化系统的主要优点如下。

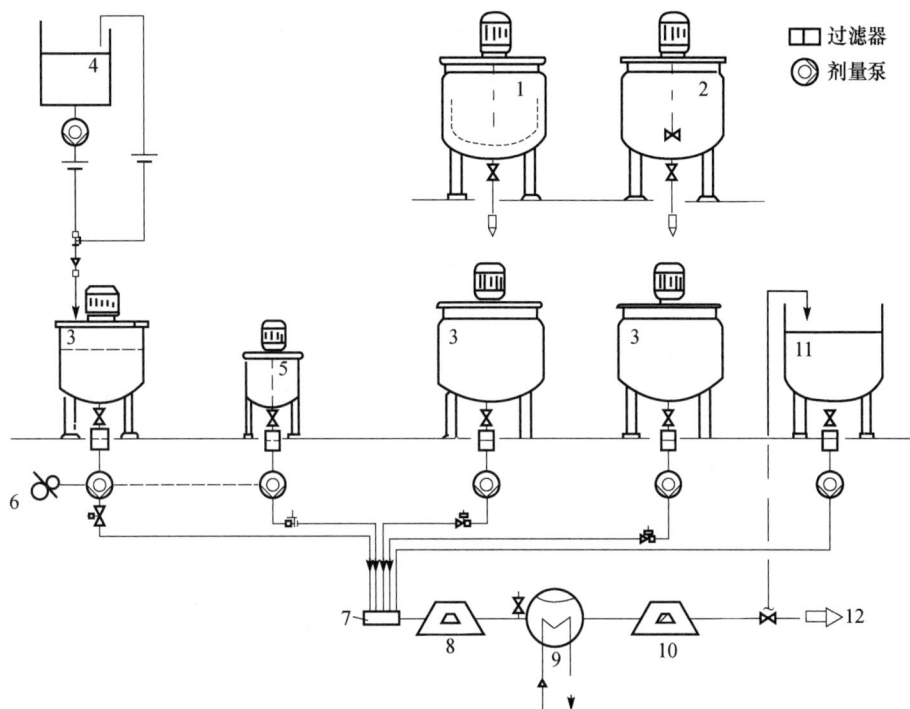

1. 油相预混合；2. 水相预混合；3. 中间贮缸；4. 其他配料；5. 香料及活性成分；6. 可变速计量泵；7. 预混合器；
8. Ⅰ号均质机；9. 刮板式换热器；10. Ⅱ号均质机；11. 回流；12. 成品。

图 5-25　连续式乳化系统工作流程

（1）可以得到稳定、连续的最终产品。

（2）可以同时进行生产和包装。

（3）有利于生产过程中参数的调控，以实现生产自动化。

思考题

1. 什么叫混合？简述混合操作的作用机理。

2. 图示说明各种典型混合设备的组成、结构、工作原理及适用场合。

3. 影响搅拌器轴功率大小的主要因素有哪些？试做具体分析。

4. 什么叫乳化？有何意义？

5. 乳化的机理是什么？

6. 乳化剂的作用是什么？

7. 根据乳化剂加入方法的不同，乳化操作主要有哪几种方式？

8. 乳化液可分为哪几种类型？

9. 影响乳化液稳定性的主要因素有哪些？试做具体分析。

10. 图示说明胶体磨的构造、工作原理及适用场合。

11. 图示说明高压均质机的结构、工作原理及适用场合。

12. 图示说明离心式均质机的结构、工作原理及适用场合。

13. 简述超声波乳化器的工作原理及特点。

14. 图示说明高剪切均质机的工作原理及操作要点。

练习题

1. 在一标准构型的搅拌装置内混合某种溶液。已知叶轮直径 d 为 0.61m，转速 n 为 90r/min。操作条件下，溶液的密度 ρ 为 1500kg/m³，黏度 μ 为 1.4×10^{-2}Pa·s。试求所需的搅拌功率。

2. 在一标准型的搅拌槽内搅拌某悬浮液。液体的密度 ρ 为 1800kg/m³，黏度 μ 为 40Pa·s，搅拌槽直径 D 为 1.2m。已知要达到预期的搅拌效果需要叶轮的叶端速度为 3m/s。求叶轮的转速及所需要的功率。

3. 若利用高压均质机对 60℃的牛奶进行均质，牛奶中脂肪球的平均直径从 3.5μm 减至 1μm，试计算均质所需的压强。

4. 牛奶在 60℃时进行均质，已知其均质压强为 144MPa，求最终脂肪球的平均直径。

第6章

热 量 交 换

6.1 工业中的传热过程及换热方法

6.1.1 工业中的传热过程

1. 工业中的传热过程及其应用

热量交换

热量传递过程，简称传热，它是指不同温度的两个物体之间或同一物体的两个不同温度部位之间所进行的热传递，是自然界和工程技术领域中极为普遍的一种能量传递过程。

在食品工业中，大多数食品物料的加工都需要控制在一定的温度条件下进行，为了达到或保持所需要的温度，通常需要对物料进行加热或冷却。这种热量交换可作为一种单元操作，与其他单元操作结合在一起，或作为其他单元操作的一部分进行。对食品进行加热、冷却等，可杀菌、抑菌，钝化酶的活性，便于食品保藏。食品原料在加工中完成生化变化及液体食品的浓缩、干制食品的脱水等均离不开传热。

根据目的不同，传热过程在工业生产中的应用主要有两个方面。

（1）强化传热过程。在单位时间内、单位传热面积上传递的热量越多越好。要求设备传热性能良好，以达到挖掘传热设备的潜力或缩小设备尺寸的目的。

（2）削弱传热过程。当设备或管道的壁温高于或低于环境温度时，必将引起热量或冷量的交换而产生损失，这就需要保温，使单位时间、单位传热面积上传递的热量或冷量越少越好。这样可以减少热损失，节约能源，维持操作稳定，改善操作人员的劳动条件等。

2. 工业中的传热过程实例

1）热杀菌

图 6-1 所示为液态物料（乳品、饮料等）在加工过程中的杀菌装置——UHT 杀菌机组。主要部件为管式热交换器。料液在内管内流动、加热介质在内管外的环隙内流动。加热介质通过内管壁对料液进行加热，使料液温度升高到一定程度而达到杀菌的目的。

2）保温

图 6-2 所示是管道的保温。在生产中，对于温度较高（或较低）的管道和反应器等高（低）温设备，需要采取绝热措施，其目的在于减少热（冷）量的损失，以提高换热操作的经济效益；维护设备正常的操作温度，保证生产在规定的温度下进行；可降低车间的操作温度，改善劳动条件。为此，在设备的外壁包上一层导热系数较小的绝热材料，以增加热阻，减少设备外壁与周围环境的热交换。

图 6-1　UHT 杀菌机组

图 6-2　管道保温

6.1.2　工业上的换热方法

1. 自然界中传热的基本方式

热量的传递是由于物体内部或物体之间的温度不同而引起的。根据传热机理的不同，传热的基本方式有热传导、热对流、热辐射三种。

1）热传导

热传导简称导热，它是靠物质的微粒相互碰撞将内能由物体的一部分传递到另一部分或从一个物体传递给另一个物体的传热方式。当物体内部或两直接接触的物体间存在温度差时，温度较高处的分子（或原子、自由电子等）因振动而与相邻温度较低处的分子（或原子、自由电子等）发生碰撞，并将能量的一部分传给后者。热传导的特点是物体中的分子或质点不发生宏观的迁移。固体的传热、静止的液体或气体的传热等均属于此类。在层流流体中，传热方向与流向垂直时也为传导。

2）热对流

热对流是物体各部分发生相对位移而将内能进行传递的传热方式。热对流的特点是物体内质点的宏观运动，因此热对流只能存在于流体中。

由于流体中始终存在着热传导过程，故单纯的热对流是不存在的。通常将流体和固体壁面之间的传热称为对流传热，显然，对流传热是包含热传导和热对流的综合传热过程。

在对流传热过程中，若流体的运动是由于受到外力的作用所引起的，则称为强制对流，如对液体搅拌产生的对流。若流体的运动是由于流体内部冷、热部分的密度差异引起的，轻者上浮，重者下沉，则这种对流称为自然对流。

3）热辐射

热辐射既不依靠流体质点的移动，又不依靠分子之间的碰撞，而是借助各种不同波长的电磁波来传递能量的。热辐射的特点不仅是产生能量的转移，而且还伴随着能量形式的转换。当两个物体以热辐射的方式进行热能传递时，放热物体的热能先转化为辐射能，并以电磁波的形式向周围空间发射，当遇到另一物体时，电磁波的辐射能将部分或全部地被该物体吸收，又转变为热能。

任何物体都能把热能以电磁波的形式辐射出去，也能吸收别的物体辐射出的电磁波而转变成热能。波长为 $0.1\sim40\mu m$ 的射线（电磁波）具有磁性质，这一范围的射线称为热射线。

任何物体只要其热力学温度大于 0K，都会以电磁波的形式向外界辐射能量。习惯上，仅将和温度有关的辐射称为热辐射。物体的温度越高，则以辐射形式传递的热量就越多。辐射传热不需要任何介质作媒体，即它可以在真空中传播，这一点与热传导和热对流不同。

实际上，上述三种基本方式在传热过程中很少单独存在，往往是互相伴随着出现。例如，在焙烤食品时，在食品的烘烤区域范围内兼有热辐射、热对流、热传导三种传热方式，并且以热辐射为主。因此，三种基本传热方式在某种场合下是以某种方式为主、另外两种方式为辅的。

2. 工业上的换热方法

热量交换过程简称换热，在食品工业生产中，由于换热的目的和工作条件不同，换热方法可分为以下三类。

1）间壁式换热

间壁式换热是通过固体壁面将冷、热两种流体隔开，热流体先将热量传给固体壁面，再以热传导的方式通过固体壁面，将吸收的热量传给被加热的冷流体以达到换热的目的。它适用于两流体在换热过程中不允许混合的场合。间壁式换热是食品工业上应用最广泛的一种换热方法，采用这种方法的设备类型多种多样。

2）混合式换热

混合式换热是冷、热流体直接接触而进行传热的一种方式。此类换热器只能用于允许冷、热流体直接混合的场合。常见的混合式换热设备有凉水塔、混合冷凝器、喷洒式冷却塔等。混合式换热设备结构简单，设备及操作费用均较低，传热效率高。

3）蓄热式换热

蓄热式换热是在蓄热器内，使冷、热流体交替流过填充物，当热流体流过时，填充物温度升高，贮存热量；而后冷流体流过，填充物中贮存的热量再传递给冷流体，使自身降温，这样反复进行的换热过程。因此，蓄热式换热是反复利用固体填充物积蓄和释放热量而达到使冷、热两种流体换热的一种方法。蓄热式换热设备的优点是结构简单，可耐高温；缺点是设备体积庞大，传热效率低且不能完全避免两流体混合。

6.2 工业换热设备及其选用

6.2.1 工业换热设备的分类

在工业中用于交换热量的设备称为热量交换器，简称换热器，按其用途不同可分为加热器、过热器、蒸发器、冷却器和冷凝器等，见表6-1。

表6-1 按换热器的用途分类

名称	应用
加热器	用于把流体加热到所需的温度，被加热流体在加热过程中不发生相变
过热器	加热饱和蒸汽，使其达到过热状态
蒸发器	用于加热液体，使之蒸发汽化
冷却器	用于冷却流体，使其达到所需的温度
冷凝器	用于冷凝饱和蒸汽，使其放出潜热而凝结液化

根据传递热量过程的不同，换热器可以分为三大类，即间壁式、直接接触式和蓄热式。本节介绍间壁式换热器。

6.2.2 间壁式换热器的分类

间壁式换热器是生产中常见的一类换热器，其特点是在冷、热流体之间用一导热性能良好的壁（常为金属壁）隔开，使冷、热流体在不发生混合的情况下进行热量传递。

根据换热器传热面形状和结构的不同，间壁式换热器有以下类型。

（1）管式换热器：通过管壁面进行传热，按传热管的结构不同，可分为列管式换热器、套管式换热器、蛇管式换热器和翅片管式换热器等。管式换热器应用最广。

（2）板式换热器：通过板面进行传热，按传热板的结构形式，可分为平板式换热器、螺旋板式换热器和板翅式换热器等。

（3）特殊形式换热器：即根据工艺特殊要求而设计的具有特殊结构的换热器，如回转式换热器、热管换热器、同流式换热器等。

6.2.3 间壁式换热器的结构与性能

1. 管式换热器

1）蛇管式换热器

（1）沉浸式蛇管换热器如图6-3所示，即以金属管弯绕制成适应容器的形状，浸没在容器内的液体中，使管内流体与容器内液体隔着管壁进行换热。这种换热器的管外空间较大，造成管外流体流速较小，传热系数不高，传热效率低，对操作条件改变不敏感；但结构简单，维修方便、造价低，能承受较高压力。为提高传热效果，常需加搅拌装置。在食品加工中应用广泛，特别是在乳品工业上，如冷库中的牛奶、奶油、炼乳等制品的加热或冷却常采用这种换热器。

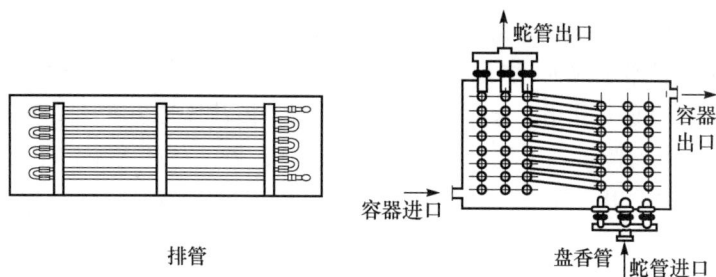

图 6-3　沉浸式蛇管换热器

蛇管形状

（2）喷淋式蛇管换热器如图 6-4 所示，蛇管垂直地固定在支架上，冷却水由蛇管上方的喷淋装置均匀地喷洒在各排蛇管上，并沿着管外表面淋下，经蛇管外表与管内流体进行换热，故通常用作冷却器。

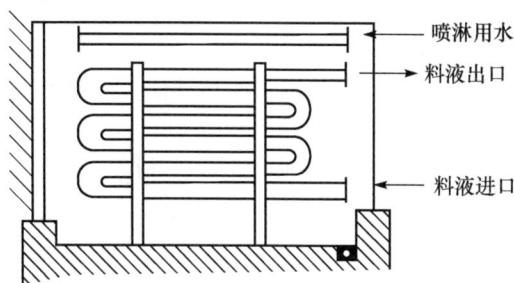

图 6-4　喷淋式蛇管换热器

喷淋式蛇管换热器

与沉浸式相比，管外流体对流传热系数有所提高，传热效果好，所需传热面积、材料消耗和制造成本都较低，便于清洗、维修。它的缺点是体积庞大，设备占地面积大，冷却水耗量较大，喷淋不均匀，且操作时管外有水汽产生，对环境不利，故常安装在室外通风处，常用于冷却管内的热流体。

2）列管式换热器

列管式换热器又称管壳式换热器，是一种通用的标准换热设备。它具有结构简单、坚固耐用、用材广泛、清洗方便、适用性强等优点，在生产中得到广泛应用，在换热设备中占主导地位。

固定管板式换热器是列管式换热器的一种，其结构如图 6-5 所示，由管束、管板、外壳、

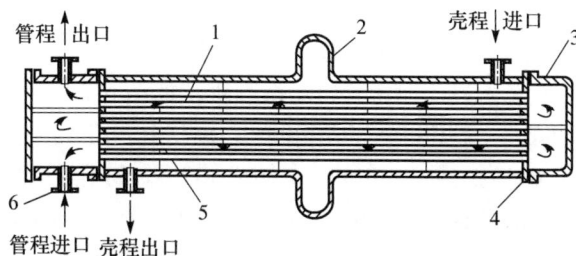

1. 管束；2. 外壳；3. 封头；4. 管板；5. 折流挡板；6. 接管。

图 6-5　固定管板式换热器（带补偿圈）

固定管板式换热器

顶盖（又称"封头"）、折流挡板等组成。管束两端固定在管板上，管子可以焊接在管板上。管束置于外壳之内，两端加封头，并用法兰固定，一种流体流过管内，另一种流体流过管外，两封头和管板之间的空间可作用于分配和汇集管内流体。两流体是通过管壁相互换热的。

为了改善换热器的传热，工程上常用多程换热器。若流体在管束内来回流过多次，则称为多管程。一般除单管程外，管程数为偶数，有二、四、六、八等，但随着管程数的增加，流动阻力迅速增大，因此管程数不宜过多，一般为二、四管程。在外壳内，也可在与管束轴线平行方向设置纵向隔板使壳程分为多程，但是由于制造、安装及维修上的困难，工程上较少使用，通常采用折流挡板，以改善壳程传热。

在壳程中装设折流挡板的作用是提高壳程流体的流速，并引导壳程流体遵循规定的路径流动，迫使其多次流过管束，有利于提高传热系数。折流挡板同时起中间支架的作用。它的形式很多，常见的有圆缺形挡板和盘环形挡板。

由于换热器内管内外温度不同，外壳和管子的热膨胀程度有差别。这种热胀冷缩所产生的应力会使管子弯曲，或从管板上脱落，甚至毁坏换热器。当管壁和壳壁的温度差大于 323K 时，应采取补偿措施以消除这种应力。常用的热补偿方法有补偿圈补偿、浮头补偿、U 形管补偿。

（1）补偿圈补偿是在外壳上焊一个补偿圈。当外壳和管子热胀冷缩时，补偿圈发生弹性变形，达到补偿的目的。如图 6-5 所示，固定管板式换热器最外侧有一个补偿圈。

（2）浮头补偿是使换热器两端管板之一不固定在外壳上，此端称为浮头，当管子热胀冷缩时，可连同浮头一起自由伸缩，与外壳胀缩无关，如图 6-6 所示。

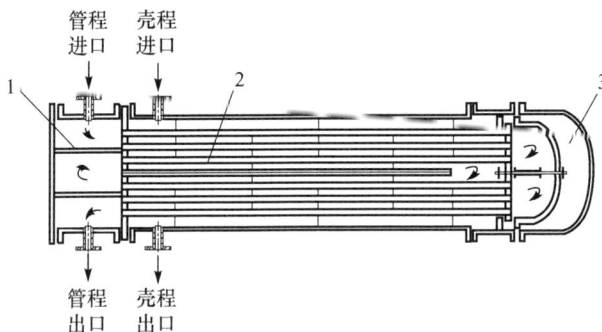

1. 浮头；2. 壳程隔板；3. 管程隔板。

图 6-6　浮头式换热器

浮头式换热器

（3）U 形管补偿是将管子弯成 U 形，管子两端均固定在同一管板上，每根管子可自由伸缩，与其他管子和外壳无关，但弯管内清洗困难，如图 6-7 所示。

列管式换热器的优点是易于制造，生产成本低，适应性强，可选用的材料较广，维修、清洗方便，特别是对高压流体更为适用。它的缺点是结合面较多，易造成泄漏现象。在食品加工中，常用作制品的预热器、加热器和冷却器；在冷冻系统中，可用作冷凝器和蒸发器。

3）套管式换热器

套管式换热器是由两个直径不同的圆筒同心套在一起，然后由若干段这样的套管连接而成，其结构如图 6-8 所示。每段套管称为一程，程数可根据所需传热面积的多少而

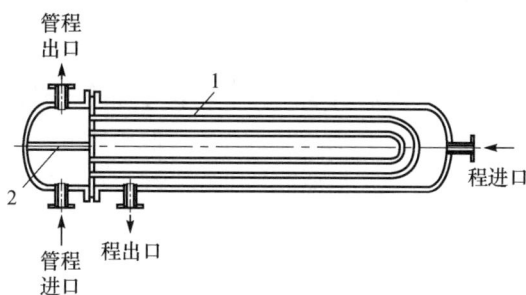

1. U 形管；2. 管程隔板。

U 形管式换热器

图 6-7　U 形管式换热器

增减。每程有效长度为 4～6m。换热时，一种流体在管内流动，另一种流体在环隙中流动，通过内管壁面进行热量交换，因此内管壁面面积即为传热面积。冷、热流体通常做逆流操作。套管式换热器可用作加热器、冷却器和冷凝器。

套管式换热器的优点是结构简单，能承受较大压力，应用灵活；传热面积易于增减；逆流操作，传热效率高。它的缺点是耗材多，管间接头多，易泄漏；占地面积大，难以构成很大的传热面积，故一般适合于流体流量不大、传热负荷较小的场合。

4）翅片管式换热器

翅片管式换热器在换热管的外表面或内表面，或内、外表面同时装有许多翅片。在进行气体的加热或冷却时，当换热的另一方为液体或发生相变时，在气体一侧设置翅片，既可增大传热面积，又可增加气体的湍动程度，提高传热效率，故常用于制品的干燥和采暖装置。空气加热器就属于这种换热器。

常见的翅片形式有纵向翅片、横向翅片和螺旋翅片三种，如图 6-9 所示。安装翅片时，务必使空气能从两翅片之间的深处穿过，否则翅片间的气体会形成死角区，减弱传热效果。

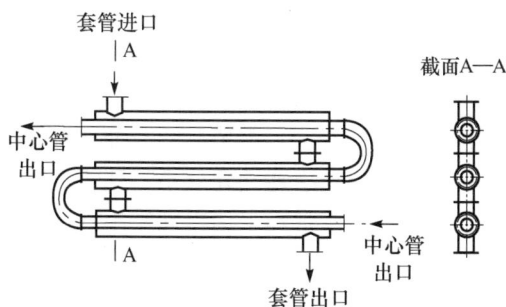

图 6-8　套管式换热器

（a）螺旋和横向翅片　　（b）纵向翅片

图 6-9　常见翅片形式

2. 板式换热器

板式换热器是以板壁为换热面的换热器。常见的有平板式换热器、旋转刮板式换热器、螺旋板式换热器、夹套式换热器等。

1）平板式换热器

平板式换热器又称片式换热器，是一种新型的高效换热器。因为它具有许多独特的优点，故在乳品工业、果汁工业及其他液体食品生产上用作高温短时杀菌设备，也用于液体食品的冷却和真空浓缩。

如图 6-10 和图 6-11 所示，平板式换热器是由若干块长方形薄金属板叠加排列，夹紧组装于支架上构成。两相邻板的边缘衬有垫片，垫片由橡胶等制成，它可保证密封并使板间形成一定空隙。板片四角开有圆孔，形成流体通道。冷、热流体交替在板片两侧流过，通过板片换热。

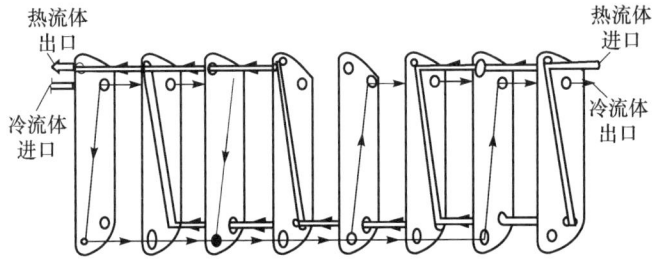

图 6-10 平板式换热器流向示意图

板片是平板式换热器的核心部件，传热板片厚度为 0.5～3mm，两板间距常为 4～6mm。为增强板片刚度，提高流体湍流程度，进而提高传热效率，板片表面都压制出各种波纹。常采用的波纹板片有水平波纹板、人字形波纹板和圆弧形波纹板等，如图 6-12 所示。

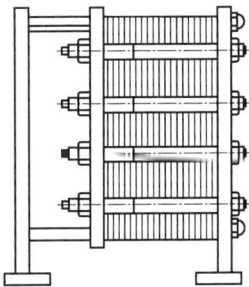

图 6-11 平板式换热器

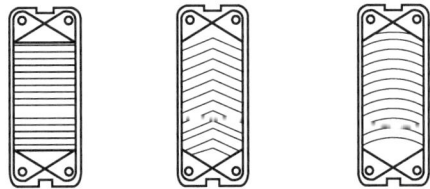

（a）水平波纹板 （b）人字形波纹板 （c）圆弧形波纹板

图 6-12 平板式换热器的板片

平板式换热器的优点是结构紧凑，单位体积的传热面积大；组装灵活方便；有较高的传热速度，可随时增减板数，有利于清洗和维修。它的缺点是处理量小；受垫片材料性能的限制，操作压力和温度不能过高。适用于需要经常清洗、工作空间较小、操作压力小于 2.5MPa、温度为-35～200℃的场合。

2）旋转刮板式换热器

旋转刮板式换热器的特点是被加热或冷却的料液从传热面一侧流过，由刮板在靠近传热面处连续不断地运动使料液呈薄膜状流动，又称刮板薄膜换热器或刮面式换热器。

如图 6-13 所示，旋转刮板式换热器由内面磨光的中空圆筒和带有刮板的内转筒及外圆筒构成。在内转筒与中空圆筒内面之间狭窄的环形空间为被处理料液的通道，料液由一端的接管进入，从另一端接管卸出，进行加热或冷却。内转筒的转速约为 500r/min，安装在外轴承上，在传动侧采用机械密封或填料函密封作为轴封。由金属或塑料制成的刮刀固定在内转筒上。转动时，刮刀在离心力作用下压向传热面，使传热面不断地刮清露出。

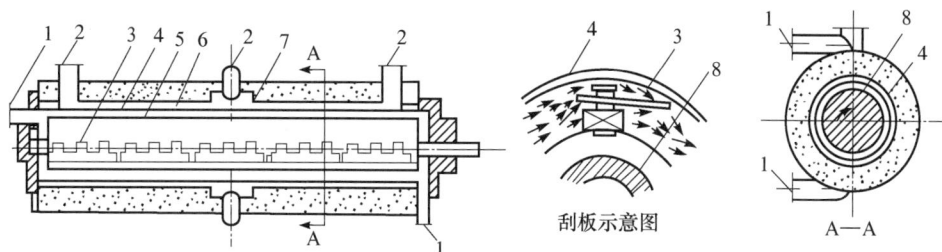

1.料液出入口；2.加热剂（冷却剂）出入口；3.刮板；4.传热壁；5.料液通道；
6.加热剂（冷却剂）通道；7.保温层；8.回转轴。

图 6-13　旋转刮板式换热器

　　旋转刮板式换热器的优点是传热系数高，拆装清洗方便，又是完全密闭的设备。缺点是功率消耗大。在食品加工中，特别适用于人造奶油、冰激凌等的制造。

　　3）螺旋板式换热器

　　如图 6-14 所示，螺旋板式换热器是由两张平行钢板卷制而成的，在其内部形成一对同心的螺旋形通道。换热器中央有隔板，将两螺旋形通道隔开。两板之间焊有定距柱以维持通道间距，在螺旋板两端焊有盖板，冷、热流体分别由两螺旋形通道流过，通过薄板进行换热。

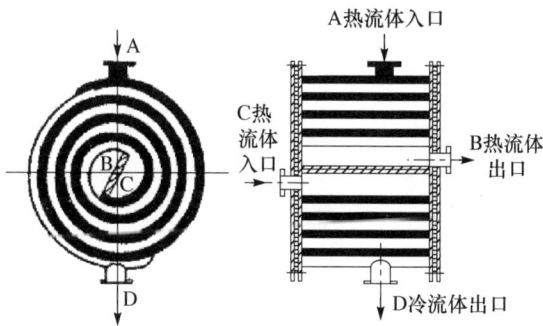

图 6-14　螺旋板式换热器

螺旋板式换热器

　　螺旋板式换热器的优点是结构紧凑；单位体积传热面积大；流体在换热器内做严格的逆流流动，可在较小的温差下操作，能充分利用低温能源；由于流向不断改变，且允许选用较高流速，故传热效果好；又由于流速较高，同时有惯性离心力的作用，故污垢不易沉积。它的缺点是制造和检修都比较困难；流动阻力较大；操作压力和温度不能太高，一般压力在 2MPa 以下，温度不超过 400℃。

　　4）夹套式换热器

　　如图 6-15 所示，夹套式换热器是在容器的外壁安装夹套制成的。夹套与容器之间形成密封空间，为加热（或冷却）介质的通道。夹套通常用钢和铸铁制成，可焊接在器壁上或

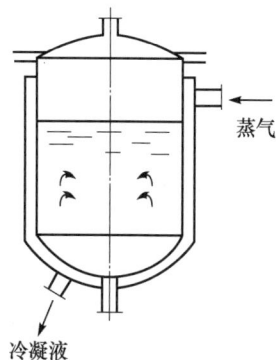

图 6-15　夹套式换热器

211

用螺钉固定在容器的法兰上。器壁就是换热器的传热面。

夹套式换热器的优点是结构简单、制造容易。缺点是传热面积小，器内流体处于自然对流状态，传热效率低；夹套内部清洗困难。夹套内的加热剂和冷却剂一般只能使用不易结垢的水蒸气、冷却水和氨等。夹套内通蒸气时，蒸气由上部连接管通入夹套内，冷凝水由下部连接管排出。当冷却时，冷却水从下部进入，再由上部流出。

6.3　间壁式换热过程分析

6.3.1　流体与固体壁面之间传热过程分析

间壁式换热是食品工业中应用最广泛的传热方式。如图 6-16 所示，热、冷流体在间壁式换热器内被固体壁面（如管式换热器的管壁）隔开，分别在壁面的两侧流动，热量由热流体通过壁面传给冷流体的过程：热流体将热量传给壁面一侧，壁面以导热的方式将热量传到壁面另一侧，再将热量传递给冷流体，即由通过固体壁面的热传导和流体与固体壁面间的热对流组合而成。

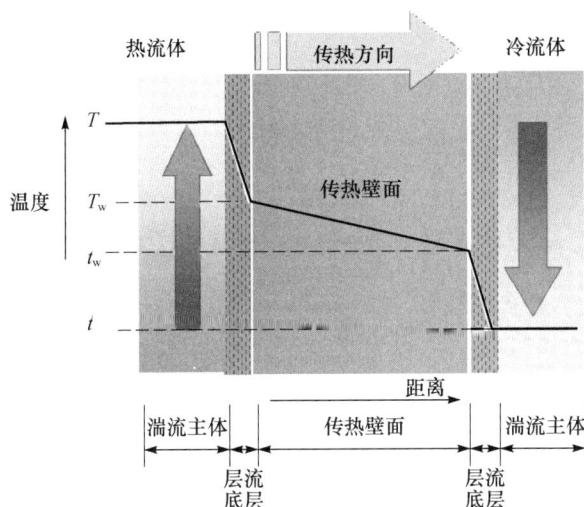

图 6-16　间壁式换热器中的传热过程分析

流体与固体壁面之间的传热是流体质点位移产生的热对流和分子运动所产生的热传导而进行的综合的传热过程，称为对流放热或对流给热。如图 6-16 所示，由于固体壁面附近存在流体层流内层，故对流放热的全过程必然包括热量由流体主体向层流内层外缘的传递过程，以及通过层流内层的传递而到达固体壁面的传递过程，即为流体内湍流主体的热对流和流体质点与固体壁面及流体层流内层的热传导。它是一种复杂的传热现象。

1. 对流传热速度

对流传热与流体的流动状况及流体的性质有关，其影响因素很多。它的传热速度可用式（6-1）表示：

$$Q = \alpha A \Delta t = \frac{\Delta t}{\dfrac{1}{\alpha A}} \tag{6-1}$$

式中，$\dfrac{1}{\alpha A}$——对流传热热阻，K/W；

Δt——流体与壁面（或反之）间温度差的平均值，K；是对流传热的推动力。

式（6-1）是将复杂的对流传热问题，用一简单的关系式来表达，实质上是将矛盾集中在对流传热系数 α 上。因此，研究对流传热系数的影响因素及其求取方法，便成为解决对流传热问题的关键。

对流传热系数反映了对流传热的强度，对流传热系数 α 越大，说明对流强度越大，对流传热热阻越小。对流传热系数 α 不同于导热系数 λ，它不是物理性质，而是受诸多因素影响的一个参数。

2. 影响对流传热速度的因素

（1）流体的种类及相变情况：流体的相态不同，如液体、气体和蒸气，它们的对流传热系数也不相同。流体有无相变，对传热有不同的影响，一般流体有相变时的对流传热系数较无相变时为大。

（2）流体的性质：影响对流传热系数的因素有导热系数、比热容、黏度和密度等。对同一种流体，这些物理性质又是温度的函数，有些还与压强有关。

（3）流体的流动状态：当流体呈湍流时，随着 Re 的增大，层流内层的厚度减小，对流传热系数增大；当流体呈滞流时，流体在传热方向上无质点位移，故其对流传热系数较湍流时为小。

（4）传热面的形状、位置及大小：传热面的形状（如管内、管外、板、翅片等）、传热面的方位、布置（如水平或垂直放置、管束的排列方式等）及传热面的尺寸（如管径、管长、板高等）都对对流传热系数有直接影响。

（5）流体流动的原因：自然对流与强制对流的流动原因不同，其传热规律也不相同。一般强制对流传热时的对流传热系数较自然对流传热时为大。

3. 对流传热系数的计算

对流传热系数的计算十分复杂，没有一个确定 α 的普遍公式。目前工程设计中使用的 α 计算式，大多是通过实验做出的经验公式。这些计算式常整理成无因次数群的关系式，称对流传热系数的关联式。式中用的无因次数群称为准数。当流体稳定对流传热时，计算中常遇到的准数见表 6-2。

表 6-2 准数的名称和意义

符号	准数名称	计算式	意义	各符号含义及单位
Nu	努塞尔准数	$Nu = \dfrac{\alpha L}{\lambda}$	含待定传热系数	α——对流传热系数，$W/(m^2 \cdot K)$； λ——导热系数，$W/(m \cdot K)$； L——传热面的特征尺寸，m

符号	准数名称	计算式	意义	各符号含义及单位
Re	雷诺准数	$Re = \dfrac{du\rho}{\mu}$	表征流动状态的影响	u——流体的流速，m/s； ρ——流体的密度，kg/m^3； μ——流体的黏度，Pa·s
Pr	普朗特准数	$Pr = \dfrac{\mu c_p}{\lambda}$	表示物理性质影响	c_p——流体的比热容，J/（kg·K）
Gr	格拉晓夫准数	$Gr = \dfrac{gL^3\rho^2\beta\Delta t}{\mu^2}$	表示自然对流的影响	g——重力加速度，$9.81m/s^2$； β——流体的热膨胀系数，$\beta=1/t$，1/K； Δt——流体温度与管壁温度的差值，K

由这些准数建立起一系列关联式，求出 Nu，进而求出各种情况下的对流传热系数。使用时一定要注意各关联式的使用范围、特征尺寸和定性温度。

6.3.2　固体壁面中的传热过程分析

在间壁式换热过程中，除了两侧流体与壁面之间的对流传热过程外，还包括热量在固体壁面中的传递过程。由于固体内部的质点不能自由移动，故固体壁面中的热量传递可以视为纯粹的热传导过程。

1. 物质的导热系数

导热系数又称热导率，是表示物质导热能力的物理性质参数。导热系数越大，物质的导热能力越强。不同物质的导热系数不同；同一物质，其导热系数随该物质的组成、结构、密度、温度和压力等而变化。工程计算中所用的各种物质的导热系数，其值都是由实验测定的。一般说来，金属的导热系数最大，固体非金属次之，液体较小，气体最小。

（1）固体的导热系数：在所有的固体物质中，金属是最好的导热体，其导热系数λ等于 2.5～420W/（m·K）。随着金属纯度降低，其导热系数会降低。非金属材料的λ等于 0.06～3W/（m·K），其中λ小于 0.23W/（m·K）的材料可用来作保温材料。

（2）液体的导热系数：液体的导热系数的范围一般为 0.09～0.7W/（m·K）。液态金属的导热系数比一般液体高。在液态金属中，钠的导热系数较高。在非金属液体中，水的导热系数最大。水溶液的导热系数随浓度增高而降低。多数液体的导热系数随温度升高而降低。

（3）气体的导热系数：气体的导热系数一般随温度升高而增大，随压强变化很小（常压范围内）。气体导热系数为 0.0058～0.58W/（m·K）。气体的导热系数很小，对导热不利；但有利于保温、绝热。工业上用的玻璃棉、泡沫塑料等就是因为其间隙有气体而被作为绝热材料的。

2. 导热速度及其计算

导热速度是指单位时间内的以热传导的方式传递的热量，单位 W。根据傅立叶定律，导热速度与温度梯度及传热面积成正比，即

$$Q = -\lambda A \frac{\mathrm{d}t}{\mathrm{d}x} \qquad (6\text{-}2)$$

式中，A——导热面积，指垂直于导热方向上的截面积，m^2；

$\dfrac{\mathrm{d}t}{\mathrm{d}x}$——温度梯度，$K/m$；

λ——材料的导热系数，$W/(m \cdot K)$。

式中的负号表示热流方向与温度梯度方向相反。

1）平壁的热传导

如图 6-17 所示，假设平壁材料均匀，导热系数不随温度而变，平壁内的温度仅沿垂直于壁面的方向变化。两侧表面积为 A，壁厚为 δ。两侧的温度分别为 T_1、T_2，若 $T_1 > T_2$，热量以热传导的方式传热，其导热速度为

图 6-17 单层平壁的热传导

$$Q = \frac{T_1 - T_2}{\dfrac{\delta}{\lambda A}} = \frac{\Delta T}{R} = \frac{传热推动力}{热阻} \qquad (6\text{-}3)$$

$$q = \frac{Q}{A} = \frac{T_1 - T_2}{\dfrac{\delta}{\lambda}} \qquad (6\text{-}4)$$

式中，Q——导热速度，W；

λ——导热系数，$W/(m \cdot K)$；

A——导热面积，m^2；

$T_1 - T_2$——平壁两侧表面的温度差，K；

δ——平壁的厚度，m；

q——单位面积上的传热速度，称为热通量，W/m^2。

实际上，物体内部不同位置上的温度并不相同，因而导热系数也随之不同。但是，在工程计算中，对于各处温度不同的物体，其导热系数可以取固体两侧面温度下 λ 值的算术平均值，或取两侧面温度的算术平均值下的 λ 值。

式（6-3）表明导热速度与传热推动力成正比，与热阻成反比；导热距离越大，导热面积和导热系数越小，热阻越大。

【例 6-1】 普通砖平壁厚度为 500mm，一侧温度为 573K，另一侧温度为 303K，已知平壁的平均导热系数为 0.9W/（m·K），试求：

① 通过平壁的热通量；

② 平壁内距离高温侧 441.8K 处的厚度。

解：① 由式（6-4）有

$$q = \frac{Q}{A} = \frac{T_1 - T_2}{\dfrac{\delta}{\lambda}} = \frac{573 - 303}{\dfrac{0.5}{0.9}} = 486 \, (W/m^2)$$

② 由式（6-4）可得

$$\delta = \frac{\lambda}{q}(T_1 - T_2) = \frac{0.9}{486}(573 - 441.8) = 243 \, (mm)$$

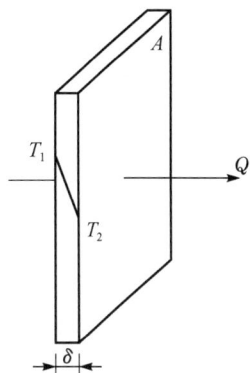

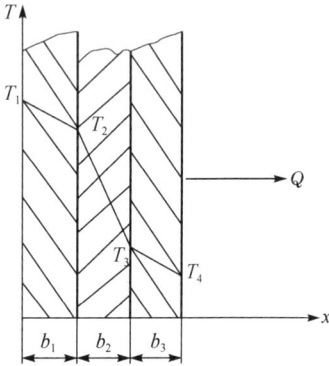

图 6-18　多层平壁的热传导

由计算可知，热量散失很快，壁面越厚，温度降低得越多。

工程上常常遇到多层不同材料组成的平壁，如工业用的窑炉，其炉壁通常由耐火砖、保温砖及普通建筑砖由里向外构成，其中的导热称为多层平壁导热。以图 6-18 所示的三层平壁为例，说明多层平壁导热的计算方法。

由于是平壁，各层壁面面积可视为相同的，设均为 A，各层壁面厚度分别为 δ_1、δ_2 和 δ_3，导热系数分别为 λ_1、λ_2 和 λ_3，假设层与层之间接触良好，即互相接触的两表面温度相同。各表面温度分别为 T_1、T_2、T_3 和 T_4，且 $T_1 > T_2 > T_3 > T_4$，则在稳态导热时，通过各层的导热速度必定相等，即 $Q_1 = Q_2 = Q_3 = Q$。

$$Q = \frac{\Delta T_1}{R_1} = \frac{\Delta T_2}{R_2} = \frac{\Delta T_3}{R_3} = \frac{\Delta T_1 + \Delta T_2 + \Delta T_3}{R_1 + R_2 + R_3} \tag{6-5}$$

$$Q = \frac{T_1 - T_4}{\dfrac{\delta_1}{\lambda_1 A} + \dfrac{\delta_2}{\lambda_2 A} + \dfrac{\delta_3}{\lambda_3 A}} = \frac{\sum \Delta T}{\sum R} = \frac{总推动力}{总热阻} \tag{6-6}$$

对 n 层平壁，其导热速度方程为

$$Q = \frac{\sum\limits_{i=1}^{n} \Delta T_i}{\sum\limits_{i=1}^{n} R_i} = \frac{T_1 - T_{n+1}}{\sum\limits_{i=1}^{n} \dfrac{\delta_i}{\lambda_1 A}} \tag{6-7}$$

某层的热阻越大，则该层两侧的温度差（推动力）也越大，换言之，温度差与相应的热阻成正比；三层壁面的导热，可看成三个热阻串联导热，导热速度等于任一分热阻的推动力与对应的分热阻之比，也等于总推动力与总热阻之比，总推动力等于各分推动力之和，总热阻等于各分热阻之和，这一规律对其他传热场合同样适用。

2）圆筒壁的热传导

生产中常遇到流体通过管壁和圆筒形设备壁的导热，它与平壁导热的不同之处在于圆筒壁的传热面积和热通量不再是常量，而是随半径而变，同时温度也随半径而变，但导热速度在稳态时依然是常量。对单层圆筒壁，工程上可用圆筒壁的内、外表面积的平均值来计算圆筒壁的导热速度。

$$Q = 2\pi L \lambda \frac{T_1 - T_2}{\ln \dfrac{r_2}{r_1}} = \frac{T_1 - T_2}{\dfrac{\delta}{\lambda A_m}} = \frac{传热推动力}{热阻} \tag{6-8a}$$

其中

$$A_m = 2\pi r_m L \tag{6-8b}$$

对数平均半径

$$r_m = \frac{r_2 - r_1}{\ln \dfrac{r_2}{r_1}} \tag{6-8c}$$

在工程上，多层圆筒壁的导热情况也比较常见。例如，在高温或低温管道的外部包上一层乃至多层保温材料，以减少热损（或冷损）；在反应器或其他容器内衬以工程塑料或其他材料，以减小腐蚀；在换热器换热管的内、外表面形成污垢，等等。

以三层圆筒壁为例，假设各层之间接触良好，各层的导热系数分别为 λ_1、λ_2 和 λ_3，厚度分别为 $\delta_1 = r_2 - r_1$，$\delta_2 = r_3 - r_2$ 和 $\delta_3 = r_4 - r_3$，根据串联导热过程的规律，可写出三层圆筒壁的导热速度方程式

$$Q = \frac{T_1 - T_4}{\dfrac{\delta_1}{\lambda_1 A_{m1}} + \dfrac{\delta_2}{\lambda_2 A_{m2}} + \dfrac{\delta_3}{\lambda_3 A_{m3}}} = \frac{\sum \Delta T}{\sum R} = \frac{\text{总推动力}}{\text{总热阻}} \tag{6-9a}$$

或

$$Q = \frac{T_1 - T_4}{\dfrac{\ln \dfrac{r_2}{r_1}}{2\pi L \lambda_1} + \dfrac{\ln \dfrac{r_3}{r_2}}{2\pi L \lambda_2} + \dfrac{\ln \dfrac{r_4}{r_3}}{2\pi L \lambda_3}} \tag{6-9b}$$

【例 6-2】 用 ϕ89mm×4mm 的不锈钢管输送热油，管的导热系数为 17W/（m·K），其内表面温度为 403K，管外包 4cm 厚的保温材料，其导热系数为 0.035W/（m·K），其外表面温度为 298K，计算钢管与保温层交界处的温度。

解：

$$r_1 = \frac{(89 - 2 \times 4) \times 10^{-3}}{2} = 0.0405 \, (\text{m})$$

$$r_2 = \frac{89 \times 10^{-3}}{2} = 0.0445 \, (\text{m})$$

$$r_3 = 0.0445 + 0.04 = 0.0845 \, (\text{m})$$

由式（6-9b）得

$$Q = \frac{2\pi L(T_1 - T_3)}{\dfrac{\ln \dfrac{r_2}{r_1}}{\lambda_1} + \dfrac{\ln \dfrac{r_3}{r_2}}{\lambda_2}} = \frac{2 \times 3.14 \times L(403 - 298)}{\dfrac{1}{17}\ln \dfrac{0.0445}{0.0405} + \dfrac{1}{0.035}\ln \dfrac{0.0845}{0.0445}} \approx 36 \, (L)$$

再由式（6-8）得

$$T_2 = T_1 - \frac{Q \ln \dfrac{r_2}{r_1}}{2\pi L \lambda} = 403 - \frac{36L \times \ln \dfrac{0.0445}{0.0405}}{2 \times 3.14 \times 17} = 422.97 \, (\text{K})$$

由计算结果可知，钢管与保温层交界处的温度与管内温度相差很小，因为钢的导热系数较大。如果无保温层，将会有很大的热损失。

6.4 间壁式换热器换热面积的确定

6.4.1 换热器热负荷的确定

在换热器计算时，首先需要确定换热器的热负荷。换热器中单位时间内冷、热两种流体间所交换的热量，称为换热器的热负荷。热负荷是生产上要求换热器单位时间传递的热量，是换热器的生产任务。传热速度是换热器单位时间能够传递的热量，是换热器的生产能力，主要由换热器自身的性能决定。为保证换热器完成传热任务，应使换热器的传热速度大于或至少等于其热负荷。

在换热器的选型（或设计）中，可这样处理：先用热负荷代替传热速度，利用传热方程求得传热面积后，再考虑一定的安全余量。这样选择（或设计）出来的换热器，就能够按要求完成传热任务。若热损失忽略，根据能量守恒，热流体放出的热量等于冷流体吸收的热量。流体吸收或放出的热量可采用以下方法进行计算。

1. 焓差计算法

$$Q = q_{m,h}(H_1 - H_2) = q_{m,c}(h_2 - h_1) \tag{6-10}$$

式中，$q_{m,h}$——热流体的质量流量，kg/s；

$\quad\quad q_{m,c}$——冷流体的质量流量，kg/s；

$\quad\quad H_1$——热流体的进口焓，J/kg；

$\quad\quad H_2$——热流体的出口焓，J/kg；

$\quad\quad h_1$——冷流体的进口焓，J/kg；

$\quad\quad h_2$——冷流体的出口焓，J/kg。

焓的数值取决于载热体的物态和温度。通常气体和液体的焓以 273K 为计算基准，即规定 273K 的液体（或气体）的焓值为 0，水蒸气的焓则以 273K 的液体的焓为 0J/kg 作为计算基准。本书附录中列有水蒸气的焓值。其他物质的焓可查有关手册。

2. 逐项计算法

当缺乏焓的数据时，可按流体吸收或放出的热量用"显热+潜热"计算。

当流体无相变时，吸收或放出的热量称为显热。显热热量可通过比热容计算：

$$Q = q_{m,h} c_{p,h}(T_1 - T_2) = q_{m,c} c_{p,c}(T_4 - T_3) \tag{6-11}$$

式中，$c_{p,h}$——热流体定性温度下的比热容，J/(kg·K)；

$\quad\quad c_{p,c}$——冷流体定性温度下的比热容，J/(kg·K)；

$\quad\quad T_1$——热流体的进口温度，K；

$\quad\quad T_2$——热流体的出口温度，K；

$\quad\quad T_3$——冷流体的进口温度，K；

$\quad\quad T_4$——冷流体的出口温度，K。

当流体发生相变（冷凝或蒸发）时，吸收或放出的热量称为潜热。显热热量可通过汽化潜热计算：

$$Q=q_{m,h}r_h=q_{m,c}r_c \tag{6-12}$$

式中，r_h——热流体的汽化潜热，J/kg；

r_c——冷流体的汽化潜热，J/kg。

对于间壁式换热器，以单位时间为基准，换热器中热流体放出的热量（或称热流体的传热量）等于冷流体吸收的热量（或称冷流体的传热量）加上散失到空气中的热量（热量损失，简称热损），即

$$Q_h=Q_c+Q_f \tag{6-13}$$

式中，Q_h——热流体放出的热量，J/s 或 W；

Q_c——冷流体吸收的热量，J/s 或 W；

Q_f——热损失，J/s 或 W。

当换热器保温性能良好，热损可以忽略不计时，$Q_h=Q_c$。此时，热负荷取 Q_h 或 Q_c 均可。当热损不能不计时，哪种流体走管程，就取该流体的传热量作为换热器的热负荷。

6.4.2　传热面积的确定

1. 传热基本方程

冷、热流体通过间壁的热交换，实质上是间壁两侧流体于间壁表面的对流传热和通过间壁导热的一个综合的传热过程。两种流体间之所以能进行热交换，是由于冷、热流体之间存在温度差，即传热的推动力，所以热量就能自动地由热流体经管壁传向冷流体。此传递热量的壁面称为换热器的传热面，用 A 表示，单位为 m^2。它的传热速度是指在热交换过程中，冷、热流体在单位时间内所交换的热量，通常以 Q 表示，单位为 J/s 或 W。

$$Q = KA\Delta T_m = \frac{\Delta T_m}{\dfrac{1}{KA}} = \frac{\Delta T_m}{R} = \frac{传热总推动力}{总热阻} \tag{6-14}$$

$$q = \frac{Q}{A} = \frac{\Delta T_m}{\dfrac{1}{K}} = \frac{\Delta T_m}{R'} \tag{6-15}$$

式中，Q——传热速度，W；

q——热通量，W/m^2；

K——比例系数，称为总传热系数，$W/(m^2 \cdot K)$；

A——传热面积，m^2；

ΔT_m——换热器的传热总推动力，或称传热平均温度差，K；

$R=1/(KA)$——换热器的总热阻，K/W；

$R'=1/K$——换热器的总热阻，$m^2 \cdot K/W$。

对于一定的传热任务，确定换热器所需传热面积是选择（或设计）换热器的主要任务。由传热方程可知，要计算传热面积，必须先求得传热速度 Q、传热平均温度差ΔT_m及传热系数 K，这些量的求取涉及热量衡算、传热推动力、各种传热方式的规律等有关

理论和计算。

2. 导热平均温度差的计算

在间壁式换热器中，按照参加热交换的两种流体沿着换热器的传热面流动时，各点温度变化的情况，可将传热过程分为恒温传热和变温传热两种。

1）恒温传热

传热时，冷、热两种流体的温度都维持不变，如间壁一侧为饱和蒸汽的冷凝，冷凝温度恒定为 T，另一侧为液体的沸腾，沸腾温度恒定为 t_1，则两流体间的导热温度差也为定值，可表示为

$$\Delta t_m = T - t_1 \tag{6-16}$$

2）变温传热

间壁一侧流体变温而另一侧流体恒温或间壁两侧流体的温度均随传热面位置的不同而发生变化，即为变温传热。图 6-19 所示为一侧流体变温时温度沿管长的变化情况，图 6-20 所示为两侧流体变温时温度沿管长的变化情况。变温传热平均温度差 Δt_m 的计算，与流体的流向有关。

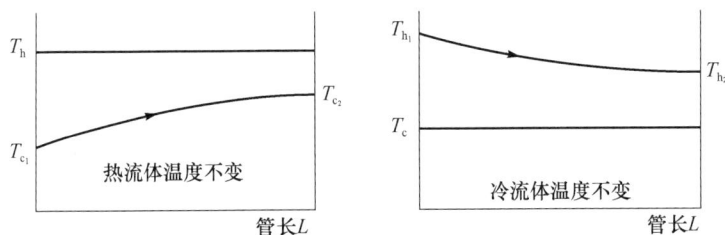

图 6-19　一侧流体变温

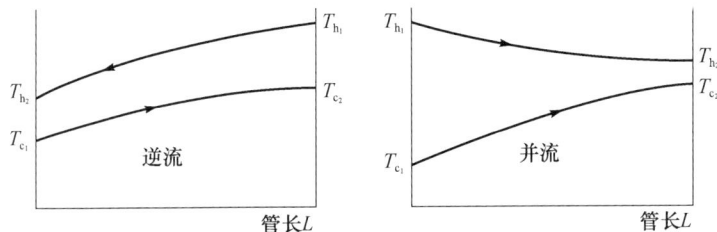

图 6-20　两侧流体变温

如图 6-21 所示，间壁式换热器两侧流体的流动有以下形式。

并流：参与热交换的两种流体在间壁的两侧以相同的方向流动［图 6-21 中（a）］。

逆流：参与热交换的两种流体在间壁的两侧分别以相反的方向运动［图 6-21 中（b）］。

错流：参加热交换的两种流体在间壁的两侧，呈垂直方向流动［图 6-21 中（c）］。

折流：参加热交换的两种流体在间壁两侧中的一侧沿一个方向流动，而另一侧流体反复改变流向，称为简单折流。若两流体均作折流，或既有折流又有错流的称为复杂折流［图 6-21 中（d）］。

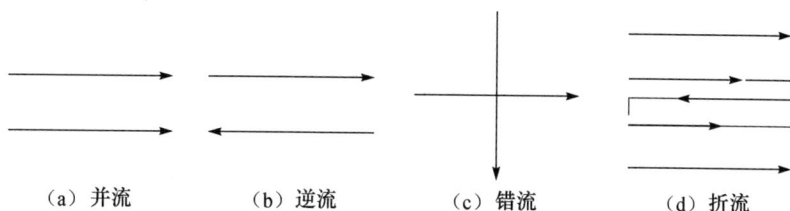

（a）并流　　　（b）逆流　　　（c）错流　　　（d）折流

图 6-21　换热器中流体流向示意图

变温传热时，沿传热面冷、热流体的温差是变化的，因此在传热计算时应求取传热过程的平均温度差 ΔT_m。

$$\Delta T_m = \frac{\Delta T_1 - \Delta T_2}{\ln \dfrac{\Delta T_1}{\Delta T_2}} \tag{6-17}$$

式中，ΔT_m——对数平均温度差，K；

ΔT_1、ΔT_2——换热器两端热、冷流体温度差，K。

说明：① 逆流时：$DT_1 = T_{h_1} - T_{c_2}$，$DT_2 = T_{h_2} - T_{c_1}$。

并流时：$\Delta T_1 = T_{h_1} - T_{c_1}$，$\Delta T_2 = T_{h_2} - T_{c_2}$。

② 当 $\dfrac{\Delta T_1}{\Delta T_2}$ 小于 2 时，可近似用算术平均值 $\dfrac{\Delta T_1 + \Delta T_2}{2}$ 代替对数平均值，其误差不超过 4%（注意要用 ΔT_1 和 ΔT_2 中的大数值比小数值）。

③ 进、出口条件相同时，$\Delta T_{m,逆}$ 大于 $\Delta T_{m,并}$。工业上，一般采用逆流操作（增大传热温差，在同样的条件下可节省传热面积）。

④ 对于错流和折流时的平均温度差，可按式（6-18）求出 ΔT_m，再乘以校正因数 $\varepsilon_{\Delta t}$，具体方法可查阅有关手册。

$$\Delta T_{m,错流} = \varepsilon_{\Delta t} \Delta T_m \tag{6-18}$$

$\varepsilon_{\Delta t}$ 小于 1，一般 $\varepsilon_{\Delta t}$ 不宜小于 0.8，否则使 ΔT_m 过小，很不经济。

【例6-3】　在果汁预热器中，参与交换的热水的进口温度为 371K，出口温度为 348K，果汁的进口温度为 278K，出口温度为 333K。试计算热水与果汁在换热器内分别做逆流和并流时的平均传热温度差。

解：当两种流体逆流流动时：

$$\Delta T_1 = T_{h_1} - T_{c_2} = 371 - 333 = 38（K）$$

$$\Delta T_2 = T_{h_2} - T_{c_1} = 348 - 278 = 70（K）$$

$$\Delta T_m = \frac{\Delta T_1 - \Delta T_2}{\ln \dfrac{\Delta T_1}{\Delta T_2}} = \frac{38 - 70}{\ln \dfrac{38}{70}} = 52.4（K）$$

由于 $\dfrac{\Delta T_2}{\Delta T_1} = \dfrac{70}{38} = 1.84 < 2$，故可用算术平均值代替对数平均值：

$$\Delta T_{\mathrm{m}} = \frac{\Delta t_1 + \Delta t_2}{2} = \frac{38 + 70}{2} = 54(\mathrm{K})$$

当两种流体并流流动时：

$$\Delta T_1 = T_{\mathrm{h}_1} - T_{\mathrm{c}_1} = 371 - 278 = 93(\mathrm{K})$$

$$\Delta T_2 = T_{\mathrm{h}_2} - T_{\mathrm{c}_2} = 348 - 333 = 15(\mathrm{K})$$

$$\Delta T_{\mathrm{m}} = \frac{\Delta t_1 + \Delta t_2}{\ln \dfrac{\Delta t_1}{\Delta t_2}} = \frac{95 - 15}{\ln \dfrac{93}{15}} = 42.8(\mathrm{K})$$

3. 传热系数的获得

传热系数是衡量换热器性能的重要指标之一，其大小主要取决于流体的物理性质、传热过程的操作条件及换热器的类型等。获取传热系数的方法主要有以下三种。

1）通过公式计算

在稳定传热条件下，通过换热器的间壁两侧的传热速率应等于热流体传给壁面、壁面一侧传给另一侧及壁面传给冷流体的传热速度，即

$$Q = \frac{T_{\mathrm{h}} - T_{\mathrm{w,h}}}{\dfrac{1}{\alpha_1 A_1}} = \frac{T_{\mathrm{w,h}} - T_{\mathrm{w,c}}}{\dfrac{\delta}{\lambda A_{\mathrm{m}}}} = \frac{T_{\mathrm{w,c}} - T_{\mathrm{c}}}{\dfrac{1}{\alpha_2 A_2}} \qquad (6\text{-}19)$$

式中，T_{c}、T_{h}——冷、热流体主体的平均温度，K；

$T_{\mathrm{w,c}}$、$T_{\mathrm{w,h}}$——冷、热流体侧的壁温，K；

α_1、α_2——热、冷流体的对流传热系数，W/($\mathrm{m}^2 \cdot$ K)；

A_1、A_2——热、冷流体侧壁面的面积，m^2；

A_{m}——壁面的平均面积，m^2；

λ——壁面材料的导热系数，W/(m · K)；

δ——壁面的厚度，m。

应用加合定律，可得

$$Q = \frac{T_{\mathrm{h}} - T_{\mathrm{c}}}{\dfrac{1}{\alpha_1 A_1} + \dfrac{\delta}{\lambda A_{\mathrm{m}}} + \dfrac{1}{\alpha_2 A_2}} = \frac{\Delta T_{\mathrm{m}}}{\dfrac{1}{KA}} = \frac{\Delta T_{\mathrm{m}}}{R}$$

则

$$\frac{1}{KA} = \frac{1}{\alpha_1 A_1} + \frac{\delta}{\lambda A_{\mathrm{m}}} + \frac{1}{\alpha_2 A_2} \qquad (6\text{-}20)$$

（1）传热面为平壁时，内、外侧传热面积与平均传热面积相等，即 $A = A_1 = A_{\mathrm{m}} = A_2$，这时式（6-20）变为

$$\frac{1}{K} = \frac{1}{\alpha_1} + \frac{\delta}{\lambda} + \frac{1}{\alpha_2} \qquad (6\text{-}21)$$

（2）传热面为圆筒壁时，由于 $A_1 \neq A_{\mathrm{m}} \neq A_2$，传热系数 K 必须与所选择的传热面积相对应，即

$$Q = K_1 A_1 \Delta T_m = K_m A_m \Delta T_m = K_2 A_2 \Delta T_m$$

式中，K_1、K_m、K_2——以壁面内表面、平均面积和外表面计的总传热系数。

$$K_1 = \cfrac{1}{\cfrac{1}{\alpha_1} + \cfrac{\delta A_1}{\lambda A_m} + \cfrac{A_1}{\alpha_2 A_2}} \qquad (6\text{-}22)$$

$$K_m = \cfrac{1}{\cfrac{A_m}{\alpha_1 A_1} + \cfrac{\delta}{\lambda} + \cfrac{A_m}{\alpha_2 A_2}} \qquad (6\text{-}23)$$

$$K_2 = \cfrac{1}{\cfrac{A_2}{\alpha_1 A_1} + \cfrac{\delta A_2}{\lambda A_m} + \cfrac{1}{\alpha_2}} \qquad (6\text{-}24)$$

当管壁较薄或管径较大时，即管内、外表面积大小很接近时，可近似取 $A_1 \approx A_m \approx A_2$，则圆筒壁近似当成平壁计算。

（3）污垢热阻：换热器使用一段时间后，其传热面常常形成污垢，使传热速度减小。计算 K 值时污垢热阻一般不可忽略。如传热面两侧面上的污垢热阻分别用 R_{A1} 和 R_{A2} 表示，此时以传热面 A_1 为基准的 K 的计算式为

$$K = \cfrac{1}{\cfrac{1}{\alpha_1} + R_{A_1} + \cfrac{\delta A_1}{\lambda A_m} + R_{A_2} + \cfrac{A_1}{\alpha_2 A_2}} \qquad (6\text{-}25)$$

当 $\alpha_1 \ll \alpha_2$ 时，$K \approx \alpha_1$；当 $\alpha_1 \gg \alpha_2$ 时，$K \approx \alpha_2$。总传热系数是由热阻大的那一侧的对流传热的热阻来控制。若两流体的对流传热系数 α 相差很大，要提高 K 值，关键在于提高热阻大的一侧流体的对流传热系数。若两侧 α 相差较小，即 α_1、α_2 在同一数量级，只有同时提高两侧的对流传热系数，才能有效地提高 K。

2）试验测定

对于现有的换热器，传热系数 K 可通过现场测定法来确定，具体步骤如下。

（1）现场测定有关数据（如设备的尺寸、流体的流量和进出口温度等）。

（2）根据测定数据求得传热速度 Q、传热温度差 ΔT_m 和传热面积 A。

（3）由传热基本方程计算 K。

这样得到的 K 可靠性较高，但其使用范围受到限制，只有与所测情况一致的场合（包括设备的类型、尺寸，流体的性质、流动状况等）才适用。当使用情况与测定情况相似时，所测 K 仍有一定的参考价值。

实测 K 不仅可以为换热器的计算提供依据，而且可以帮助分析换热器的性能，以便寻求提高换热器传热能力的途径。

3）选取经验值

在换热器的工艺设计过程中，查阅有关手册，参阅工艺条件相仿、设备类似而又比较成熟的传热系数经验数据，是一个简便、快捷地获取 K 值的方法。

4. 传热面积的计算

对于现有的换热器，传热面积 A 可由具体尺寸通过几何法来计算。如果要根据生产任务来选择或设计换热器，就要通过传热速度方程计算所需的换热器传热面积。由式（6-14）可得

$$A = \frac{Q}{K\Delta T_{\mathrm{m}}} \tag{6-26}$$

为了安全可靠和在生产发展时留有余地，实际生产中还往往考虑 10%～25% 的安全系数，即实际采用的传热面积要比计算得到的传热面积大 10%～25%。

在生产中，广泛使用套管式和列管式换热器，依据式（6-27）可进一步确定管子的根数。

$$A=n\pi dL \tag{6-27}$$

式中，n——管子的根数；

d——管子的直径，m；

L——管子的长度，m。

在实际生产中，确定换热器的传热面积是一个反复的核算过程，这里从略。

6.4.3 强化传热的途径

强化传热的目的是以最小的传热设备获得最大的换热能力。根据传热的基本方程，强化传热过程主要有以下几种途径。

1. 增大传热面积

增大传热面积 A 可以增加传热量，但随着设备的增大，投资和维修费用也相应增加。这种途径是否采用，要看传热量的增加能否补偿费用上的增加。目前常以翅片管、波纹管和螺纹槽管等代替普通金属管，使换热器结构更紧凑，增加传热效果。

2. 增加传热平均温度差

ΔT_{m} 越大，传热速度越大。ΔT_{m} 的增加在理论上可采用提高加热介质温度或降低冷却介质温度的方法；但这往往受客观条件（如蒸汽压力、气温、水温等）和工艺条件（如制品的热敏性、冰点等）的限制。提高蒸汽压力，设备的造价会随之提高。在一定的汽源压力下，可采取降低蒸汽管道阻力的方法提高加热蒸汽的压力。此外，当两侧流体为变温传热时，应尽可能采用逆流代替并流的方法提高 ΔT_{m}。

3. 提高总传热系数

这是强化传热过程的有效途径，即减小总传热热阻。从传热系数计算公式可知，要提高 K，需减小各项热阻。在这些热阻中，若有一个热阻很大，而其他的热阻比较小，则应从降低最大热阻着手。换热器刚使用时，由于没有垢层，流体对流传热热阻是主要方面，减小这项热阻主要靠提高流速，增加流体的湍动程度来实现。将换热器由单程改

为多程、加装挡板、使用螺旋板式换热器等都能加大流体的流速，在管内适当装入一些添加物也可起到增强湍动、破坏滞留内层的作用。随着换热器使用时间的延长，垢层热阻逐渐增大，因此，防止结垢，及时清除污垢，也是强化传热的关键。

6.5　间壁式换热器的使用

6.5.1　间壁式换热器的操作与管理

选定换热器后，应按其使用性能进行操作，如温度、压力和流量等均不可波动太大，否则会降低传热效果，缩短设备使用寿命，甚至造成损坏。

换热器主要作用是温度调节，它一般是通过调节热流体与冷流体进入量来实现的。在使用蒸汽加热的加热器时，若关小蒸汽阀门可以减小进入量，使蒸汽冷凝水过冷，降低冷凝水的出口温度，节省蒸汽用量，但会使ΔT_m减小，传递给冷流体的热量减少，降低欲加热的冷流体的出口温度，不利于生产的正常进行。反之，若提高冷流体的出口温度，必须开大蒸汽阀门，一直增高到蒸汽的冷凝水出口温度达到饱和水蒸气的温度为止，此后如再开大蒸汽阀门，加大蒸汽用量只会带来蒸汽的更大浪费。因为无论进入的饱和蒸汽量如何增加，ΔT_m已不再增大，所以传递给冷流体的热量也不会增加。

对于冷却器，其热流体出口温度的高低，可通过调节冷却水或其他冷却剂进入量来控制。

为确保换热器的正常工作，还要经常注意传热效果和温度的变化，如发现变化，应详细查明原因，如是结垢或流体通道堵塞，需要进行清洗排除。对于冷凝器，还应经常注意排出不凝性气体，如被冷凝的水蒸气中含有1%的空气，其传热系数会下降50%～60%。对于卧式冷凝器，安装的倾角在5°左右利于冷凝液自壳体排出，防止冷凝器下部的管子被冷凝液淹没，降低传热效果。

因此，生产中必须建立定期检查和清除结垢的制度，以确保换热器处于良好的工作状态。

6.5.2　换热器的维护与保养

1. 列管换热器的维护和保养

（1）保持设备外部整洁，保温层和油漆完好。

（2）保持压力表、温度计、安全阀和液位计等仪表和附件的齐全、灵敏和准确。

（3）发现阀门和法兰连接处渗漏时，应及时处理。

（4）开停换热器时，不要将阀门开得太猛，否则容易造成管子和壳体受到冲击，以及局部骤然胀缩，产生热应力，使局部焊缝开裂或管子连接口松弛。

（5）尽可能减少换热器的开停次数，停止使用时，应将换热器内的液体放净，防止冻裂和腐蚀。

2. 板式换热器的维护和保养

（1）保持设备整洁、油漆完好，紧固螺栓的螺纹部分应涂防锈油并加外罩，防止生锈和黏结灰尘。

（2）保持压力表、温度计灵敏、准确，阀门和法兰无渗漏。

（3）定期清理和切换过滤器，防止换热器堵塞。

（4）组装板式换热器时，螺栓的紧固要对称进行，保证松紧适宜。

6.5.3 换热器的常见故障和处理方法

1. 列管换热器的常见故障与处理方法

列管换热器的常见故障与处理方法见表6-3。

表6-3 列管换热器的常见故障与处理方法

故障	产生原因	处理方法
传热效率下降	列管结垢	清洗管子
	壳体内不凝气或冷凝液增多	排放不凝气和冷凝液
	列管、管路或阀门堵塞	检查清理
振动	壳程介质流动过快	调节流量
	管路振动所致	加固管路
	管束与折流板的结构不合理	改进设计
	机座刚度不够	加固机座
管板与壳体连接处开裂	焊接质量不好	清除补焊
	外壳歪斜，连接管线拉力或推力过大	重新调整找正
	腐蚀严重，外壳壁厚减薄	鉴定后修补
管束、胀口渗漏	管子被折流板磨破	堵管或换管
	壳体和管束温差过大	补胀或焊接
	管口腐蚀或胀（焊）接质量差	换管或补胀（焊）

2. 板式换热器的主要故障和处理方法

板式换热器的主要故障和处理方法见表6-4。

表6-4 板式换热器的主要故障和处理方法

故障	产生原因	处理方法
密封处渗漏	胶垫未放正或扭曲	重新组装
	螺栓紧固力不均匀或紧固不够	调整螺栓紧固度
	胶垫老化或有损伤	更换新垫
内部介质渗漏	板片有裂缝	检查更新
	进出口胶垫不严密	检查修理
	侧面压板腐蚀	补焊、加工
传热效率下降	板片结垢严重	解体清理
	过滤器或管路堵塞	清理

3. 换热器的清洗方法

换热器的清洗有化学清洗和机械清洗两种方法。选择清洗方法时，应根据换热器的形式、污垢的类型等情况而定。一般化学清洗适用于结构较复杂的情况，如列管换热器管间、U 形管内的清洗。由于清洗剂一般呈酸性，对设备多少会有一些腐蚀。机械清洗常用于坚硬的垢层、结焦或其他沉积物，但只能清洗清洗工具到达之处，如列管换热器的管内（卸下封头）、喷淋式蛇管换热器的外壁、板式换热器（拆开后）。常用的清洗工具有刮刀、竹板、钢丝刷、尼龙刷等。另外，还可以用高压水进行清洗。

思考题

1. 传热的基本方式有哪几种？各有什么特点？

2. 工业上有哪几种换热方法？

3. 对流传热系数的影响因素有哪些？如何提高对流传热系数？

4. 何谓换热器的传热速度和热负荷？两者关系如何？

5. 换热器热负荷的确定方法有哪几种？各适用于什么场合？

6. 为什么逆流操作可以节约加热剂或冷却剂的用量？

7. 当间壁两侧流体的给热系数相差很大时，为提高传热系数 K，以提高哪侧流体的给热系数更为有效？为什么？

练习题

1. 有一 $\phi 38mm \times 2.5mm$ 的蒸汽管，设管子的热导率为 50W/（m·K），外敷两层保温层，第一层为 50mm 的软木，λ 为 0.04W/（m·K）；第二层为 50mm 的石棉泥，λ 为 0.15W/（m·K）。设蒸汽管内壁温度为 373K，保温层外壁温度为 273K，求：

（1）每米管道的热损失速度。

（2）若先包石棉后包软木，传热速度将怎样变化？

（3）通过两种情况的比较，能得出什么结论？

2. 某列管换热器中，采用 $\phi 25mm \times 2.5mm$ 的无缝钢管为管束，管内外流体的对流传热系数分别为 400W/（m²·K）和 10 000W/（m²·K），不计污垢热阻，试求：

（1）在该条件下的传热系数。

（2）将 α_1 提高 1 倍时（其他条件不变）的传热系数。

（3）将 α_2 提高 1 倍时（其他条件不变）的传热系数。

（4）通过习题的计算结果，你有什么体会？

3. 有一水冷排管，由 $\phi 51mm \times 10mm$ 的管子组成，管内的传热膜系数 α_1 为 10 500kJ/（m²·h·K），管外的传热膜系数 α_2 为 8442kJ/（m²·h·K）；经过长期使用后，在管外结一层垢，厚度 δ 为 2mm，管内的结垢暂不考虑。钢的导热系数 $\lambda_{壁}$ 为 168kJ/（m·h·K）；垢层的导热系数 $\lambda_{垢}$ 为 168kJ/（m·h·K）。试计算管外结垢前、后的传热系数的变化。

4. 有一单程列管换热器，由 $\phi 25mm \times 2.5mm$ 的管子组成，传热面积为 3m²。现用初温为 10℃的水将机油从 200℃冷却到 100℃，水走管程，油走壳程。已知水和机油的流量分别是 1000kg/h 和 1200kg/h，机油的比热容为 2.0kJ/（kg·K），水侧和油侧的对流传热系数分别为 2000W/（m²·K）和 250W/（m²·K），两流体呈逆流流动，忽略管壁和污垢的热阻。

（1）计算说明使用该换热器是否合适？

（2）夏天，当水的初温达到 30℃，而油和水的流量及油的冷却程度不变时，该换热器是否适合夏天使用（假设传热系数不变）？

5. 用列管式冷却器将一有机液体从 140℃冷却到 40℃，该液体的处理量为 6t/h，比热容为 2.303kJ/（kg·K）。用一水泵抽河水作冷却剂，水的温度为 30℃，在逆流操作下冷却水的出口温度为 45℃，总传热系数为 290.75W/（m²·K）。试计算：

（1）冷却水的用量 [水的比热容为 4.187kJ/（kg·K）]。

（2）冷却器的传热面积。

（3）若泵的最大供水量为 7L/s，采用逆流操作是否可行？

第7章

蒸 发 浓 缩

7.1 蒸发操作基本过程及其在食品工业中的应用

7.1.1 液体物料的浓缩方法

浓缩是从溶液中除去部分溶剂，使溶质和溶剂部分分离的过程。在食品工业中，对液体物料进行浓缩的主要目的有以下几个方面。

蒸发浓缩

（1）浓缩去除食品中大量的水分，减少其质量和体积，从而减少食品包装、贮藏和运输的费用。

（2）提高制品浓度，延长保质期。

（3）作为干燥、结晶或完全脱水的预处理过程，可降低食品脱水过程的能耗。

（4）改善品质。物料在浓缩过程中处于激烈的湍动状态，可促使物料各组分混合均匀，有利于去除料液中的挥发性成分和不良风味。真空浓缩过程还具有脱气作用，可改善浓缩液的质构特征。

对液体物料进行浓缩是食品工业中常见的操作过程。浓缩的方法很多，常用的浓缩方法有蒸发、蒸馏、冷冻浓缩和膜分离等。本章介绍蒸发浓缩。

7.1.2 蒸发操作基本过程

1. 蒸发操作

1）基本概念

蒸发浓缩操作简称蒸发，是根据溶液中溶质与溶剂挥发性的差异，将溶液加热至沸腾状态，使其中的一部分溶剂发生汽化并被排除，从而使溶液中溶质浓度得以提高的单元操作。

当溶液受热时，溶剂分子获得足够的能量逸出液面，进入上部空间，成为蒸汽分子，这就是汽化。汽化后生成的蒸汽若不设法排除，则气-液两相间将达到平衡，使汽化不能继续进行，故蒸发的必要条件是热能的不断供给和生成蒸汽的不断排除。由于供热一般采用水蒸气加热方式，故蒸发生成的蒸汽常称为二次蒸汽，排除二次蒸汽的最常用方法是将其冷凝。

一般而言，在任何温度下溶剂分子均会汽化，但只有在沸腾情况下汽化速度最高，通常工业上均采用沸腾汽化过程。为了维持溶液的持续汽化，需要不断地供给热量，从传热角度看，蒸发器中的传热过程一方面是水蒸气的冷凝放热，另一方面是溶液的沸腾传热。

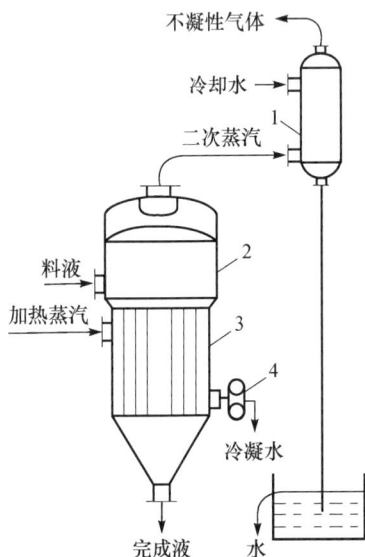

1. 直接冷凝混合器；2. 蒸发室；3. 加热室；
4. 疏水器。

图 7-1　单效蒸发流程示意图

2）蒸发操作过程

蒸发既是一个传热过程，又是一个溶剂汽化、产生大量蒸汽的传质过程。要使蒸发连续进行，必须做到以下两个方面。

（1）不断地向溶液提供热能，以维持溶剂的汽化。

（2）及时移走产生的蒸汽，否则蒸汽与溶液将逐渐趋于平衡，使汽化不能继续进行。

图 7-1 所示为典型的单效蒸发流程示意图，蒸发器主要由加热室和蒸发室两部分组成。蒸发室又称为分离室，它是溶液与蒸汽分离的场所。在加热室内，通入的加热蒸汽冷凝所放出的热量，促使溶液升温沸腾，汽化出的溶剂在分离室中与溶液主体分离，并以蒸汽的形式进入冷凝器与冷却水直接混合，混合液由冷凝器底部排出，不凝性气体则从顶部排出。当蒸发器中的溶液达到规定浓度时即由蒸发器底部排出，此时的溶液又称为完成液。

2. 蒸发操作的分类

1）按操作压强划分

（1）常压蒸发。在蒸发器的加热室中，溶液侧的操作压力为大气压或略高于大气压，此时系统中的不凝性气体依靠自身的压力排出。

（2）真空蒸发（减压蒸发）。溶液侧的操作压力低于大气压强，需要依靠真空泵抽出不凝性气体，并维持系统的真空度。真空蒸发的目的是降低溶液的沸点和有效地节约热源。与常压蒸发相比，真空蒸发具有以下优点。

① 溶液沸点降低，在相同热源温度下，可增大蒸发器的传热温差，减小换热面积。

② 溶液沸点低，可利用低压蒸汽或废热蒸汽作为热源，降低生产成本。

③ 蒸发温度低，利于浓缩热敏性物料。

④ 与常压蒸发相比，用相同的加热蒸汽时所需的传热面积小。

⑤ 蒸发操作温度低，系统的热损小。

真空蒸发也存在以下缺点。

① 溶液的沸点降低会使其黏度增大，导致沸腾时的传热系数降低。

② 系统采用真空装置，使设备费用和操作费用增大。

闪急蒸发简称闪蒸，是一种特殊的减压蒸发，即将热溶液的压力降到低于溶液温度下的饱和压力，部分水在压力降低的瞬间沸腾汽化。在闪蒸汽化时带走的热量，等于溶液从原压下温度降到降压后温度所放出的显热。闪蒸不需加热，溶液自身放出的显热作为蒸发的能量，因而能够避免在换热面上结垢。

（3）加压蒸发。在某些生产过程中，蒸发工序的前、后工序压力多比较大，为了与前、后生产过程的系统压力相匹配，而采用加压蒸发。加压操作可提高二次蒸汽的温度，从而提高其利用价值，但要求加热蒸汽的压力相对较高。在多效蒸发中，前面几效通常采用加压操作。加压蒸发可得到较高温度的二次蒸汽，以提高热能的利用；同时可提高溶液的沸点而增加溶液的流动性。

2）按蒸发器的效数划分

（1）单效蒸发。如果二次蒸汽不再被利用，而是直接冷凝排放，则称为单效蒸发。单效蒸发一般用于小批量生产中。

（2）多效蒸发。充分利用二次蒸汽是蒸发操作中节能的主要途径。根据二次蒸汽的利用次数，多效蒸发有双效蒸发、三效蒸发、四效蒸发，在工业中多效蒸发的效数最多有五效。

3）按操作方式划分

（1）间歇蒸发。它又可分为一次进料、一次出料和连续进料、一次出料两种方式。在整个操作过程中，蒸发器内的溶液的浓度和沸点均随时间而变化，因此传热的温度差、传热系数等各参数均随时间而变，达到一定溶液浓度后将完成液排出。

（2）连续蒸发。连续进料、完成液连续排出的操作方式。一般大规模生产中多采用连续蒸发。

7.1.3 蒸发操作在食品工业中的应用

蒸发具有操作简单、工艺成熟、设备投资低、浓缩效率高等优点，是食品工业中应用最广泛的浓缩方法之一。

在奶粉生产中，原料乳干燥之前需经真空蒸发浓缩除去乳中 70%～80% 的水分，这样可以大大节省干燥过程中的加热蒸汽消耗和动力消耗，相应提高干燥设备的生产能力，降低成本。一般单效真空蒸发浓缩每蒸发 1kg 水分需要约 1.1kg 加热蒸汽；若采用带热压泵的双效降膜真空蒸发器，只需要消耗 0.39kg 加热蒸汽。而在利用热空气进行的喷雾干燥操作中，每蒸发 1kg 水分需要 2.5～3kg 蒸汽。因此在奶粉生产的喷雾干燥前采用蒸发操作浓缩原料乳在经济上是合理的。对原料乳采用真空蒸发进行浓缩具有明显的优点。

（1）在减压情况下，原料乳的沸点降低。如在常压 101.3kPa 下，乳的沸点为 100℃，而在压强 14.985kPa 下，乳的沸点只有 50℃。这样在真空蒸发操作中，原料乳就可以避免高温作用，产品就能保持较好的色泽、风味和营养成分。同时由于原料乳的沸点降低，提高了加热蒸汽与原料乳之间的温差，从而增加了单位面积内、单位时间的换热量，提高了蒸发浓缩的效率。另外，由于原料乳沸点的降低，在加热器器壁上的结垢现象大幅减少，有利于传热效率的提高。

（2）真空蒸发浓缩对奶粉颗粒的物理性状有显著影响，原料乳经浓缩和喷雾干燥后，粉粒较粗大，具有良好的分散性和冲调性，能迅速复水溶解。

（3）由于真空蒸发浓缩排除了乳中的空气和氧气，使粉粒内的气泡减少，从而降低了奶粉中的脂肪氧化作用，增强了奶粉的保藏性。

（4）经浓缩后喷雾干燥的奶粉，颗粒密度较大，致密、坚实，利于包装。

在浓缩果汁生产中，由于果汁在高温常压下长时间浓缩，容易发生各种不良的变化，影响果汁制品的质量，因此浓缩果汁的生产也多采用真空蒸发浓缩。在减压下，使果汁中的水分迅速蒸发，这样既可缩短操作时间，又能较好地保证制品质量。操作条件一般为 25～35℃，真空度为 94.7kPa。这种温度条件较为适合料酒中微生物的繁殖和酶的作用，所以在果汁浓缩前应进行适当的瞬时杀菌和冷却。由于水果中含有大量的、易挥发的芳香物质，在浓缩过程中会受到损失，所以在果汁浓缩前可先将芳香物质回收，然后再加到浓缩果汁中去。

7.2　蒸发设备及其选用

蒸发设备包括蒸发器和辅助设备两大部分。蒸发器主要由加热室（器）和分离室（器）两部分组成。加热室的作用是利用水蒸气为热源来加热被浓缩的料液。分离室的作用是将二次蒸汽中夹带的雾沫分离出来。食品工业中使用的蒸发器的形式较多，按照溶液在蒸发器中流动的情况，可分为循环型和非循环型两类。

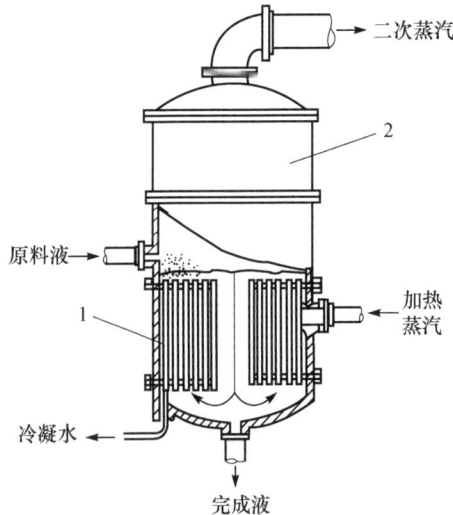

1. 加热室；2. 分离室。

图 7-2　中央循环管式蒸发器

7.2.1　蒸发器

1. 循环型蒸发器

循环型蒸发器的特点是溶液在蒸发器内做连续的循环运动，以提高传热效果、缓和溶液的结垢情况。循环型加热器的加热室有横卧式和竖式两种，竖式应用较广，包括以下几种主要结构形式。

1）中央循环管式（标准式）蒸发器

中央循环管式蒸发器目前在工业上应用最广泛，结构如图 7-2 所示，其加热室与列管式换热器一样，由 1～2m 长的竖式管束组成，称为沸腾管。加热室的中间有一个直径较大的管子，称为中央循环管，它的截面积等于其余加热管总截面积的 40%～100%。由于它的截面积较大，管内的液体量比小管中要多；而小管的传热面积相对较大，使小管内的液体的温度比大管中高，因而造成两种管内的液体存在密度差，再加上二次蒸汽在上升时的抽吸作用，使得溶液从沸腾管上升，从中央循环管下降，构成一个自然对流的循环过程，

232

流速为 0.3～1m/s。

蒸发器的上部为分离室,也称蒸发室。分离室是一个圆筒体,其直径与加热室相等,筒体高度一般为 1.8～2.5m。加热室内沸腾溶液所产生的蒸汽带有大量的液沫,到了分离室的较大空间内,液沫相互碰撞结成较大的液滴而落回到加热室的列管内。分离室顶部有除沫器,用来分离雾沫,保证二次蒸汽洁净。二次蒸汽和液沫分开后,蒸汽从蒸发器上部排出,经浓缩以后的完成液从下部排出。

中央循环管式蒸发器的优点是结构简单,制造方便,投资少和操作可靠;缺点是循环速度低,传热系数小,设备维修和清洗麻烦。它适用于中等黏度和轻度结垢溶液的蒸发。

2)悬筐式蒸发器

悬筐式蒸发器的加热室为筐形,悬挂在蒸发器壳体下部,所以称为悬筐式,如图 7-3 所示,该蒸发器内的液体也是自然循环。加热蒸汽总管由壳体上部伸入,加热管间隙间通蒸汽,管内为溶液,加热室的外壁与蒸发器内壁所形成的环形通道为溶液循环通道。环形通道的截面积一般为加热管总面积的 1～1.5 倍,因而环内液体与沸腾管内液体密度差更大,液体循环速度更大,为 1～1.5m/s。与中央循环管式蒸发器相比,加热器被液流所包围,热损比较小;加热室可以由上方取出,清洗和检修比较方便。它的缺点是单位传热面积的金属消耗量较大,装置复杂,这种蒸发器适用于易于结晶的溶液。

3)外加热式蒸发器

外加热式蒸发器的特点是把管束较长的加热室装在蒸发器的外面,即将加热室与分离室分开,如图 7-4 所示。这样,一方面降低了整个设备的高度,另一方面由于循环管没有受到蒸汽加热,增大了循环管内与加热管内溶液的密度差,从而加快了溶液的循环速度,同时便于检修和更换。

外加热式蒸发器由加热室、分离室和循环管三部分组成。循环管是加热室和分离室的连接管。这样可改变加热室与分离室间的距离,调节循环速度可使料液不在加热室中沸腾,而在加热管顶端沸腾;管子不易被析出的结晶堵塞。分离器独立后,可改善雾沫分离条件。另外,几个加热器还可共用一个分离器,轮换使用,操作灵活。

外加热式蒸发器可分为自然循环型和强制循环型(图 7-5)两种。

在一般自然循环蒸发器中,循环速度比较低,一般都小于 1m/s,为了处理黏度大或容易析出结晶与结垢的溶液,必须加大溶液的循环速度,以提高传热系数,为此可采用强制循环型蒸发器,其结构如图 7-5 所示。蒸发器内的溶液依靠泵的作用,沿着一定的方向循环,其速度一般为 1.5～3.5m/s,因此其传热速度和生产能力都较高。溶液的循环过程是这样进行的:溶液由泵自下而上地送入加热室内,并在此流动过程中受热而沸腾,沸腾的汽-液混合物以较高的速度进入蒸发室内,室内的除沫器(挡板)促使汽-液分离,蒸汽自上部排出,液体沿循环管下降被泵再次送入加热室而循环。

这种蒸发器的传热系数比一般自然循环蒸发器大得多,因此,在相同的生产任务下,蒸发器的传热面积比较小。它的缺点是动力消耗比较大,每平方米加热面积需要 0.4～0.8kW。

1. 加热室；2. 除沫器；3. 分离室；4. 下降通道。

图 7-3 悬筐式蒸发器

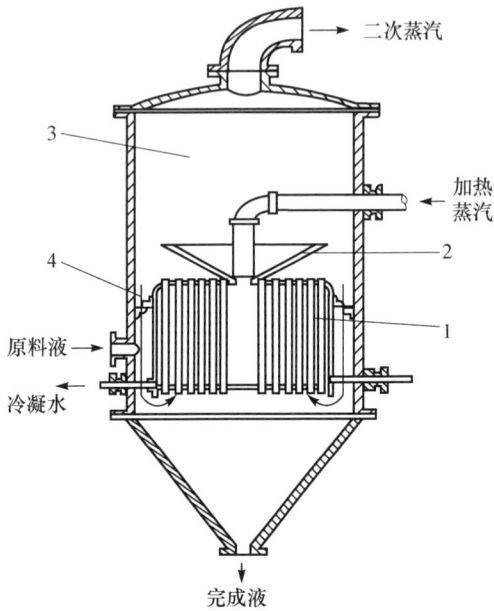

1. 加热室；2. 分离室；3. 循环管。

图 7-4 外加热式蒸发器

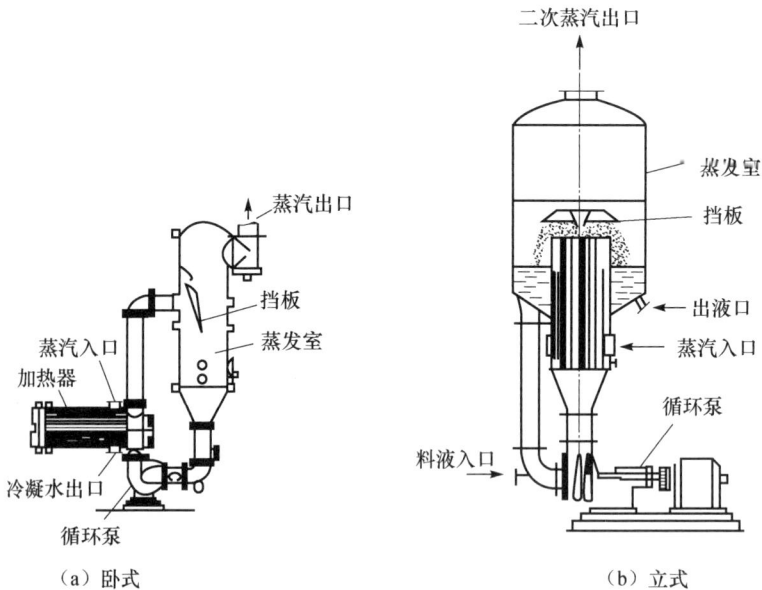

（a）卧式

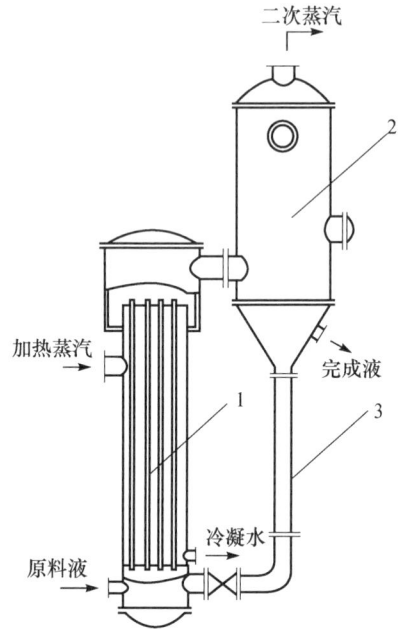

（b）立式

图 7-5 强制循环型蒸发器

2. 非循环型蒸发器

溶液在循环型蒸发器内停留的时间都比较长，而热敏性物料在蒸发过程中，容易分解或变质。液膜式蒸发器是主要的非循环型蒸发器。液膜式蒸发器内溶液仅通过加热管一次，不做循环，溶液在加热管壁上呈薄膜状，蒸发速度快（数秒至数十秒），传热效率高，特别适宜于热敏性物料的蒸发；对于黏度较大，容易产生泡沫的物料的蒸发也比较适用。目前已成为国内外广泛应用的先进蒸发设备。液膜式蒸发器的结构形式比较多，其中比较常用的有长管式蒸发器和回转式薄膜蒸发器等。

1）长管式蒸发器

长管式蒸发器的加热室由单根或多根垂直管组成，管的长径之比为100～150，管径为25～50mm，管束长6～8m。根据料液流动方向的不同，可分为升膜式、降膜式和升降膜式蒸发器。

（1）升膜式蒸发器。如图7-6所示，原料液经预热达到沸点或接近沸点后，由加热室底部引入，被高速上升的二次蒸汽带动，沿加热管壁呈膜状流动。在加热室顶部达到所需浓度。气-液混合物进入分离室后分离，浓缩后的完成液由分离室底部排出。

这种蒸发器需要精心设计与操作，即加热管内的二次蒸汽应具有较高速度，并有较高的传热系数，使料液一次通过加热管即达到预定的浓缩要求。通常，在常压下管上端出口处的速度以20～50m/s为宜；减压操作时，速度为100～160m/s。

这种蒸发器的缺点是管内下部积存较多液体，延长了接触时间，使浓缩液不能严格通过单程蒸发达到所要求的浓度，部分料液还需要循环。升膜式蒸发器适宜处理蒸发量较大，热敏性、黏度不大及易产生泡沫的溶液，如果汁、乳制品等，不适于高黏度、有晶体析出和易结垢的溶液。

（2）降膜式蒸发器。对于蒸发浓度或黏性较大的溶液，可采用如图7-7所示的降膜

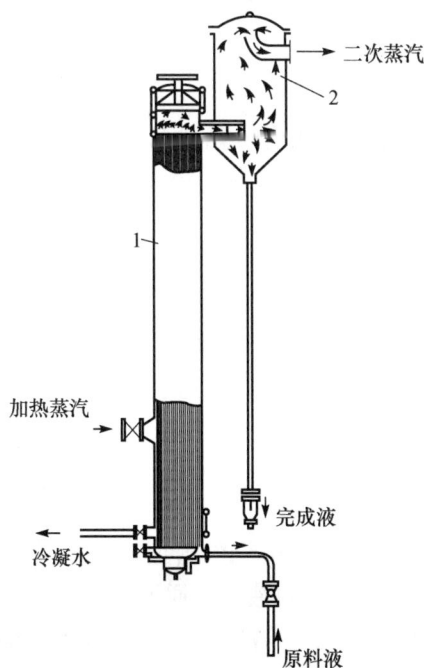

1.加热室；2.分离室。

图7-6　升膜式蒸发器

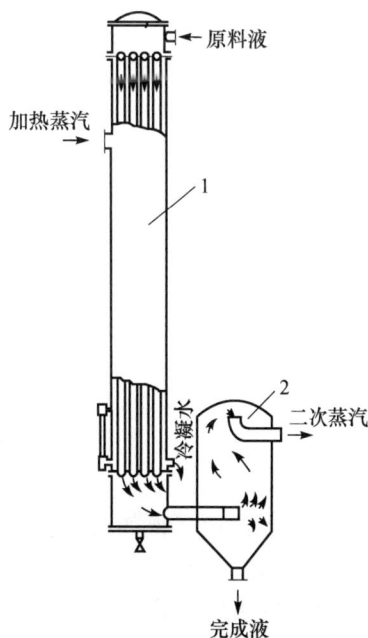

1.加热室；2.分离室。

图7-7　降膜式蒸发器

式蒸发器。原料液由加热室顶部加入，经管顶端的降膜分布器使料液均匀地成膜流下，并进行蒸发。浓缩后的液体从加热室的底部进入到分离室内，并从底部排出，二次蒸汽由顶部逸出。为了使溶液能在管壁上均匀布膜，且防止二次蒸汽由加热管顶端直接窜出，加热管顶部必须设置良好的降膜分布器，以保证每根管子的内壁都能为料液所润湿，并不断有液体缓缓流过。否则，一部分管壁出现干壁现象，不能达到最大生产能力，甚至不能保证产品质量。图7-8所示为几种常用的降膜分布器。其中图7-8（a）中的导流管是具有螺旋沟槽的圆柱体；图7-8（b）中的导流管下端锥体端面向内凹入，以免液体再向中央聚集；图7-8（c）所示降膜分布器是利用加热管上端管口的齿缝来分配液体。降膜蒸发器布膜装置的好坏，直接影响传热效果。

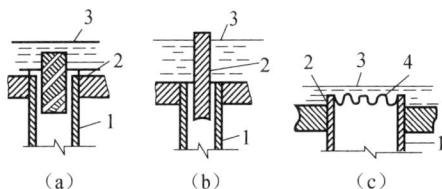

1. 加热管；2. 导流管；3. 液面；4. 齿缝。

图7-8 降膜分布器

降膜式蒸发器不存在静液层效应，物料沸点均匀，传热系数高，停留时间短。它适用于处理热敏性物料和高黏度物料，如牛奶、果汁等，不适用于处理易结晶、结垢或黏性特大的溶液。

（3）升降膜式蒸发器。将升膜式蒸发器和降膜式蒸发器装在一个外壳中，就成为升降膜式蒸发器。如图7-9所示，原料液在预热器中被加热达到或接近沸点后，引入升膜加热管2的底部，汽-液混合物经管束由顶部流入降膜加热管3，然后进入分离器4，完成液由分离器底部排出。此升降膜式蒸发器，既有以两程代单程、缩短加热管长度的优点，又可因分段浓缩各取有利点来避免各自的缺点。它常用于料液在浓缩过程中黏度变化大或厂房高度有一定限制的情况中。

2）回转式薄膜蒸发器

回转式薄膜蒸发器的结构如图7-10所示，加热管由夹套外壳和壳内旋转的转动件组成。转动件上有若干刮板，刮板边缘与传热面间的间隙一般为0.5～1.25mm。刮板转动件的转速由变速装置控制，一般为30～800r/min，刮板的线速度在2.5～9.6mm/s。原料液沿切线方向进入管内，受离心力、重力和刮板作用，在管壁上形成旋转下降的薄膜，并不断地被蒸发，完成液由底部排出。

这种蒸发器的突出优点在于对物料的适应性强，料液停留时间短，不结垢，可进行黏度很高的液体的浓缩，因而广泛应用于番茄酱、牛奶、麦芽汁和乳清等的浓缩。缺点是结构比较复杂，动力消耗大，因受夹套加热面积的限制（一般为3～4m²，最大也不超过20m²），只能用在处理量较小的场合。

3）板式蒸发器

板式蒸发器由板式换热器和分离器组合而成。加热板用不锈钢冲压而成，厚度为1～1.5mm，四周用橡胶垫圈密封，板与板之间形成蒸汽与料液流动通道。如图7-11所示，加热板排成四片一组，蒸汽在4～1和2～3板间冷凝，料液在1～2板间升膜流动，在3～4板间降膜流动。视生产能力的需要可增减板的组数。蒸发形成的汽-液混合物进入离心分离器进行分离。

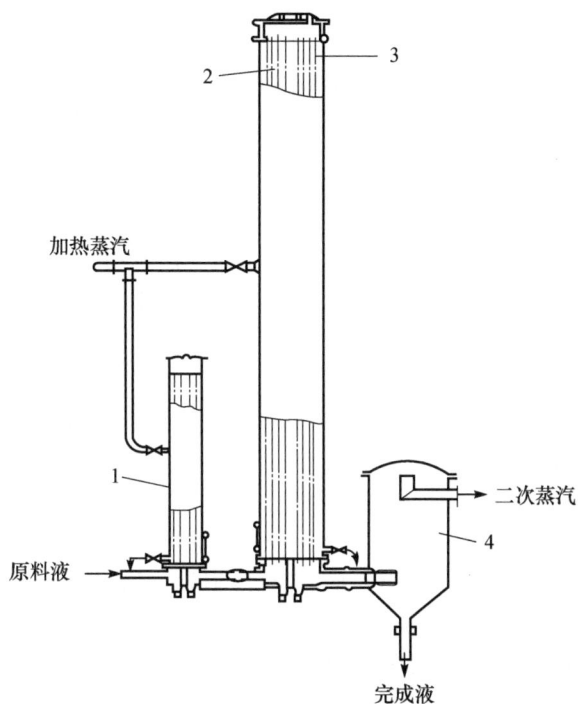

1. 预热器；2. 升膜加热管；3. 降膜加热管；4. 分离器。

图 7-9　升降膜式蒸发器

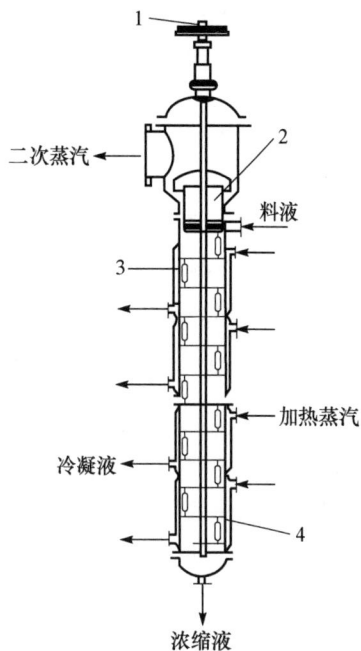

1. 轴；2. 分离器；3. 刮板；4. 夹套。

图 7-10　回转式薄膜蒸发器

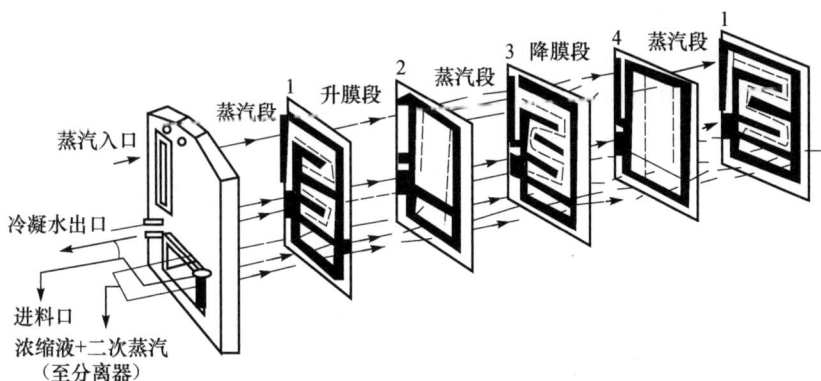

图 7-11　板式蒸发器

板式蒸发器的优点：单位体积的传热面积大，效率高；操作灵活，传热面积可按要求随意增减，装拆方便；所需厂房高度小。它已广泛用于食品工业。但是其使用有一定的局限性，因为垫圈密封要求较高，操作温度有限，不宜处理含固体微粒的料液。

7.2.2　蒸发的辅助设备

蒸发单元操作除需蒸发器外，还需要一些辅助设备。辅助设备一般包括冷凝器、除沫器、真空泵、压缩机和疏水器等。

1. 冷凝器

冷凝器的作用是将二次蒸汽冷凝成水后排出。冷凝器有间壁式和直接接触式两类。当二次蒸汽为有价值的产品需要回收，或会严重污染冷却水时，应采用间壁式冷凝器；这种冷凝器价格较高，用水量较大。所以非必要时，一般采用直接接触式冷凝器，又称混合式冷凝器。

直接接触式冷凝器要求两种流体能有最大的接触面积，保证均匀接触和一定的接触时间。进入冷凝器的蒸汽或多或少带有不凝性气体，必须从顶部将它排出。典型的直接接触式冷凝器有喷射式、填料式和孔板式等。

2. 除沫器

除沫器又称汽-液分离器。蒸发操作中产生的二次蒸汽，在分离室和液体分离后，仍夹带一定的液沫或液滴。为了防止液体产品的损失或冷凝液被污染，在蒸发器顶部蒸汽出口附近需要设置除沫器。如果是多效蒸发，二次蒸汽夹带的雾沫将使下效加热器传热面形成污垢和腐蚀。特别是浓缩果蔬汁（如番茄汁）时，强腐蚀性的酸雾进入二次蒸汽会带来严重后果。

除沫器一般安装在蒸发装置分离室的顶部或侧面。它的类型很多，可归纳为惯性型、离心型和表面型三类。

（1）惯性型除沫器。如图 7-12（a）、（b）所示，在二次蒸汽通道上布置若干挡板，使蒸汽多次突然改变方向。因携带的液滴惯性较大，与挡板碰撞时附着在板上并积聚流下，而与二次蒸汽分离。

（2）离心型除沫器。图 7-12（c）的形状与旋风分离器相似，切向导入的气流产生回转运动，携带的液滴在离心力作用下，沿壁流回蒸发室，二次蒸汽由顶部排出。

（3）表面型除沫器。如图 7-12（d）、（e）所示，二次蒸汽通过多层金属丝网，液滴附着在网表面。表面型除沫器的特点是气体流速小，阻力损失大。由于填料及金属网不易清洗，故在食品工业中应用较少。

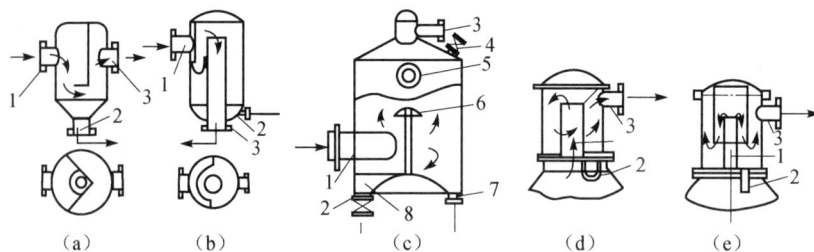

1.二次蒸汽进口；2.料液回流口；3.二次蒸汽出口；4.真空解除阀；5.视孔；6.折流板；7.排液口；8.挡板。

图 7-12　除沫器的结构示意图

3. 真空泵

真空蒸发除采用水力喷射冷凝器外，当用其他各式冷凝器时，必须配备真空泵。因为冷凝器所能冷凝的气体主要是水蒸气。空气等不凝性气体如不设法除去，系统的真空度不可能长久维持。使用真空泵的目的就是抽出这些不凝性气体。真空蒸发所采用的真空泵有往复式真空泵、水环式真空泵、蒸汽喷射真空泵等。如果采用水力喷射真空泵，则可兼具冷凝器的作用。

7.2.3　蒸发器的选用

蒸发器的类型较多，各种蒸发器都有相应的适用场合，表 7-1 是各种蒸发器的性能比较。

表 7-1　各种蒸发器的性能比较

蒸发器类型	停留时间/s	蒸发温度/K	浓缩液黏度/(Pa·s)	最小加热温度差/K
标准式	—	>323	—	30
自然循环式	—	>323	—	20
强制循环式	—	>283	—	15
升膜式	约 60	>323	0.1	20
降膜式	约 60	>283	0.2	15
板式	约 240	>323	0.3~0.4	25
刮板膜式	20~30	—	20	—

在选用蒸发器时应从以下方面综合考虑。

（1）不同黏度的溶液应选用不同类型的蒸发器。例如，高黏度的物料应选用降膜式蒸发器，而不能选用升膜式蒸发器。

（2）长时间受热易分解、易聚合及易结垢的溶液蒸发时，应采用滞料量少、停留时间短的蒸发器。

（3）有晶体析出的溶液宜采用外加热式蒸发器或强制循环型蒸发器。

（4）易起沫的溶液在蒸发时产生的雾沫，不但使物料损失，而且会污染冷凝器。因此蒸发这种溶液时宜采用外加热式蒸发器、强制循环型蒸发器或升膜式蒸发器。

（5）对有腐蚀性的溶液，应采用加热管由特殊材质制成的，或内壁衬以耐腐蚀材料。

（6）蒸发任何溶液长时间后，均会有污垢生成，而污垢影响传热。对于蒸发易结垢溶液，应考虑使用便于清洗和溶液循环速度大的蒸发器。

（7）要求传热面大于 10m^2 时，不宜选用刮板薄膜式蒸发器；传热面要求在 20m^2 以上时，宜采用多效蒸发操作。

选择、设计蒸发器时，要以料液的以上特性为重要依据，全面衡量。通常选用的蒸发器要满足以下基本要求。

（1）符合工艺要求，溶液的浓缩比适当。

（2）传热系数高，有较高的热效率，能耗低。

（3）结构合理紧凑，操作、清洗方便，卫生、安全可靠。

（4）动力消耗低，设备便于检修，有足够的机械强度。

蒸发器的结构形式很多，在实际选型时，除了要求结构简单、易于制造、金属消耗量小、维修方便、传热效果好等因素外，更主要的是看它能否适用于所蒸发物料的工艺特性，包括物料的黏性、热敏性、腐蚀性、结晶或结垢性等，然后再全面综合地加以考虑。表 7-2 列举了主要类型的蒸发器的适用场合，在选用蒸发器时可作为参考。另外，在选用蒸发器时，还应考虑厂房、蒸发操作的投资费用及操作费用等因素。

表 7-2　蒸发器的选用

制品热敏性	制品黏度	适用蒸发器的类型	说明
无	低或中等	管式、板式、固定圆锥式	水平管式不适于结垢制品
无或小	高	真空锅、刮板膜式、旋转圆锥式	琼脂、明胶、肉浸出液的浓缩，可采用间歇式
热敏	低或中等	管式、板式、固定圆锥式	包括牛奶、果汁等含固体的制品
热敏	高	刮板膜式、旋转圆锥式	包括多数果汁浓缩液、酵母浸出液及某些药品，对浆状制品只能用刮板膜式
高热敏	低	管式、板式、固定圆锥式	要求单程蒸发
高热敏	高	旋转圆锥式、板式	要求单程蒸发，包括橙汁浓缩液、蛋白和某些药物

7.3　蒸发工艺流程与操作条件的选择

7.3.1　单效蒸发

图 7-13 所示是典型的单效真空蒸发流程，单效蒸发操作的主体设备是蒸发器，它的下部是由若十加热管组成的加热室 1，加热蒸汽在管间被冷凝，它所释放出来的冷

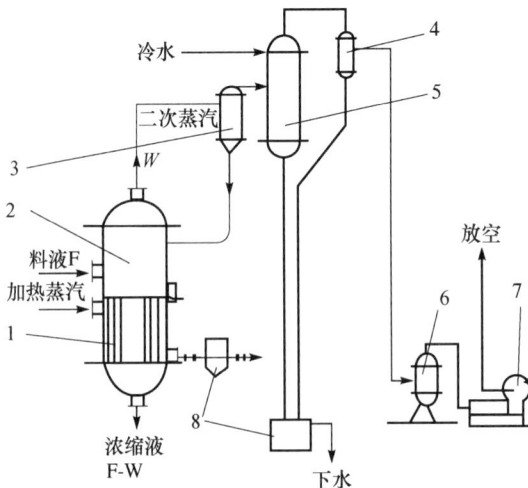

1.加热室；2.分离室；3.二次分离器；4.汽-液分离器；5.混合冷凝器；6.缓冲罐；7.真空泵；
8.冷凝水排除器。

单效真空蒸发流程

图 7-13　单效真空蒸发流程

凝潜热通过管壁传给被加热的料液，使溶液沸腾汽化。在沸腾汽化过程中，夹带的一部分液体在蒸发器的上部的分离室 2 分离，并在其出口处装有除沫装置，以便将夹带的液体分离开。蒸汽进入混合冷凝器 5 内，被冷却水冷凝后排出。在加热室管内的溶液，随着溶剂的汽化，溶液浓度得到提高，浓缩以后的完成液从蒸发器的底部出料口排出。

在单效蒸发过程中，由于所产生的二次蒸汽直接被冷凝除去，使其携带的能量没有被充分利用，因此能量消耗大，只在小批量生产或间歇生产的场合下使用。

7.3.2　多效蒸发

1. 多效蒸发的原理

在生产中，蒸发大量水分时，势必消耗大量的加热蒸汽。为减少加热蒸汽的消耗量，可采用多效蒸发，即将若干个蒸发器串联起来协同操作，利用减压的方法，使后一个蒸发器的操作压力和溶液沸点比前一个低。把前一个蒸发器产生的二次蒸汽引入后一个蒸发器的加热室作为热源，后一个蒸发器的加热室作为前一个蒸发器的冷凝室，最后一个蒸发器的二次蒸汽送去被冷凝。

在多效蒸发中，每一个蒸发器称为一效，通入加热蒸汽的蒸发器称为第一效。用第一效的二次蒸汽作为加热蒸汽的蒸发器称为第二效，依次类推。在相同的生产能力下，串联若干单效设备，可提高热能利用的经济性，但也提高了设备的投资费用。

顺流多效蒸发流程

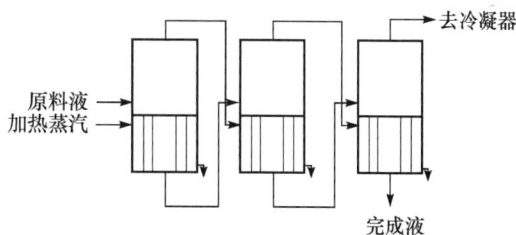

2. 多效蒸发的流程

根据原料液加入方法的不同，多效蒸发操作有四种流程，即顺流法、逆流法、平流法和混流法。

1）顺流法

顺流法也称并流法，为最常用的一种加料流程。如图 7-14 所示，蒸汽和料液的流动方向一致，依效序从第一效到末效。

顺流法的优点是蒸发室压强依效序递减，料液在效间流动不需要泵。同时，料液沸点依效序递降，使前效料液进入后效时，产生自蒸发作用，增加了水分蒸发量。另外，料液浓度依效序递增，

图 7-14　顺流多效蒸发流程

高浓度料液在低温下蒸发，这对热敏性食品物料很有利。缺点是料液黏度随效序显著升高，传热系数逐效降低，使末效蒸发困难。因此，顺流法不宜处理黏度随浓度的增加而迅速增大的溶液。

2）逆流法

逆流多效蒸发流程如图 7-15 所示，料液与蒸汽流动方向相反。原料液由末效进入，依次用泵送入前效，而蒸汽则由第一效流至末效。

逆流法的优点：浓度较高的料液在较高的温度下蒸发，故黏度不会

逆流多效蒸发流程

太高，各效的传热系数不会太小，有利于提高整个系统的生产能力；末效的蒸发量比顺流法少，减少了冷凝器的负荷。它的缺点是各效间料液要用泵输送，增加了电能消耗，装置复杂；没有自蒸发，还要消耗一部分蒸汽将料液从低沸点加热到高沸点，从而使蒸发量减少。此外，高温加热面上浓溶液的局部过热可能会引起结焦和营养物质受破坏。

对于料液黏度随浓度和温度变化较为敏感的情况，宜采用逆流法。

3）平流法

平流法是指每效均平行送入原料液和排出产品。此法只用于易结晶物料的蒸发，如食盐溶液的浓缩，因为夹带大量结晶的黏稠悬浮液不便于在效间输送。此方法对结晶操作较易控制，并省掉了黏稠悬浮液的效间泵送。平流多效蒸发流程如图 7-16 所示。

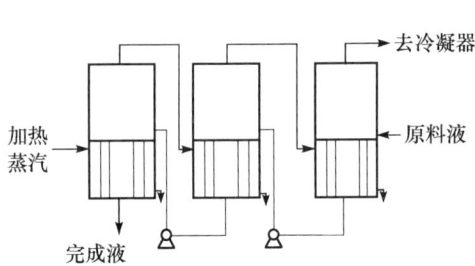

图 7-15　逆流多效蒸发流程　　　　图 7-16　平流多效蒸发流程

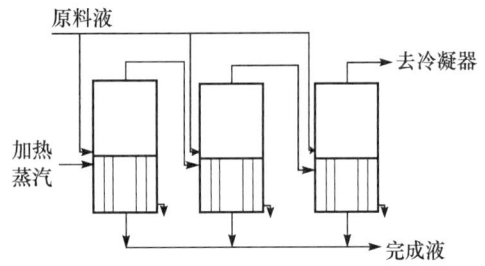

4）混流法

效数多时，可采用顺流和逆流并用操作，即有些效间为顺流，有些效间为逆流，这样可以协调两种流程的优缺点，对黏度较高的料液的浓缩很有利。

3. 多效蒸发效数的确定

由于多种原因，多效蒸发的效数是有限的。首先，效数增加会增加蒸发器及附属设备的投资费用。其次，在多效蒸发中，末效二次蒸汽的温度受真空度的限制不可能无限降低，而首效的沸点又常受物料热敏性的限制，使首效的加热蒸汽温度也不能无限升高。这样，总温差就有了一定的限制。每一效的有效温差不能低于 5～7K，否则无法维持在泡核沸腾下操作。

实践中常用的多效蒸发是双效、三效、四效。对热敏性高的物料，首效的蒸发温度即受限制，所以工业上很少有超过四效的蒸发流程。

7.3.3　蒸发操作条件的确定

1. 料液液面高度对蒸发过程的影响

蒸发器液面的正常与稳定对蒸发操作十分必要。液面过低，加热室的加热管上方易结垢，影响料液的正常循环，降低加热效率，甚至会引起加热管局部或全部堵塞，以致无法正常操作。对于强制循环型蒸发器，过低的液面会使循环泵发生气蚀和振动，危及泵的安全运行。液面过高，会导致较大的液面静压，使料液沸点上升，传热温差变小，生产能力下降，液面过高还会使汽-液分离空间过小，容易出现从二次蒸汽管中跑液的事故。在各效蒸发器内，液面高度应保持适宜。一般悬筐式、标准式等自然循环蒸发器的适宜液面定在加热室以上 0.5m 处，列管式蒸发器在沸腾区上方 0.3～0.5m 处。

2. 真空度对蒸发过程的影响

真空度也是蒸发操作中一个重要的工艺条件。真空度过低，不但蒸发装置的生产能力得不到充分发挥，而且还会增加蒸汽消耗量，因此蒸发系统采用较高的真空度，以增大末效及整个蒸发系统的传热温差，从而提高装置的生产能力。真空度增大，还可以降低蒸发系统的蒸汽消耗；可使料液沸点降低，料液离开蒸发系统带走的热量减少，并可减少预热所用蒸汽量。实际生产中应采用尽可能高的真空度，以达到高产低耗的目的。

影响真空度的因素有如下几个方面。

（1）不凝性气体。蒸发过程中的不凝性气体主要是空气。由于真空设备在单位时间排除不凝性气体的能力有限，所以要尽量减少带入系统的不凝性气体量。不凝性气体来自以下三个部分：二次蒸汽夹带的不凝性气体；冷却水进入真空系统后释放出其中溶解的不凝性气体；真空系统管道和设备的各个连接部位漏入的不凝性气体。为提高蒸发装置的真空度，必须提高管道和设备的密闭性能。

（2）真空系统的阻力。真空系统内的蒸汽和不凝性气体的流速很大，在流动过程中会有较大的阻力，引起真空度损失。

（3）冷却水量和温度。末效蒸发器的真空度是通过冷凝蒸汽，并引除不凝性气体而形成的。理论上最大真空度应是大气压与冷凝器排出冷却水在此温度下的饱和蒸汽压之差。由于水的饱和蒸汽压是随水温升高而增大的，所以水温越高，可达到的真空度越低。当蒸发系统的生产能力一定时，冷凝的蒸汽量基本不变。因此，冷却出水温度高低取决于冷却水的水温和水量。

7.4 蒸发过程计算

生产上虽然大多数采用多效蒸发操作，但多效蒸发计算较为复杂，且可将多效蒸发视为若干个单效蒸发的组合。现只讨论单效蒸发的有关计算。

单效蒸发是最基本的蒸发流程，原料在蒸发器内被加热汽化，产生的二次蒸汽引出后冷凝或排空，不再被利用。因食品工业上浓缩的物料都是热敏性的，进行单效蒸发时常采用单效真空蒸发。对于单效真空蒸发，在确定了操作条件和给定了生产任务后，需计算以下内容：蒸发量、加热蒸汽消耗量和传热面积。这些问题可以通过物料衡算、热量衡算和传热速度方程来解决。

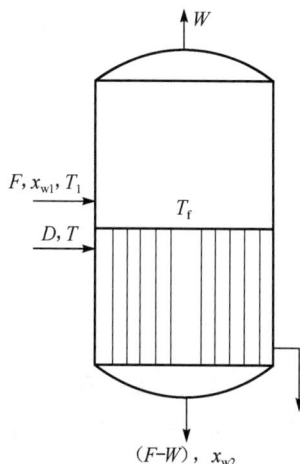

图 7-17 单效蒸发示意图

7.4.1 蒸发量的计算

如图 7-17 所示，单位时间内从溶液中蒸发出来的水分

量，可以通过物料衡算得出，在稳定连续的蒸发过程中，单位时间内进入和离开蒸发器的溶质量应相等，即

$$F \cdot x_{w1} = (F-W) \cdot x_{w2} \tag{7-1}$$

式中，F——原料液的耗用量（进料量），kg/s;

　　　W——蒸发出的水分量（二次蒸汽量），kg/s;

　　　x_{w1}——原料液的组成（质量分数），%;

　　　x_{w2}——完成液的组成（质量分数），%。

由式（7-1）可求得水分蒸发量为

$$W = F \cdot \left(1 - \frac{x_{w1}}{x_{w2}}\right) \tag{7-2}$$

7.4.2　加热蒸汽消耗量的计算

通过热量衡算，可求得加热蒸汽消耗量。

进入蒸发器的热量为 $DH+Fh_1$，离开蒸发器的热量为 $WH'+(F-W)h_2+Dh_w+Q_f$，进行焓衡算得

$$DH + Fh_1 = WH' + (F-W)h_2 + Dh_w + Q_f$$

或

$$D = \frac{WH' + (F-W)h_2 - Fh_1 + Q_f}{H - h_w}$$

$$= \frac{F(h_2 - h_1) + W(H' - h_2) + Q_f}{H - h_w}$$

式中，D——加热蒸汽消耗量，kg/s;

　　　H——加热蒸汽的焓，J/kg;

　　　h_1——原料液的焓，J/kg;

　　　H'——二次蒸汽的焓，J/kg;

　　　h_2——完成液的焓，J/kg;

　　　h_w——冷凝水的焓，J/kg;

　　　Q_f——热损失，J/s。

若在蒸汽的饱和温度下排除加热蒸汽的冷凝液，则

$$H - h_w \approx R$$

当料液的稀释热可以忽略时，溶液的焓可由比热容算出。经简化计算得

$$F(h_2 - h_1) = Fc_{p1}(T_f - T_1)$$

$$H' - h_2 \approx r$$

式中，R——加热蒸汽的汽化热，J/kg;

　　　r——二次蒸汽的汽化热，J/kg;

　　　T_1——原料液的温度，K;

T_f——完成液的温度，K；

c_{p1}——原料液的比热容，J/（kg·K）。

则

$$DR = Wr + Fc_{p1}(T_f - T_1) + Q_f \qquad (7\text{-}3)$$

$$D = \frac{Wr + Fc_{p1}(T_f - T_1) + Q_f}{R} \qquad (7\text{-}4)$$

式（7-3）说明蒸发器所消耗的热量，主要用于供给二次蒸汽所需的汽化热，以及预热原料液和热损。

对式（7-4）进行分析可以看出，加料温度不同，将影响加热蒸汽的消耗量。

（1）在溶液预热到沸点时进料：此时 $T_1=T_f$，代入式（7-4）得

$$D = \frac{Wr + Q_f}{R} \qquad (7\text{-}5)$$

若将热损 Q_f 忽略不计，则上式可以近似地表示为

$$\frac{D}{W} = \frac{r}{R} \qquad (7\text{-}6)$$

式中，D/W——单位蒸汽消耗量，即每蒸发 1kg 水所消耗的加热蒸汽量。它是衡量蒸发操作经济性的一个重要指标。由于工业生产中蒸发量很大，尽可能减少单位蒸汽消耗量 D/W 的值，对降低能耗、提高经济效益起重要作用。

水的汽化热随压强（或温度）的变化不大，所以 $r \approx R$，由式（7-6）可知 $D/W \approx 1$，即每蒸发 1kg 水需 1kg 蒸汽。考虑到热损等实际原因，$D/W \approx 1.1 \sim 1.2$。

（2）原料液在低于沸点下进料：即冷液进料，T_1 小于 T_f，由于一部分热量用来预热原料液，致使单位蒸汽消耗量增加。

（3）在原料液高于沸点时进料：即 T_1 大于 T_f，此时，当溶液进入蒸发器后，温度迅速降到沸点，放出多余热量而使一部分溶剂汽化。对于溶液的进料温度高于蒸发器内溶液沸点的情况，在减压蒸发中是完全可能的。它所放出的热量使部分溶剂自动汽化的现象称为自蒸发。

7.4.3 蒸发器传热面积的计算

与普通换热器的选型相类似，蒸发器的选型也是依据传热面积。蒸发器的传热面积可由传热基本方程求得，即

$$Q = KA\Delta T_m$$

或

$$A = \frac{Q}{K\Delta T_m} = \frac{Q}{K(T - T_f)} = \frac{DR}{K(T - T_f)} \qquad (7\text{-}7)$$

式中，A——蒸发器传热面积，m^2；

Q——传热速度，W；

K——传热系数，$W/(m^2 \cdot K)$；

ΔT_m——平均传热温差，K。

【例 7-1】 稳定状态下在单效蒸发器中浓缩苹果汁。已知原料液温度 316.3K，浓度 11%，比热容 3.9kJ/(kg·K)，进料量 0.67kg/s。蒸发室沸点 333.1K，完成液浓度 75%。加热蒸汽为 300kPa，加热室传热系数为 943W/(m²·K)。计算：

① 蒸发量和完成液流量；

② 加热蒸汽消耗量；

③ 换热面积。

解：①

$$W = F \cdot \left(1 - \frac{x_{w1}}{x_{w2}}\right) = 0.67\left(1 - \frac{0.11}{0.75}\right) = 0.57(kg/s)$$

② 查 $T_f = 333.1K$ 时，$r = 2355kJ/kg$；$p = 300kPa$ 时，$T = 406.3K$，$R = 2168kJ/kg$，式（7-3）得

$$D = \frac{Wr + Fc_{p1}(T_f - T_1)}{R}$$

$$= \frac{0.57 \times 2355 \times 10^3 + 0.67 \times 3.9 \times 10^3 \times (333.1 - 316.3)}{2168 \times 10^3}$$

$$= 0.64(kg/s)$$

③

$$A = \frac{DR}{K(T - T_f)} = \frac{0.64 \times 2168 \times 10^3}{943 \times (406.3 - 333.1)} = 20.1(m^2)$$

思考题

1. 什么叫蒸发？有何意义？举例说明蒸发操作在生物工程中的应用。

2. 生蒸汽与二次蒸汽有何不同？

3. 真空蒸发有何特点？

4. 维持蒸发操作顺利进行的必要条件是什么？

5. 常用的蒸发设备有哪几种？各有何特点？如何选择合适的蒸发器？

6. 试比较单效蒸发与多效蒸发？

7. 常用的多效蒸发的流程有哪几种？各有何特点？

练习题

1. 在双效顺流蒸发器中浓缩脱脂牛奶，进奶固体含量为 10%，温度为 55℃，第一效中沸点为 77℃，第二效中沸点为 67.5℃，末效排出浓奶的固体含量为 30%。假定固形物的比热容为 2kJ/(kg·K)，试近似估算离开第一效牛奶的固体含量（提示：以 100kg 进料为基准，做第二效的热量衡算）。沸点升高可忽略。

2. 用双效顺流蒸发器生产某热敏食品，加热蒸汽温度为 110℃，冷凝器的冷凝温度为 40℃，一切温差损失可忽略不计，且规定料液最高允许温度为 65℃，假定两效的传热系数相等，试估计两效传热面积之比（可设等蒸发量分布及 1kg 蒸汽蒸发 1kg 水）。

3. 在双效顺流蒸发器内蒸发 1t/h 浓度为 10%的某溶液。溶液浓度在第一效内为 15%，在第二效内为 30%。第一效内沸点为 108℃，第二效内为 75℃。第二效二次蒸汽的绝对压强为 30kPa。设浓度 15%溶液的比热容为 3.559kJ/（kg·K）。问料液由第一效进入第二效时自蒸发的水分量是多少？此水分量占总水分蒸发量的多少？

第8章

结　晶

❉ **学习目标**

　　了解：结晶操作在工业中的应用；常用结晶设备的类型及其特点。

　　理解：结晶操作的推动力；影响晶核形成及晶体成长的主要因素；固−液系统的相平衡。

　　掌握：常用的结晶方法及适用场合。

8.1　结晶操作及其应用

8.1.1　结晶操作及其特点

　　结晶操作的基本过程是结晶，结晶是物质以晶体状态从蒸汽、溶液或熔融物中析出的过程。结晶过程可分为溶液结晶、熔融结晶、升华结晶和沉淀结晶四类。食品工业中常采用的是溶液结晶，故本章主要介绍溶液结晶。

结晶

　　在溶质从溶液中结晶出来的初期，先要产生微观的晶粒作为结晶的核心，称为晶核；溶液在结晶器中结晶出来的晶体和剩余的溶液构成的悬混物称为晶浆；去除晶体后所剩的溶液称为母液。

　　结晶操作具有如下特点。

　　（1）能从杂质含量较多的溶液或多组分熔融混合物中获得高纯度的产品。

　　（2）能量消耗少，操作温度低，对热敏性物料特别适宜。

　　（3）晶体产品的包装、运输、贮存或使用都很方便。

8.1.2　结晶操作在食品工业中的应用

　　结晶操作在食品工业中的应用有如下几个方面。

　　（1）从水溶液中结晶以获得纯净的结晶产品。食品工业的晶体状产品的生产都离不开结晶操作，如以葡萄糖水溶液为原料，用结晶的方法生产葡萄糖；以甘蔗汁（蔗糖水溶液）为原料，通过蒸发、结晶等操作生产出蔗糖的结晶产品——白砂糖。

　　（2）将水溶液中的水结晶冻结除去，使溶液得以浓缩，这种操作称为冷冻浓缩，将在第10章冷冻中介绍。

　　（3）控制结晶过程使制品获得某些流变学特性。例如，人造奶油和巧克力中脂肪的结晶，以及甜炼乳和某些糖果中的结晶控制等。在有些食品生产中，还必须采用适当的方法防止结晶沉淀，如蜂蜜中的糖分、冰激凌中的乳糖等。

8.2 晶体与结晶的相关基础知识

8.2.1 晶体及其分类

1. 晶体

晶体是化学成分均一、具有规则形状的固体，是质点按一定点阵排列而成的。组成空间点阵结构的基本单位称为晶胞，它是组成晶体的最小基本单元。晶体具有以下特征。

（1）自发性：是指晶体自发地成长为结晶多面体的可能性，即晶体通常以平面作为与周围介质的分界面。在理想条件下，生长过程中的晶体总保持几何上的相似。

（2）均匀性：具有规则的晶形，晶体中每一宏观质点的物理性质、化学组成及晶格结构都相同。晶体的这种特性保证了工业晶体产品具有高的纯度。一个晶体是由许多性质相同的单位粒子有规律地排列而成，在宏观上具有连续性、均匀性。

（3）各向异性：晶体的许多性质（如电学性质和光学性质）具有方向性，也就是说在晶体同一方向上具有相同性质。在不同方向上具有相异性质，称为晶体的各向异性，一切晶体都有各向异性。

（4）对称性：晶体以分子（或离子、原子）在空间晶格的结点上的对称排列为特征。

2. 晶体的分类与晶体的形状

1）晶体的分类

根据晶胞的空间结构不同，可将晶体分为立方晶系、四方晶系、六方晶系、正交晶系、单斜晶系、三斜晶系、三方晶系等七类。图 8-1 所示是各类晶体的空间结构示意图，图中 a、b、c 是空间三个方向的尺寸，α、β、γ 是三个方向的夹角。

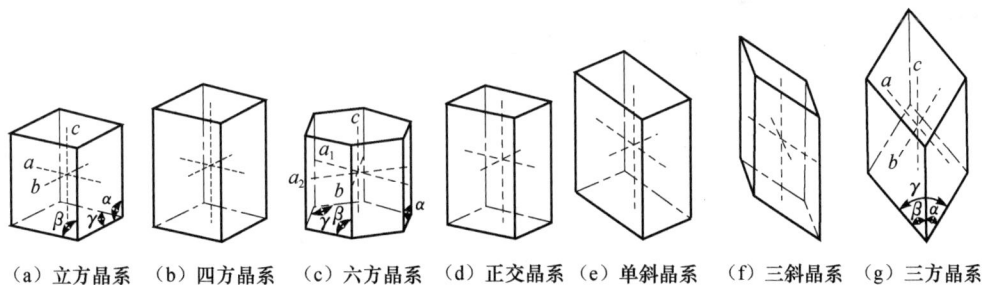

（a）立方晶系 （b）四方晶系 （c）六方晶系 （d）正交晶系 （e）单斜晶系 （f）三斜晶系 （g）三方晶系

图 8-1 七种晶体的空间结构示意图

2）晶体的形状

在理想条件下，晶体的长大保持相似性。图 8-2 所示为晶体的生长情形，图中每个多边形代表晶体在不同时间的外形。显然这些多边形是相似的，联结多边形顶点的虚线相交于某一中心点，此点即为结晶中心（也即原始晶核的位置）。

某一晶面的生长速度指的是该晶面沿其法向方向远离结晶中心移动的速度。由此可见，除晶形为正多面

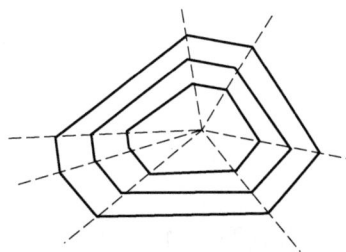

图 8-2 晶体不同晶面的生长

体外，一般晶体各晶面的生长速度是不一样的。

在实际条件下，晶体外形常因环境条件的不同而发生改变。影响或改变晶面生长速度的因素有溶剂的种类、过饱和度、温度、搅拌速度、磁场强度及杂质等。控制不同的结晶条件，可以得到不同形状的晶体。

晶体的长大

8.2.2　结晶过程固-液相平衡

在一定的温度下，溶质在溶剂中的溶解能力称为溶质的溶解度。溶质在溶液中的浓度高于溶解度是结晶的必要条件，但不是充分条件，是否结晶还要受其他因素的影响。溶解度的大小与溶质及溶剂的性质、温度、压强等因素有关。一般情况下，物质在溶剂中的溶解度主要是温度的函数，压强的影响一般可以忽略不计。因此，溶解度数据可用溶解度对温度所标绘的曲线来表示，该曲线称为溶解度曲线。

图 8-3 所示为几种无机物在水中的溶解度曲线。有些物质的溶解度随温度的升高而迅速增大；有些物质的溶解度随温度的升高以中等速度增加；还有一类物质，如 NaCl 等，随着温度的升高，其溶解度只有微小地增加。上述物质在溶解过程中需要吸收热量。然而，也有一些物质，如 Na_2SO_4 等，随着温度的升高，其溶解度反而下降，它们在溶解过程中释放热量。

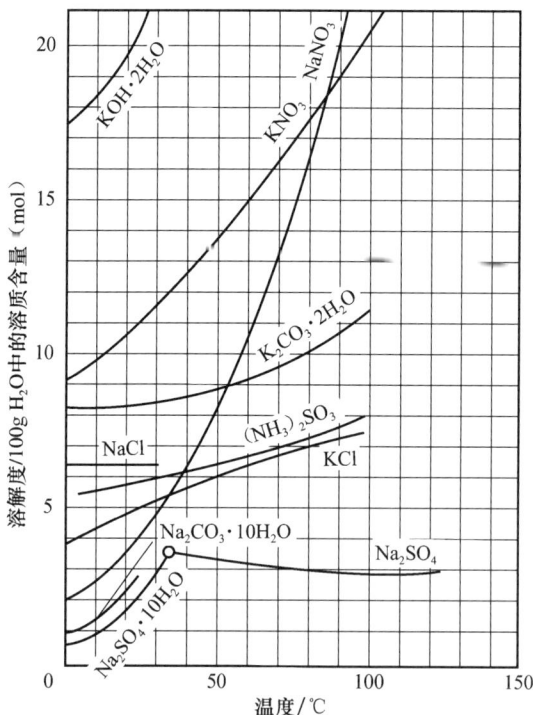

图 8-3　几种无机物在水中的溶解度曲线

任何固体物质与其溶液相接触时，若溶液还未饱和，则固体将继续溶解；若溶液已达到过饱和，则该物质在溶液中超过饱和量的那一部分迟早要从溶液中析出；若溶液恰好达到饱和，则固体溶解与析出的量相等，此时固体与溶液处于相平衡状态。所以要使溶质结晶出来，必须首先设法使溶液变成过饱和溶液，且有一定的过饱和度。由此可见，过饱和度是结晶操作的推动力，可以产生结晶的最小过饱和度称为临界过饱和度。溶液的过饱和度与结晶的关系可用饱和曲线与过饱和曲线表示，如图 8-4 所示。

溶解度曲线 AB 与临界过饱和度曲线 CD 可以把不同浓度溶液划分为稳定区、不稳区和介稳区。

（1）稳定区：溶液均为不饱和溶液，不会有溶质晶体析出，该区域溶液的浓度是稳定的。

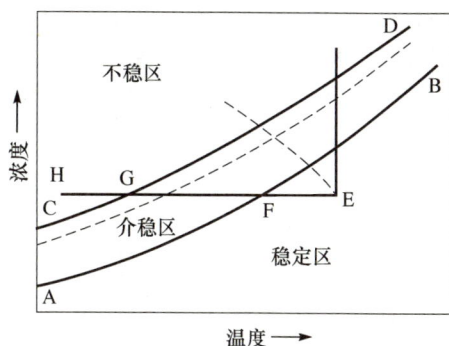

图 8-4 饱和曲线与过饱和曲线

（2）不稳区：结晶能自动进行，该区域溶液的浓度是不稳定的。

（3）介稳区：介于稳定区与不稳定区之间，处于溶解度曲线与过饱和溶解度曲线之间的带状区域，结晶不能自动进行，但若加入细小的晶体（称为晶种），能诱导晶体产生。物质在溶解时一般吸收热量，在结晶时放出热量，称为结晶热。结晶是一个同时有质量和热量传递的过程。

当将 E 点所代表的溶液冷却，而溶剂量保持不变时（直线 EFG），则当达到 G 点时，结晶方能自动进行。也可将溶液在等温下蒸发（过 E 点的垂线），则当达到临界过饱和时，结晶方能自动进行。由于蒸发过程中，液体表面的浓度一般超过主体浓度，因此在液面附近首先产生结晶，形成的晶体能诱导主体溶液在到达临界过饱和度之前就发生结晶。在实际操作中，有时将冷却和蒸发结合使用。

物质的溶解度特征对于结晶方法的选择非常重要。溶解度随温度变化敏感的物质，适合用变温结晶法分离；溶解度随温度变化缓慢的物质，适合用蒸发结晶法分离。

8.2.3 晶体在溶液中的结晶过程

为了进行结晶，必须先使溶液达到过饱和，这样过量的溶质才会以固体状态结晶析出。晶体的产生最初是形成极细小的晶核，然后这些晶核再生长为一定大小和形状的晶体，溶液浓度达到饱和浓度时，溶质的溶解度与结晶速度相等，尚不能使晶体析出。当浓度超过饱和浓度达到一定的过饱和度时，才可能析出晶体。因此，结晶的全过程应包括过饱和溶液形成、晶核形成和晶体生长等三个阶段。

1. 过饱和溶液形成

过饱和溶液的形成主要通过冷却或浓缩使溶液达到过饱和状态，溶液达到过饱和是结晶的前提，过饱和度是结晶操作的推动力。

2. 晶核形成

当溶液浓度达到一定的过饱和度时，这些溶质能够互相吸引，自然聚合形成一种细微的颗粒，这就是所谓的晶核。晶核形成的必要条件是溶液要达到一定的过饱和度，如果有外界因素的刺激还可以促使晶核提早形成。晶核的形成称为起晶。常用的起晶方法有以下三种。

（1）自然起晶法：将溶液蒸发浓缩，使其浓度进入不稳定区而自然产生晶核。这种方法起晶迅速，晶核数量难以控制，结晶产品粒子小，而且蒸发时间长、耗热量大，故现已很少采用。

（2）刺激起晶法：将溶液用蒸发浓缩的方法排除部分溶剂，使溶液浓度进入介稳区，然后使溶液受到突然冷却，进入不稳定区，溶液受到这样突然改变温度的刺激而自行生成晶核。

（3）晶种起晶法：将溶液蒸发浓缩至介稳区中过饱和度较低的范围，加入一定大小和数量的晶种。该法由于操作控制比较方便，所得产品大小均匀，晶形一致，被广泛应用于工业生产中。

一般可以将起晶过程分为一次起晶和二次起晶。一次起晶指系统中没有晶体存在时的起晶，二次起晶指系统中已有晶体时的起晶。

3. 晶体生长

晶体生长是指过饱和溶液中的溶质质点在过饱和度推动力作用下向晶核或加入的晶种运动并在其表面上层层有序排列，使晶核或晶种微粒不断长大的过程。

8.3　结晶方法与结晶操作条件的选择

8.3.1　结晶方法的选择

工业上常把在溶液中产生过饱和度的方式作为结晶方法与结晶设备分类的依据，食品工业中常用的结晶方法主要有以下三类。

1. 冷却结晶

冷却结晶是通过降温使溶液进入过饱和区进行起晶（自然起晶或晶种起晶），然后维持一定的过饱和度进行育晶。冷却结晶过程基本上不去除溶剂，溶液的过饱和度是借助冷却获得的，故适用于溶解度随温度降低而显著下降的物系。

冷却的方法可分为自然冷却、间壁冷却或直接接触冷却三种。自然冷却是使溶液在大气中冷却而结晶，其设备构造及操作均较简单，但由于冷却缓慢，生产能力低，产品质量不易控制。间壁冷却是广泛应用的工业结晶方法，与其他结晶方法相比，所消耗的能量较少，由于冷却传热面上常有晶垢形成，使传热系数下降，传热速度较低，甚至影响生产的正常进行，故一般多用在产量较小的场合，或生产规模较大但用其他方法不经济的场合。直接接触冷却是以空气或与溶液不互溶的碳氢化合物或专用的液态物质为冷却剂与溶液直接接触而冷却，冷却剂在冷却过程中则被汽化的方法。直接接触冷却有效地克服了间壁冷却的缺点，传热效率高，没有晶垢形成，但设备体积较大。

2. 蒸发结晶

蒸发结晶是使溶液在常压（沸点温度下）或减压（低于正常沸点）下蒸发，部分溶剂汽化，从而获得过饱和溶液。此法主要适用于溶解度随温度的降低而不显著变化的产品的结晶。蒸发结晶有以下特点。

（1）消耗的热能最多。

（2）加热面的结垢问题会使操作遇到困难。

3. 真空冷却结晶

真空冷却结晶也称绝热蒸发结晶，是使溶液在较高真空度下绝热蒸发，一部分溶剂被除去，溶液因为溶剂汽化带走了一部分潜热而降低了温度。此法实质上是冷却与蒸发两种效应结合而产生过饱和度。真空冷却结晶具有以下特点。

（1）主体设备简单。

（2）操作稳定。

（3）器内无换热面，因而不存在晶垢妨碍传热而需经常清洗的问题。

选择产生过饱和度的方法要根据结晶物质溶解度与温度的关系，以及在一次操作中所要求的产量而定。通常，单纯冷却法用于溶质溶解度随温度而降低的情形；单纯蒸发法用于溶质溶解度不随温度而变或随之而增加的情形。采用此两法，结晶器内部均需设置传热面。绝热蒸发利用闪急蒸发原理，使溶液在蒸发浓缩的同时受到冷却，溶液的过饱和度通过调节真空度得以控制。

8.3.2 结晶操作条件的选择

1. 过饱和度

溶液的过饱和度对晶体生长速度起着决定性的影响。过饱和度越大，结晶速度越快。但是，如果过饱和度太大（处于不稳区），易形成"伪晶"，严重影响晶体的外观和质量；如果过饱和度过小，晶体将停止长大。要使晶体持续不断地长大，就必须维持一定的过饱和度。

2. 温度

温度是影响生长速度的重要参数，不仅影响溶质分子的扩散速度和界面上的反应速度，也影响溶液的黏度、溶质的溶解度等。温度稳定才能控制一定的过饱和度，使结晶过程顺利地进行，所以通常在结晶过程中应维持温度的稳定。

3. 液膜的厚度

晶粒四周的液膜厚度与晶粒的运动状况有关，运动着的晶粒比静止晶粒的液膜厚度要小，因此适当地搅拌可促进晶体的相对运动，从而加快结晶速度。搅拌也可以使溶液温度保持均匀。此外，搅拌还能防止晶体下沉而相互黏结。但是搅拌速度不能太快，否则晶体间易发生摩擦，使晶体受损，还会使溶质分子的动能增加，反而不利于结晶。

4. 黏度

结晶料液黏度将显著影响溶质扩散到晶粒表面的速度，并使液膜增厚，扩散距离增长。

5. 杂质

物系中杂质的存在对结晶生长的影响比较复杂。有的杂质能完全抑制晶体的生长；有的则能促进生长；还有的能对同一晶体的不同晶面产生选择性的影响；有的杂质在极低的浓度下也能对其产生影响；有的则需要在相当高的浓度下才能发挥作用。

8.4　结晶设备的选用

8.4.1　结晶操作对设备的要求

结晶设备的构造应考虑溶液的性质、黏度、杂质的影响、结晶温度、结晶体的大小、结晶体的形状及结晶生长速度等条件，以保证结晶良好，结晶速度快。

（1）通常结晶设备应有搅拌装置，使结晶颗粒悬浮于溶液中，并同溶液相对运动，以减薄晶体外部界膜的厚度，提高溶质质点的扩散速度，加速晶体生长。

（2）搅拌速度应选择得当，若速度太快，则会因刺激过于剧烈而自然起晶，也可能使已长大的晶体破碎，功率消耗也增大；太慢则晶核会沉积。故搅拌速度要视溶液的性质和晶体大小而定。例如，味精煮晶时，一般采用 6～15r/min；柠檬酸结晶时，采用 8～10r/min；粉状味精结晶时，采用 20～28r/min；等电点结晶时，采用 28～36r/min。

（3）搅拌器的形式应根据溶液流动的需要和功率消耗情况来选择。一般煮晶锅多采用锚式搅拌，配合溶液在沸腾时的自然循环，可使晶体悬浮；立式结晶箱多采用框式搅拌器；卧式结晶箱多采用螺旋式搅拌器。

（4）当晶体颗粒比较小，容易沉积时，为了防止堵塞，排料阀要采用流线型直通式，同时加大出口，以减少阻力。

（5）必要时安装保温夹层，防止突然冷却而结块。

（6）为防止搅拌轴断裂，应安装保险装置，如保险连轴销等。遇结块堵塞，阻力增大时，保险连轴销即折断，防止断轴、烧坏电动机或减速装置等严重事故。

（7）排气装置、管道等应适当加大或严格保温，以防止结晶堵塞。

8.4.2　结晶设备的分类

结晶设备可分为浓缩式结晶器、冷却式结晶器和蒸发冷却式结晶器等。

（1）浓缩式结晶器，是借助于一部分溶剂在沸点时的蒸发或在低于沸点时的汽化达到过饱和而析出晶体的设备，适用于溶解度随温度的降低变化不大的物质的结晶。浓缩的方法主要是蒸发浓缩，故浓缩式结晶器的主要类型是蒸发式结晶器。蒸发式结晶器利用蒸发作用来排除溶液中的溶剂，使溶质结晶析出，它是蒸发和结晶两种操作组合的设备。

（2）冷却式结晶器，是采用冷却降温的方法使溶液达到过饱和而结晶（自然结晶或晶种起晶）的，并不断降温，以维持溶液一定的过饱和度进行育晶。此类设备用于温度对溶解度影响比较大的物质的结晶。

（3）蒸发冷却式结晶器，又称真空结晶器。这种设备的最初形式为一密闭容器，由冷凝器及蒸汽喷射器维持真空度。加入容器的热饱和溶液的温度远比结晶器内压强下所对应的沸点高。结晶器内保持一定量的晶体悬浮液，并在其上方提供充分的空间供蒸汽排出和回收夹带雾沫。由于高温溶液进入闪急蒸发室，温度自动下降并放出显热以供水分汽化，所以所需的过饱和度是靠冷却和蒸发两种作用产生的。蒸发冷却式结晶器的理论收率正比于加料浓度与器内平衡温度下的溶解度之差。

另外，结晶设备按操作连续化程度不同，也可分为间歇式结晶设备和连续式结晶设备。间歇式结晶设备结构比较简单，结晶质量好，结晶收率高，操作控制比较方便，但设备利用率低，操作劳动强度大。连续式结晶设备结构比较复杂，所得的晶体颗粒较细小，操作控制比较困难，消耗动力大，但设备利用率高，生产能力大。

8.4.3 常见的结晶设备

1. 蒸发式结晶器

1）Krystal-Oslo 型蒸发式结晶器

Krystal-Oslo 型蒸发式结晶器（图 8-5）由蒸发室与结晶室两部分组成。原料液经外部加热器预热之后，在蒸发室内迅速被蒸发，溶剂被抽走，同时起到了冷却作用，使溶液迅速进入介稳区并析出晶体。

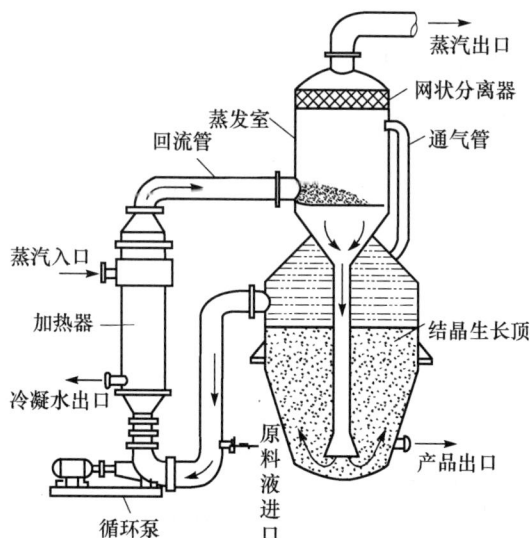

图 8-5 Krystal-Oslo 型蒸发式结晶器

Krystal-Oslo 型蒸发式结晶器具有以下优点。

（1）由于操作在减压条件下进行，故可维持较低的温度，使溶液产生较大的过饱和度。

（2）循环液中基本不含晶体颗粒，可避免循环泵的叶轮与晶粒之间发生碰撞而造成二次成核。

（3）结晶室具有粒度分级作用，可使结晶产品颗粒大而均匀。

它的缺点如下。

（1）因母液的循环量受到产品颗粒在饱和溶液中沉降速度的限制，操作弹性较小。

（2）加热器内容易出现结晶层而导致传热系数降低。

（3）加热面附近溶剂汽化较快，溶液的过饱和度不易控制，因而也难以控制晶体颗粒的大小。

该设备适用于对产品晶粒要求不严格的结晶操作。

2）DTB 型真空蒸发结晶器

DTB（draft tube and baffie，导流管与挡板）型真空蒸发结晶器是一种典型的晶浆内循环器，其结构如图 8-6 所示。

蒸发室内有一个导流管，管内装有带螺旋桨的搅拌器，可把带有细小晶体的饱和溶液快速推升到蒸发表面，形成循环通道。由于 DTB 型真空蒸发结晶器循环流动所需要的压头很低，螺旋桨可以在很低的转速下工作，因此可产生粒度较大的晶体。环形挡板将结晶器分隔为晶体生长区和澄清区，挡板与器壁间的环隙为澄清区。在澄清区中搅拌的影响实际上已消失，使晶体得以从母液中沉降分离。只有微晶可随母液从澄清区的顶部排出器外，从而实现对微晶量的控制。

结晶器的上部是气-液分离空间，可防止因雾沫夹带而造成溶质损失。由于系统处于真空状态，溶剂发生闪蒸而造成轻度的过饱和，然后过饱和液沿环形面流向下部时释放其过饱和度，使晶体得以长大。在器底部设有一个分级腿，在这里这些晶浆又与原料液混合，再经中心导流管而循环。当晶体长大到一定大小后就沉淀在分级腿内，同时对产品进行洗涤，保证了结晶产品的质量和粒径均匀，不夹杂细晶。

DTB 型真空蒸发结晶器具有以下特点。

（1）结晶性能良好，已成为连续结晶器的主要形式之一。

（2）可获得较大的晶粒。

（3）由于循环强度很大，器内各处的过饱和度及晶浆密度都较均匀，允许按过饱和度的上限控制操作条件，生产强度较高。

（4）由于循环良好，器内不易结垢。

3）DP 型结晶器

DP（double propeller，双推动）型结晶器与 DTB 型蒸发结晶器在构造上很相近，是对 DTB 型蒸发结晶器的改进。DP 型结晶器的结构如图 8-7 所示。

DP 型结晶器除了在导流筒内设有一组螺旋桨外，在导流筒外侧也设有一组桨叶，用于向下推送环隙中的循环液。内、外两组桨叶共同组成一个大直径的螺旋桨，中间一段导流筒与大螺旋桨制成一体而同步旋转，上下两段则固定不动。加大螺旋桨的直径后，在维持相同的循环液量的前提下，可大幅降低它的转速，也就降低了功率的消耗。更重要的是，在很大程度上降低了二次成核的速度，使晶体平均粒度增大，生产能力提高，其他优点与 DTB 型蒸发结晶器相似，所以它是一种比较理想的结晶器。缺点是大螺旋桨的制造比较困难。

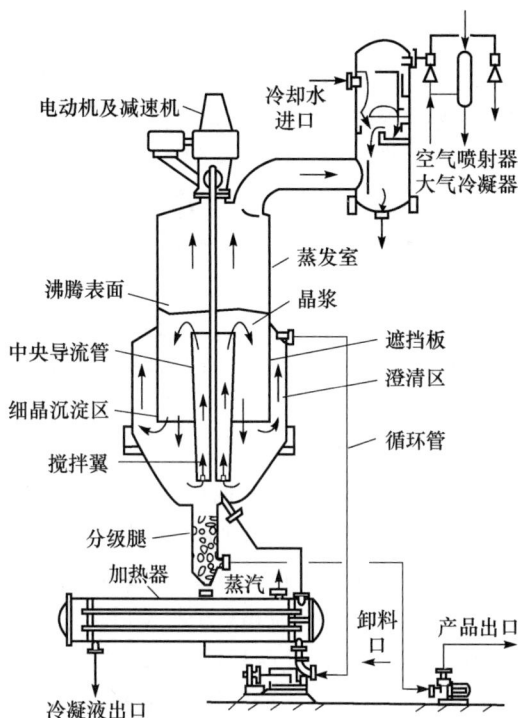

图 8-6 DTB 型真空蒸发结晶器的结构

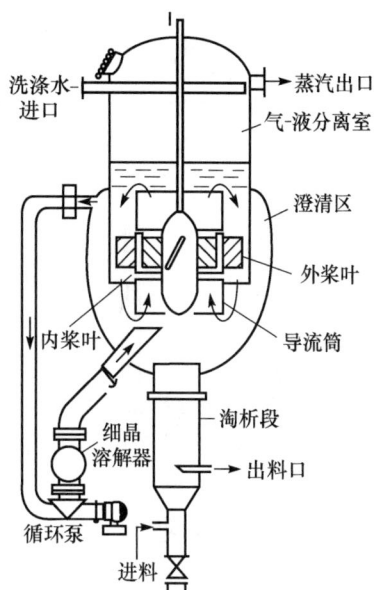

图 8-7 DP 型结晶器的结构

4) 真空煮晶锅

对于结晶速度比较快，容易自然起晶，且要求晶体较大的产品，多采用真空煮晶锅进行煮晶，如谷氨酸钠等的结晶就采用这种设备。

煮晶锅的结构比较简单，是一个带搅拌器和加热夹套的真空蒸发罐，如图 8-8 所示，由加热蒸发室、加热夹套、气-液分离器、搅拌器等组成。凡与产品接触的部分均采用不锈钢制成，以保证产品质量。

加热蒸发室为一圆筒壳体，下部焊上加热夹套，夹套高度根据蒸发所需的传热面积而定，夹套宽度为 30~60mm。夹套上装有蒸汽进口管，安装于夹套的中上部，使蒸汽分布均匀，进口要加装挡板，防止料液直冲而损坏内锅。夹套上还装有压力表、不凝性气体排放阀和冷凝水排除阀，冷凝水排除阀安装在夹套的最低位置，以防止冷凝水的积聚，降低传热系数。

煮晶锅上部顶盖多采用锥形，上接气-液分离器，以分离二次蒸汽所夹带的雾沫，一般将锥形除泡帽与惯性分离器结合使用。分离出的液体经小管回流入锅内，二次蒸汽在升气管中的流速为 8~15m/s。

搅拌装置的形式很多，多采用锚式搅拌器，一般与锅底的间距为 2~5cm，转速通常是 6~15r/min。

2. 冷却式结晶器

冷却式结晶器主要包括间接换热釜式结晶器和连续式敞口搅拌结晶器。

1）间接换热釜式结晶器

间接换热釜式结晶器是目前应用较广的冷却式结晶器。如图 8-9 所示为内循环釜式冷却结晶器，图 8-10 所示为外循环釜式冷却结晶器。冷却结晶过程所需冷量由夹套或外部换热器提供。内循环釜式冷却结晶器由于换热面积的限制，换热量不能太大。外循环釜式冷却结晶器通过外部换热器传热，由于强制溶液循环，传热系数较大，还可根据需要加大换热面积，但必须选用合适的泵，以避免悬浮晶体的磨损破碎。这两种结晶器可连续操作，也可间歇操作。

2）连续式敞口搅拌结晶器

如图 8-11 所示，连续式敞口搅拌结晶器是带半圆底的卧式敞口长槽，槽外装有通冷却水的夹套，槽内装有两组螺条形的搅拌桨叶。桨叶宽度为 0.04m，螺距为 0.6m，桨叶与槽底距离为 3～5cm，一组桨叶为左旋向，另一组为右旋向。搅拌时可使两边物料都产生向中心移动的运动分速度，或向两边移动的运动分速度。搅拌器由电动机通过蜗轮蜗杆减速后带动，转速很慢。槽身两端端板装有搅拌轴轴承，并装有填料密封装置，防止溶液渗漏。凡与料液接触部分均采用不锈钢制成。热而浓的溶液由结晶器的一端进入，并沿槽流动，夹套中的冷却水则与之做逆流流动。由于冷却作用，若控制得当，溶液在进口处附近产生晶核。这些晶核随溶液在结晶器中慢慢移动而长大成为晶体，最后由槽的另一端排出。

连续式敞口搅拌结晶器具有以下特点。

（1）因对溶液加以搅拌，故晶粒不易在冷却面上聚结，且使晶粒能更好地悬浮于溶液中。

（2）由于它的容积较大，转速很慢（通常在 10r/min 以下），所以晶体在其中不易破碎。

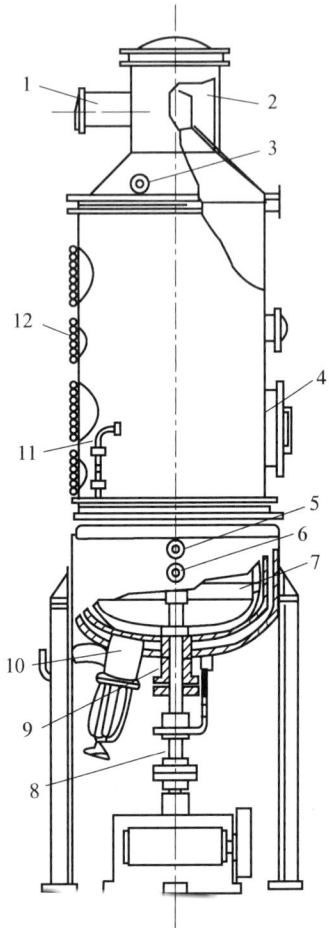

1. 二次蒸汽排出管；2. 气-液分离器；
3. 清洗孔；4. 入孔；5. 压力表孔；
6. 蒸汽进口管；7. 锚式搅拌器；
8. 搅拌轴；9. 轴封填料箱；10. 排料阀；
11. 吸液孔；12. 视镜。

图 8-8　真空煮晶锅

（3）产品颗粒较细小、均匀。

（4）因设有一定的冷却面积，因此既可作结晶用，又可作蒸发结晶操作的辅助冷却结晶器（晶体在其中继续长大），还可作为结晶分离前的晶浆贮罐。

（5）搅拌器功率消耗小。

（6）体积较大，适用于产量较大、周期较长的场合。

3. 蒸发冷却式结晶器

1）连续真空结晶器

图 8-12 所示为一连续真空结晶器，热的料液自进料口连续加入，晶浆（晶体与母

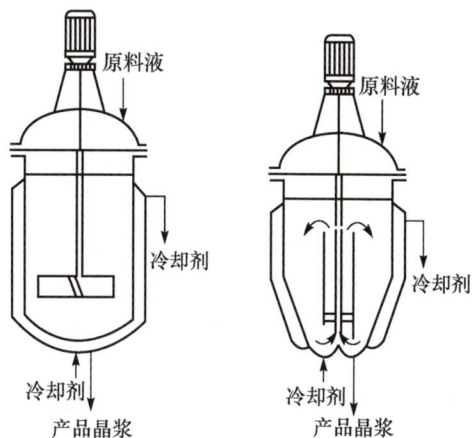

图 8-9 内循环釜式冷却结晶器

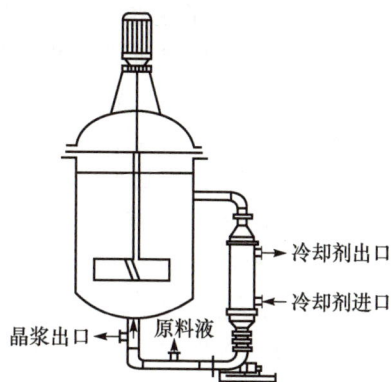

图 8-10 外循环釜式冷却结晶器

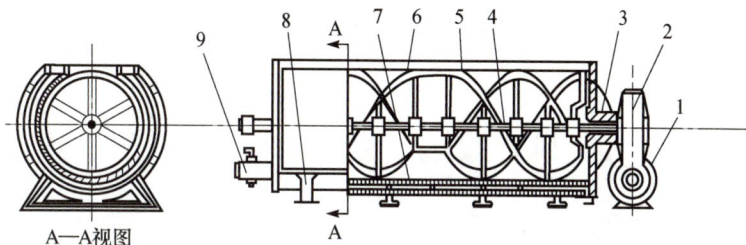

1.电动机；2.蜗杆蜗轮减速箱；3.轴封；4.轴；5.左旋搅拌桨叶；
6.右旋搅拌桨叶；7.夹套；8.支脚；9.排料阀。

图 8-11 连续式敞口搅拌结晶器

液的悬混物）用泵连续排出，结晶器底部管路上的循环泵使溶液做强制循环流动，促进溶液均匀混合，以维持有利的结晶条件。蒸出的溶剂蒸汽由结晶器顶部逸出，至高位混合冷凝器中冷凝。双级蒸汽喷射泵的作用是使冷凝器和结晶器整个系统形成真空，不断抽出不凝性气体。通常，真空结晶器内的操作温度都很低，所产生的溶剂蒸汽不能在冷凝器中被水冷凝，此时可用蒸汽喷射泵喷射加压，将溶剂蒸汽在冷凝之前加以压缩，以提高其冷凝温度。

连续真空结晶器具有以下优点。

（1）结构简单。

（2）无运动部件。

（3）当处理腐蚀性溶液时，器内可加衬里或用耐腐蚀材料制造。

（4）溶液通过绝热蒸发而冷却，不需要传热面，因此在操作时不会出现晶体结垢现象。

（5）操作易于控制和调节。

（6）生产能力大。

它的缺点是蒸汽、冷却水消耗量较大。

2）DTB 型真空蒸发结晶器

真空蒸发结晶器的主要优点在于器内所进行的是绝热蒸发，故内部不需设置传热面，所以也就不存在传热面结垢和腐蚀等问题，而且结晶器本身构造简单。但是这种结晶器存在真空下器内溶液因静压效应所引起的沸点变化问题。如果料液从离液面某一深度进入，在该处并不立即发生闪急蒸发，蒸发冷却仅发生在液面附近处。进料口不发生闪急蒸发虽有利于控制晶核形成，但料液可能在过饱和度未解除前即取短路而排出。同时液层表面附近发生闪急蒸发形成了浓度梯度和温度梯度，且晶体有向器底沉淀的倾向。因此，这种结晶器如无适当的搅拌装置，浓度和温度就很不均衡，晶体也不能很好地悬浮，从而也不会有良好的操作效果。

为此，出现一种更为有效的真空结晶器，称为导筒折流板式真空结晶器，简称 DTB 型真空蒸发结晶器，如图 8-13 所示。这种结晶器内部装有搅拌器导筒以及为除去细晶粒而设置的折流板。导筒内安装旋桨式搅拌器，强制料液在筒内做自下而上、而在筒外折成自上而下循环的可控制运动。整个设备除了内循环系统外，尚有外循环系统。内、外循环系统均可单独调节。导筒折流板式真空结晶器器底所设的淘析器，用于对晶体大小进行分级。

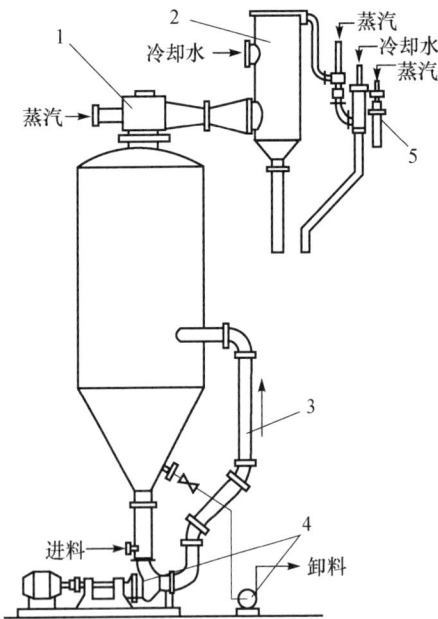

1. 升压泵；2. 混合冷凝器；3. 循环管；4. 泵；
5. 双级蒸汽喷射泵。

图 8-12　连续真空结晶器

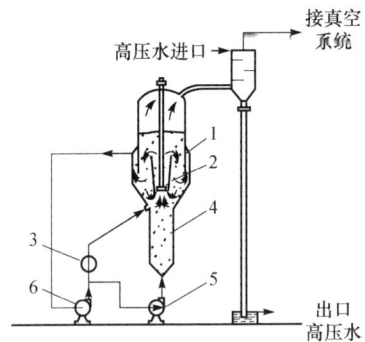

1. 折流板；2. 导筒；3. 加热器；
4. 淘析器；5. 淘析泵；6. 循环泵。

图 8-13　DTB 型真空蒸发结晶器

结晶器上部的细粒沉降区的工作原理与淘析器的工作原理相似。由锥形器底的扩大部分和圆筒形器身的延长部分（挡板）构成沉降区环隙。在此区内，同样由于母液向上流动，细粒与粗粒分离，细粒从沉降区顶部带出，排出的液流虽含有数目众多的细晶核，但固体量不多。整个结晶器内，由于除去了大量的清液，晶糊密度大为增加，晶体所占的体积分数为 30%～50%。

生产实际中，应根据所处理物料的性质、杂质的影响、产品的粒度和分布要求、处理量、能耗、设备费用和操作费用等选择结晶设备。

思考题

1. 什么叫结晶？有何作用？

2. 晶体具有哪些特性？

3. 结晶操作的推动力是什么？

4. 试以温度-浓度图说明结晶操作的基本原理。

5. 结晶操作先后经历哪几个步骤？工业上有哪些常用的结晶方法？分别适用于什么场合？

6. 常用的起晶方法有哪几种？

7. 影响结晶速度的主要因素有哪些？试做简要分析。

8. 选择结晶设备时，应同时考虑哪些因素？

9. 常用的结晶设备有哪几种？各有何特点？

10. 在味精生产过程中，使用了哪些结晶设备？采用真空煮晶锅进行味精的精制，其优点是什么？

11. 冬季室温低、管道凉，从结晶罐突然放料到卧式结晶箱可能会发生什么现象？造成什么后果？采取什么方法可以避免这种现象的发生？

12. 敞口式 Krystal-Oslo 结晶器的大气腿与 DTB 型真空蒸发结晶器的分级腿功能一样吗？它们在各自的设备中起什么作用？

第9章

干　燥

学习目标

了解：干燥操作在食品生产中的应用情况；干燥设备的结构、特点及适用场合。

理解：不同干燥方式的工作原理、特点及其适用场合；对干燥器的要求；提高干燥热效率和强化干燥过程的措施。

掌握：空气湿度的确定方法；湿空气的温度-湿度图；物料中水分的表示方法；干燥过程中的物料衡算和热量衡算。

9.1 食品工业中干燥操作的目的及常用的干燥过程

9.1.1 食品工业中的干燥操作

1. 物料去湿方法

干燥

在食品工业中，为了达到某些食品加工的特殊需要，需要去除原有的水分。例如，饼干、脱水蔬菜、茶叶等的加工都必须除去大部分水分，以达到产品中含水量的要求。工业中的去湿方法有以下三类。

1）机械去湿法

机械去湿法是通过过滤、压榨、离心分离等方法除去物料中的水分，适用于物料含水分较多的情况。这种方法能耗低，但除湿不彻底。

2）吸附去湿法

用生石灰、浓硫酸、无水氯化钙、硅胶等吸湿性物料进行吸附去湿。这种方法费用高，只适用于少量水分的去除，或去除气体中的水分。

3）热能去湿法

通过提供热量使物料中的水分发生汽化，并将产生的蒸汽加以排除的方法，通常称为干燥。这种去湿方法去除水分较为彻底，但能耗高。

为了使去湿操作经济而有效，通常先采用过滤、离心分离和蒸发等方法除去物料中的大部分水分，然后再进行干燥。

2. 食品工业中干燥操作的目的

很多食品的加工过程都离不开干燥操作，如脱水蔬菜、奶粉、速溶咖啡等的生产过程中都有干燥操作。在食品工业中进行干燥操作的目的如下。

（1）通过降低含水量，控制水分活度处于较低水平，抑制引起食品腐败变质的微生物的生长，从而延长食品的货架期。

（2）去除食品物料中的大部分水分，减轻重量、缩小体积，便于贮运。

9.1.2 食品工业中常用的干燥过程

干燥过程中，物料中的水分汽化需要热量，按照热能供给方式的不同，干燥操作可分为以下几类。

（1）传导干燥：热能通过干燥器的传热壁面以传导的方式传给湿物料，使湿物料中的水分发生汽化。在干燥过程中，干燥介质与湿物料不直接接触，所以又称为间接加热干燥。

（2）对流干燥：干燥介质直接与湿物料接触，热能以热对流的方式传给湿物料，并将湿物料表面产生的水蒸气带走。因此，对流干燥又称为直接加热干燥。另外，由于干燥介质一般为热空气，故又称热风干燥。

（3）辐射干燥：辐射器产生的辐射能以电磁波的形式发射到湿物料表面，被物料吸收并重新转化为热能，使水分受热汽化而达到干燥的目的，如红外线干燥。

（4）介电加热干燥：将所要干燥的固体物料放在高频电场中，利用高频电场的交变作用使湿物料受热而达到干燥的目的。电场频率在 300MHz 以下的称为高频加热干燥，电场频率在 $300\sim(3\times10^5)$ MHz 的称为微波干燥。

（5）冷冻干燥：又称冷冻升华干燥。将物料冷冻后，其中水分被冻结成冰，然后将物料置于真空条件下，使冰直接升华而除去水分。

下面重点介绍一下对流干燥过程。

图 9-1 所示为对流干燥流程示意图。空气经预热器加热到一定温度后进入干燥器，当温度较高的热空气与固体湿物料直接接触时，热能就以热对流的方式由热空气传给湿物料表面，使湿物料表面的水分发生汽

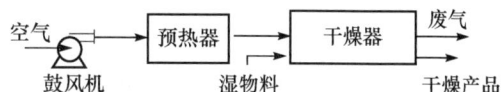

图 9-1 对流干燥流程示意图

化，并通过表面处的气膜向空气中扩散。空气的温度下降，含水量增加，最后由干燥器的另一端排出。在间歇式干燥过程中，将湿物料成批地放入干燥器内，待产品合格后一次取出。在连续式干燥过程中，固体物料连续不断地进入和排出。

在对流干燥过程中，物料与气流的接触可以是并流，也可以是逆流或其他形式。干燥介质既是载热体，又是载湿体。干燥介质将热能传给固体湿物料的外表面，再由外表面传到物料的内部，这是一个传热过程。而物料表面的水分由于受热汽化，使物料内部和表面之间产生水分差，因此，物料内部的水分以液态或气态的形式向外表面扩散，汽化的水分再通过物料表面处的气膜而扩散到气流主体，这是一个传质过程。由此可见，干燥操作是传热与传质同时进行的过程，干燥过程的速度由传热速度和传质速度共同决定。

图 9-2 所示为对流干燥的传热和传质过程。图 9-2 中 t 为空气的主体温度；t_w 为湿物料表面的温度；p 为空气中水蒸气的分压；p_w 为湿物料表面的水蒸气分压；

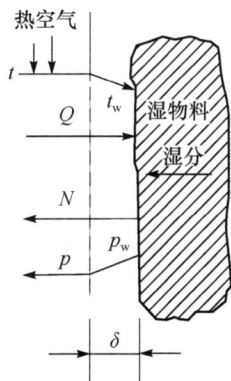

图 9-2 对流干燥的传热和传质过程

Q 为单位时间内空气传给物料的热量；N 为单位时间内由物料表面汽化出的水分量；δ 为物料表面的膜层厚度。

维持对流干燥操作顺利进行的必要条件如下。

（1）物料表面的水蒸气分压 p_w 必须大于干燥介质中水蒸气的分压 p，两者差别越大，干燥操作就进行得越快。

（2）及时将汽化的水分带走，以维持一定的扩散推动力。若干燥介质被水蒸气所饱和，则推动力为零，这时干燥操作将停止。

9.2 湿空气状态的确定

在干燥操作中，常采用不饱和空气作为干燥介质，干燥过程所需的空气量、热量及干燥时间等均与湿空气的状态有关。

在干燥过程中，由于绝干空气的质量始终不变，故湿空气的有关状态参数及干燥计算均以单位质量绝干空气为计算基准。

9.2.1 湿空气的有关状态参数

1. 湿度 r_H

湿度又称湿含量，是指含有单位质量绝干空气的湿空气中所含有的水蒸气的质量。即

$$r_H = \frac{湿空气中水蒸气的质量}{湿空气中绝干空气的质量} = \frac{M_w n_w}{M_g n_g} = \frac{18 n_w}{29 n_g} \tag{9-1}$$

式中，r_H——湿空气的湿度，kg 水蒸气/kg 绝干空气；

M_g——绝干空气的摩尔质量，g/mol 或 kg/kmol；

M_w——水蒸气的摩尔质量，g/mol 或 kg/kmol；

n_g——湿空气中绝干空气的物质的量，mol 或 kmol；

n_w——湿空气中水蒸气的物质的量，mol 或 kmol。

常压下，湿空气可看作理想气体，理想气体混合物中各组分的物质的量之比 n_w/n_g 等于其分压之比 p/p_g，即

$$r_H = \frac{18 n_w}{29 n_g} = 0.622 \frac{p}{p_g} = 0.622 \frac{p}{p_总 - p} \tag{9-2}$$

式中，p——湿空气中水蒸气的分压，Pa；

p_g——湿空气中绝干空气的分压，Pa；

$p_总$——湿空气的总压，Pa。

若湿空气中水蒸气的分压恰好等于该温度下水的饱和蒸汽压 p_s，此时的湿度为该温度下空气的最大湿度，称为饱和湿度，以 r_s 表示，即

$$r_s = 0.622 \frac{p_s}{p_总 - p_s} \tag{9-3}$$

式中，p_s——同温度下水的饱和蒸汽压，Pa；

r_s——湿空气的饱和湿度，kg 水蒸气/kg 绝干空气。

由于纯水的饱和蒸汽压只与温度有关，故饱和湿度是湿空气总压与温度的函数。

2. 相对湿度 φ

在一定总压下，湿空气中水蒸气分压 p 与同温度下纯水的饱和蒸汽压 p_s 之比的百分数，称为相对湿度，以 φ 表示：

$$\varphi = \frac{p}{p_s} \times 100\% \tag{9-4}$$

相对湿度表明湿空气的不饱和程度，可反映湿空气吸收水蒸气的能力。φ 最大值为 100%，φ 越大表示湿空气越接近饱和，φ 越小表示湿空气越干燥。因此，当水蒸气分压 p 相同时，若温度越高，p_s 越大，则 φ 越小，干燥能力越强。因此加热湿空气，可以提高干燥效果。

将式（9-4）代入式（9-2）得到 r_H 与 φ 之间的关系：

$$r_H = 0.622 \frac{\varphi p_s}{p_{总} - \varphi p_s} \tag{9-5}$$

3. 湿容积 v_H

含有单位质量绝干空气的湿空气所具有的体积，称为湿空气的湿容积，以 v_H 来表示，单位为 m³/kg 绝干空气。

$$v_H = v_g + r_H v_w = \left(\frac{1}{29} + \frac{r_H}{18} \right) \times 22.4 \times \frac{273 + t}{273} \times \frac{101.3 \times 10^3}{p}$$

将上式整理得

$$v_H = (0.772 + 1.244 r_H) \times \frac{273 + t}{273} \times \frac{101.3 \times 10^3}{p} \tag{9-6}$$

由式（9-6）可见，湿空气的湿容积随着温度的升高和湿度的增加而增大。

4. 比热容 c_H

将 1kg 绝干空气和其所带的水蒸气的温度升高 1℃所需吸收的热量称为湿空气的比热容，以 c_H 来表示，单位为 kJ/（kg·℃）。根据定义可以写出

$$c_H = c_g + c_v r_H = 1.01 + 1.88 r_H \tag{9-7}$$

式中，c_g——绝干空气的比热容，其值约为 1.01kJ/（kg·℃）；

c_v——水蒸气的比热容，其值约为 1.88kJ/（kg·℃）。

式（9-7）说明湿空气的比热容是湿度 r_H 的函数。

5. 焓 H

湿空气的焓是指含有单位质量绝干空气的湿空气所具有的焓，即单位质量绝干空气的焓与其所带的水蒸气的焓之和，以 H 来表示，单位为 kJ/kg 绝干空气。

$$H = H_g + r_H H_v \tag{9-8}$$

式中，H——湿空气的焓，kJ/kg 绝干空气；

H_g——绝干空气的焓，kJ/kg 绝干空气；

H_v——水蒸气的焓，kJ/kg。

为简化计算，规定 0℃时绝干空气与饱和液态水的焓值为零，则

$$H = c_g t + (R_0 + c_v t) r_H = R_0 r_H + (c_g + c_v r_H) t = 2490 r_H + (1.01 + 1.88 r_H) t$$

即

$$H = 2490 r_H + (1.01 + 1.88 r_H) t \tag{9-9}$$

式中，R_0——0℃时水蒸气的汽化潜热，其值为 2490kJ/kg。

6. 干球温度 t

用普通温度计所测得的湿空气的温度称为干球温度，用 t 表示。干球温度为湿空气的真实温度。

7. 湿球温度 t_w

如图 9-3 所示，将温度计的感温球用湿纱布包裹，湿纱布的下端浸在水中（注意感温球不能与水接触），使纱布始终保持湿润，这种温度计称为湿球温度计。将其置于流动的湿空气中，达到稳态时所测得的温度称为湿空气的湿球温度，以 t_w 表示。

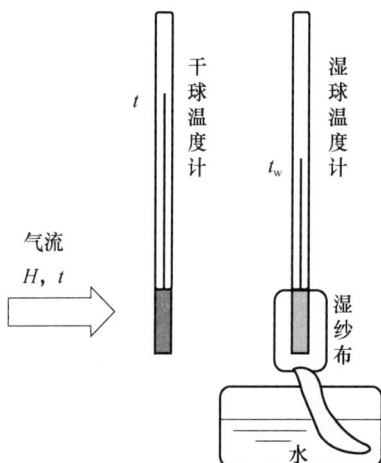

图 9-3　干球温度计和湿球温度计的工作原理

当温度为 t、湿度为 H 的大量不饱和空气流过湿球温度计的湿纱布表面时，由于湿纱布表面的饱和蒸汽压大于空气中的水蒸气分压，在湿纱布表面和空气流之间存在着湿度差，导致湿纱布表面的水分汽化被空气流带走。水分汽化所需潜热，首先取自湿纱布中水的显热，引起湿纱布表面温度的降低，于是在湿纱布表面与空气流之间形成了温度差，这一温度差将引起空气向湿纱布表面传递热量。当单位时间内由空气向湿纱布传递的热量恰好等于单位时间内自湿纱布表面汽化水分所需的热量时，湿纱布表面就达到一稳定平衡温度，称此温度为湿球温度。因湿空气的流量较大，自湿纱布表面向空气汽化的水分量对湿空气的影响可以忽略不计，故认为湿空气的温度和湿度均不发生变化。

经理论推导得出湿球温度 t_w 的数学表达式：

$$t_w = t - \frac{k_H R_{t_w}}{\alpha}(r_{s,t_w} - r_H) \tag{9-10}$$

式中，r_{s,t_w}——湿空气在温度为 t_w 下的饱和湿度，kg 水蒸气/kg 绝干空气；

r_H——空气的湿度，kg 水蒸气/kg 绝干空气；

α——空气向水的对流传热系数，W/（m·℃）；

k_H——以湿度差为推动力的传质系数，kg/（m²·s·Δr_H）；

R_{t_w}——湿球温度下水的汽化潜热，kJ/kg。

由式（9-10）可以看出，湿球温度 t_w 是湿空气温度 t 和湿度 r_H 的函数。当空气未达到饱和湿度时，t_w 小于等于 t；湿度越大，湿球温度 t_w 越高，越接近湿空气温度 t；当空气达到饱和湿度时，t_w 等于 t。在测量湿球温度时，为了使测量结果较为精确，应尽可能使空气流速大于 5m/s。

8. 绝热饱和温度 t_{as}

图 9-4 所示为绝热饱和冷却塔示意图。温度为 t、湿度为 r_H、焓为 H 的不饱和湿空气由塔底进入，大量水由塔顶喷淋而下，气、液两相在填料塔中逆流接触后，空气由塔顶排出，水由塔底排出后经循环泵返回塔顶，因此塔内水温完全相同。若塔的保温良好，与外界没有热量交换，空气与水逆流接触后，由于空气处于不饱和状态，循环水中的水分不断汽化进入空气流中。汽化所需要的潜热只能由空气的温度下降所放出的显热来供给，水汽又将这部分热量携带返回空气流中。随着过程的进行，空气的温度随塔高逐渐下降，湿度不断增加，而焓值不变。倘若饱和冷却塔足够高，气、液两相有充足的接触时间，最终空气被水蒸气所饱和，空气温度降到与循环水相同的温度，这个过程称为湿空气的绝热饱和冷却过程或等焓过程。达到稳定状态时，水的温度称为初始湿空气的绝热饱和温度，以 t_{as} 表示；与之相对应的空气湿度称为绝热饱和湿度 r_{as}。由于循环水不断汽化至空气中，所以须向塔内补充一部分温度为 t_{as} 的水。

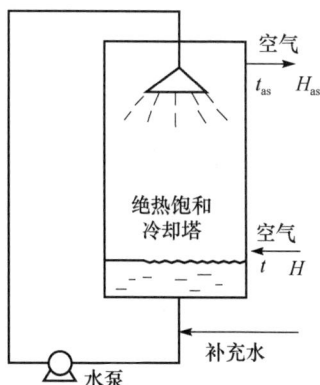

以单位质量的绝干空气为基准，在稳态下对绝热饱和冷却过程做热量衡算，空气放出的显热等于部分循环水汽化的潜热，即可推导出：

$$t_{as} = t - \frac{R_0}{c_H}(r_{as} - r_H)$$ （9-11）

图 9-4　绝热饱和冷却塔示意图

式中，R_0——0℃时水蒸气的汽化潜热，其值为 2490kJ/kg。

式（9-11）表明，空气的绝热饱和温度 t_{as} 是湿空气初始温度 t 和湿度 r_H 的函数，当 t、r_H 一定时，必有一对应的 t_{as}，它是空气在等焓条件下，绝热冷却增湿达到饱和时的温度。

对于水蒸气-空气系统，在一定的温度和湿度下，湿球温度 t_w 与绝热饱和温度 t_{as} 近似相等，即 t_w 约等于 t_{as}。

注意：对于水蒸气-空气系统，虽然绝热饱和温度 t_{as} 与湿球温度 t_w 均为初始湿空气的温度和湿度的函数，但意义完全不同。

9. 露点 t_d

在一定压力下，将不饱和空气等湿冷却至饱和状态时的温度称为露点，以 t_d 表示，相应的湿度称为露点下的饱和湿度，以 r_{s,t_d} 表示。

湿空气在露点下湿度达到饱和，$\varphi = 100\%$，式（9-5）可改写为

$$r_{s.t_d} = 0.622 \frac{p_{s,t_d}}{p_{总} - p_{s,t_d}}$$ （9-12）

式中，　p_{s,t_d}——露点下水的饱和蒸汽压，Pa；

r_{s,t_d}——湿空气在露点下的饱和湿度，kg 水蒸气/kg 绝干空气。

式（9-12）也可以写成：

$$p_{s,t_d} = \frac{r_{s,t_d} p_总}{0.622 + r_{s,t_d}}$$　　　　　　　（9-13）

计算得到 p_{s,t_d}，查其相对应的饱和温度，即为该湿度 r_H 和总压 $p_总$ 时的露点 t_d。

以上介绍了湿空气状态下的四个温度参数：干球温度 t、湿球温度 t_w、绝热饱和温度 t_{as} 和露点 t_d。在水蒸气-空气系统中，干球温度 t、湿球温度 t_w（或绝热饱和温度 t_{as}）、露点 t_d 三者之间的关系如下。

不饱和湿空气：

$$t > t_w(t_{as}) > t_d$$

饱和湿空气：

$$t = t_w(t_{as}) = t_d$$

【例 9-1】　已知湿空气的总压为 101.3kPa，温度为 35℃，0.028kg 水蒸气/kg 绝干空气，试求：水蒸气分压、相对湿度、露点、焓。

解：① 水蒸气分压：

$$r_H = 0.622 \frac{p}{p_总 - p}$$

$$0.028 = 0.622 \frac{p}{101.3 - p}$$

解得

$$p = 4.364 \text{kPa}$$

② 相对湿度：由饱和水蒸气表查得，35℃时水的饱和蒸汽压 p_s=5.6207kPa，故

$$\varphi = \frac{p}{p_s} \times 100\% = \frac{4.364}{5.6207} \times 100\% = 77.64\%$$

③ 露点 t_d：因为露点是将湿空气等湿冷却而达到饱和时的温度，故从饱和水蒸气表查得 p 为 4.364kPa 时的温度即为露点，t_d=30.2℃。

④ 焓：

$$H = 2490 r_H + (1.01 + 1.88 r_H)t$$
$$= 2490 \times 0.028 + (1.01 + 1.88 \times 0.028) \times 35$$
$$= 106.91 \text{（kJ/kg 绝干空气）}$$

9.2.2　湿空气的温度-湿度图

干燥过程的计算首先要确定空气的状态，知道湿空气的有关状态参数，如湿空气的温度 t、湿度 r_H、焓 H、湿球温度 t_w、相对湿度 φ、露点 t_d 等。工程上，将这些参数之间的关系在平面坐标系中绘制成温度-湿度（T-r_H）图，只要知道任意两个彼此独立的参数，即可从图上迅速地查出其他参数。

1. 温度-湿度图（T-r_H）的构成

图 9-5 所示为湿空气的温度-湿度图（T-r_H），该图是以温度 T 为横坐标，湿度 r_H 为

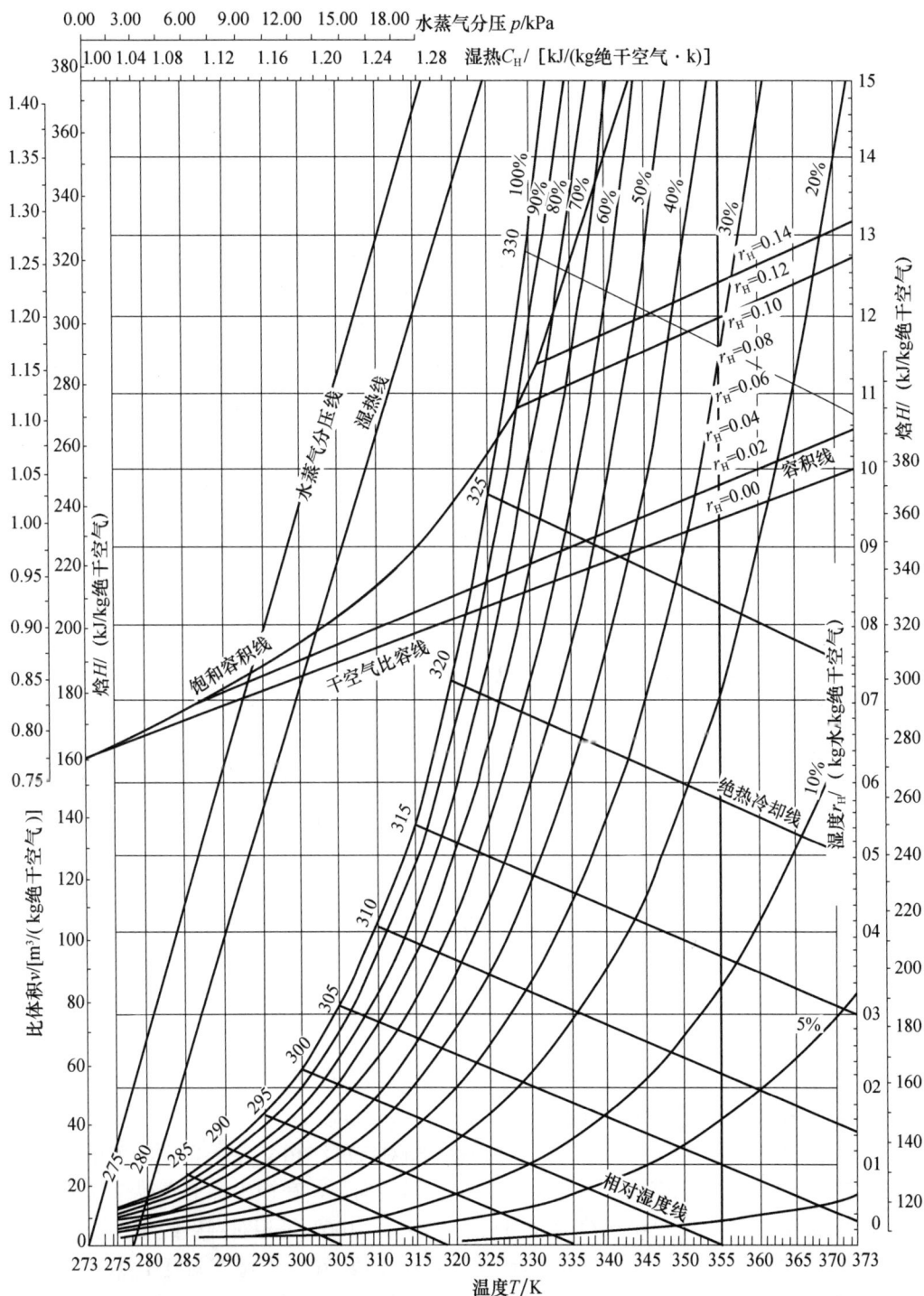

图 9-5 湿空气的温度-湿度图（101.3kPa）

纵坐标，在总压为 101.3kPa 条件下标绘的，图中任何一点都代表一定温度和湿度的湿空气。湿空气的 T-r_H 图由以下诸线群组成。

（1）等温线（等 T 线）。等温线是与纵轴平行的一组直线，在同一条等温线上都有相同的温度值。

（2）等湿线（等 r_H 线）。等湿线是与横轴平行的一组直线。在同一条等湿线上都有相同的湿度值。

（3）等相对湿度线（等 φ 线）。在图中有一组从左下角发散出来的曲线，其中 $\varphi=100\%$ 的曲线称为饱和相对湿度线。饱和相对湿度线的左上方是过饱和区域，这时湿空气呈雾状，故也称雾区，不能用来干燥物料。饱和相对湿度线的右下方是不饱和区域，这个区域中的空气可以作为干燥介质。由图 9-5 可知，当湿空气的湿度一定时，温度越高，则相对湿度越低，即作为干燥介质时，其吸收水汽的能力越强。

（4）绝热冷却线（等 H 线）。在图中有一组在不饱和区域内自左上方至右下方互不平行的倾斜线段，称为绝热冷却线（或等焓线）。这组自右下方沿线向左上方与 $\varphi=100\%$ 的饱和相对湿度线相交的线段，表示湿空气由干球温度 t 绝热增湿冷却至 t_{as} 而达到饱和的过程。

对于空气-水蒸气系统，绝热冷却线与等湿球温度线重合，所以绝热冷却线又可称为等湿球温度线。

（5）湿热线。在图中靠左半部有一条自左下方到右上方通贯全图的直线，其值可在图上方的湿热数标线上查取。

（6）水蒸气分压线。在图中靠左半部有一条自左下方到右上方通贯全图的近似直线，其值可在图上方的水蒸气分压数标线上查取。

（7）湿容积线。在图中右上部有一组自左向右上方的倾斜直线，其值可在图左边的湿容积数标线上查取。

（8）饱和容积线。它是图左上方的一条曲线，其饱和容积值在图左边的湿容积数标线上查取。

2. 用 T-r_H 图确定湿空气的状态参数

T-r_H 图中的任意一点，代表一个确定的空气状态，其温度、湿度、相对湿度等均为定值。下面举例说明 T-r_H 图的应用。

例如，图 9-6 中点 A 代表一定状态的湿空气，该状态空气的各种状态参数的查取方法如下。

温度：由点 A 沿等温线向下，可在横坐标上查得温度 T。

湿度：由点 A 沿等湿线向右，可在纵坐标上查得湿度 r_H。

露点：由点 A 沿等湿线向左与 $\varphi=100\%$ 等相对湿度线相交于点 C（即点 A 在湿度不变的情况下冷却到饱和状态），再由点 C 沿等温线向下，在横坐标上查得露点 T_d。

湿球温度：由点 A 沿绝热冷却线向左上方与 $\varphi=100\%$ 等相对湿度线相交于点 D，再由点 D 沿等温线向下，在横坐标上查得绝热饱和温度 T_{as}（即湿球温度 T_w）。

饱和湿度：若由点 D 沿等湿线向右，则在纵坐标上可查得达到绝热饱和温度时的饱

和湿度 r_{as}。

干球温度下的饱和湿度：由点 A 沿等温线向上与 $\varphi = 100\%$ 等相对湿度线相交于点 B，再由点 B 沿等湿线向右，在纵坐标上可查得在干球温度下达到饱和时的饱和湿度 r_s。

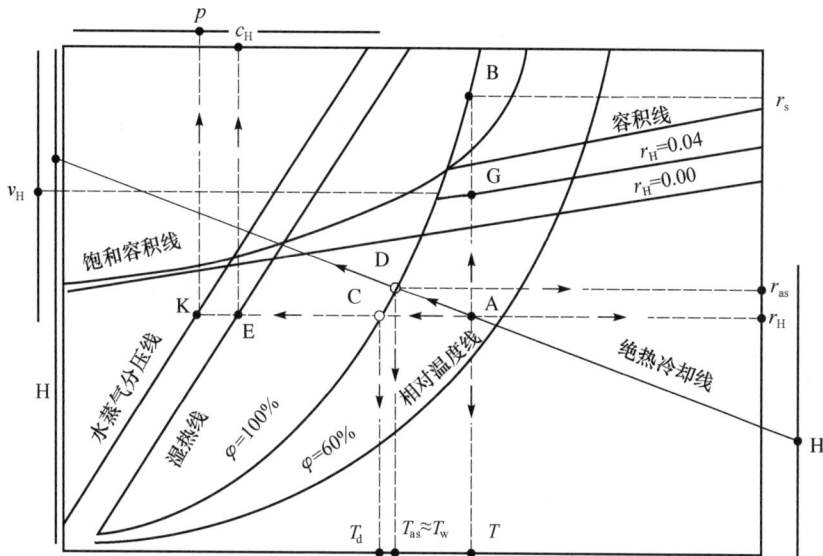

图 9-6　温度-湿度图的应用标示

比热容：由点 A 沿等湿线向左与湿热线相交于点 E，由点 E 沿等温线向上，在图上方的湿热数标线上可查得比热容 c_H（湿热）。

湿容积：由点 A 沿等温线向上与湿容积线相交于点 G，再由点 G 沿等湿线向左，在图左边的湿容积数标线上可查得对应的湿容积 v_H。

焓：由点 A 做相邻两条绝热冷却线的平行线向左上方或右下方与图左边或右边湿空气的焓值数标线相交，可查得对应的焓值。

水蒸气分压：由点 A 沿等湿线向左与水蒸气分压线相交于点 K，再由点 K 垂直向上，可在图上边的蒸气分压数标线上查得对应的水蒸气分压 p。

由上述可知，应用温度-湿度图确定湿空气的状态参数时，必须先确定湿空气的状态点 A。通常依下述已知条件之一确定：

（1）湿空气的干球温度 T 和湿球温度 T_w；

（2）湿空气的干球温度 T 和露点 T_d；

（3）湿空气的干球温度 T 和相对湿度 φ。

由上述三个条件确定湿空气状态点的方法，如图 9-7 中（a）～（c）所示。

【例 9-2】　已知湿空气的总压为 101.3kPa，温度为 30℃，湿度为 0.024kg 水蒸气/kg 绝干空气，试用湿空气的湿度图求湿空气的相对湿度、露点、绝热饱和温度、焓和空气中水蒸气的分压。

解：已知点 A 处湿空气的温度为 30℃，湿度为 0.024kg 水蒸气/kg 绝干空气，所以由 T 为 303K 的等温线与 r_H 为 0.024kg 水蒸气/kg 绝干空气等湿度线相交于点 A，即为湿空气的状态点。

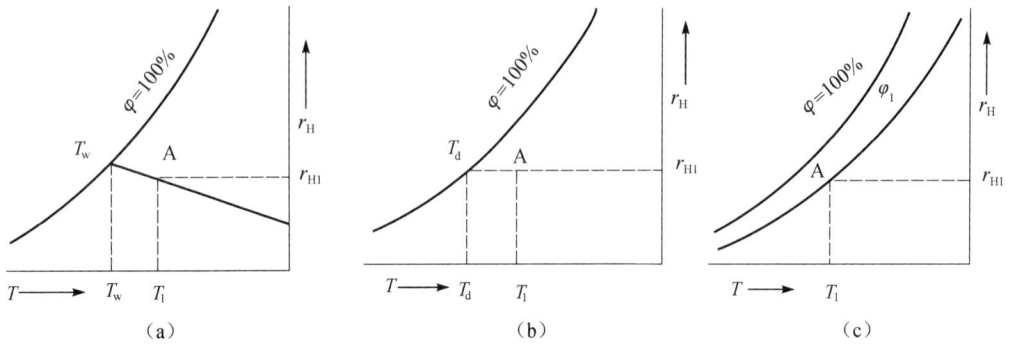

图 9-7　在湿度图上确定状态点 A 的方法

根据点 A 的位置可以在图 9-8 中查出已知湿空气的各状态参数。

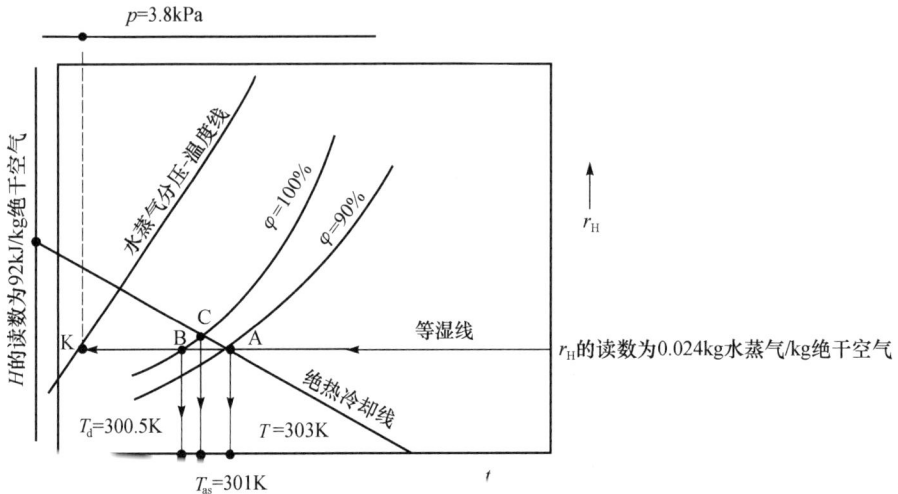

图 9-8　例 9-2 附图

相对湿度 φ：由点 A 在温度-湿度图中的位置读得 $\varphi \approx 89\%$。

露点 T_d：由点 A 沿等湿线向左与 $\varphi = 100\%$ 等相对湿度线相交于点 B，再由点 B 沿等温线向下，在温度坐标上查得 $T_d = 300.5\mathrm{K}$。

绝热饱和温度 T_{as}：由点 A 沿绝热冷却线向左上方与 $\varphi = 100\%$ 等相对湿度线相交于点 C，再由点 C 沿等湿线向下，在横坐标上查得 $T_{as} = 301\mathrm{K}$。

湿空气的焓 H：由点 A 沿等焓线向左上方延伸与图左边湿空气的焓数标线相交而查得 $H = 92\mathrm{kJ/kg}$ 绝干空气。

水蒸气分压：由点 A 沿等湿线向左与水蒸气分压线相交于点 K，再由点 K 垂直向上延伸与图上边水蒸气分压数标线相交，而查得 $p = 3.8\mathrm{kPa}$。

9.2.3　空气的湿度调节

工业上，常需将空气的湿度和温度调节到一定值。提高湿空气中水蒸气的含量称为增湿，反之则称为减湿。

1. 空气增湿方法

将图 9-9 中点 A 的湿空气调节到点 B 的状态，方法有两种。

（1）将水的温度维持在点 B 状态空气的露点上，用水将空气饱和（AC 线），然后在恒定湿度下将空气加热到 T_B（CB 线）。如图 9-9 中 ACB 所示。

（2）将点 A 空气加热到其绝热饱和温度，相当于湿度为 r_{HB} 的空气的露点（AD 线）。然后在绝热饱和温度下用水将其饱和（DC 线），再于恒定湿度下加热到 T_B（CB 线）即可。这一过程如图 9-9 中 ADCB 所示。

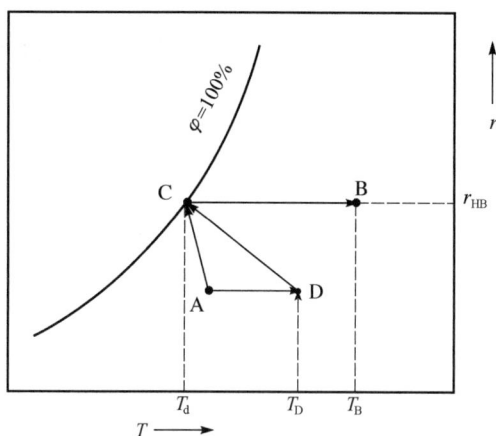

图 9-9 湿空气调湿过程

图 9-10 所示即为上述沿 ADCB 过程增湿方法所用的空气调湿器。原点 A 的空气用风机 7 从左边吸入器内，先经过翅片加热器 1，按图 9-9 的 AD 线等湿加热到 D 点，而后湿空气再通过喷雾嘴 2，在绝热饱和温度下增湿到 C 点，然后通过调湿器内的除沫板 3 以除去夹带的水沫，最后再通过第二组翅片加热器 4，在恒湿度下加热到温度 T_B，即得所要求的 B 点湿空气的状态，而由排出口 6 送到使用地点。最终湿度可通过调节第二组翅片加热器 4 内的蒸汽压力或调节支路风门 5 来实现。

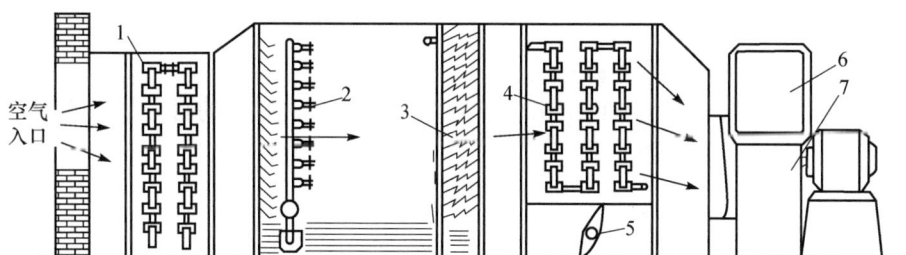

1、4. 翅片加热器；2. 喷雾嘴；3. 除沫板；5. 风门；6. 排出口；7. 风机。

图 9-10 空气调湿器

2. 空气减湿方法

如需将湿空气减湿，则需使湿空气中的水蒸气部分冷凝，并及时除去。为完成这一过程，使空气在图 9-10 所示的设备内与喷雾嘴接触。此时的水温需低于进入湿空气的露点，冷凝才会发生，而气体的温度也降低。按此方法可将空气通过与图 9-10 相似的喷雾室即可，只是不需要翅片加热器 1。

此外，也可采用将湿空气吹过翅片管排的方法去湿。此时管内通以冷却水，使金属壁的表面温度低于进入湿空气的露点，以便水蒸气能在翅片管表面上冷凝而被除去。

9.3 对流干燥过程计算

干燥过程是热量、质量同时传递的过程。干燥设备设计及选型要以物料衡算、热量衡算、速度关系及平衡关系作为依据。

9.3.1 对流干燥过程的物料衡算

通过对图 9-11 所示的对流干燥过程的物料衡算，可以求出水分蒸发量、空气消耗量、干燥产品流量等。图 9-11 中 L 为绝干空气的质量流量，kg/s；G_1、G_2 为进、出干燥器的湿物料的质量流量，kg/s；G 为湿物料中绝干物料的质量流量，kg/s；X_1、X_2 为湿物料进、出干燥器的干基含水量，kg 水/kg 绝干物料；w_1、w_2 为湿物料进、出干燥器的湿基含水量；r_{H1}、r_{H2} 为湿空气进、出干燥器的湿度，kg 水蒸气/kg 绝干空气。

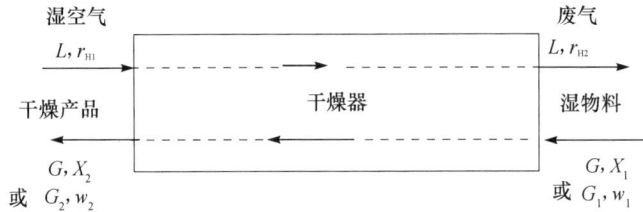

图 9-11　对流干燥器物料衡算示意图

1. 水分蒸发量的计算

1）湿物料中含水量的表示方法

（1）湿基含水量 w。湿物料中水分的质量占湿物料总质量的百分数称为湿基含水量，以 w 表示，其表达式为

$$w = \frac{湿物料中水分的质量}{湿物料总质量} \times 100\% \tag{9-14}$$

（2）干基含水量 X。干基含水量是以绝干物料为基准的水分含量的表示方法，是指湿物料中水分的质量与湿物料中绝干物料的质量之比，以 X 表示，单位为 kg 水/kg 绝干物料，其表达式为

$$X = \frac{湿物料中水分的质量}{湿物料中绝干物料的质量} \tag{9-15}$$

湿基含水量 w 与干基含水量 X 的关系为

$$w = \frac{X}{1+X}; \quad X = \frac{w}{1-w}$$

在干燥过程中，湿物料的质量逐渐减少，绝干物料的质量恒定不变。因此，用干基含水量进行计算较为方便。

2）水分蒸发量 W 的计算

对图 9-11 所示对流干燥器做水分的物料衡算，以 1s 为计算基准。若干燥过程中无物料损失，则

$$Lr_{H1}+GX_1=Lr_{H2}+GX_2$$
$$W=L(r_{H2}-r_{H1})=G(X_1-X_2) \qquad (9-16)$$

式中，W——水分蒸发量，kg/s。

上式表明，湿物料的水分蒸发量 W 等于湿空气中水分的增加量。

2. 空气消耗量 L 的计算

因为 $W=L(r_{H2}-r_{H1})$，所以

$$L=\frac{W}{r_{H2}-r_{H1}} \quad (\text{kg/s}) \qquad (9-17)$$

令

$$l=\frac{L}{W}=\frac{1}{r_{H2}-r_{H1}} \quad (\text{kg 绝干空气/kg 水}) \qquad (9-18)$$

式中，l——单位空气消耗量，即蒸发 1kg 的水分所消耗的绝干空气量。

由于湿空气中的绝干空气在干燥过程中为恒定值，做物料衡算时采用绝干空气量作为计算基准可使计算简化，但实际进入干燥器的是湿空气，故计算出 L 后还应换算成湿空气的消耗量：

$$L_w=L(1+r_{H1}) \qquad (9-19)$$

式中，L_w——新鲜湿空气消耗量，新鲜湿空气 kg/s。

湿空气体积（湿空气 m^3/s）为

$$V_s=L_w v_H \qquad (9-20)$$

3. 干燥产品量的计算

进、出干燥器的绝干物料的质量分别为：$G=G_1(1-w_1)$，$G=G_2(1-w_2)$，所以

$$G_2=\frac{G_1(1-w_1)}{1-w_2} \qquad (9-21)$$

【例 9-3】 在一连续干燥器中，每小时将 5000kg 湿物料由含水量 6%干燥至 0.6%（均为湿基）。以热空气为干燥介质，空气进、出干燥器的湿度分别为 1kg 绝干空气水蒸气含量为 0.02kg 和 1kg 绝干空气水蒸气含量为 0.08kg。假设干燥过程中无物料损失，试求水分蒸发量、新鲜湿空气消耗量和干燥产品量。

解：计算水分蒸发量 W：

$$X_1=\frac{w_1}{1-w_1}=\frac{0.06}{1-0.06}\approx0.0638 \quad (\text{kg 水/kg 绝干物料})$$

$$X_2=\frac{w_2}{1-w_2}=\frac{0.006}{1-0.006}\approx0.006\,036 \quad (\text{kg 水/kg 绝干物料})$$

$$G=G_1(1-w_1)=5000\times(1-0.06)=4700 \quad (\text{kg}/\text{h})$$

$$W=G(X_1-X_2)=4700\times(0.0638-0.006\,036)=271.5 \quad (\text{水kg}/\text{h})$$

计算新鲜湿空气消耗量 L_w：

$$r_{H1}=0.02 \,[1\text{kg 绝干空气中水蒸气含量（kg）}]$$

$$r_{H2}=0.08 \,[1\text{kg 绝干空气中水蒸气含量（kg）}]$$

$$L = \frac{W}{r_{H2} - r_{H1}} = \frac{271.5}{0.08 - 0.02} = 4525 \text{（绝干空气 kg/h）}$$

$$L_w = L(1 + r_{H1}) = 4525(1 + 0.02) = 4615.5 \text{（新鲜湿空气 kg/h）}$$

计算干燥产品量：

$$G_2 = \frac{G_1(1 - w_1)}{1 - w_2} = \frac{5000(1 - 0.06)}{1 - 0.006\,036} \approx 4728.5 \text{（干燥产品 kg/h）}$$

9.3.2 对流干燥过程的热量衡算

图 9-12 所示为连续干燥过程的热量衡算示意图。通过干燥器的热量衡算可以求得干燥系统中预热器消耗的热量、向干燥器补充的热量及干燥过程消耗的总热量，进而作为计算空气预热器和加热器的传热面积、加热剂的用量、干燥器的尺寸或热效率等的依据。

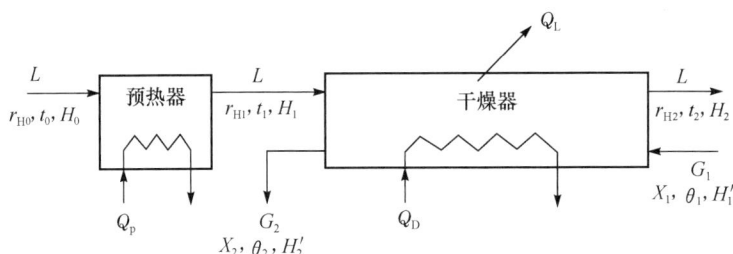

图 9-12 连续干燥过程的热量衡算示意图

干燥过程中，温度为 t_0，湿度为 r_{H0}，焓为 H_0 的新鲜空气，经预热器加热后送入干燥器。空气预热后的状态为 t_1、r_{H1}（$r_{H1} = r_{H0}$）和 H_1。设在连续干燥器中热空气与湿物料进行对流接触，离开干燥器时，空气的湿度增加而温度下降，空气的状态变为 t_2、r_{H2} 和 H_2，绝干空气流量为 L kg/s。固体物料进、出干燥器的质量流量分别为 G_1、G_2，温度分别为 θ_1、θ_2，干基含水量分别为 X_1、X_2，焓分别为 H_1' 和 H_2'，绝干物料的质量流量为 G。单位时间内预热器消耗的热量为 Q_p，向干燥器内补加的热量为 Q_D，干燥器向周围散失的热量为 Q_L。由流程图可知，单位时间内系统的热交换情况为

$$LH_0 + Q_p = LH_1$$

1. 预热器消耗热量的计算

对图 9-12 中的预热器做热量衡算，若忽略热损失，则

$$Q_p = L(H_1 - H_0) \tag{9-22}$$

式中，Q_p——单位时间内预热器消耗的热量，kW。

2. 干燥器补充热量的计算

对图 9-12 中的干燥器做热量衡算

$$LH_1 + Q_D + GH_1' = LH_2 + GH_2' + Q_L$$

或

$$Q_D = L(H_2 - H_1) + G(H_2' - H_1') + Q_L \tag{9-23}$$

式中，Q_D——单位时间内向干燥器补充的热量，kW；

   Q_L——单位时间内干燥器向周围散失的热量，kW。

3. 干燥系统消耗总热量的计算

干燥系统消耗的总热量为干燥器补充的热量与预热器消耗的热量之和，即

$$Q = Q_p + Q_D = L(H_2 - H_0) + G(H_2' - H_1') + Q_L \tag{9-24}$$

式中，Q——单位时间内干燥系统消耗的总热量，kW。

通过对干燥过程简化处理，推导出单位时间内干燥系统消耗的总热量为

$$Q = Q_p + Q_D = 1.01L(t_2 - t_0) + W(2490 + 1.88t_2) + Gc_m(\theta_2 - \theta_1) + Q_L \tag{9-25}$$

其中湿物料的平均比热容 c_m 可用加和法求得：

$$c_m = c_s + X c_w \tag{9-26}$$

式中，c_s——绝干物料的比热容，kJ/（kg 绝干物料·℃）；

   c_w——水的比热容，kJ/（kg·℃），$c_w = 4.187$kJ/（kg·℃）。

【例 9-4】 用热空气干燥某湿物料，要求干燥产品的质量流量为 0.1kg/s，进干燥器时湿物料温度为 15℃，含水量为 13%（湿基）。出干燥器时产品温度为 40℃，含水量为 1%（湿基）。原始空气的温度为 15℃，湿度为 1kg 绝干空气水蒸气含量为 0.0073kg，在预热器中加热至 100℃进入干燥器，出干燥器时的废气温度为 50℃，湿度为 1kg 绝干空气水蒸气含量为 0.0235kg。已知绝干物料的平均比热容为 1.25kJ/（kg·℃），干燥器内不补充热量。试求：

① 当预热器中采用 200kPa 饱和水蒸气作热源时，每小时需消耗的蒸汽量为多少？

② 干燥系统的热损为多少？

解：根据题意画出该对流干燥系统的示意图（图 9-13），取 1s 为基准。

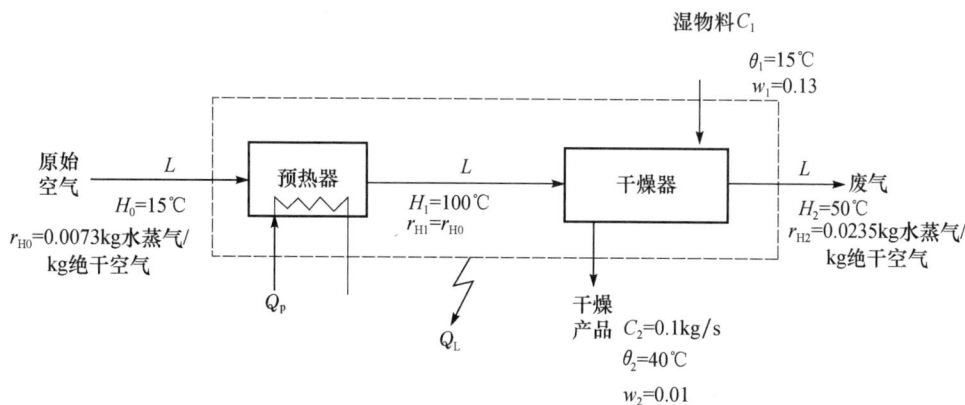

图 9-13 例 9-4 附图

① 计算预热器中蒸汽的用量，应先通过物料衡算求出水分蒸发量和空气消耗量。将物料的湿基含水量换算为干基含水量。

$$X_1 = \frac{w_1}{1 - w_1} = \frac{0.13}{1 - 0.13} \approx 0.149 \text{（kg 水/kg 绝干物料）}$$

$$X_2 = \frac{w_2}{1-w_2} = \frac{0.01}{1-0.01} \approx 0.0101 \text{（kg 水/kg 绝干物料）}$$

$$G = G_2(1-w_2) = 0.1(1-0.01) = 0.099 \text{（kg/s）}$$

$$W = G(X_1 - X_2) = 0.099(0.149 - 0.0101) \approx 0.013\,75 \text{（kg/s）}$$

$$L = \frac{W}{r_{H2} - r_{H0}} = \frac{0.013\,75}{0.0235 - 0.0073} \approx 0.849 \text{（kg/s）}$$

$$Q_p = L(I_1 - I_0) = L(1.01 + 1.88\gamma_{H0})(t_1 - t_0)$$
$$= 0.849 \times (1.01 + 1.88 \times 0.0073) \times (100 - 15) \approx 73.9\,\text{（kW）}$$

当采用 200kPa 的饱和水蒸气作热源时，由附录查得水蒸气的汽化热 r 为 2205kJ/kg，则加热蒸汽消耗量为

$$D = \frac{Q_p}{r} = \frac{73.9}{2205} \approx 0.0335 \text{（kg/s）} = 120 \text{（kg/h）}$$

② 干燥系统的热损失 Q_L。

由题意可知 $Q_D = 0$，则

$$Q_L = Q_p - [1.01L(t_2 - t_0) + W(2490 + 1.88t_2) + Gc_{m2}(\theta_2 - \theta_1)]$$
$$c_{m2} = c_s + X_2 c_w = 1.25 + 0.0101 \times 4.187 \approx 1.292 \text{（kg/kg·℃）}$$

$$Q_L = 73.9 - [1.01 \times 0.849 \times (50 - 15) + 0.013\,75 \times (2490 + 1.88 \times 50) + 0.099 \times 1.292 \times (40 - 15)$$
$$\approx 73.9 - (30.0 + 35.6 + 3.2)$$
$$= 5.1 \text{（kW）}$$

热损占加入总热量的百分比为

$$\frac{Q_L}{Q_p} \times 100\% = \frac{5.1}{73.9} \times 100\% \approx 7\%$$

由以上计算结果可以看出，干燥系统预热器的供热量 Q_p 用于加热空气、蒸发物料中的水分、加热湿物料和补偿干燥器的热损。

9.3.3 空气通过干燥器时的状态变化分析

对干燥系统进行物料衡算和热量衡算时，必须确定空气离开干燥器时的状态参数，而这些状态参数与空气通过干燥器时所经历的变化过程有关。在干燥器中空气与物料间既有热量传递又有质量传递，同时还要受向干燥器补加的热量及热损的影响，所以状态变化过程比较复杂，一般根据空气在干燥器内焓的变化情况，将干燥过程分为等焓干燥过程和非等焓干燥过程。

1. 等焓干燥过程

对干燥器做热量衡算，以 1s 为基准，则

$$LH_1 + Q_D + GH_1' = LH_2 + GH_2' + Q_L$$

即

$$L(H_1 - H_2) = G(H_2' - H_1') + Q_L - Q_D \tag{9-27}$$

若不向干燥器内补充热量，即 $Q_D = 0$；忽略干燥器向周围散失的热量，即 $Q_L = 0$；物

料进、出干燥器的焓相等，即 $G(H_2'-H_1'')=0$，则 $L(H_1-H_2)=0$，即 $H_1=H_2$。

式（9-27）表明空气通过干燥器所经历的变化过程是一个等焓干燥过程。等焓干燥过程又称为绝热干燥过程，实际干燥中很难实现等焓干燥过程，故称为理想干燥过程。

等焓干燥过程中空气离开干燥器的状态，可由离开干燥器的空气温度 t_2 和 φ_2 在 T-r_H 图上确定。设新鲜空气温度为 T_0，相对湿度为 φ_0，经预热器后温度升高为 T_1，而离开干燥器时的温度已测知为 T_2，则空气经过等焓干燥过程，其状态变化可表示在图 9-14 中。图中点 A 表示新鲜空气的状态，在预热器中预热后温度升为 T_1 而湿度不变，所以由点 A 沿等湿线向右与 T_1 等温线交于点 B，此点 B 即表示进干燥器时空气的状态。由于在干燥器中空气状态的变化过程是一个等焓过程，因此由点 B 沿等焓线向左上方与 T_2 等温线相交于点 C，点 C 即表示空气出干燥器时的状态。

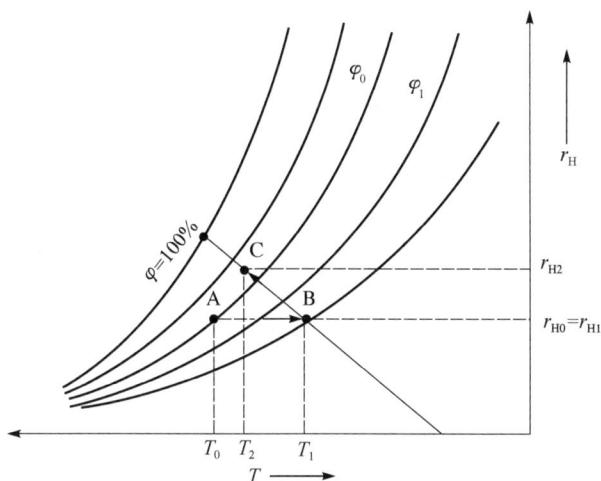

图 9-14 等焓干燥过程空气状态的变化

2. 非等焓干燥过程

非等焓干燥过程又称为实际干燥过程，非等焓干燥过程可能有以下三种情况。

1）操作线在等焓变化过程 BC 线的下方

这种干燥过程的条件：不向干燥器补充热量，即 $Q_D=0$；不能忽略干燥器向周围散失的热损，即 $Q_L\neq0$；物料进、出干燥器的焓不相等，即 $G(H_2'-H_1')\neq0$。将以上假设代入式（9-27），整理后得 $L(H_1-H_2)>L(H_2-H_0)$，即 $H_1>H_2$。

上式说明，空气离开干燥器的焓 H_2 小于进干燥器的焓 H_1，这种过程的操作线 BC$_1$ 应在 BC 线的下方，如图 9-15 所示。

2）操作线在等焓变化过程 BC 线的上方

若向干燥器补充的热量大于损失的热量与加热物料消耗的热量之和，即

$$Q_D>G(H_2'-H_1')+Q_L$$

将此关系代入式（9-27），整理后得

$$L(H_1-H_0)<L(H_2-H_0)$$

即

$$H_1 < H_2 \qquad (9\text{-}28)$$

式（9-28）说明，空气离开干燥器时的焓 H_2 大于进入干燥器时的焓 H_1，这种过程的操作线 BC_2 应在 BC 线的上方，如图 9-15 所示。

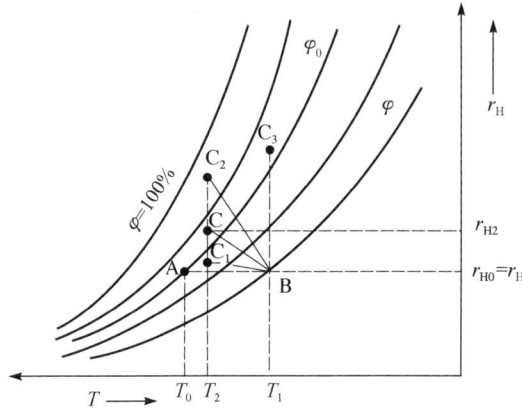

图 9-15 实际干燥空气状态的变化

3）操作线为过 B 点的等温线

若向干燥器补充适当的热量 Q_D，恰使干燥过程在等温条件下进行，即空气在干燥过程中维持恒定的温度 T_1，其操作线为过点 B 的等温线，如图 9-15 中 BC_3 所示。

上面定性分析了实际干燥过程中干燥器内空气状态所经历的变化情况，至于空气离开干燥器时的状态应根据具体条件进行确定。

9.3.4 干燥器的热效率和干燥效率

1. 干燥器的热效率

干燥器的热效率是衡量干燥器操作性能的一个重要指标。干燥器的热效率高，表明热的利用程度好，操作费用低，从而使产品成本降低。

干燥器的热效率 η' 定义为

$$\eta' = \frac{\text{干燥器内用于汽化物料中水分所消耗的质量}}{\text{向干燥系统输入的总热量}} \times 100\% \qquad (9\text{-}29)$$

或

$$\eta' = \frac{Q_1}{Q_p + Q_D} \times 100\% \qquad (9\text{-}30)$$

若蒸发水分量为 W（kg/s），空气出干燥器时的温度为 t_2，物料进干燥器时的温度为 θ_1，则干燥器内蒸发水分所需热量 Q_1 可用式（9-31）表示：

$$Q_1 = W(2490 + 1.88t_2 - 4.187\theta_1) \qquad (9\text{-}31)$$

提高空气的预热温度，可提高干燥器的热效率。空气预热温度高，单位质量干空气携带的热量就多，干燥过程所需要的空气量就少，废气带走的热量相应减少，故热效率得以提高。

但是，空气的预热温度应以湿物料不致在高温下受热破坏为限。对不能经受高温的材料，采用中间加热的方式，即在干燥器内设置一个或多个中间加热器，往往可提高热效率。

尽量利用废气中的热量，如用废气预热冷空气或湿物料；减少设备和管道的热损，都有助于热效率的提高。

2. 干燥器的干燥效率

干燥器的干燥效率 η 定义为

$$\eta = \frac{\text{干燥器内用于汽化物料中水分所消耗的热量}}{\text{空气在干燥器内放出的总热量}} \times 100\% \qquad (9\text{-}32)$$

或

$$\eta = \frac{Q_1}{Q_2} \times 100\% \qquad (9\text{-}33)$$

式中，$Q_2 = L(1.01 + 1.88 r_{H0})(t_1 - t_2)$。

在干燥操作中，若将离开干燥器的空气温度 t_2 降低而使湿度 H 增大，可提高干燥效率和节省空气的消耗量。但是空气的湿度增大，会使物料和空气间的传质推动力（$r_{H_w} - r_H$）减小。因此在设计时规定：t_2 要比热空气进入干燥器时的湿球温度 t_w 高 20～50℃。

9.4 固体物料干燥速度的确定

在干燥过程中，水分首先从物料内部扩散至表面，然后再由表面汽化而进入空气主体。水分在物料内部的扩散形式主要取决于物料的结构及物料中水分的性质。

9.4.1 固体物料中水分的存在形式对干燥过程的影响

1. 平衡水分与自由水分

根据物料在一定干燥条件下所含水分能否用干燥的方法除去，可划分为平衡水分与自由水分。当湿物料与一定状态的湿空气接触时，可能有三种情况发生：当湿物料表面所产生的水气分压大于空气中的水分分压时，湿物料中的水分将向空气中传递，湿物料得以干燥；当湿物料表面所产生的水气分压小于空气中的水气分压时，物料将吸收空气中的水分，使物料增湿；当湿物料表面产生的水气分压等于空气中的水气分压时，两者处于平衡状态，湿物料中的水分不会因为与湿空气接触时间的延长而有增减，湿物料中水分含量为一定值，该含水量就称为该物料在此空气状态下的平衡含水量，又称平衡水分。

1）平衡水分

当物料与一定温度和湿度的空气接触时，物料将释放或吸收水分，最后使物料的含水量达到恒定。只要空气的状态一定，物料中所含的水分就总维持这个恒定值，它并不会因为与空气接触时间的延长而改变。这种恒定的含水量就称为该物料在一定空气状态下的平衡水分，以 X^* 表示，单位为 kg 水/kg 绝干物料。平衡水分指在一定的干燥条件下根本不能除去的水分，表示湿物料在一定空气状态下干燥的极限。

2）自由水分

自由水分是物料中超过平衡水分 X^* 的那一部分水分，是指在一定干燥条件下可除去的水分。

物料中所含的总水分是平衡水分与自由水分之和。平衡水分的量与物料和干燥介质的性质有关，如图 9-16 所示。由图 9-16 可以看出，物料种类不同，其平衡水分含量相差较大，如当空气的相对湿度为 40% 时，烟叶的 X^*=1kg 绝干物料含水量为 0.17kg。对于同种物料，在一定温度下，空气的相对湿度越大，平衡水分含量越高。

2. 结合水分和非结合水分

根据物料与水分结合力的状况，可将物料中所含水分分为结合水分和非结合水分。

结合水分是靠化学力或物理化学力与物料相结合的水分，如物料细胞壁内的水分、物料内毛细管中的水分及以结晶水的形态存在于固体物料中的水分等。由于结合水分与物料的结合力强，其蒸汽压小于同温度下纯水的饱和蒸汽压，使干燥过程的传质推动力降低，因此除去结合水分比较困难。

非结合水分是通过机械方式附着在固体物料上的水分，如物料表面的吸附水分、物料内部较大孔隙中的水分等。物料的非结合水分与物料的结合力较弱，因此干燥过程除去非结合水分比较容易。

图 9-17 所示为在一定温度下，由实验测定的某物料（丝）的平衡曲线。现将该平衡曲线延长（图中虚线部分）与 φ=100% 的纵轴相交，交点以下的水分为物料的结合水分，交点以上的水分为非结合水分。

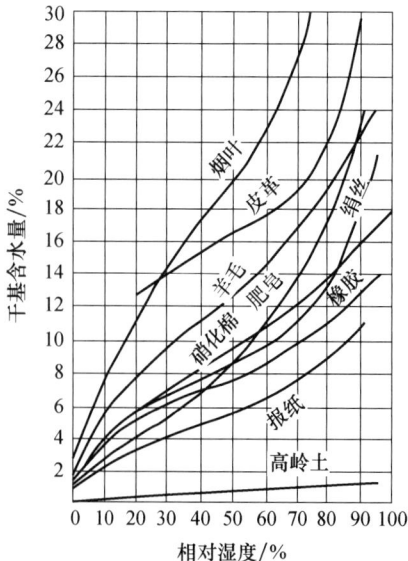

图 9-16 某些物料的平衡水分含量曲线（25℃）

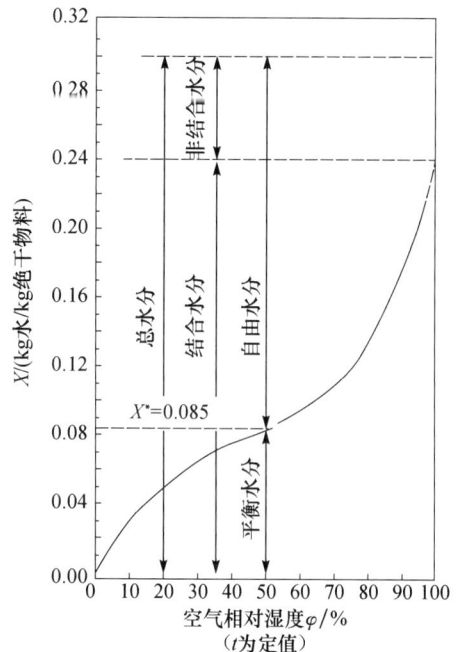

图 9-17 固体物料（丝）中所含水分的性质

非结合水分是在干燥过程中容易除去的水分，而结合水分较难除去。是结合水分还是非结合水分仅取决于固体物料本身的性质，而与干燥介质的状况无关。

【例 9-5】 固体物料（丝）在一定温度下的平衡曲线如图 9-17 所示，已知物料的总含水量 $X=1\mathrm{kg}$，绝干物料含水量为 0.30kg，若与 $\varphi=50\%$ 的湿空气接触，试划分该物料的平衡水分和自由水分、结合水分和非结合水分。

解：由 $\varphi=50\%$ 作垂直线交平衡线于一点，读出平衡水分为 0.085kg 水/kg 绝干物料，则自由水分为 0.30-0.085=0.215kg（1kg 绝干物料含水量）。

由图 9-17 中读出 $\varphi=100\%$ 时的平衡水分为 0.24kg 水/kg 绝干物料，则物料的结合水分为 0.24kg 水/kg 绝干物料，非结合水分为 0.30-0.24=0.06kg（1kg 绝干物料含水量）。

思考：若固体物料（丝）在该温度下与 $\varphi=80\%$ 的湿空气接触，问该物料的平衡水分和自由水分，结合水分和非结合水分又为多少？

9.4.2 固体物料的干燥过程分析

当固体物料的含水量超过其平衡水分含量时与干燥介质接触，虽然在开始时水分均匀地分布在物料中，但由于湿物料表面水分的汽化，形成物料内部与表面的湿度差，物料内部的水分靠扩散作用向表面移动并在表面汽化，汽化的水分被干燥介质带走，从而达到使固体物料干燥的目的。

水分自内部向表面扩散与表面汽化是同时进行的，但是干燥过程的不同时期、干燥机理并不相同，这主要受到物料的结构、性质、湿度等条件和干燥介质的影响。实际上，在干燥过程中，若表面汽化速度小于内部扩散的速度，则称为表面汽化控制；若表面汽化速度大于内部扩散的速度，则称为内部扩散控制。

（1）表面汽化控制。某些物料内部的水分能迅速地到达物料的表面，因此水分去除的速度为物料表面水分的汽化速度所限制。此类干燥操作完全由周围干燥介质的情况而定。

（2）内部扩散控制。某些物料内部的扩散速度比表面汽化速度小，当表面干燥后，内部水分不能及时扩散到表面，因此蒸发表面向物体内部移动。这种情况下，必须设法增加内部扩散速度，或降低表面的汽化速度。

9.4.3 干燥速度及其影响因素

1. 干燥速度

在恒定干燥情况下，欲确定干燥操作所需的时间，必须首先确定物料的干燥速度。干燥速度是指单位时间内在单位干燥面积上被干燥物料汽化的水分量。

$$U=\frac{\mathrm{d}W}{S\mathrm{d}\tau} \tag{9-34}$$

其中

$$\mathrm{d}W=-G\mathrm{d}X$$

式中，U ——干燥速度，$\mathrm{kg/(m^2 \cdot s)}$；

S ——干燥表面积，$\mathrm{m^2}$；

W——一批操作中汽化出的水分量，kg；

τ——干燥时间，s；

G——一批操作中绝干物料的质量，kg；

"–"表示 X 值随干燥时间的增加而降低。

2. 影响干燥速度的因素

影响干燥速度的因素主要有物料的状况、干燥介质的状态及干燥设备三个方面。现就其中较为重要的影响因素讨论如下。

（1）物料的性质和形状：包括湿物料的物理结构、化学组成、形状和大小、物料层的厚薄及水分的结合方式等。

（2）湿物料本身的温度：物料的温度越高，则干燥速度越大。在干燥器中湿物料的温度与干燥介质的温度和湿度有关。

（3）物料的含水量：物料的最初、最终及临界含水量决定干燥各阶段所需时间的长短。

（4）干燥介质的温度和湿度：当干燥介质的湿度不变时，其温度越高，则干燥速度越大，但要以不损坏被干燥物料的品质为原则。不过，要防止由于干燥过快，物料表面形成硬壳而减小后期的干燥速度，而使总的干燥时间加长。当干燥介质（热空气）的温度不变时，其相对湿度越低，水分的汽化越快，尤其是在表面汽化控制时最为显著。

（5）干燥介质的速度：增加干燥介质的速度，可提高表面汽化控制阶段的干燥速度；在内部扩散控制阶段，气流对干燥速度影响不大。

（6）干燥介质的流向：干燥介质的流动方向垂直于物料表面的干燥速度比平行时要大。

9.4.4 干燥速度的确定

1. 干燥曲线

某物料在恒定干燥条件下干燥，可用实验方法测定干燥曲线及干燥速度曲线。恒定干燥条件是指干燥过程中空气的湿度、温度、速度及与湿物料的接触状况都不变。

在间歇式干燥器中，定时测量物料的质量变化，记录下每一时间间隔 $\Delta\tau$ 内物料的质量变化 ΔW 及物料表面的温度 θ，直到物料的质量恒定为止。此时物料与湿空气达到平衡状态，物料中所含的水分为该条件下的平衡水分。

图 9-18 中的 X-τ 及 θ-τ 曲线是按上述实验方法在恒定干燥条件下获得的数据而标绘的，这两条曲线均称为干燥曲线。

由图 9-18 可见，图中点 A 表示物料初始含水量为 X_1、温度为 θ_1。干燥开始后，物料含水量及表面温度均随时间而变化，在 AB 段末端含水量降至 X、温度升至 t_w。物料在 AB 段处于预热阶段，空气中的部分热量用于加热物料，故物料含水量及温度均随时间变化不大。其后 BC 段呈直线，此段内空气传给物料的显热恰好等于水分从物料中汽化所需的汽化热，而物料的表面温度等于热空气的湿球温度 t_w。进入 CD 段后，物料开始升温，热空气的一部分热量用于加热物料，使温度由 t_w 升到 θ_2，另一部分热量用于汽化水分。直到点 E 时物料中含水量降至平衡含水量 X^*，干燥过程也就终止。

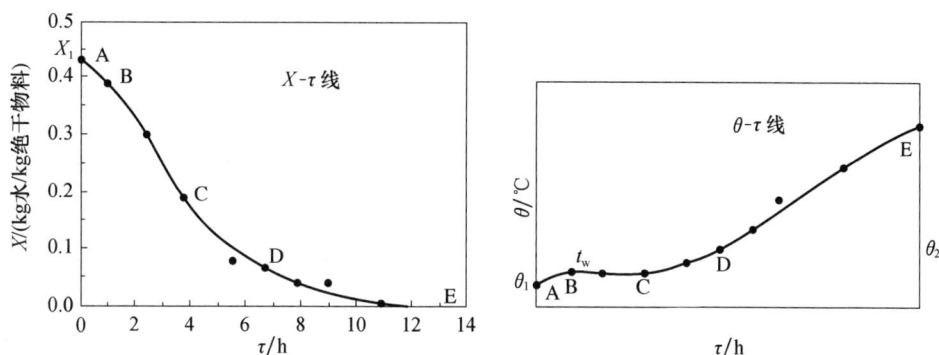

图 9-18 恒定干燥条件下某物料的干燥曲线

2. 干燥速度曲线

如图 9-19 所示为恒定干燥条件下的干燥速度曲线，干燥过程分为两个重要阶段。

AB 段：此段为湿物料的预热阶段，物料的含水量及其表面温度均随时间而变化。物料含水量由初始含水量降至与点 B 相应的含水量，而温度则由初始温度升高（或降低）至与空气的湿球温度相等的温度。一般该过程的时间很短，在分析干燥过程中常可忽略，将其作为恒速干燥的一部分。

BC 段：干燥速度 U 保持恒定，不随 X 的减小而降低，称为恒速干燥阶段（或干燥的第一阶段）。在该阶段内，湿物料表面温度为空气的湿球温度 t_w。

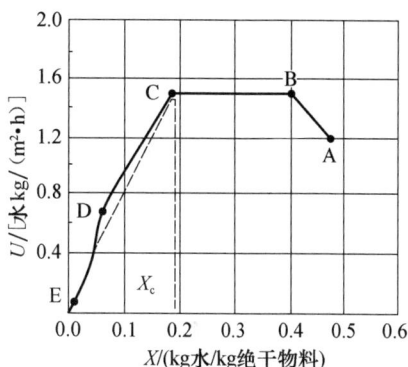

图 9-19 恒定干燥条件下干燥速度曲线

CDE 段：随着物料含水量的减少，干燥速度 U 随着 X 的减小而降低，故 CDE 段称为降速干燥阶段（或干燥的第二阶段）。

C 点：由恒速干燥阶段转为降速干燥阶段的交点 C 称为临界点，与 C 点对应的湿物料的含水量称为临界含水量，用 X_C 表示；与 C 点对应的干燥速度称为临界干燥速度，用 U_C 表示。图中的 E 点对应的干燥速度为零，相应的物料含水量为该干燥条件下物料的平衡含水量 X^*。

需要指出的是，干燥曲线或干燥速度曲线是在恒定的干燥条件下获得的，对指定的物料，若空气的温度、湿度不同，速度曲线的位置也不同。

9.5 干燥设备及其选用

9.5.1 干燥设备的基本要求

食品工业中，由于被干燥物料的性质、干燥程度的要求、生产能力大小等各不相同，因此所采用的干燥器的结构及形式多种多样。为优化生产，提高效益，干燥设备应满足以下基本要求。

（1）能满足生产工艺要求，即可使物料达到规定的干燥程度；干燥均匀；保证产品的形状、大小及光泽等符合要求。

（2）生产能力要大。干燥器的生产能力主要取决于物料达到规定干燥程度所需的时间，干燥速度越快，所需的干燥时间越短，同样大小的设备的生产能力就越大。

（3）热效率要高。在对流干燥中，提高热效率的主要途径是减少废气带走的热量。干燥器的结构应有利于气固接触，有较大的传热和传质推动力，以提高热能的利用率。

（4）动力消耗要低。干燥系统的流动阻力要小，以降低动力消耗。

（5）操作控制方便。要求干燥操作控制水平高，劳动强度低，附属设施少，对环境污染小。

9.5.2 干燥设备的种类

1. 干燥设备的分类

食品生产中，由于被干燥物料的形状和性质各不相同，生产能力存在很大差别，对于干燥后产品的要求也不尽相同。因此，所采用的干燥方法和干燥设备的形式多种多样。按加热方式的不同，干燥器可分为四类。

（1）对流干燥器：如厢式干燥器、带式干燥器、转筒干燥器、气流干燥器、沸腾干燥器、喷雾干燥器等。

（2）传导干燥器：如滚筒式干燥器、减压干燥器、真空耙式干燥器、冷冻干燥器等。

（3）辐射干燥器：如红外线干燥器等。

（4）介电加热干燥器：如微波十燥器等。

2. 常用的对流干燥设备

1）厢式干燥器

图 9-20 所示为常压厢式干燥器，或称盘式干燥器。湿物料装在盘架上的浅盘中，盘架用小推车推进厢内。空气从进口进入，与废气混合后，经风机增压，少量由出口排出，其余经加热器预热后沿挡板均匀地进入各层，与湿物料表面接触，增湿降温后的废气再循环进入风机。浅盘中的物料在干燥一定时间后达到产品质量要求，由器内取出。恒速在干燥阶段只有少量废气循环，降速干燥阶段应增大循环量。

厢式干燥器具有以下优点。

（1）构造简单，设备费用低。

（2）对物料的适应性较强，可同时干燥几种物料。

（3）适用于小批量的粉状、颗粒状、片状、膏状及脆性物料。

厢式干燥器具有以下缺点。

（1）装卸物料时劳动强度大。

（2）热空气只与表面物料直接接触。

（3）产品的干燥程度不均匀，且干燥时间较长。

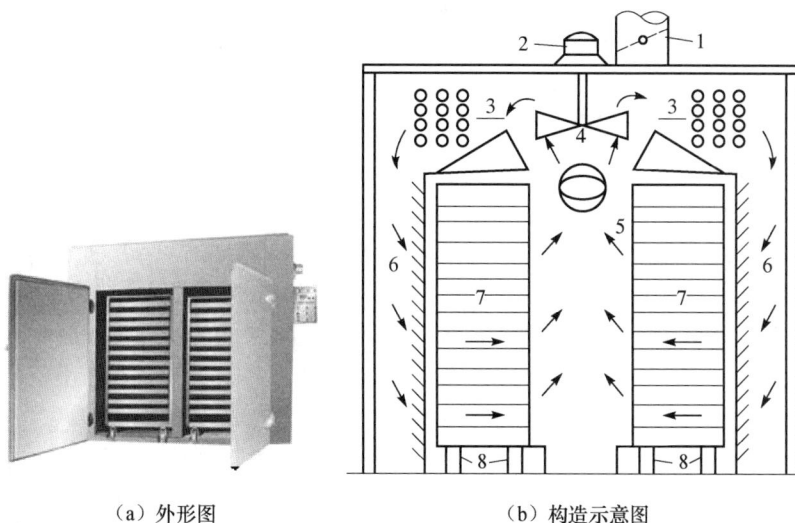

（a）外形图　　　　　　　　　（b）构造示意图

1.空气出口；2.电动机；3.加热器；4.风机；5.空气入口；6.挡板；7.盘架；8.移动轮。

图 9-20　厢式干燥器

2）带式干燥器

带式干燥器是最常用的连续式干燥装置，其外形如图 9-21 所示。图 9-22 所示为带式干燥器的结构，图 9-22（a）为主视图、图 9-22（b）为侧视图。在一个长方形干燥室或隧道中，装有带式运输设备。传送带多为网状，气流与物料成错流，物料在带上被运送的过程中不断地与空气接触而被干燥。传送带可以是多层的，带宽 1～3m，长 4～50m。

图 9-21　带式干燥器外形

通常在物料的运动方向上分成许多区段，每个区段都可装设风机和加热器。在不同区段上，气流方向及气体的温度、湿度和速度都可不同。由于被干燥物料的性质不同，传送带可用帆布、橡胶或金属网制成。

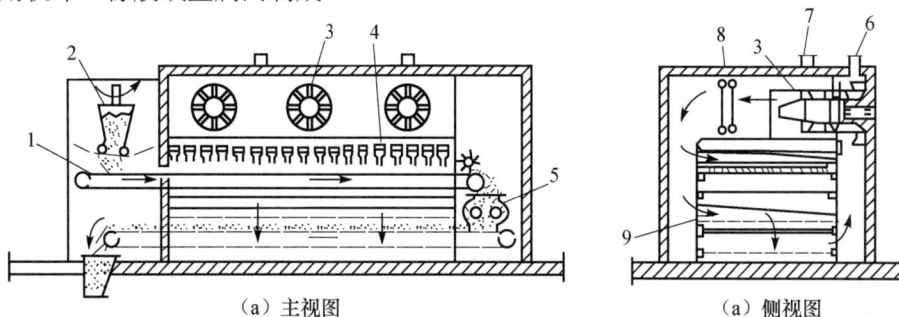

（a）主视图　　　　　　　　　（a）侧视图

1.传送带；2.加料器；3.风机；4.热空气喷嘴；5.压碎机；6.空气入口；
7.空气出口；8.加热器；9.空气再分配器。

图 9-22　带式干燥器结构示意图

287

带式干燥器具有以下优点。

（1）在干燥过程中，物料是以静止状态堆积于金属丝网或其他材料制成的水平循环输送带上，故物料翻动少，不受振动或冲击，可保持物料的形状，且可以防止粉尘飞扬。

（2）可同时连续干燥多种固体物料。

（3）特别适用于干燥粒状、块状和纤维状物料。

带式干燥器的缺点是热效率不高，在40%左右。

3）流化床干燥器

流化床干燥器又称沸腾床干燥器，适用于粉粒状物料。图 9-23 所示为单层流化床干燥器。湿物料经进料器进入床层，热空气由下而上通过多孔式气体分布板。当气速（指空床气速）较低时，颗粒床层呈静止状态，气流穿过颗粒间的空隙，此时颗粒床层为固定床。当气速增大到一定程度后，颗粒床层开始松动，并略有膨胀，在小范围内变换位置。气速再增大到某一数值后，颗粒在气流中呈悬浮状态，形成颗粒与气体的混合层，恰如液体沸腾状态，气固两相激烈运动，相互接触，这种状态的床层称为流化床或沸腾床。由固定床转化为流化床时的气速称为临界流化速度。

流化床干燥器

气速越大，流化床层就越高。当气速增大到颗粒的自由沉降速度 u_t 时，颗粒开始同气流一起向上流动，成为气流干燥状态，故也称 u_t 为流化床的带出速度，流化床的气速应在临界流化速度与带出速度之间。

湿物料在流化床中与热空气进行热量及水分传递，以达到干燥的目的。干燥后的产品由床层侧面出料管溢流排出，气流由顶部排出，经旋风分离器回收其中夹带的粉尘。

在流化床中，有的颗粒因短路而在床层中的停留时间很短，未达到干燥要求即排出；有的颗粒因返混，停留时间较长。为了提高物料在床层中停留时间分布的均匀性，可以改用卧式多室流化床干燥器，如图 9-24 所示。它是在长方形床层中沿垂直于颗粒流动方向安装若干垂直挡板，分隔为几个室，挡板下端距多孔分布板有一定距离，使颗粒能逐室流动，颗粒的停留时间较为均匀。

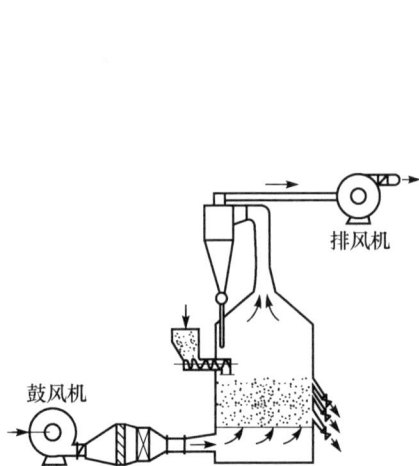

图 9-23　单层流化床干燥器

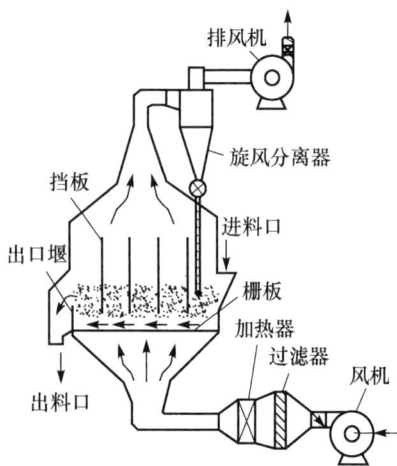

图 9-24　卧式多室流化床干燥器

流化床干燥器具有以下优点。

（1）床层温度均匀，并可调节。

（2）传热速度快，处理能力大。

（3）停留时间可在几分钟到几小时范围内调节，可使物料含水量降至很低。

（4）物料依靠进、出口床层高度差自动流向出口，不需输送装置。

（5）结构简单，运动部件少。

（6）操作稳定。

流化床干燥器的缺点是对物料的形状和粒度有限制。

4）气流干燥器

气流干燥器为气力输送式干燥器，如图9-25所示。直立干燥管的直径为 300～500mm，高为 10～20m。干燥管下部有笼式破碎机，其作用是使加料器送来的泥状物料或软质块状物料破碎，同时使物料与热空气剧烈混合，可除去总含水量的 50%～80% 的水分。当物料含水量较多，加料有困难时，可送回一部分干燥产品粉末与湿料混合。对于散粒状湿物料，不必使用破碎机。物料在干燥管中被高速上升的热气流分散并呈悬浮状态，与热气流并流向上，到达干燥管顶端时，应达到规定的干燥要求。

图 9-25　气流干燥器

气流干燥器具有以下优点。

（1）粉、粒状物料分散悬浮于热风中，传热与传质速度高，干燥速度快，干燥时间短。

（2）过滤后的湿滤饼也能瞬间干燥，获得粉末状产品，且干燥程度均匀。

（3）由于热风与物料并流操作，即使热风高达 700～800℃，产品温度也不超过 70～90℃，因此适用于热敏性和低熔点物料。

（4）干燥器构造简单，占地面积小。

气流干燥器

气流干燥器具有以下缺点。

（1）由于气流速度高，因此压力损失大。

（2）物料颗粒容易受到磨损，对外形和光泽要求较高的物料不太适用。

5）转筒式干燥器

图 9-26 所示为热空气直接加热式转筒干燥器，其圆形筒体与水平略倾斜，慢速旋转，物料自高端加入，低端排出。筒体内壁装有若干抄板，在筒体旋转过程中把物料抄起来，再洒落，以增大物料与热空气的接触面积，提高干燥速度。干燥介质与物料可做并流或逆流流动。

并流操作时，高温气体与刚进入的湿物料接触，物料在水分表面汽化控制阶段保持湿球温度，物料在接近出口时温度进入上升阶段，因气体温度已下降，物料温度不会升

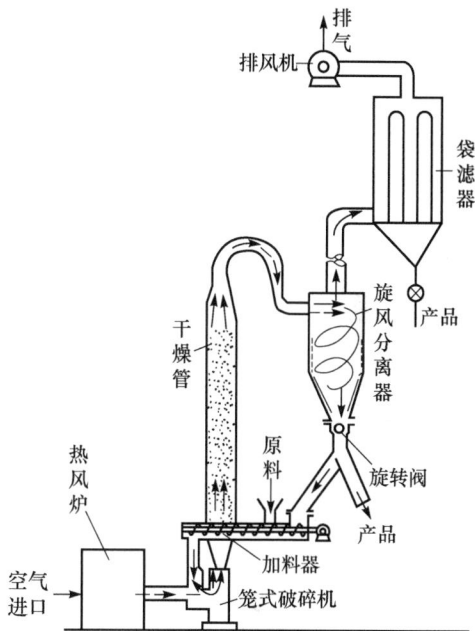

289

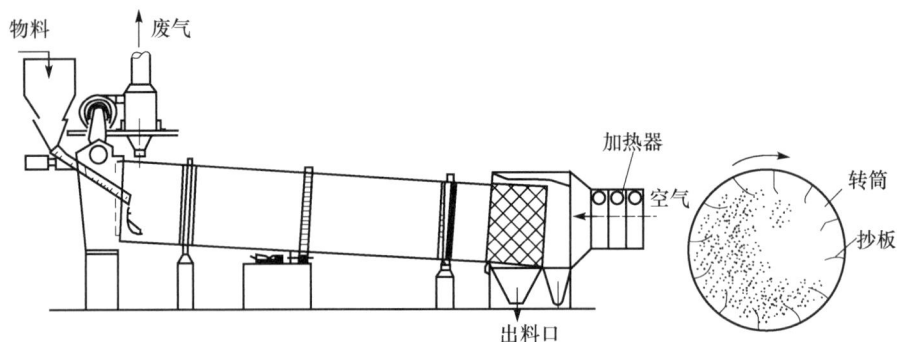

图 9-26　热空气直接加热式转筒干燥器

高很多。因此对于热敏性物料，即使气体温度较高也不会影响产品的质量。

逆流操作时，高温气体与刚要排出的物料接触，此操作适用于耐高温且在第二干燥阶段较难除去水分的物料，且因物料以高温排出，带出热量较多。

气流速度由物料粒度与密度决定，以物料不随气流飞扬为依据。物料的停留时间可通过调节转筒的转数来改变，以满足产品含水量的要求。

转筒干燥器具有以下优点。

（1）可连续操作。

（2）处理能力大。

（3）对物料含水量、粒度适应性强。

（4）操作稳定可靠。

转筒干燥器具有以下缺点。

（1）设备笨重。

（2）占地面积大。

6）喷雾干燥器

喷雾干燥器是用喷雾器将悬浮液、乳浊液喷洒成直径为 $10\sim200\mu m$ 的液滴后进行干燥。因液滴小，饱和蒸汽压很大，液体分散于热气流中，水分迅速汽化而达到干燥的目的。

图 9-27 所示为喷雾干燥流程，料液由三柱塞高压往复泵以 $3\sim20MPa$ 的压力送到喷嘴，喷成雾状液滴，与鼓风机送来的热空气充分混合后并流向下，经干燥室物料中的水分汽化，流至气固两相分离室，空气经旋风分离器和风机排出，干燥产品由分离室底部排出。由此可知，喷雾干燥先后经历：溶液喷雾、空气与雾滴混合、

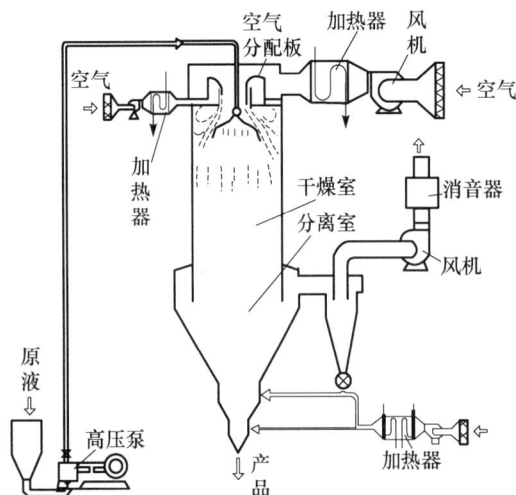

图 9-27　喷雾干燥流程

雾滴干燥、产品的分离和收集四个阶段。喷雾干燥器也可逆流操作，即热空气从干燥室下部沿圆周分布进入。

喷雾效果将直接影响产品质量，液体在压力喷雾器的旋转室中剧烈旋转后，通过锐孔形成膜状喷射出来，在雾滴的中心留有空气，形成中空粉粒产品。

为了避免粉粒黏附于器壁，有两处引入冷空气保护，一处是在干燥器的顶部空气分配板沿圆周引入，分布于热空气的周围向下流动；另一处是在分离室锥底下部引入已去湿的 15～20℃ 的冷空气，对产品还起冷却与干燥作用。

喷雾干燥器具有以下优点。

（1）由于液滴直径小，汽-液接触充分，扰动剧烈，所以干燥速度快，干燥时间短。

（2）在恒速干燥阶段，物料温度接近湿球温度，所以温度较低，因此特别适用于热敏性物料。

喷雾干燥器的缺点是为了减小产品的含水量，需要增大空气量和提高排气温度，导致干燥器体积较大，热量消耗较多。

9.5.3　干燥器的选用

由于干燥器的种类很多，被干燥的物料各有其特点。因此，在选用干燥器时，应同时考虑原料的性质、制品的干燥特性、干燥系统的生产能力、干燥制品的质量要求、产品的收率、辅助设施等。

（1）物料的形态。选择干燥器时，首先要考虑产品的形态要求，形态要求不同，适用的干燥器也不同。例如，饼干等食品，若在干燥过程中，失去了应有的几何形状，也就失去了其商品价值。

（2）物料的干燥特性。欲达到要求的干燥程度，需要一定的干燥时间。物料不同，所需的干燥时间可能相差很大。对于吸湿性强或临界含水量很高的物料，应选择干燥时间长的干燥器。对干燥时间很短的干燥器，如气流干燥器，仅适用于干燥临界含水量很低的易于干燥的物料。

（3）物料的热敏性。物料对热的敏感性决定了干燥过程中物料的温度上限，但物料承受温度的能力还与干燥时间的长短有关。对于某些热敏性物料，如果干燥时间很短，即使在较高温度下进行干燥，产品也不会因此而变质。气流干燥器和喷雾干燥器就比较适合于热敏性物料的干燥。

（4）物料的黏附性。物料的黏附性关系到干燥器内物料的流动及传热与传质的进行。应充分了解物料在干燥过程中黏性的变化，以便选择合适的干燥器。

（5）产品的质量要求。干燥食品、药品等不能受污染的物料时，所用干燥介质必须纯净，或采用间接加热方式干燥。有的产品不仅要求有一定的几何形状，而且要求有良好的外观，这些物料在干燥过程中，若干燥速度太快，可能会使产品表面硬化或严重收缩发皱，直接影响到产品的价值。因此，应选择适当的干燥器，确定适宜的干燥条件，控制其干燥速度。对于易氧化的物料，可考虑采用间接加热的干燥器。

（6）处理量的大小。处理量的大小也是选择干燥器时需要考虑的主要问题。一般来说，间歇式干燥器中，厢式干燥器的生产能力较小；连续操作的干燥器的生产能力较大。

（7）热能的利用率。不同类型的干燥器，其热效率不同。选择干燥器时，在满足干燥基本要求的条件下，应尽量选择热效率高的干燥器。

（8）对环境的影响。若废气中含有污染环境的粉尘甚至有毒成分，必须对废气进行处理，使其达到排放要求。

9.5.4 干燥操作的运行及控制

1. 干燥操作工艺条件的选择

在干燥生产操作中，应确定适宜的工艺条件，以达到优质、高产、低耗的目的。由于工业生产中对流干燥采用的干燥介质不一，湿物料及干燥设备的多样性，加之干燥机理复杂，至今仍主要依靠实验手段和经验来确定干燥过程的最适宜的工艺条件。在此仅介绍人们通过长期生产实践总结出来的对干燥过程进行调节和控制的一般原则。

对于一个特定的干燥过程，湿物料进出干燥器的含水量、进料温度都是由工艺条件决定的；空气的湿度一般取决于当地大气状况，有时也采用部分废气循环以调节进入干燥器的空气湿度。因此，能调节的参数只有干燥介质的流量，干燥介质进、出干燥器的温度，出干燥器时废气的湿度，但这几个参数是相互关联和影响的，当任意规定其中的两个参数时，另外两个参数也就由物料衡算和热量衡算所确定。选择哪两个作为控制参数，要根据实际生产状况而定。

1) 干燥介质的进口温度和湿度

干燥介质的进口温度高，可强化干燥过程，提高其经济性，因此干燥介质预热后的温度应尽可能高一些，但要注意保持在物料允许的温度范围内，避免物料性状发生改变。

同一物料在不同类型的干燥器中干燥时，允许的介质进口温度不同。例如，在厢式干燥器中，由于物料静止，干燥速度慢、时间长，干燥不易均匀，应控制较低的介质进口温度；而在转筒、沸腾、气流等干燥器中，由于物料在不断翻动，表面更新快，干燥过程均匀、速度快、时间短，介质的进口温度可较高。

在水蒸发量一定的前提下，降低干燥介质的进口湿度，可降低所需空气流量，从而降低操作费用。同时，可降低物料的平衡含水量 X^*，加快干燥速度，因而在可能的条件下应设法降低干燥介质的进口湿度。应注意的是，对于某些物料而言，干燥介质的进口湿度过低，干燥速度过快，会导致物料产生龟裂、结疤等现象。此时可采用部分废气循环的流程，这样既提高了干燥介质的进口湿度，又提高了热量利用率。

2) 干燥介质的流量

增加空气的流量可以增加干燥过程的推动力，提高干燥速度。空气流量的增加，会造成热损增加，热量利用率下降，同时还会使动力消耗增加；气速的增加，会造成产品回收负荷增加。在实际生产中，要综合考虑流量的变化对干燥速度、操作费用等的影响，合理选择。

3) 干燥介质的出口温度和湿度

干燥介质的出口温度提高，废气带走的热量就多，热损就大；如果介质的出口温度太低，则含有相当多水汽的废气可能在出口处或后面的设备中析出水滴（达到露点），这将破坏正常的干燥操作。实践证明，对于气流干燥器，要求介质的出口温度较物料的出口温度高 10～30℃或较其进口时的绝热饱和温度高 20～50℃，以避免物料返潮，造成管道堵塞、设备材料腐蚀。

提高干燥介质的出口湿度，可使一定量的干燥介质带走的水汽量增加，并减少空气用量及所需热量，从而降低操作费用；但会使空气中水蒸气分压增大，传质推动力降低。如果要维持相同的干燥能力，必然要增大设备尺寸，因而设备投资费用增大。因此，必须做经济上的核算才能确定最佳的干燥介质出口湿度。对气流干燥器，由于物料在设备内的停留时间短，为完成干燥任务，要求有较大的推动力以提高干燥速度，因此，一般应控制出口介质中的水汽分压低于出口物料表面水汽分压的 50%；对转筒干燥器，出口介质中的水汽分压可高些，可达到与之接触的物料表面水汽分压的 50%～80%。

对于一台干燥设备，干燥介质的最佳出口温度和湿度应通过操作实践来确定，生产上控制、调节介质的出口温度和湿度主要是通过控制、调节介质的预热温度和流量来实现的。例如，对同样的干燥任务，加大介质的流量或提高其预热温度，可使介质的相对湿度降低，出口温度上升。

在有废气循环使用的干燥装置中，通常将循环的废气与新鲜空气混合后引入预热器加热后，再送入干燥器，以提高传热和传质系数，减少热损，提高热能的利用率。循环气的加入，会使进入干燥器的空气湿度增加，导致过程的传质推动力下降，因此，采用循环废气操作时，应根据实际情况，在保证产品质量和产量的前提下，调节适宜的循环比。

2. 常用干燥设备的使用与维护

1）气流干燥器的使用与维护

气流干燥器主要由空气加热器、加料器、干燥管、旋风分离器和风机等设备组成。它的主要设备是直立圆筒形的干燥管，其长度一般为 10～20m，热空气进入干燥管底部，将加料器连续送入的湿物料吹散，并悬浮在其中。干燥后的物料随气流进入旋风分离器，产品由下部收集，湿空气经袋式过滤器（或湿法、电除尘等）回收粉尘后排出。

（1）操作步骤。

① 准备工作：查看风机、抽风机周围是否有障碍物，地脚螺栓是否牢固；干燥系统管路应完好无损。

② 启动抽风风机、送风风机。

③ 打开空气加热器加热热源，对空气进行加热。

④ 待进入干燥器的气流温度达到工艺要求后，启动加料器加料。

⑤ 正常操作期间，控制干燥器内温度就可得到水分含量合格的产品。

（2）常见故障及处理方法见表 9-1。

表 9-1　气流干燥器常见故障及处理方法

故障名称	发生原因	处理方法
气流风压偏高或偏低	干燥风管或弯头堵塞； 风机挡板移动； 空气过滤介质脏污	停车清理； 调整风机挡板； 更换或清洗过滤介质
干燥器物料过多	未开抽风机	开启抽风机

续表

故障名称	发生原因	处理方法
成品含水量过高	风温低； 风量不合适； 空气加热器漏损； 加料速度过快	调节风温； 调节风量； 修理空气加热器； 调整进料速度

2）喷雾干燥器的使用与维护

喷雾干燥器由高压供料泵、雾化器、干燥塔、出料机、加热器和风机等设备组成。通过雾化器（喷嘴）将溶液（乳浊液）喷洒成细小的液滴，随后与热气流混合，迅速蒸发干燥而形成成品，如一些奶粉、药物、尿素造粒，合成洗涤剂生产等属于此种生产工艺。

（1）操作步骤。

① 准备工作：检查供料泵、雾化器、风机及出料机运转是否正常；检查蒸汽、溶液阀门是否灵活好用，各种管路是否畅通；清理塔内积料和杂物；刮掉塔壁挂疤；排除加热器和管路中的积水，并进行预热，向塔内送热风；清理雾化器，使流道通畅。

② 启动供料泵向雾化器输送溶液，观察压力大小和输送量，以保证雾化器需要。

③ 经常检查、调节雾化器的喷嘴位置和转速，确保雾化颗粒大小合格。

④ 经常查看和调节干燥塔的负压数值，并控制在规定的范围。

⑤ 定时巡回检查各种管路与阀门是否渗漏，各转动设备密封装置是否泄漏，及时调整和拧紧。

（2）维护保养。

① 雾化器、输送溶液管路和阀门停止使用时，应及时放净溶液，防止凝固堵塞。

② 进入塔内的热空气流速不可过高，防止塔壁表皮碎裂。

③ 经常清理塔内黏附的物料。

④ 保持供料泵、风机、雾化器及出料机等转动设备的零部件齐全，定时检修。

（3）常见故障及处理方法见表9-2。

表9-2 喷雾干燥器常见故障及处理方法

故障名称	发生原因	处理方法
产品含水量高	溶液雾化不均匀，喷出的颗粒大； 热空气的相对湿度过大； 溶液供量大，雾化效果差	提高溶液压力和雾化器转速； 升高送风温度； 调节雾化器进料量或更换雾化器
雾化不良	喷嘴局部堵塞； 喷嘴内部构件不合要求； 压力不稳	拆洗喷嘴； 更换喷嘴； 检查喷嘴，通知高压泵岗位配合调整
料液压力突然升高	喷嘴堵塞； 回流管线堵； 压力表失灵	拆洗喷嘴； 疏通回流管线； 更换压力表

故障名称	发生原因	处理方法
塔壁粘有积粉	进料过多，蒸发不充分； 气流分布不均匀； 个别喷嘴堵塞； 塔壁预热温度不够	减少进料量； 调节热风分布器； 清洗或更换喷嘴； 升高热风温度
产品颗粒过细	溶液的浓度低； 喷嘴孔径过小； 溶液压力过高； 离心盘转速过快	增大溶液浓度； 换大孔喷嘴； 适当降低压力； 降低转速
尾气含粉尘过多	分离器堵塞或积料多，分离效果差； 过滤袋破裂； 风速大，细粉含量大	清理物料； 修补破口； 降低风速

3）沸腾干燥炉的使用与维护

沸腾干燥炉是自 20 世纪 60 年代发展起来的干燥设备，干燥过程中固体颗粒悬浮于干燥介质中，传热效率高，能够连续生产，且便于调节。沸腾干燥炉密封性能好，干燥过程无杂质混入，目前在化工、轻工、医药、食品等工业得到了广泛应用。

（1）操作步骤。

① 开炉前首先检查送风机和引风机有无摩擦和碰撞声，轴承的润滑油是否充足够用和风压是否正常。

② 在沸腾炉投料前，应先打开加热器疏水阀、风箱室的排水阀和炉体的放空阀，然后逐渐开大蒸汽阀门和进风阀门进行烤炉，除去炉内湿气，直到炉内石子和炉壁达到规定温度，结束烤炉操作。

③ 使送风机和引风机停止工作，敞开入孔，向炉内铺撒干料，料层高度约 250mm。此时，已完成开炉的准备工作。

④ 再次开启送风机和引风机，关闭有关阀门，向炉内送热风，并开启给料机抛撒潮湿料物，要求进料量由少增多，布料应均匀。

⑤ 根据进料量调节风量和热风温度，保证成品干湿度合格。

⑥ 经常检查卸出的物料有无结块，观察炉内物料面的沸腾情况，发现有死角，应调节各风箱室的进风量和风压大小。

⑦ 经常检查风机的轴承温度，机身有无振动，风道有无漏风，发现问题及时解决。

⑧ 经常检查引风机出口的带料情况和尾气管线的腐蚀程度，发现问题及时解决。

（2）维护保养。

① 停炉时应将炉内物料清理干净，并保持干燥。

② 保持保温层完好，有破裂时应补修好。

③ 加热器停用时应打开疏水阀门排净冷凝水，防止锈蚀。

④ 经常清理引风机内部黏附的物料和送风机进口的防护网。

⑤ 经常检查并保持炉内分离器畅通和炉壁不锈蚀。

（3）常见故障及处理方法见表9-3。

表9-3　沸腾干燥炉常见故障及处理方法

故障名称	发生原因	处理方法
发生死床	入炉物料过湿或块多； 热风量少或温度低； 床面干料层高度不够； 热风量分配不均匀	降低物料的含水量； 增加风量，升高温度； 缓慢出料，增加干料层厚度； 调整进风阀开度
尾气含尘量大	分离器破损，效率下降； 风量大或炉内温度高； 物料颗粒变细小	检查修理； 调整风量和温度； 检查操作指标变化
沸腾流动不好	风压低或物料多； 热风温度低； 风量分布不合理	调节风量和物料流量； 加大加热蒸汽量； 调节进风板阀开度

9.6　微波干燥简介

9.6.1　微波干燥原理

微波是指频率在 $300\sim3\times10^5$MHz 或波长 0.001～1m 的高频电磁波。微波干燥实际上是一种介电加热干燥。当待干燥的湿物料置于高频电场时，由于湿物料中水分具有极性，分子沿着外电场方向排列，随着外电场高频率变换方向，水分子迅速转动或做快速摆动。由于分子原有的热运动和相邻分子间的相互作用，使分子随着外电场变化而摆动的规则运动受到干扰和阻碍，从而引起分子间的摩擦而产生热量，使其温度升高。

微波常用的材料有导体、绝缘体、介质、磁性化合物等。微波在传输过程中会遇到不同的材料，产生反射、吸收和穿透现象，这取决于材料本身的特性，如介电常数、比热容、形状和含水量等。导体能够反射微波，在微波系统中常用的传输装置——波导管，就是矩形或圆形的金属管，一般由铝或黄铜制成。绝缘体可以穿透并部分反射微波，吸收微波的功能小，如连续干燥中常用的输送带就是涂聚四氟乙烯的。介质的性能介于金属与绝缘体之间，它具有吸收、穿透和反射的性能，其中吸收的微波便转化成热量。

9.6.2　微波干燥特点

微波干燥与普通干燥的主要区别在于，微波干燥属于内部加热干燥法，电磁波深入到物体内部，把物料本身作为发射体，使物料内、外部都能均匀加热干燥。它具有以下优点。

（1）干燥速度快：由于微波能深入物料内部，热量产自物料内部分子间的摩擦，而不是一般情况下的热传导。因此，水分子从物料中心向两侧扩散的路程比接触传导加热要少1倍，干燥过程非常迅速。

（2）干燥均匀：由于微波干燥属于内部加热法，不管物料形状如何复杂，含水量多少，都能被均匀加热，干燥物料表里一致。另外，由于物料中水的介电常数大，吸收能量多，因此，水分蒸发快，热量不会集中在干燥的物体中。

（3）操作控制方便。利用微波加热，无升温过程，开机数分钟即可正常生产，停机后也不存在"余热"，便于实现连续化、自动化生产。

（4）能源利用率高：物料本身作为发热体，而设备温度几乎不升高，不向外辐射能量，避免了环境温度过高，改善了劳动条件。

（5）具有消毒功能：微波辐射有较强的杀菌能力。

微波干燥也存在不足之处：设备费用高；耗电量大；需注意劳动保护，否则会对人体造成损害。

9.6.3 常用的微波干燥设备

1. 箱式微波炉

箱式微波炉是利用驻波场的微波进行加热干燥的设备，结构如图 9-28 所示，主要由矩形谐振腔、输入波导、反射板、搅拌器等组成。矩形谐振腔是由金属构成的矩形中空六面体，其中一面装有反射板和搅拌器，还有一面装有支撑加热物料的底板，侧壁上设有炉门和排湿孔。炉门的结构有特殊要求，密闭性要好，微波能量的泄漏应控制在安全范围之内。物料在微波炉内受热蒸发的水分通过风机由排湿孔排出，否则会影响干燥效率。

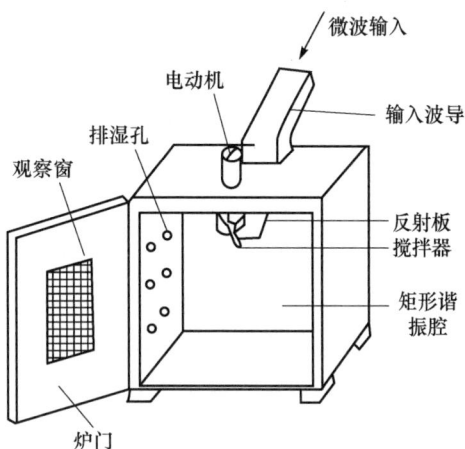

图 9-28 箱式微波炉结构示意图

2. 平板形连续微波干燥器

图 9-29 所示为平板形连续微波干燥器，物料通过输送带不断送入，干燥后的制品由输送带不断送出，可实现连续化生产。

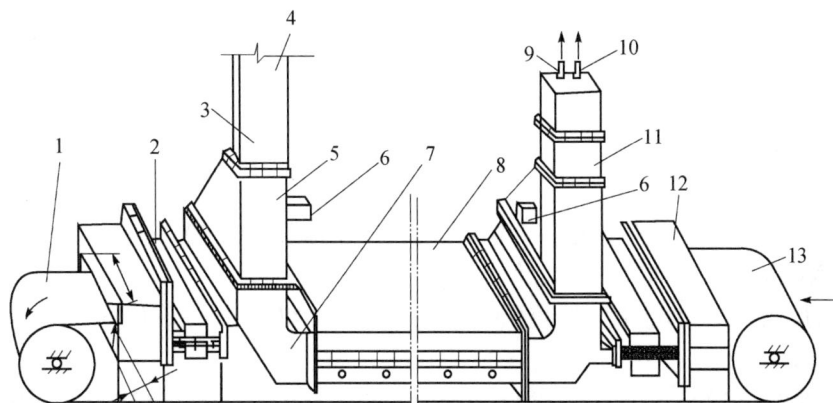

1. 输送器；2. 抑制器；3. BJ22 标准波导；4. 接波导输入口；5. 锥形过滤器；6. 排风机；7. 放大直角弯头；8. 主加热器；9. 冷水出口；10. 热水出口；11. 水负载；12. 吸收器；13. 进料。

图 9-29 平板形连续微波干燥器

思考题

1. 什么叫干燥？维持对流干燥操作顺利进行的必要条件是什么？

2. 在对流干燥过程中，热空气与湿物料之间是怎样进行传热与传质的？它的推动力是什么？

3. 通常情况下，露点、湿球温度、干球温度之间有何关系？何种情况下三者相等？

4. 什么叫空气的湿度？湿空气的湿度越低，吸湿能力越强，这种说法对吗？为什么？

5. 在测定湿球温度 t_w 和绝热饱和温度 t_{as} 时，若水的初温相同，对测定的结果有无影响？

6. 温度-湿度图中包括哪些参数线？怎样利用这些曲线来确定湿空气的状态参数？

7. 在干燥操作中，采用什么方法可使湿空气的相对湿度降低？

8. 在空气预热器及干燥器的加热器中，向干燥系统加入的热量，除了补偿周围热损外，主要用于哪几方面？

9. 在相同的干燥条件下，为什么夏季的空气消耗量比冬季大？

10. 什么叫平衡水分、自由水分、结合水分和非结合水分？

11. 要想获得绝干物料，干燥介质应具备什么条件？

12. 何谓恒定干燥条件？

13. 影响干燥速度的主要因素有哪些？试做具体分析。

14. 在恒定干燥条件下的恒速干燥阶段，空气与物料之间是怎样进行热量传递和水分传递的？如何提高干燥速度？

15. 按加热方式的不同，干燥器可分为哪几类？

16. 提高干燥速度的可行性措施有哪些？

17. 在选用干燥设备时，要考虑哪些方面的问题？

18. 在实际干燥操作过程中，试分析干燥介质的进口温度和湿度对干燥操作的影响。

19. 在实际干燥操作过程中，试分析干燥介质的出口温度和湿度对干燥操作的影响。

20. 微波干燥与普通干燥相比较，有哪些优点？

练习题

1. 已知 101.3kPa 下空气的干球温度为 50℃、湿球温度为 30℃，求此空气的含水量、焓、相对湿度、露点、湿热和湿容积。

2. 利用湿空气的温度-湿度图查出表 9-4 中空格项的数值（湿空气的总压 p=101.3kPa）。

3. 将温度为 120℃、湿度为 1kg 绝干空气的湿空气含水量为 0.15kg 在 101.3kPa 的恒定总压下加以冷却，试分别计算冷却至以下温度时 1kg 绝干空气所析出的水分：

表 9-4 湿空气的各物理参数

序号	干球温度 t/℃	湿球温度 t_w/℃	湿度 r_H/(kg 水/kg 绝干空气)	相对湿度 φ/%	焓 H/(kJ/kg 绝干空气)	水蒸气分压 p/kPa	露点 t_d/℃
1	20			75			
2	40						25
3		35					30

（1）冷却到 100℃；

（2）冷却到 50℃；

（3）冷却到 20℃。

4. 空气的干球温度为 20℃，湿球温度为 16℃，此空气经预热后温度升高到 50℃，送入干燥器内绝热冷却，离开干燥器时温度降至 30℃。试求：

（1）出口空气的含水量、焓及相对湿度；

（2）将 100m³ 的新鲜空气预热到 50℃所需的热量及通过干燥器移走的水蒸气量。

5. 在一振动式流化床干燥器中，每小时可将 2t 含水量为 5% 的精制盐干燥至 0.5%（均为湿基），以热空气为干燥介质。空气进、出干燥器的湿度分别为 1kg 绝干空气含水量为 0.03kg 和 1kg 绝干空气含水量为 0.09kg，若干燥过程忽略物料损耗，求新鲜空气的消耗量。

6. 在干燥器中，将湿物料从含水量 5% 干燥至 0.5%（均为湿基），干燥器的生产能力为 5400kg 绝干物料/h。物料进口温度为 21℃，出口温度为 66℃。热空气进口温度为 127℃，湿度 1kg 绝干空气含水量为 0.007kg，出口温度为 82℃。若不计热损，试确定干空气的消耗量及空气离开干燥器时的湿度［设干物料的比热容为 1.93kJ/（kg·℃）］。

7. 常压下，空气在温度为 20℃、湿度为 1kg 绝干空气含水量为 0.01kg 状态下被预热到 120℃后进入理论干燥器，废气出口的湿度为 1kg 绝干空气含水量为 0.03kg。物料的含水量由 3.7% 干燥至 0.5%（均为湿基）。干空气的流量为 8000kg/h 绝干空气。试求：

（1）每小时加入干燥器的湿物料量；

（2）废气出口的温度。

8. 某糖厂转筒干燥器的生产能力为 4030kg/h，湿糖含水分 1.27%，于 30℃下进入干燥器。离开干燥器时含水分 0.18%，温度为 36℃，所用的空气温度为 20℃，湿球温度为 17℃。空气经预热至 97℃后进入干燥器，从干燥器中排出的废气的温度为 40℃，其湿球温度为 32℃。已知产品的比热容为 1.26kJ/（kg·℃），试求：

（1）干燥器的散热损失；

（2）干燥器的热效率。

第 10 章
冷　冻

❋ **学习目标**

　　了解：常用制冷剂、载冷剂的种类及特点；人工制冷的意义；制冷设备的绝热及防潮结构；制冷技术在食品工业中的应用；冷冻浓缩、冷冻干燥的特点；常用的冷冻浓缩、冷冻干燥装置的组成及其特点。

　　理解：蒸气压缩式制冷的基本原理；制冷系统中各主要设备的作用；制冷剂、载冷剂的基本要求；冷冻浓缩、冷冻干燥的基本原理。

　　掌握：蒸气压缩式制冷系统的组成；制冷效率及影响因素。

10.1　制　　冷

10.1.1　制冷及其应用

　　制冷为食品工业中的各种冷冻过程提供所需的冷源。制冷就是用人工方法连续不断地从被冷却对象中吸收热量，并将其转移到周围环境（空气或水）中去，使被冷却物体的温度低于周围环境温度，并能在较长时间内维持所需温度的过程。

制冷

　　根据所产生的温度范围的不同，制冷可分为一般制冷和深度制冷。通常把温度在 120k 以上者称为一般制冷，温度在 120k 以下者称为深度制冷。食品工业中所采用的制冷多属于一般制冷。

　　制冷方法很多，主要有物质相变制冷、气体涡流制冷、气体膨胀制冷、绝热放气制冷和电、磁、声制冷等。其中，物质相变制冷又有蒸气压缩式制冷、蒸气吸收式制冷、蒸气喷射式制冷、吸附制冷等具体方法。目前工业上广泛采用的是蒸气压缩式制冷。

　　近年来，制冷技术在食品、化工、医药等行业得到了广泛应用，如低温贮藏、冷冻制品的加工、冷冻浓缩、冷冻干燥、生产过程的冷却降温、生产车间的空气调节等。

10.1.2　蒸气压缩式制冷的基本原理

　　热量总是从高温物体传向低温物体，绝不会自发地从低温物体传向高温物体的。压缩式制冷就是以消耗机械功为代价，借助制冷剂在制冷系统中进行循环，周期性地从被冷却对象中吸收热量，并传递给周围介质。与此同时，制冷剂也完成了状态变化的循环。

　　典型的蒸气压缩式制冷循环如图 10-1 所示。循环过程可分为压缩、冷凝、膨胀、蒸发等四个阶段。从蒸发器出来的制冷剂饱和蒸气被压缩机压缩后变成高温高压气体，在冷凝器内被周围介质冷凝为液体而放出热量，液体制冷剂经过膨胀阀节流膨胀后，压

力迅速降低,低压液体在蒸发器内慢慢地从被冷却物体(低温环境)中吸收热量而汽化为气体,汽化后的气体又被压缩,形成一个循环过程。通过循环,使被冷却物体的温度降低。

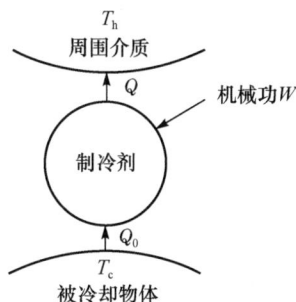

图 10-2 所示为制冷机的工作原理示意图。图中被冷却物体为供热体,其温度为 T_c,比周围介质的温度 T_h 低。温度较高的周围介质(空气或水)为受热体。通过制冷剂的循环,可连续不断地将供热体中的热量传递给受热体,制冷剂的循环过程是靠压缩机做功来实现的。

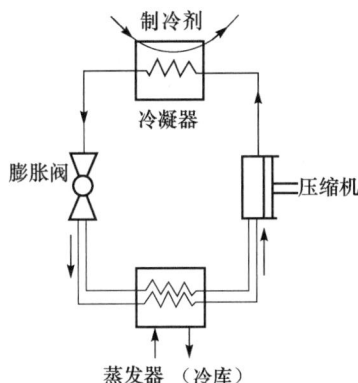

图 10-1 蒸气压缩式制冷循环   图 10-2 制冷机工作原理示意图

设制冷剂从被冷却物体中吸收的热量为 Q_0,完成循环所消耗的机械功为 W,机械功 W 转变成热量后与制冷剂从被冷却物体中吸收的热量 Q_0 一起传递给周围介质。

设传递给周围介质的热量为 Q,根据能量守恒定律可得出方程:

$$Q = Q_0 + W$$

为便于理解,现以理想的压缩式制冷循环为例说明制冷的热力学原理,即假定制冷机是在下述理想条件下工作的。

(1)压缩机不存在余隙,而且无摩擦,无节流损失,汽缸中的工质与外界无热量交换,压缩过程是等熵过程。

(2)制冷剂在蒸发器和冷凝器中的压力没有变化,而且制冷剂在蒸发器中的蒸发温度等于被冷却物体的温度;在冷凝器中的冷凝温度等于周围介质的温度。

(3)制冷剂在管路中无任何损耗。

(4)循环过程中无压力损失,压力降仅在节流膨胀过程中产生。

理想的压缩式制冷循环(即逆卡诺循环)由两个等温过程和两个绝热过程所组成,其压-容图(即 p-V 图)、温-熵图(即 T-S 图)分别如图 10-3 和图 10-4 所示。

理想的压缩式制冷循环过程如下。

① 制冷剂沿等熵线 1→2 做等熵可逆压缩(绝热可逆压缩):制冷剂的压力由 P_1 升至 P_2,温度从 T_c 升至 T_h,外界对制冷剂做功 W_1。

② 制冷剂沿等温线 2→3 做等温等压可逆冷凝:制冷剂在温度 T_h 下向周围介质放出热量 Q,熵值减小,而压力 P_2 和温度 T_h 均保持不变。

③ 制冷剂沿等熵线 3→4 做等熵可逆膨胀(绝热可逆膨胀):制冷剂的压力由 P_3 下

降至 P_4，对外做膨胀功 W_2，温度降至绝热压缩前的温度 T_c。

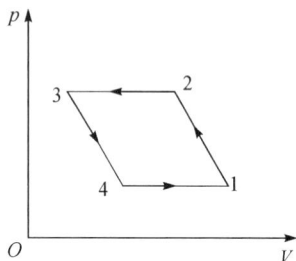

图 10-3　逆卡诺循环的压-容图

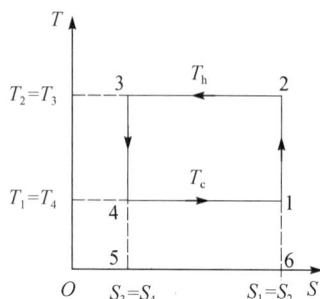

图 10-4　逆卡诺循环的温-熵图

④ 制冷剂沿等温线 4→1 作等温等压可逆蒸发：制冷剂在温度 T_c 下从被冷却物体吸热 Q_0，制冷剂的熵值又增加，压力 P_4 和温度 T_c 均不变。

设制冷循环所消耗的理论功为 W_t，则

$$W_t = W_1 - W_2 = Q - Q_0 \tag{10-1}$$

循环过程所消耗的机械功及吸收、放出的热量在 T-S 图上均可用相应的面积来表示。

放热量 Q：以面积 2-3-5-6-2 来表示

$$Q = T_h(S_2 - S_3) \tag{10-2}$$

吸热量 Q_0：以面积 1-4-5-6-1 来表示

$$Q_0 = T_c(S_1 - S_4) \tag{10-3}$$

循环功 W_t：用面积 1-2-3-4-1 来表示

$$W_t = Q - Q_0 = T_h(S_2 - S_3) - T_c(S_1 - S_4) = (T_h - T_c)(S_1 - S_4) \tag{10-4}$$

理想的制冷循环在工业生产中是不可能实现的，但可作为比较和评价实际制冷循环完善程度的依据。

10.1.3　制冷过程的有关参数

1. 单位制冷量

单位制冷量既可用单位质量制冷量表示，也可用单位容积制冷量表示。

1kg 制冷剂在蒸发器内从被冷却物体吸收的热量称为单位质量制冷量，用符号 q_0 表示，单位为 kJ/kg。

1m^3 制冷剂在蒸发器内从被冷却物体吸收的热量称为单位容积制冷量，用符号 q_v 来表示，其单位为 kJ/m^3。

2. 制冷机的制冷能力

制冷机的制冷能力（又称制冷量）指在一定的操作条件下，单位时间内制冷剂从被冷却物体中所能吸收的热量，以符号 Q_0 表示，单位为 kJ/h 或 kJ/s。由式（10-3）可知：

$$Q_0 = T_c(S_1 - S_4)$$

可见，理想的制冷量与冷源温度 T_c 有关，而与热源的温度 T_h 无关。若冷源温度越高，则制冷量越大。

3. 制冷系数

制冷系数（又称制冷效率）表示制冷循环中的制冷量 Q_0 与该循环所消耗的功 W 之比，即消耗单位外功所能获得的制冷量，用符号 ε 表示。

$$\varepsilon = \frac{Q_0}{W} \tag{10-5}$$

对于理想的制冷循环，其制冷系数为

$$\varepsilon_t = \frac{Q_0}{W} = \frac{T_c(S_1-S_4)}{T_h(S_1-S_4)-T_c(S_1-S_4)} = \frac{T_c}{T_h-T_c} \tag{10-6}$$

由式（10-6）可知：

（1）理想制冷循环的制冷系数仅取决于热源温度 T_h 和冷源温度 T_c，而与制冷剂的性质无关。若热源温度（或冷凝温度）越高，冷源温度（或蒸发温度）越低，则制冷系数越小。

（2）为了提高制冷系数，应尽可能在放热侧采用温度较低的冷却介质对制冷剂进行冷却，同时应避免将吸热侧的蒸发温度降得过低，以免造成浪费。

【例 10-1】　已知某理想的制冷机，冷凝温度为 30℃，制冷剂的放热速度为 1000kW，制冷剂的蒸发温度为-23℃，试求：

① 制冷系数 ε_t；

② 制冷量 Q_0；

③ 单位时间内所消耗的外功 W。

解：① 由式（10-6）知

$$\varepsilon_t = \frac{T_c}{T_h-T_c}$$

已知 T_c=-23℃=250K，T_h=30℃=303K，则

$$\varepsilon_t = \frac{250}{303-250} \approx 4.72$$

② 由式（10-1）知

$$W = Q - Q_0$$

已知 Q=1000kW，由于 $\varepsilon_t = \frac{Q_0}{W}$，则

$$\varepsilon_t = \frac{Q_0}{1000-Q_0} \approx 4.72$$

解得：$Q_0 \approx 825.17$kJ/s。

③ 单位时间内所消耗的外功

$$W = Q - Q_0 \approx 1000 - 825.17 = 174.83 \text{（kW）}$$

10.1.4　蒸气压缩式制冷循环

蒸气压缩式制冷所采用的制冷剂是一种在远低于 0℃条件下能发生汽化的物质，且

此蒸气经压缩、冷凝后又能变为液态。例如，氨在大气压下的沸点为-33.4℃，可在低温下蒸发（汽化的一种）而吸热，达到制冷的目的。蒸发后的低压蒸气又可经压缩机压缩和冷却水冷却使之冷凝成为液态氨。液态氨经过膨胀阀降低压力后又可发生蒸发。

1. 单级蒸气压缩式制冷循环

理想的单级蒸气压缩式制冷循环如图 10-5 所示。压缩机从蒸发器中吸入相当于状态点 1 的制冷剂湿蒸气之后，即绝热压缩至更高的压力，同时温度不断升高。压缩后的蒸气在干饱和状态下（点 2）被排入冷凝器，并受到水或空气的冷却，由饱和蒸气变成饱和液体（点 3），放出热量，其冷凝过程为一等温等压过程。此饱和液体即进入膨胀机，在其中绝热膨胀至状态点 4，其压力又从高压恢复到低压，同时温度也不断降低。此后开始进行等温等压的蒸发过程，并从被冷却物体中吸收热量。

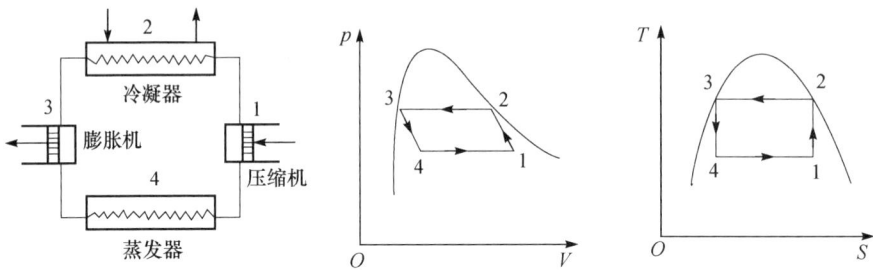

图 10-5　单级蒸气压缩式制冷循环

2. 双级蒸气压缩式制冷循环

若要获得很低的制冷温度，蒸发压力必然也很低。如果依靠单级压缩机进行压缩，则压缩比过大，因而功率消耗也很人。如果将其分成多级压缩，则每级压力差势必减小，会减弱蒸气与汽缸壁之间的热交换，从而使压缩机的工作条件得到改善；同时，采用多级压缩，可降低被压缩蒸气的过热程度，改善压缩机的润滑效果。

图 10-6 所示为典型的双级蒸气压缩式制冷循环。低压蒸发器内产生的低压蒸气被低压汽缸吸入，并压缩至中间压力。被压缩后的蒸气先经冷却水冷却，而后进入中间冷却器，被部分制冷剂的蒸发吸热而冷却。此后，中间冷却器中的蒸气被吸入高压气缸并压缩，压缩后的过热蒸气在冷凝器中被冷凝为液态。此液态制冷剂分为两部分，一部分通过中间冷却器过冷后进入低压系统，另一部分则经膨胀阀进行减压。减压后的制冷剂又分为两部分，一部分与通过中间冷却器的过冷液汇合进入低压系统，另一部分则进入中间冷却器内蒸发。

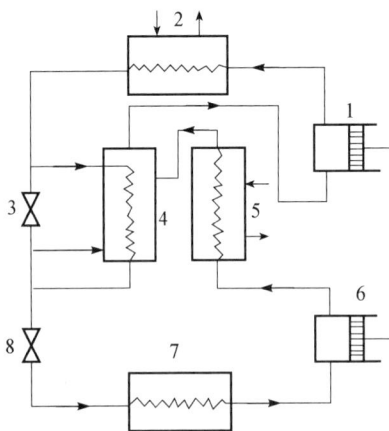

1. 高压压缩机；2. 冷凝器；3. 高压膨胀阀；
4. 中间冷却器；5. 水冷却器；6. 低压压缩机；
7. 蒸发器；8. 低压膨胀阀。

图 10-6　双级蒸气压缩式制冷循环

3. 串级制冷循环

上述双级蒸气压缩式制冷循环是依靠一种制冷剂实施多级压缩的制冷方法。根据各种制冷剂的性质,它们均有其适宜的工作范围。沸点高的制冷剂,其蒸发压力势必很低;反之,沸点低的制冷剂,其冷凝压力势必很高。为了获得更低的温度,可在制冷循环中应用两种或多种制冷剂串联操作,以一高温制冷剂所产生的冷效应去液化沸点较低的制冷剂,而此液化后的制冷剂,在汽化时又去液化另一沸点更低的制冷剂,如此逐级液化以达到所要求的低温。这种制冷循环称为串级制冷循环。

图 10-7 所示为两种制冷剂的串级制冷循环。中间热交换器对于高温系统来说,相当于蒸发器;对于低温系统来说,相当于冷凝器。在这种系统中,高温部分制冷循环的作用是为低温部分提供低温冷却剂,从而降低低温部分制冷循环的冷凝温度,使其蒸发温度降得更低。

串级制冷循环所用的制冷剂组合最常用的是以 R-22 为高温制冷剂,R-13 为低温制冷剂;也有采用以 R-12 为高温制冷剂,以 R-22 为低温制冷剂。

串级制冷循环的缺点是能量消耗较大。这是因为中间热交换器内的两种制冷剂必须有一定的温度差,即低温的冷凝温度必须高于高温的蒸发温度。

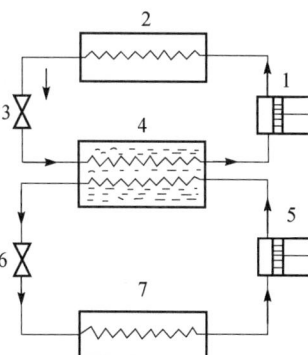

1. 高温压缩机; 2. 高温冷凝器;
3. 高温膨胀阀; 4. 中间热交换器;
5. 低温压缩机; 6. 低温膨胀阀;
7. 低温蒸发器。

图 10-7 串级制冷循环

10.1.5 蒸气压缩式制冷系统简介

1. 蒸气压缩式制冷系统

按供液方式的不同,蒸气压缩式制冷系统又可分为直接供液式制冷系统、重力式供液制冷系统和氨泵强制氨液循坏制冷系统。

1)直接供液氨制冷系统

直接供液氨制冷系统如图 10-8 所示。蒸发器 1 内产生的低温低压氨蒸气被压缩机 3 吸入汽缸,经压缩后温度、压力升高。高温高压的氨蒸气经油氨分离器 5 分离润滑油后进入冷凝器 6。在冷凝器中,氨蒸气被冷却水冷却凝结成液氨,不断存入贮罐 9 中。使用时,液氨经膨胀阀 2 降低压力和温度后进入蒸发器 1。在蒸发器中,液氨蒸发吸热。为了将油氨分离器、冷凝器和氨液贮罐中的润滑油定期排出,先将它们中的润滑油汇集到集油器 4 中,以便在低压下排出。在冷凝器和氨液贮罐中,若有空气等不凝性气体存在,将影响正常工作,应经空气分离器 8 将不凝性气体所携带的氨蒸气液化分离,再将不凝性气体排除。当机房发生失火等意外事故时,为了安全,可将氨液贮罐和蒸发器中的液氨在紧急泄氨器 7 中与大量水混合后排入下水道。

2)重力式供液制冷系统

重力式供液制冷系统如图 10-9 所示。氨液经过膨胀阀后即进入高位氨液分离器,利用重力作用送至调节站,然后再进入冷却排管或冷风机进行降温。氨液在蒸发排管内蒸发为饱和蒸气,进入氨液分离器。若气体中带有氨液,则再进行分离,使氨液再流入蒸发排管，氨气则经分离器顶部被压缩机吸入进行压缩。这种系统的应用相当广泛，多用于单层冷库或发酵间冷冻。

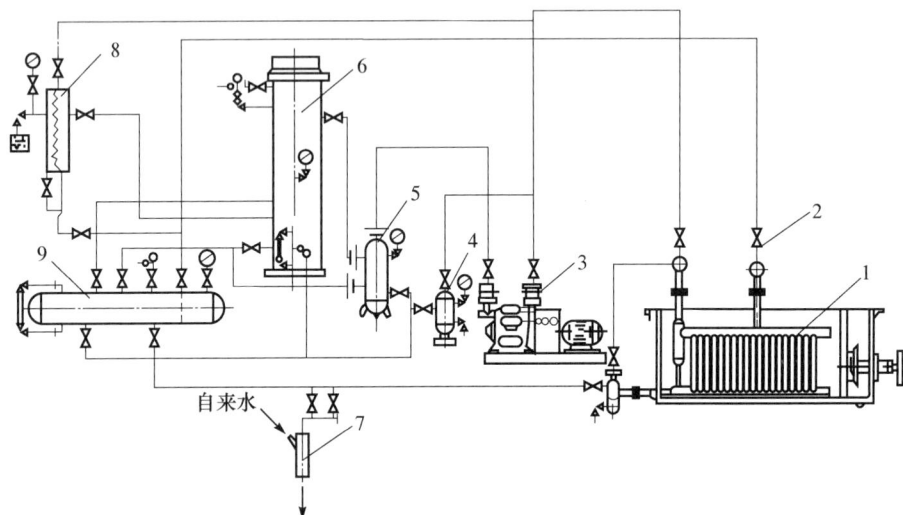

1. 蒸发器；2. 膨胀阀；3. 压缩机；4. 集油器；5. 油氨分离器；6. 冷凝器；7. 紧急泄氨器；8. 空气分离器；9. 氨液贮罐。

图 10-8　直接供液氨制冷系统

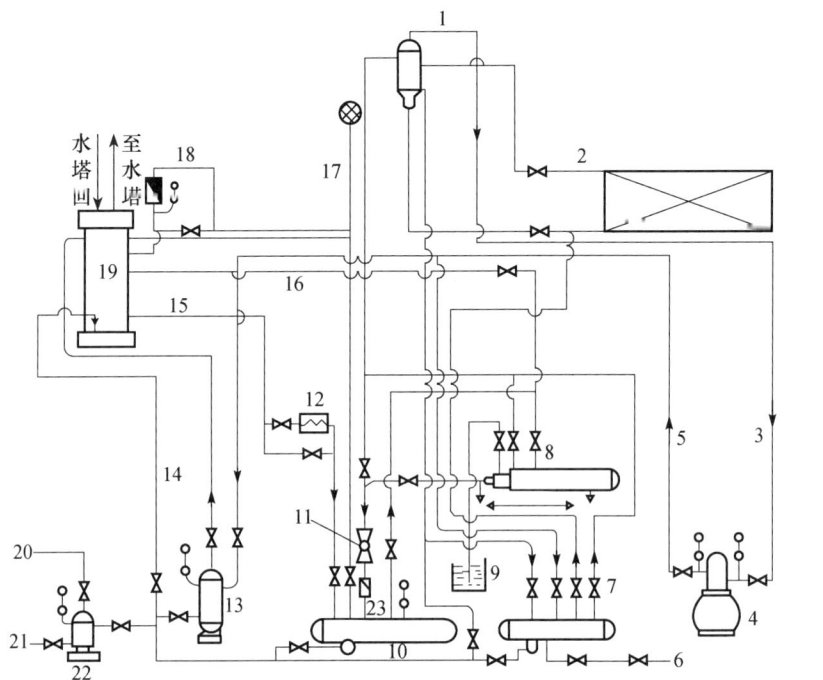

1. 氨液分离器；2. 蒸发器；3. 氨吸入管；4. 氨压缩机；5. 高压氨管；6. 加氨管；7. 排液桶；8. 空气分离器；9. 水箱；10. 贮液桶；11. 膨胀阀；12. 过冷器；13. 油氨分离器；14. 排油管；15. 液氨管；16. 均压管；17. 安全管；18. 安全阀；19. 冷凝器；20. 接氨吸入管；21. 放油管；22. 排油桶；23. 干燥过滤器。

图 10-9　重力式供液制冷系统

3）氨泵强制氨液循环制冷系统

氨泵强制氨液循环制冷系统如图10-10所示。该系统多用于单层冷库。

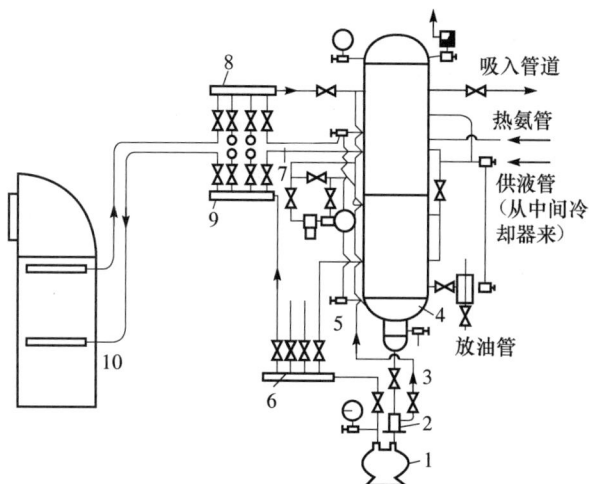

1.氨泵；2.过滤器；3.抽汽管；4.低压循环贮液桶；5.旁通道；6.液体总调节站；
7.排液管道；8.汽体分配调节站；9.液体分调节站；10.冷风机。

图10-10 氨泵强制氨液循环制冷系统

2. 蒸气压缩式制冷系统的机械与设备

蒸气压缩式制冷系统的主要设备包括压缩机、冷凝器、膨胀阀、蒸发器、氨液贮罐、气-液分离器、空气分离器、油氨分离器等。

1）压缩机

压缩机的作用是压缩经过蒸发器蒸发吸收了大量热能的制冷剂，便于其冷凝放出所吸收的热能。可使用的压缩机类型包括往复式压缩机、回转式压缩机、离心式压缩机三类；按照压缩机汽缸的轴线方向又可分为卧式压缩机和立式压缩机两类。

卧式压缩机的特点：产冷量大；操作稳定；转速慢；因受活塞自重的作用，汽缸的单面磨损大。

立式压缩机的特点：灵活轻便；转速快；占地面积小；磨损小；汽缸受热情况良好。

2）冷凝器

冷凝器的作用是使高温高压的过热蒸气冷却，冷凝成高压氨液，并将热量传递给周围介质。冷凝器一般采用管壳式换热器。

3）膨胀阀

膨胀阀的作用是降低压力，控制流量，调节蒸发器的工况。制冷装置中常用的膨胀阀分两类：一类是人工调节阀，另一类是自动膨胀阀。人工调节阀依靠人工来调节阀的开启度，调节适量的制冷剂从高压区流向低压区，其特点是调节迅速，结构简单，但供液量不能随热负荷的变化而自动调节。自动膨胀阀有多种，用液位调节的有浮球调节阀等，用蒸气过热度调节的有热力膨胀阀等。

（1）浮球调节阀：图10-11为直通式浮球调节阀示意图，主要用于氨制冷系统中。

浮球调节阀壳体内的液面随蒸发器负荷的变化而涨落，可通过浮球的浮沉改变针阀的开度，以调节供液量的大小。

（2）热力膨胀阀：图 10-12 所示为热力膨胀阀工作原理图。它是利用制冷剂蒸气的过热度来调节阀孔的开度以改变供液量的。在毛细管和感温包中充有感温工质，利用它的压力通过膜片和推杆将阀门打开。膨胀阀接在蒸发器进口管上，感温包敷在蒸发器出口管上。当蒸发器热负荷增大而使制冷剂供液量显得不足时，标识全部汽化的截面 A—A 将左移，蒸发器出口蒸气过热度增大，感温工质的压力上升，于是膜片鼓动推杆，使阀孔开度增大，供液量增加。反之，当蒸发器热负荷减小而使供液量显得过剩时，则作用相反，阀孔开度减小，使供液量减小。

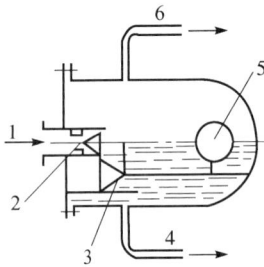

1. 液体进口；2. 针阀；3. 支点；4. 液体连接管；
5. 浮球；6. 气体连接管。

图 10-11　直通式浮球调节阀示意图

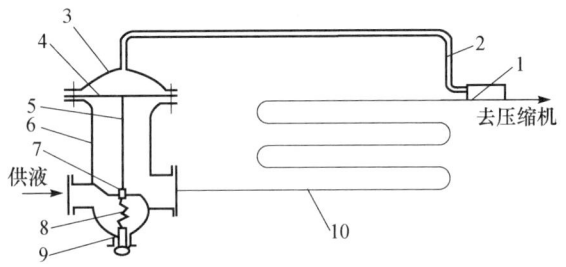

1. 感温包；2. 毛细管；3. 阀盖；4. 膜片；5. 推杆；6. 阀体；
7. 阀芯；8. 弹簧；9. 调整杆；10. 蒸发器。

图 10-12　热力膨胀阀工作原理图

4）蒸发器

蒸发器的作用是使低温低压的液体制冷剂汽化吸热。常用的蒸发器主要有立管式和卧式壳管式两种。

（1）立管式蒸发器：带开启式冰箱的立管式蒸发器如图 10-13 所示。由 2~8 个单位蒸发器组成。每个蒸发器有上下两根水平总管，中间焊有多根直立的短管。整个蒸发器由输液总管、回气总管、氨液分离器、集油器及远距离液面指示器接头。蒸发器中装有卧式搅拌器，使盐水在箱内循环，上部装有盐水溢流管，避免盐水溢出，下部装有排水管，便于维修。水箱的底部及四周壁装有绝热层。

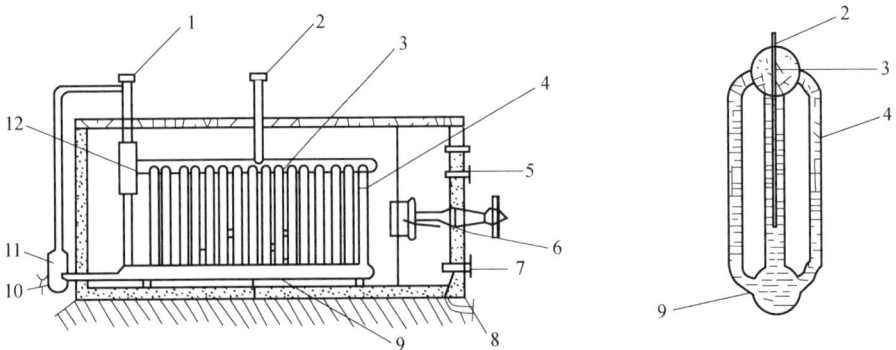

1. 回气管；2. 进液管；3. 上集气管；4. 蒸发排管；5. 进水管；6. 搅拌器；7. 出水管；8. 放水管；9. 下集液管；
10. 放油口；11. 集油器；12. 氨液分离器。

图 10-13　带开启式水箱的立管式蒸发器

氨液从上部的进液管进入蒸发器，导液管插入直立的粗管中，并让其下部出口接近下总管，这样可保证液体立即进入下集液管，然后再进入立管，立管中充满氨液，使液面接近上集气管处。制冷剂自下集液管通过直立细管至上集气管，再沿直立粗管返回下集液管。由于制冷剂的循环，提高了蒸发器的传热效果。

立管式蒸发器的优点是传热效率高，构造比较简单，检修与清理方便，其缺点是蒸发管组易受腐蚀。

（2）卧式壳管式蒸发器：卧式壳管式蒸发器的构造如图10-14所示。用离心泵将盐水从一个端盖的下部打入蒸发器中，借盖内的挡板转折进出，以增强对流效果。氨液由节流阀或浮球调节阀自壳体下部进入，后者能自动调节氨液并维持一定的液面。

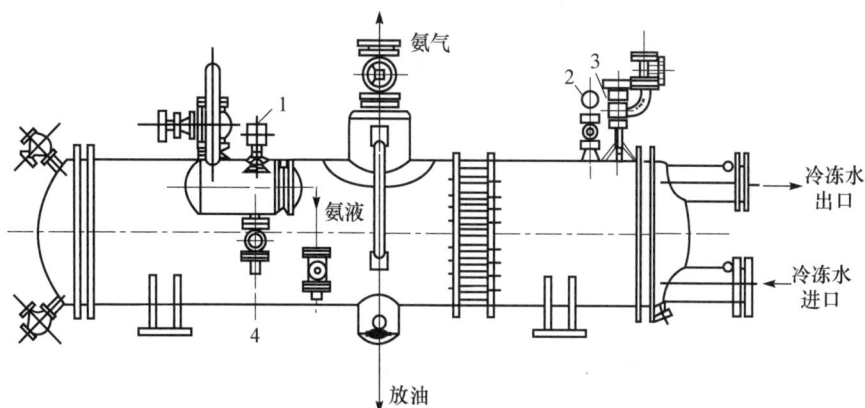

1.氨液过滤器；2.压力表；3.安全阀；4.浮球调节阀。

图10-14　卧式壳管式蒸发器

卧式壳管式蒸发器的优点：传热效率高；构造简单、紧凑；盐水循环系统密闭，因而减少了腐蚀，并可避免因低温盐水吸湿而引起浓度降低。它的缺点是当盐水浓度不够或盐水泵发生故障而停止运转时，管内的盐水可能发生冻结，冻结后，管子有破裂的危险。

5）氨液贮罐

在制冷系统中，氨液贮罐位于冷凝器和蒸发器之间，其作用是贮存和供应制冷系统内的液体制冷剂，使系统各设备内具有均衡的氨液量，以保证压缩机的正常运转，其组成与结构如图10-15所示。氨液贮罐的容量一般为每小时制冷剂循环量的1/3~1/2。正常运转时，高压贮液罐内的氨液容纳量不应超过容量的80%，并保持稳定。氨液贮罐必须进行水压试验，试验压力一般为3MPa。

6）气-液分离器

气-液分离器的作用是维持压缩机的干冲程，同时将送入冷却排管（蒸发器）液体内的气体分出，以提高制冷效率。冷冻机运转时，液体制冷剂被吸入压缩机，氨液受压缩而温度升高，体积膨胀并产生较大的压力，使汽缸遭受冲击，甚至损坏压缩机。同时，液体制冷剂将迅速汽化而降低压缩机的吸气能力。

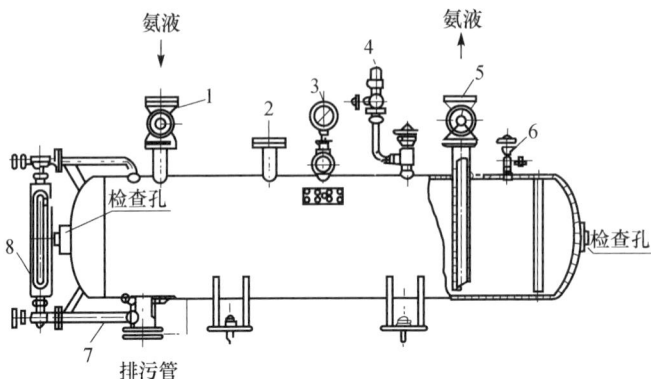

1. 进液管；2. 平衡管；3. 压力表；4. 安全阀；5. 出液管；6. 排空管；7. 放油管；8. 液位计。

图 10-15　氨液贮罐

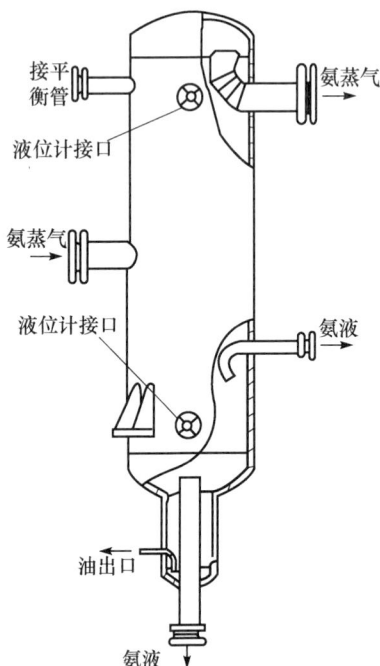

图 10-16　气-液分离器

气-液分离器的构造如图 10-16 所示，其上有氨蒸气进、出口，氨液进、出口，液位计接口，安全阀和压力表等接头。气-液分离器应安装在较高的位置，一般高出冷却排管 0.5~2.0m，这样液体的压力可克服管路阻力而通畅地流入冷却管内。

7）空气分离器

空气分离器的作用是分离并排除制冷系统中的空气及不凝性气体，以保证制冷系统的正常运转。空气分离器的工作原理是将气-氨混合物在冷凝压力下冷却到蒸发温度，使氨气凝结成液体，从而将空气及不凝性气体加以分离。

8）油氨分离器

在氨压缩机运行过程中，总有润滑油随气态的氨一起排出。润滑油一旦进入冷凝器或蒸发器，将在传热面上形成油膜，导致传热阻力增大，传热效果下降。为此，在压缩机排气管上应设置油氨分离器，以除去压缩后氨气中携带的油雾。常用的油氨分离器有洗涤式、填料式、离心式等。

10.1.6　制冷剂与载冷剂的选择

1. 制冷剂及其选用

在制冷系统中，借以吸取被冷却介质或载冷剂的热量，并将热量传递给周围介质的循环工质称为制冷剂。

1）对制冷剂的要求

从热力学方面考虑，制冷剂应符合以下要求。

（1）常压下，制冷剂的沸点要低。

（2）常温下，制冷剂的冷凝压力不宜过高。

（3）单位容积制冷剂的制冷量要大。

（4）临界温度要高。便于使用一般的冷却水或空气作为冷却介质将其冷凝。

（5）凝固温度要低，便于获得低的蒸发温度。

（6）压缩终了时，制冷剂的温度不应太高，以免压缩机的润滑条件恶化。

（7）黏度和密度要小。

（8）导热系数要大。

同时，选择制冷剂时还应从以下几个方面考虑。

（1）化学性质稳定。在高温下，不易分解、不易燃烧、不易爆炸。

（2）具有一定的吸水性。不至于在制冷系统中形成"冰塞"而影响制冷设备的正常运行。

（3）对金属等无腐蚀作用。对装置中所使用的材料无腐蚀性。

（4）渗透性要弱。如果发生泄漏，应能迅速地确定泄漏处。

（5）使用安全。对人体无损害、无毒性、无刺激性、无燃烧和爆炸的危险。

（6）价格低廉，易于获得。

2）制冷剂的分类

根据常压下的蒸发温度 T_s 的不同，制冷剂可分为以下三类。

（1）高温制冷剂：$T_s > 273K$，如 R-11、R-113、R-114 等。

（2）中温制冷剂：当 $213K < T_s \leqslant 273K$，如氨（R-717）、R-12、R-22、R-502、丙烯等。

（3）低温制冷剂：$T_s \leqslant 213K$，如 R-13、R-14、乙烯等。

3）常用的制冷剂

（1）氨（R-717）：氨是无色、有毒、有强烈刺激性气味，并能燃烧和爆炸的中温制冷剂。氨液飞溅到皮肤上会引起冻伤。氨蒸气能刺激人的眼睛及呼吸器官。当空气中的体积分数达到 0.5%～0.6% 时，人在其中停留 0.5h 即可中毒；空气中氨的含量达到 11%～14% 时即可点燃，并呈现黄色火焰；空气中氨的含量达到 16%～25% 时可引起爆炸。

常温下，1 体积的水可溶解 700 体积的氨；低温下，水也不会从氨液中析出而冻结，所以系统不易形成"冰塞"。但是，氨液中溶有水后，它的蒸发温度便会略有升高，润滑油的润滑效果下降，同时对金属也有腐蚀作用。一般规定氨液中的含水量应不超过 0.2%。

纯氨对钢铁无腐蚀作用，对黄铜及铜合金有轻微腐蚀作用，但含有水分时会腐蚀锌、铜及铜合金（磷青铜除外）。

综上所述，氨的优点是易于获得，价格低廉；压力适中；单位容积制冷量大；不易溶解于润滑油；对流放热系数高；在管道中流动阻力小；易发生泄漏。它的缺点是有刺激性臭味；有毒；会燃烧和爆炸；对铜和铜合金有腐蚀作用。

（2）氟利昂：氟利昂是饱和碳氢化合物的卤素衍生物的总称，种类繁多，性能各异，但又有其共同特性。它的优点是无毒；不易燃烧；绝热压缩时，排气温度低；分子量大，适用于离心式压缩机。它的缺点是价格昂贵；容易泄漏，而且泄漏时不易发现；含有氯原子的氟利昂与明火接触时会分解出有毒的光气（$COCl_2$）；对流放热系数低；单位容积制冷量小，因而制冷剂的循环量大；相对密度大，流动阻力大。下面是几种工业中常用的氟利昂制冷剂。

① 二氟一氯甲烷（R22）：这是一种最常用的氟利昂制冷剂，能够在 0～65℃的温度下运行。它的热力学性能稳定，相对湿度在0%～90%范围内使用效果良好。

② 四氟乙烷（R134a）：这是一种无色透明的液体，其热力学性能优越，能够在高温下或低温下稳定运行，不会对大气层产生不良影响。

③ 混合型：主要有 R404A、R407C 等。R404A 制冷剂的工作范围较广，能够在低温和中温的环境下运行，比如商用冷冻柜、制冰机、冷藏库等。R407C 制冷剂是一种高效制冷剂，能够在比较狭小的空间中发挥作用。它的环保性能较好，能够有效降低温室气体排放。

2. 载冷剂的选择

1）冷却方式

制冷剂在制冷系统中所产生的冷量对其他系统进行冷却有两种方式：一种是直接式冷却，另一种是间接式冷却。

（1）直接式冷却。直接式冷却是利用制冷剂直接从被冷却物体中吸收热量，使被冷却物体达到所要求的低温。图 10-17 所示为直接蒸发式制冷系统，氨液通过膨胀阀经节流膨胀后直接向蒸发器供给低压制冷剂。

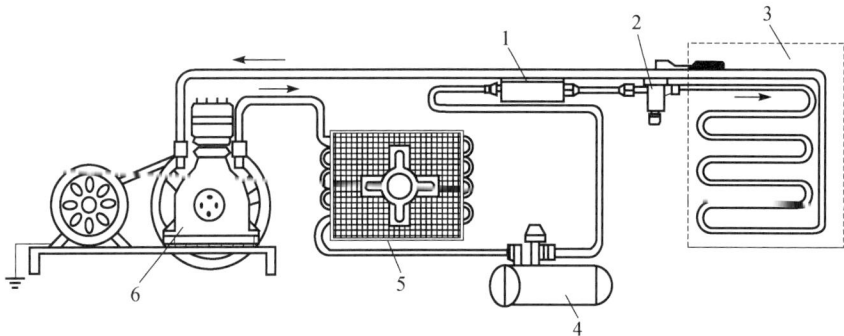

1.过滤器；2.膨胀阀；3.蒸发器；4.贮液器；5.冷凝器；6.压缩机。

图 10-17　直接蒸发式制冷系统

直接蒸发式制冷系统的优点是系统简单；操作方便，适用于小型的冷冻间；降温速度快；可获得较低的温度；耗电量小。它的缺点是氨用量大；无缝钢管耗量大；氨液容易被吸入压缩机，造成湿冲程。

（2）间接式冷却。间接式冷却是利用中间介质将制冷系统产生的"冷量"传给冷冻系统进行冷却，如图 10-18 所示。制冷系统中的蒸发器为沉浸式换热器，容器内盛有氯化钙及氯化镁等盐的水溶液或醇类的水溶液。液体制冷剂在蒸发器内蒸发，首先吸收水溶液中的热量，并使之冷却，然后再用循环泵将被冷却的溶液送入冷库或其他冷加工设备中，用以吸收被冷冻物体中的热量，最后回到蒸发器中，热量又被制冷剂吸收，如此循环不已。盐水或醇的水溶液常称为载冷剂，它是间接冷却式制冷系统中用来传递冷效应的中间介质。

这样，制冷剂可以在较小的制冷系统内循环，让冷量通过载冷剂传递给被冷却对象。

间接冷却式制冷系统具有以下优点。

① 氨循环量较小。

② 无缝钢管耗量较小。

③ 可预先冷却大量的载冷剂，供冷冻系统使用。

④ 当全厂需要冷冻的地方较多时，可设计一大型蒸发器，将冷冻盐水送到多处使用。

⑤ 由于载冷剂的循环量较大，温度容易保持稳定，特别适用于生产过程中的冷却降温。

⑥ 盐水系统的安装比较容易。

⑦ 发生事故的危险性小。

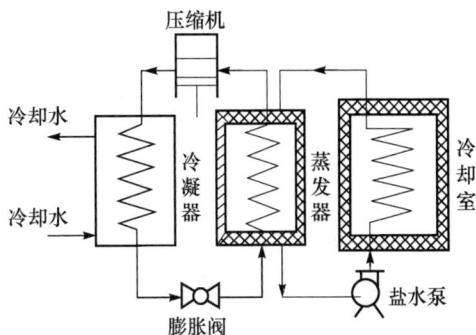

图 10-18　间接冷却式制冷系统

它的缺点是系统复杂，耗电量较大，盐水对设备及管路的腐蚀性较大，维修费用较高。

2）载冷剂的选择

（1）载冷剂的基本要求。

① 凝固温度低：只有冰点低于使用温度，才不会因载冷剂冻结而损坏设备。

② 比热容大：在传送一定冷量时，载冷剂的比热容越大，则载冷剂的循环量越小。

③ 导热系数大：可减小换热设备的传热面积。

④ 黏度、密度小：可减小流动阻力。

⑤ 挥发性小：在使用温度范围内，应不会汽化。

⑥ 腐蚀性小：不会腐蚀设备、管道及其他附件。

⑦ 化学性质稳定：不易燃烧，在使用过程中不分解、不变质。

⑧ 无毒：与产品接触时，不会造成污染。

⑨ 价格低廉，易于购买。

（2）常用的载冷剂及其性质。

① 水：常压下水的冰点为0℃，所以通常用于空调及生产过程中的冷却降温。

② 无机盐的水溶液：工业上，常将氯化钙、氯化镁等无机盐调制成盐水。盐水的种类和浓度不同，其冻结温度也不同。在具体选择盐的种类，确定盐水的浓度时，应首先考虑冷却所需达到的温度。氯化钙溶液的最低冻结温度为-55℃，实际应用时不宜低于-45℃；氯化钠溶液的最低冻结温度为-21℃，而实际应用时不宜低于-18℃。

③ 有机载冷剂：常用的有机载冷剂有乙二醇、丙二醇、乙醇等。乙二醇溶于水，其水溶液无色、无味，不易燃烧；其凝固温度随浓度的增加而降低；对金属的腐蚀性小。丙二醇是一种非常稳定的有机化合物，易溶于水，对金属腐蚀性小，对微生物的生长有抑制作用；在食品、发酵、制药工业中的应用相当广泛。乙醇的凝固点为-114℃，可用作低温载冷剂。乙醇能以任意比例与水互溶，生产上，既可用乙醇作载冷剂，也可用其水溶液作为载冷剂。

10.2　冷冻浓缩

10.2.1　冷冻浓缩及其应用

冷冻浓缩是利用冰和水溶液之间的固-液相平衡原理而使物料浓缩的一种方法。由于冷冻浓缩过程中是冷冻而不是加热，故适用于热敏性食品物料的浓缩。冷冻浓缩制品的品质比蒸发浓缩和反渗透浓缩高，特别是可避免挥发性风味物质因加热造成的挥发损失，目前主要用于原果汁、高档饮品、生物制品、药品、调味品等的浓缩。

冷冻浓缩

冷冻浓缩具有以下缺点。

（1）浓缩过程中微生物和酶的活性得不到抑制，制品还需进行热处理或冷冻保藏。

（2）冷冻浓缩对溶质浓度有一定限制，且取决于冰晶与浓缩液的分离程度。一般来说，溶液黏度越高，分离就会越困难。

（3）有溶质损失。

（4）成本高。

10.2.2　冷冻浓缩的基本原理

一般溶液的冻结点是指初始冻结温度。溶液冻结时，在初始冻结点开始冻结，随着冻结过程的进行，水分不断转化为冰结晶，冻结点也随之降低，直至所有水分都冻结，此时溶液中的溶质、溶剂达到共同固化，这一状态点称为低共熔点。溶液中所含溶质浓度低于低共熔点浓度，冷却时表现为溶剂（水分）成晶体（冰晶）析出。当溶液的浓度高于低共熔点浓度时，冷却溶液，过饱和溶液表现为溶质转化成晶体析出，使溶液变稀，即结晶操作。冷冻浓缩操作和结晶操作是相反的过程。要应用冷冻浓缩，溶液必须较稀，其浓度要小于低共熔点浓度。

理论上，冷冻浓缩过程可以进行到低共熔点。实际上，多数食品没有明显的低共熔点，而且在未到达低共熔点之前，浓溶液的黏度已经很高，其体积与冰晶相比很小，就不能很好地将冰晶与溶液分离。所以，冷冻浓缩在实际应用中也是有一定限度的。

冷冻浓缩过程中的水分冻结和溶质浓缩是一个方向相反的传质过程，即水分从溶液主体迁移到冰晶表面析出，而溶质则从冰晶表面附近向溶液主体扩散。实际上，在冷冻浓缩过程中析出的冰结晶不可能达到纯水的状态，总是有或多或少的溶质混杂其中，这种现象称为溶质夹带。溶质夹带有内部夹带和表面附着两种。内部夹带与冷冻浓缩过程中溶质在主体溶液中的迁移速度和迁移时间有关。在缓慢冻结时，冰晶周围增浓溶液中的溶质有足够的时间向主体溶液扩散，溶质夹带就少，速冻则相反。搅拌可以加速溶质向主体溶液扩散，从而减少溶质夹带；另外，溶液主体的传质阻力（如黏度）小时，溶质夹带也少。表面附着量与冰晶的比表面积成正比（即与冰晶体的体积成反比）。溶质夹带不可避免地会造成溶质的损失。

10.2.3　冷冻浓缩过程与分析

1. 冰晶生成及控制

在冷冻浓缩操作中，料液中的水分是通过冷却除去结晶热的方法使其结晶析出的。冷冻浓缩中，要求冰晶大小适当。冰晶过小，造成分离困难，溶质夹带较多；冰晶过大，结晶慢，操作费用增加。最优的冰晶尺寸取决于结晶形式、结晶条件、分离器形式和浓缩液价值等。影响冰晶大小的因素主要有以下两个方面。

1）冰晶体生成速度

冰晶体生成速度取决于冻结速度、冻结方法、搅拌、溶液浓度和食品成分。冻结速度快，易造成局部过冷，形成较多的晶核，且冰晶体积细小，溶质夹带多。搅拌有助于传热，可防止局部过冷。浓度较高的溶液的起始冻结点较低，在冻结时不易出现局部过冷的现象；成分不同的食品具有不同的导热性，导热性越强，冻结速度越快，越不容易出现局部过冷的现象。

晶核周围的水分不断地在晶核表面结晶，造成冰晶体的成长。水分扩散速度越快，形成的冰结晶越大。影响水分扩散速度的因素主要有溶液的黏度和外加搅拌。溶液黏度高，水分扩散系数小；适当的搅拌不但有利于防止局部过冷，而且有利于主体溶液中的水分转移到冰晶表面进行晶析，促使冰晶附近溶液中的溶质向溶液主体扩散，减少溶质夹带。

2）冰晶生成的方式

冷冻浓缩过程中的结晶有两种形式：一种发生在管式、板式、转鼓式及带式设备中，称为层状冻结；另一种发生在搅拌的冰晶悬浮液中，称为悬浮冻结。

（1）层状冻结。层状冻结又称为规则冻结。冻结过程中，结晶层依次沉积在之前由同一溶液所形成的晶层之上，是一种单向冻结。冰晶长成针状或棒状，带有垂直于冷却面的不规则断面。结晶层可在原地进行洗涤或作为整个晶板或晶片移出后在别处进行分离。此法的优点是浓缩终浓度可达到40%（质量分数）以上，洗涤简便。

（2）悬浮冻结。在受搅拌的冰晶悬浮液中进行的冰晶生长过程称为悬浮冻结，其特征为无数自由悬浮于母液中的小冰晶在带搅拌的低温罐中长大并不断排除，使母液浓度增加而实现浓缩。

2. 冰晶与浓缩液的分离

冷冻浓缩在工业上应用得成功与否，关键在于分离效果。影响冰晶分离的因素主要是冰晶的大小和浓缩液的性质。在分离操作中，生产能力与冰晶粒度的平方成正比，与浓缩液的黏度成反比。

冰晶分离有压榨机、过滤式离心机、洗涤塔等方法。通常采用的压榨机有水力活塞式压榨机和螺旋压榨机。采用压榨法时，冰晶易被压实，后续的洗涤难以进行，易造成溶质损失，只适用于浓缩比为1的冷冻浓缩。采用过滤式离心机时，所得的冰床空隙率为0.4~0.7，可以用洗涤水或冰融化后洗涤冰饼，分离效果比用压榨法好，但易造成浓缩液的稀释，而且离心分离时，浓缩液因旋转被甩出时要与大量的空气接触，易造成挥发性芳香物质的损失。分离操作也可以利用冰晶和浓缩液的密度差，在洗涤塔内进行。

在洗涤塔内，分离比较完全，而且没有稀释现象，同时因为操作时完全密闭且无顶部空隙，可避免芳香物质的损失。

3. 冰晶的洗涤

在冰晶形成过程中，存在着溶质夹带现象，夹带主要由冰晶表面吸附造成，溶质主要存在于冰晶表层。为避免损失，可采用稀溶液、冰晶融化后的水及清水对冰晶进行洗涤，将冰晶表面吸附的溶质洗脱下来，但用清水洗涤易造成浓缩液稀释。

冰晶的洗涤在洗涤塔内进行。洗涤塔根据使晶体沿塔移动的动力不同，可分为浮床式、螺旋式和活塞推动式三种。

10.2.4 冷冻浓缩系统

1. 冷冻浓缩流程

在实际应用中，冷冻浓缩系统由于物料性质及生产要求的不同而不同。冷冻浓缩流程大致可分为两大类：一种是单级冷冻浓缩，另一种是多级冷冻浓缩。其中多级冷冻浓缩在制品的品质及回收率方面优于单级冷冻浓缩。

1）单级冷冻浓缩流程

图 10-19 所示为单级冷冻浓缩装置系统。它由旋转刮板式结晶器、混合罐、洗涤塔、融冰装置和泵等组成。操作时，料液由泵送入旋转刮板式结晶器，冷却至冰晶出现并达到要求后，进入带搅拌器的混合罐内。在混合罐内冰晶继续生长，大部分浓缩液作为成品输出，部分与来自贮罐的料液混合后再进入结晶器进行循环。混合的目的是使进入结晶器的料液浓度均匀一致。从混合罐出来的冰晶（夹带部分浓缩液），经洗涤塔洗下来一定浓度的洗液进入贮罐，与原料液混合后再进入结晶器，如此循环。洗涤塔的洗涤水是利用融冰装置（通常在洗涤塔顶部）将冰晶融化后得到的，多余的水排走。

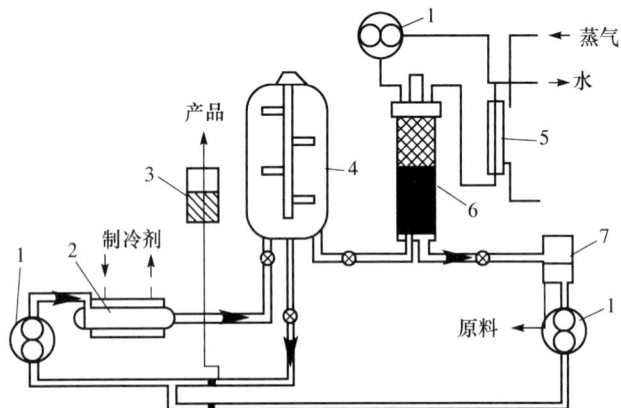

1. 泵；2. 旋转刮板式结晶器；3. 成品罐；4. 混合罐；5. 融冰装置；6. 洗涤塔；7. 贮罐。

图 10-19 单级冷冻浓缩装置系统示意图

2）多级冷冻浓缩流程

多级冷冻浓缩装置系统是将上一级浓缩得到的浓缩液作为下一级的原料进行再次浓缩的一种冷冻浓缩操作。

2. 冷冻浓缩系统设备

冷冻浓缩系统主要由结晶和分离两部分构成。结晶部分包括冷却和结晶等设备；分离包括过滤机、压榨机、洗涤塔及由这些设备结合而成的分离设备等。

1）结晶设备

（1）直接冷却式真空结晶器：在这种结晶器内，溶液在绝对压强为 266.6Pa 条件下沸腾，蒸发去除部分水分，使温度降到-3℃左右而产生水结晶。直接冷却法的优点是不需冷却设备，缺点是部分挥发性物质随蒸发而损失。直接冷却式真空结晶器所产生的低温水蒸气必须不断排除。为减小能耗，可将蒸发产生的水蒸气压缩至 933.1Pa，以提高其温度，并利用冰晶作为冷却剂来冷凝这些水蒸气。

直接冷却式冻结装置已被广泛用于海水的脱盐，但由于挥发性风味物质的损失问题迄今为止尚未用于液体食品的加工。

（2）内冷式结晶器：内冷式结晶器可分两种：一种是产生固化或近于固化悬浮液的结晶器，另一种是产生可由泵输送的悬浮液的结晶器。冷冻浓缩采用的大多数内冷式结晶器都属于第二种结晶器，即产生可以用泵输送的悬浮液。内冷式结晶器采用刮板式换热器。

（3）外冷式结晶器：外冷式结晶器主要有以下三种形式。

第一种外冷式结晶器是料液先经过外部冷却器达到过冷状态，然后此过冷而且含有晶核的料液在结晶器内进行结晶。为了减少冷却器内晶核的形成和晶体的生长，避免堵塞，冷却器传热壁的接触液体部分必须高度抛光。

第二种外冷式结晶器是将全部悬浮液在结晶器和换热器之间进行循环，晶体在换热器中停留的时间比在结晶器中短，故晶体主要在结晶器内长大。

第三种外冷式结晶器是将部分不含冰晶的料液在结晶器和换热器之间进行循环，如图 10-20 所示。换热器形式为刮板式，由于换热器中采用较大的传热温差，传热速度大，故晶核形成非常剧烈。同时，由于料液在换热器中停留时间甚短，通常只有几秒钟，故所产生的晶体极小。当其进入结晶器后，即与结晶器内含大晶体的悬浮液均匀混合，在

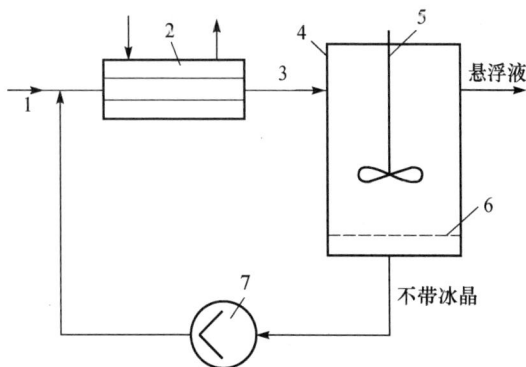

1. 料液；2. 刮板式换热器；3. 过冷的料液；4. 结晶器；
5. 搅排器；6. 滤板；7. 循环泵。

图 10-20　外冷式结晶器示意图

器内的停留时间至少有 0.5h，在这个过程中小晶体溶解，大晶体生长，从而得到较大粒度的晶体，有利于分离。

2）冷冻浓缩的分离设备

冷冻浓缩的分离设备有压榨机、过滤式离心机和洗涤塔等。

（1）压榨机：常用的压榨机有水力活塞式压榨机和螺旋式压榨机。采用压榨法分离时，冰饼压缩后，夹带的液体被紧紧地吸住，以致不能采用洗涤方法将它洗净，造成溶质损失。提高压力，延长压缩时间，可降低溶液的吸留量。

（2）过滤式离心机：采用过滤式离心机进行分离时，所得冰床的空隙率较高，可以用洗涤水或将冰融化后来洗涤冰饼，因此分离效果比用压榨法好，但洗涤水将稀释浓缩液。冰饼中的残液以两种形式被吸留，一是晶体和晶体之间因毛细管作用而吸住液体；二是因黏性力使液体黏附于晶体表面，故溶质损失率决定于晶体的大小和液体的黏度。采用过滤式离心机分离的溶质损失率低于压榨法，但仍可高达10%。另外，还有一个严重的缺点，就是挥发性风味物质会损失，这是因为液体因旋转而被甩出来时要与大量空气密切接触。

（3）洗涤塔：洗涤塔的分离比较完全，没有稀释现象，而且因为操作时完全封闭，故可完全避免挥发性风味物质的损失。它的分离原理主要是利用纯冰融解的水分置换晶间残留的浓液，可用连续法或间歇法实现。

间歇法只用于管内或板间生成的晶体进行原地洗涤。在连续式洗涤塔中，晶体相和液相做逆向移动，进行密切接触。如图10-21所示，从结晶器出来的悬浮液从塔的下端进入，浓缩液从同一端经过滤器排出。因冰晶密度比浓缩液小，故冰晶逐渐上浮到顶端。塔顶设有加热器，使部分冰晶融解。融化后的水分即向下流动，与上浮冰晶逆流接触，洗去冰晶间浓缩液。这样晶体就沿着液相溶质浓度逐渐降低的方向移动，残留溶质越来越少。

洗涤塔按晶体沿塔移动的推动力不同可分为浮床式、螺旋推送式和活塞推送式三种形式。

浮床式洗涤塔，冰晶和液体做逆向相对运动的推动力是晶体和液体之间的密度差。浮床洗涤塔已广泛用于海水脱盐。

螺旋推送式洗涤塔：以螺旋推送作为两相相对运动的推动力，如图10-22所示，晶体

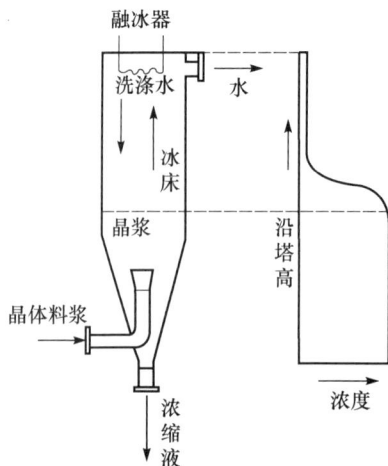

图 10-21　连续洗涤塔工作原理

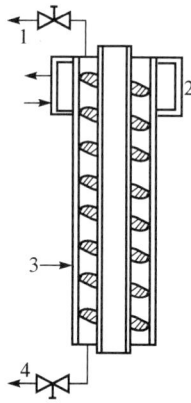

1. 融化水；2. 融冰拱；3. 料浆；4. 浓缩液。

图 10-22　螺旋推送式洗涤塔

悬浮液进入两同心圆筒的环隙内部，环隙内有螺旋在旋转。螺旋具有棱镜状断面，除了迫使冰晶沿塔体移动外，还有搅动晶体的作用。螺旋洗涤塔已广泛用于有机物系统的分离。

活塞推送式洗涤塔：以活塞的往复运动迫使冰床移动，如图10-23所示。晶体悬浮液从塔的下端进入，由于挤压作用使晶体压紧成为结实且多孔的冰床。利用活塞往复运动，冰床被迫移向塔的顶端，同时与洗涤液逆流接触。

（4）压榨机和洗涤塔的组合：将压榨机和洗涤塔组合起来作为冷冻浓缩的分离设备是一种最经济的方法，图10-24所示为这种组合的一个典型例子。离开结晶器的晶体悬浮液首先在压榨机中进行部分分离，分离出来的还含有大量浓缩液的冰饼在混合器内和料液混合并进行稀释后，送入洗涤塔进行完全的分离。在洗涤塔中，从混合悬浮液中分出纯冰和液体，液体进入结晶器中与来自压缩机的循环浓缩液进行混合。

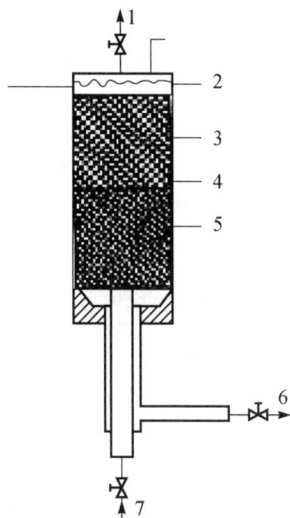

1. 水；2. 融化器；3. 冰晶在融水；4. 洗涤前沿；
5. 冰晶在浓缩液中；6. 浓缩液；7. 来自结晶器的悬浮液。

图10-23 活塞推送洗涤塔

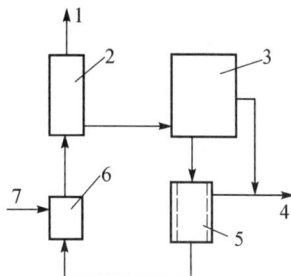

1. 冰；2. 洗涤塔；3. 结晶器；4. 浓缩液；5. 压缩机；
6. 混合器；7. 料液。

图10-24 压榨机和洗涤塔的典型组合

压榨机和洗涤塔相结合有如下优点。

① 可以用比较简单的洗涤代替复杂的洗涤塔，从而降低了成本。

② 进洗涤塔的料液由于浓度降低，其黏度显著降低，洗涤塔的生产能力大幅提高。

③ 若离开结晶器的晶体悬浮液中的晶体平均粒度过小，或液体黏度过高，则采用组合设备仍能进行完全的分离。

10.3 冷 冻 干 燥

10.3.1 冷冻干燥及其应用

冷冻干燥的基本原理是先将被干燥的物料冷冻至冰点以下，使物料中的水分变成固态的冰，然后在高度真空的条件下，使固态的冰直接升华变成水蒸气而被除去，以达到

干燥的目的。因此，冷冻干燥又称为真空冷冻干燥、冷冻升华干燥。

传统的对流干燥会引起物料皱缩，细胞遭到破坏。在冷冻干燥过程中，固体成分被在其位置上的坚冰支持着，物料的结构不会被破坏，在冰升华时，它会留下孔隙于干燥的剩余物质里，可保留产品的结构及活性。

冷冻干燥

在食品工业中，通过冷冻干燥可长期保存生物性材料固有的生物活性与结构。蔬菜和水果等食物经冷冻干燥后，不但可长时间保藏，而且在与水分接触时能吸水而恢复原有的色香味。这是因为冷冻干燥时物料中的细胞、蛋白质、维生素等未被破坏，并保持了多孔性结构。因此，在食品行业中，利用冷冻干燥可较好地保持食品的品质。冷冻干燥具有如下特点。

（1）冷冻干燥在低温下进行，有利于保护新鲜食品的色、香、味及维生素C等营养物质，特别适用于热敏性食品及易氧化食品的干燥。

（2）由于物料中水分存在的空间在水分升华以后基本维持不变，故干燥过程中固体框架结构不变，能够保持原有的形状。

（3）水分结晶、升华时，所溶解的无机盐就地析出，避免了无机盐随水分向表面扩散而造成的表面硬化现象，因此冷冻干燥制品复水后易恢复原有的性质和形状。

（4）升华所需的热可由低温热源提供，热能利用的经济性好；干燥设备往往不需绝热，甚至希望以导热性较好的材料制成，以利用外界的热量。

（5）操作要在高真空和低温下进行，需要有一整套高真空设备和制冷设备，故投资和操作费用都很大，生产成本高，其应用范围与规模受到一定的限制。

10.3.2 冷冻干燥基本原理

1. 水的相图

物质的固、液、气三态由温度和压强决定，物质的相态转变过程可用相图表示，水的相图如图 10-25 所示。

图中 AB、AC、AD 三条曲线分别表示冰和水蒸气、冰和水、水和水蒸气两相共存时，其压强和温度之间的关系，分别称为升华曲线、融化曲线和汽化曲线。此三条曲线将图分成三个区，分别称为固相区、液相区和气相区。箭头 1、2、3 分别表示冰升华、冰融化、水汽化过程。三曲线的交点 A 为固、液、气三相共存的状态点，称为三相点，其温度为 0.01℃，压强为 610Pa。

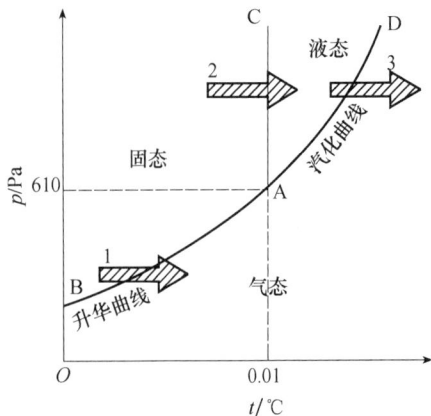

图 10-25 水的相图

升华现象是物质从固态不经液态而直接转变为气态的现象。由图 10-25 可知，冰在不同温度下，饱和蒸汽压也不同。升华曲线是固态物质在温度低于三相点时的饱和蒸汽压曲线。只有在环境压强低于对应的冰的蒸汽压时，才会发生升华。冷冻干燥即基于此原理。

物质相态转变都需要放出或吸收相变潜热。升华过程为吸热过程，冰的升华需吸热 2840kJ/kg，约为融化热和汽化热之和。这一相变热称为升华热。

2. 冻结速度对冷冻干燥的影响

冷冻时形成的冰的结晶形式对冷冻干燥速度有直接影响，冰晶升华后留下的空隙是后续冰晶升华时水蒸气的逸出通道。

慢冻时，水结晶形成大而连续的六方晶体，冰晶在物料中形成网状的骨架结构。由于冰晶的升华，这种网状冰架空出形成空隙较大的网状通道，水蒸气逸出的阻力小，因而制品干燥速度快。速冻时，水结晶形成的树枝形和不连续的球状冰晶，使形成的通道小或者不连续，水蒸气靠扩散或渗透方能逸出，因而干燥速度慢。

仅从干燥速度来说，以慢冻为好。但是慢速冻结对食品物料结构的破坏较大，影响制品品质。因此应通过实验确定合适的冻结速度，使物料组织的破坏尽可能小，又能形成有利于以后升华传质的冰晶结构。

10.3.3 冷冻干燥过程与分析

1. 预冻结

在冷冻干燥前，必须对被干燥的湿物料进行预冻结。预冻时，冻结速度对冷冻干燥速度和冷冻干燥制品的品质有不同程度的影响。冻结速度越快，物料内形成的冰晶体越小，升华时，在物料内形成的孔隙也越小，物料内水分扩散的通道也越小，因此干燥的速度就慢；反之，物料内则形成颗粒粗大的冰晶，会破坏物料的细胞组织，从而影响干制品的复水性。

2. 升华干燥

冻结物料的升华干燥是在真空干燥箱内进行的。在升华过程中，物料中冻结的水分汽化需要吸收热量，因此需要给物料加热，以提高冷冻干燥的速度。但是所提供的热量应保证冻结物料的温度接近而又低于物料的共溶点，以便使物料中的冰晶既不融解又能以最高速度进行升华。在升华过程中，温度几乎保持不变，干燥速度保持恒定。

3. 物料加热升温

当冻结水分全部蒸发后，开始蒸发没有冻结的水分，此时，干燥速度下降。通过加热，可加快干燥速度，使水分不断地被排出。在此阶段，物料温度会升高，但一般不超过40℃。

10.3.4 冷冻干燥系统

1. 冷冻干燥系统的设备构成

冷冻干燥系统包括预冻系统、供热系统、蒸汽和不凝性气体排除系统，以及低温冷凝器、干燥箱等。

1）预冻系统

常用的预冻方法主要有鼓风式和接触式冻结法。鼓风式冻结一般在冷冻干燥主机外的速冻设施或装置中完成，以提高主系统的工作效率。接触冻结一般就在冷冻干燥室物料搁板上进行，为了提高冷冻干燥室的使用效率，一般将搁板架做成活动的小车。

对于液态物料，也可用真空喷雾冻结法进行预冻，液体物料从喷嘴中呈雾状喷出，到达容器内，部分水汽在真空条件下蒸发，使物料降温而得到冻结。这种方法可使料液连续地在真空室内预冻，使喷雾预冻室与升华干燥室相连，构成完全连续的冷冻干燥机。

2）供热系统

供热系统主要提供水分升华所需的热量，也间歇性地提供低温凝结器（冷阱）积霜融化所需的融解热。冷冻干燥系统中用于提供物料中水分升华热的方式主要有传导和辐射两种。一般采用的热源有电、煤气、石油、天然气和煤等，所使用的载热体有水、水蒸气、矿物油、乙二醇等，也有用热蒸汽与水混合后供热的。热源温度应根据传热速度来决定，同时还要考虑到冻结层表面要达到尽可能高的蒸汽压，但又不致融化。

3）蒸汽和不凝性气体排除系统

干燥过程中升华的水分必须不断而迅速地排除。若直接采用真空泵抽吸，则在高真空度下蒸汽的体积很大，真空泵的负荷太重，故一般情况下多采用低温冷凝器（冷阱）。物料中升华的水蒸气在低温冷凝器中大部分结霜除去，剩余少量的水蒸气和不凝性气体通过真空泵抽走。这样就构成了低温冷凝器-真空泵的组合系统。

低温冷凝器-真空泵的抽气系统一般被认为是冷冻升华干燥的标准系统。除此之外，尚有中间增压泵-水力喷射泵、中间增压泵-水环泵、水蒸气喷射泵-水力喷射泵、水蒸气喷射泵-水环泵等系统。

4）低温冷凝器

低温冷凝器是升华水蒸气凝结成霜的场所，在这里低温冷媒将水蒸气凝结成霜。它处于冷冻干燥物料与真空泵之间，可以放在干燥箱内，也可以用一管道与干燥箱相连。

低温冷凝器的结构形式多种多样。按筒体内凝结面的形状不同，低温冷凝器可分为列管式、螺旋管式、盘管式、板式等。除了如图 10-26 所示的低温冷凝器设在干燥箱内的以外，低温冷凝器的外形一般呈圆筒状，图 10-27 所示为几种低温冷凝器的结构示意图。

由于冰是热的不良导体，低温冷凝器应有足够的传热面积，以降低冰层厚度。最佳冰层厚度应根据技术经济指标来确定，一般为 4～6mm。同时，低温冷凝器的结构应便于水蒸气的流动，使水蒸气的流动阻力要小，否则会使容器内压强升高。

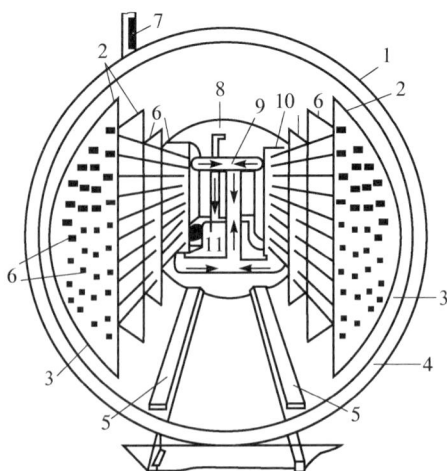

1.真空干燥箱；2.支撑板；3.组冷凝管；4.真空干燥箱前端平面边缘；5.产品排架车道；6.冷凝列管；7.出口管；8.制冷剂入口端；9.出口端；10.末端连接器；11.制冷剂入口端。

图 10-26　装在干燥箱内的列管式低温冷凝器

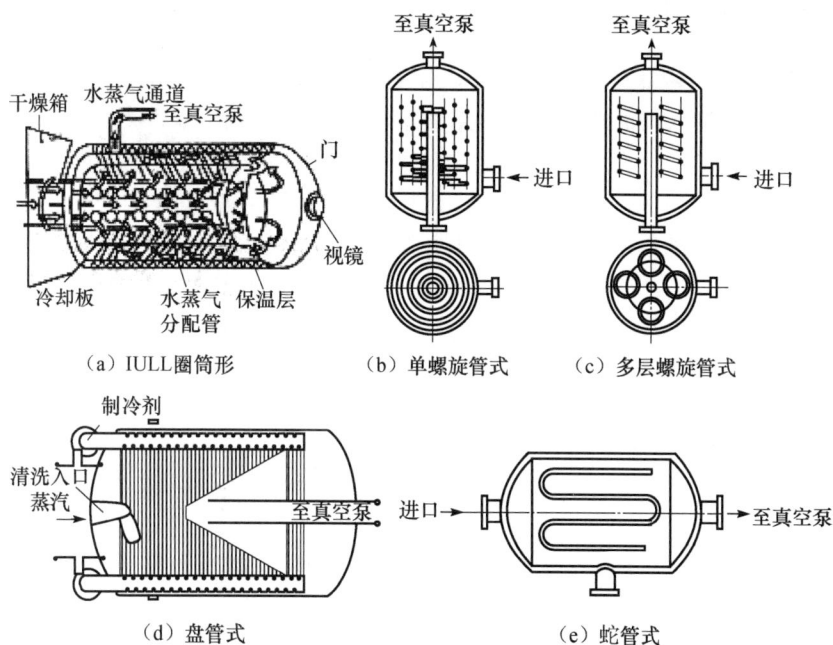

图 10-27 几种低温冷凝器的结构示意图

5）干燥箱

干燥箱是冷冻干燥装置中的核心，它是一个真空密闭箱体，其内部结构因处理的物料状态和系统操作方式不同而有差异，包括物料承载（传送）装置和加热结构件。如果冻结也在箱内进行，则载料用搁板同时也是冷冻板，有的系统也将低温冷凝器设在其内。在间歇式或半连续式干燥箱中有固定搁板架或可移动的搁板架车（箱内有轨道）；连续操作式干燥箱中有连续传送物料的装置。

在连续式冷冻干燥系统中，往往隔板不需要有制冷作用，甚至根本不用隔板。这时只需要起加热作用的加热（隔）板或板状加热器。辐射加热板一般安装在干燥箱内，根据使用场所的不同，可水平安装，也可垂直安装。

2. 冷冻干燥装置的类型

冷冻干燥装置按操作的连续性可分为间歇式、半连续式和连续式三类，其中在食品工业中应用最多的是间歇式和半连续式冷冻干燥装置。

1）间歇式冷冻干燥装置

间歇式冷冻干燥装置有许多适合食品生产的特点，故绝大多数的食品冷冻干燥均采用这种形式。间歇式冷冻干燥装置有以下优点。

（1）适应多品种小批量的生产，特别是季节性强的食品的生产。

（2）由于是单机操作，即使一台设备发生故障，也不会影响其他设备的正常运行。

（3）便于设备的维修保养。

（4）便于操作控制，能方便地调节干燥时不同阶段的加热温度和真空度。

它的缺点是单机生产能力小；而且由于装料、卸料、启动等预备操作占用时间，故设备利用率低。

间歇式冷冻干燥装置中的干燥箱大多为盘架式，每一料盘中的物料开始加热后，冰晶升华为蒸汽，并进入低温冷凝器，凝结成霜，不凝性气体由真空泵抽出。干燥箱有各种形状，多数为圆筒形。盘架可为固定式，也可做成小车。料盘置于各层加热板上，如果是辐射加热方式，则将料盘置于辐射加热板之间。物料可在箱外预冻后装入箱内，也可在箱内直接进行预冻。后者干燥箱必须与制冷系统相连接，图 10-28 所示为间歇式冷冻干燥装置示意图。

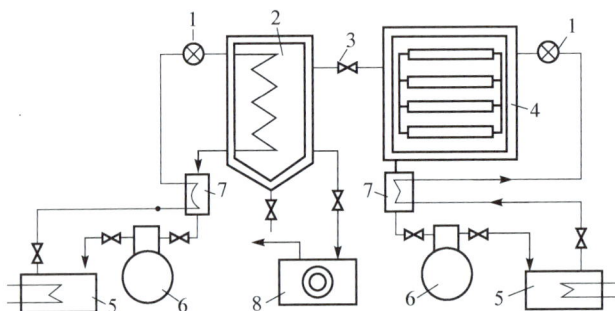

1.膨胀阀；2.低温冷凝器；3.节流阀；4.干燥箱；5.冷凝器；6.制冷压缩机；7.热交换器；8.真空泵。

图 10-28　间歇式冷冻干燥装置示意图

2）半连续式冷冻干燥装置

半连续式冷冻干燥装置有多箱间歇式和隧道式两种。多箱间歇式冷冻干燥装置是由一组干燥箱构成的，各干燥箱的操作周期互相错开。这样在同一系统中，各干燥箱的加热、供冷及真空抽气均利用同一个系统，但各干燥箱可单独控制。同时，这种装置也可用于不同品种的产品同时生产，提高了设备操作的灵活性。

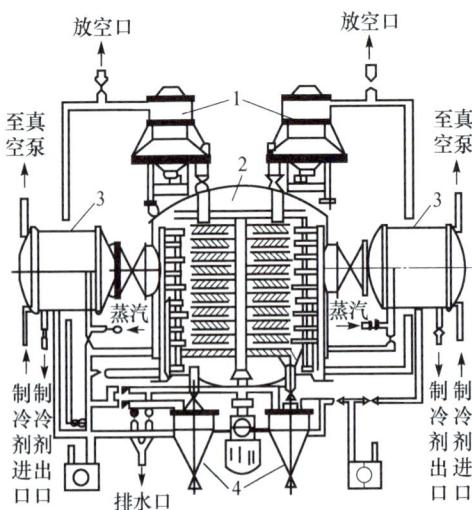

1.入口密封门；2.干燥室；3.低温冷凝器；4.卸料室。

图 10-29　连续式冷冻干燥装置示意图

半连续隧道式冷冻干燥装置的升华干燥过程是在大型隧道式真空干燥箱内进行的，料盘以间歇方式通过隧道一端的大型真空密封门进入箱内，以同样方式从另一端卸出。这种隧道式冷冻干燥装置具有设备利用率高的优点，但不能同时生产不同的品种，且转产灵活性小。

3）连续式冷冻干燥装置

图 10-29 所示为连续式冷冻干燥装置示意图，经预冻的颗粒从顶部两个入口密封门之一轮流地加到顶部的圆形加热板上，干燥装置的中央立轴上装有带铲的搅拌臂，搅拌臂旋转时，铲子搅动物料，不断地使物料向加热板外方移动，直至从加热板边缘下落至直径较大的加热板上。在下

一加热板上, 铲子迫使物料向中心方向移动, 一直移至加热板边缘而落入第三块板上, 此板大小与顶板相同, 并从两只出口密封门之一卸出。这种装置的优点是处理能力大, 设备利用率高, 便于实现自动化。它的缺点是不适于小批量生产; 干燥不同阶段不能控制真空度; 设备庞大、复杂、投资大。

思考题

1. 什么叫制冷? 有何意义?

2. 根据冷冻温度范围的不同, 制冷技术可以分为哪两大类?

3. 什么叫制冷量?

4. 什么叫制冷系数? 主要受哪些因素影响? 试做具体分析。

5. 在其他条件都相同的情况下, 同一台电冰箱在冬季工作与在夏季工作相比, 何种情况下省电? 为什么?

6. 什么叫制冷剂? 在制冷系统中有何作用? 应满足哪些基本要求?

7. 常用的制冷剂有哪几种? 各有何特点?

8. 什么叫载冷剂? 在制冷系统中有何作用? 应满足哪些基本要求?

9. 常用的载冷剂有哪几种? 各有何特点?

10. 简述氨蒸气压缩式制冷系统的设备组成、各设备的工作原理及作用。

11. 蒸发浓缩和冷冻浓缩有什么本质区别?

12. 冷冻浓缩中溶质夹带的原因和种类。

13. 影响冰晶形成的因素有哪些?

14. 冷冻干燥过程先后经历哪几个阶段?

15. 简述冷冻干燥的基本原理及特点。

第 11 章

萃　取

✿ **学习目标**

了解：萃取在食品工业中的应用；萃取设备的类型及其特点；萃取塔操作的要点。

理解：萃取操作过程及其基本原理。

掌握：萃取操作有关的基本概念；萃取工艺条件和萃取剂的选择。

萃取是利用物料中各组分在溶剂（萃取剂）中溶解度的差异而进行分离的操作。萃取操作过程中，由于目标组分在萃取剂中的溶解度远大于其他组分在萃取剂中的溶解度，而被溶解进入萃取剂，实现与物料的分离，然后用其他分离方法将目标组分与溶剂分离，得到目标产品。

根据物料或萃取剂的状态不同，萃取操作有液-液萃取、浸取（固-液萃取）和超临界流体萃取三种类型。如果萃取过程中，萃取剂与溶质不发生化学反应而仅为物理传递过程，称为物理萃取，反之称为化学萃取，本章主要介绍物理萃取。

11.1　液-液萃取

11.1.1　液-液萃取操作及其应用

工业上对液体混合物的分离，除了采用蒸馏的方法外，还广泛采用液-液萃取。利用液体混合物中各组分在所选定的溶剂中溶解度的差异而使各组分分离的操作称为液-液萃取操作，它是分离均相液体混合物的一种单元操作。

液-液萃取

在萃取操作中，所选用的溶剂称为萃取剂或溶剂，常以 S 表示；所处理的液体混合物称为原料液；原料液中易溶于萃取剂的目标组分称为溶质，常以 A 表示；较难溶的组分称为原溶剂或稀释剂，常以 B 表示。

由于整个萃取过程包括萃取和分离两部分，故投资和操作费用一般较高。在某些情况下，萃取操作显示出明显的经济上和技术上的优越性，如对沸点很接近的液体混合物的分离、恒沸液的分离、热敏性物料的分离等。在食品工业中，萃取操作主要用于提取或分离浓度很小的难挥发的物质，如维生素、生物碱、色素等的提取，以及油脂的精炼等。

11.1.2　液-液萃取操作的基本过程

1. 液-液萃取基本流程

设原料液由 A、B 两组分组成，选用萃取剂 S 将其分离。萃取剂 S 对溶质 A 有较大的溶解度，而对原溶剂 B 应是完全不互溶或部分互溶的。

如图 11-1 所示，在液-液萃取操作中，将原料液和萃取剂 S 加入混合器中，则器内存在两个液相。然后进行搅拌，使一个液相以小液滴形式分散于另一液相中，造成很大的两相接触面，使溶质 A 由原溶剂 B 中向萃取剂 S 中扩散。两相充分接触后，停止搅拌送入澄清器，两液相因密度差分层。其中一相以溶有较多溶质 A 的萃取剂 S 为主，称为萃取相，以 E 表示。另一相以含有少量未被萃取溶质 A 的原溶剂 B 为主，称为萃余相，以 R 表示。若萃取剂 S 与原溶剂 B 部分互溶，则萃取相中还含有少量的 B，萃余相中还含有少量的 S。

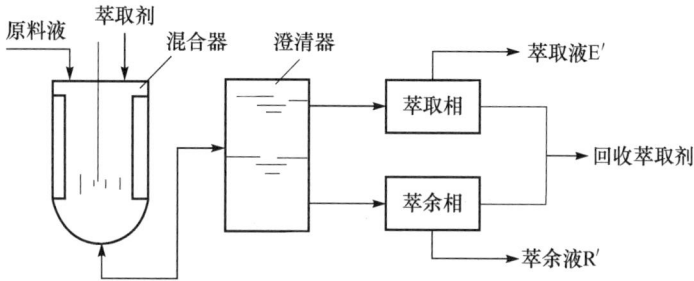

图 11-1　液-液萃取操作示意

由于萃取相和萃余相均是三元混合物，萃取操作并未完成分离任务。为了得到 A，并回收萃取剂以供循环使用，还需脱除萃取相和萃余相中的萃取剂 S，此过程称为溶剂回收（或再生），得到的两相分别称为萃取液 E′ 和萃余液 R′。

如果萃取剂 S 与原溶剂 B 完全不互溶，则萃取过程与吸收过程十分类似。一般情况下，萃取剂与原溶剂部分互溶，两相中至少涉及三个组分，完整的液-液萃取过程应由以下三部分组成。

（1）原料液与萃取剂充分混合，使溶质由原溶剂中转溶到萃取剂中。

（2）萃取相和萃余相的分离。

（3）回收萃取相和萃余相中的萃取剂，使之循环使用，同时得到产品。

2. 常用的液-液萃取流程

萃取操作时要求原料液与萃取剂必须充分混合。按原料液和萃取剂的接触方式可分为两类：级式接触萃取和连续式接触萃取。

1）级式接触萃取流程

在工业生产中，萃取操作有单级萃取、多级错流萃取、多级逆流萃取等流程。图 11-2 所示为单级混合澄清器——单级萃取。将原料液和萃取剂加入混合器中，在搅拌作用下两相发生密切接触进行相际传质，由混合器流出的两相在澄清器内分层，得到萃取相和萃余相并分别排出。

若单级萃取得到的萃余相中还有部分溶质需进一步提取，可以采用多个混合澄清器实现多级接触萃

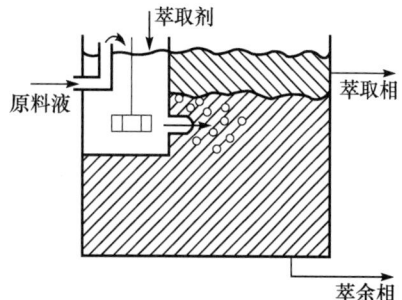

图 11-2　单级混合澄清器

取。多级萃取可分为多级错流萃取和多级逆流萃取。图 11-3（a）所示为多级错流萃取，此时原料液依次通过各级，新鲜萃取剂则分别加入各级混合器。图 11-3（b）所示为多级逆流萃取，原料液和萃取剂依次按相反方向通过各级。

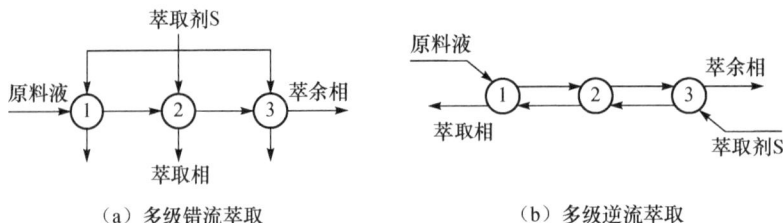

（a）多级错流萃取　　　　　　　　　（b）多级逆流萃取

图 11-3　多级萃取流程示意图

2）连续式接触萃取

连续式接触萃取又称微分接触萃取。如图 11-4 所示，在喷洒萃取塔的操作中，原料液和萃取剂中密度较大者（重相）自塔顶加入，密度较小者（轻相）自塔底加入。两相中有一相（图中所示为轻相）经分布器分散成液滴（分散相），另一相保持连续（连续相）。分散的液滴在上浮或沉降过程中与连续相呈逆流接触进行物质传递，最后轻、重两相分离，并分别从塔顶和塔底排出，得到萃取相和萃余相。

3. 萃取操作过程的液-液相平衡

1）萃取过程在相图中的表示

萃取过程可以在三角形相图上非常直观地表示出来，如图 11-5 所示。

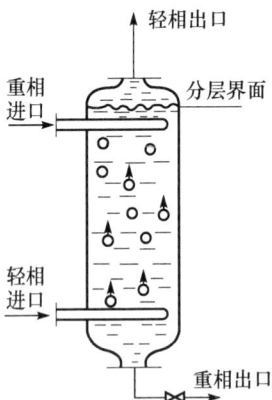

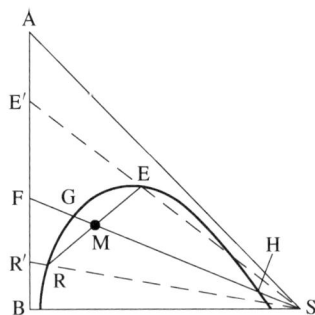

图 11-4　喷洒萃取塔　　　　　　　　图 11-5　萃取过程在三角形相图上的表示

（1）原料液 F 含有 A、B 两组分，其组成点位于 AB 坐标上，用 F 点表示。现加入适量的纯萃取剂 S，其量应足以使混合液 M 的总组分进入两相区。M 点必位于 FS 连线上，其位置可根据杠杆规则确定。

（2）由于点 M 位于两相区内，故当原料液和萃取剂充分混合并静置分层后，分为互成平衡的萃取相 E 和萃余相 R。根据杠杆规则，M 点、E 点和 R 点在一条直线上。E

和 R 两点由过 M 点的连接线 ER 确定（可借助辅助曲线通过试差法作图获得）。

（3）若将萃取相和萃余相中的萃取剂分别加以回收，则当完全脱除萃取剂 S 后，可在 AB 坐标上分别得到含两组分的萃取液 E′和萃余液 R′。从图中可以看出，萃取液 E′中溶质 A 的含量比原料液 F 中的为高，萃余液 R′中原溶剂 B 的含量比原料液 F 中的为高，达到了原料液部分分离的目的。E′和 R′的数量关系同样可由杠杆规则确定。

（4）在单级萃取操作时，当混合液量一定时，萃取剂 S 的加入量将影响 M 点的位置。改变 S 用量，M 点沿着 FS 线移动。当 M 点恰好落在溶解度曲线上（G 点、H 点）时，存在两个萃取剂极限用量，分别称为最小萃取剂用量 S_{min}（G 点对应的萃取剂用量）和最大萃取剂用量 S_{max}（H 点对应的萃取剂用量）。在此 2 个极限用量下，原料液和萃取剂的混合液只有一个液相，故不能起分离作用。因此，适宜的萃取剂用量范围是 $S_{min}<S<S_{max}$，S_{min}、S_{max}、S 量可由杠杆规则计算。

2）互溶度对萃取操作的影响

萃取操作中，若萃取剂 S 和原溶剂 B 部分互溶，则互溶度越小，两相区越大。图 11-6 所示为在相同温度下，同一种双组分原料液与不同萃取剂 S_1、S_2 构成的三角形相图。由图 11-6 可见，萃取剂 S_1 与原溶剂 B 的互溶度较小。若从点 S 作溶解度曲线的切线，此切线与 AB 边交于点 E'_{max}，则此点是在一定操作条件下可能获得的含溶质 A 浓度最高的萃取液，称为最高萃取液。互溶度越小，可能达到的最高萃取液浓度越大，越有利于萃取分离。可见，选择与原溶剂 B 互溶度小的萃取剂，分离效果好。

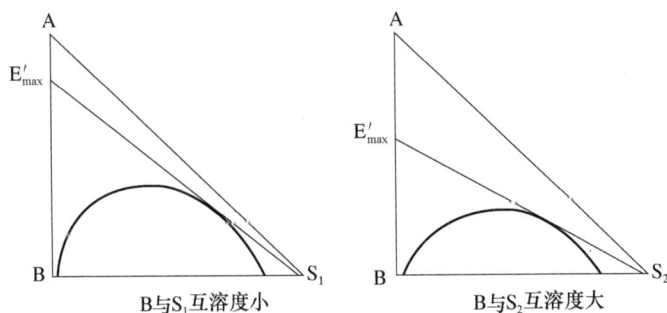

图 11-6 互溶度对萃取操作的影响

通常物系的温度升高，B 与 S 互溶度增加，反之减小。一般来说，温度降低对萃取过程有利。但是，温度的变化还将引起物系其他物理性质（如密度、黏度）的变化，故萃取操作温度应做综合考虑。

11.1.3 萃取剂的选择

萃取时溶剂的选择是萃取操作的关键，它直接影响到萃取操作能否进行，对萃取产品的产量、质量和过程的经济性也有重要影响。因此，萃取操作的首要问题，就是选择合适的萃取剂。萃取剂的选择应从以下几个方面考虑。

1. 萃取剂的选择性

萃取时所采用的萃取剂，必须对原溶液中欲萃取出来的溶质有显著的溶解能力，而对其他组分（稀释剂）应不溶或少溶，即萃取剂应有较好的选择性。

2. 萃取剂的物理性质

（1）密度。萃取剂必须在操作条件下能使萃取相与萃余相之间保持一定的密度差，以利于两液相在萃取器中以较快的相对速度逆流后分层，从而可以提高萃取设备的生产能力。

（2）表面张力。萃取物系的表面张力较大时，细小的液滴比较容易聚结，有利于两相的分离，但表面张力过大，液体不易分散，难以使两相混合良好，需要较多的外加能量。表面张力小，液体易分散，但易产生乳化现象使两相难分离，因此应从表面张力对两液相混合与分层的影响综合考虑，选择适当的表面张力。一般说不宜选用表面张力过小的萃取剂。有人建议，将萃取剂和料液加入分液漏斗中，经充分剧烈摇动后，两液相最多在 5min 以内要能分层，以此作为溶剂界面张力 σ 适当与否的大致判别标准。

（3）黏度。萃取剂的黏度小，有利于两相的混合与分层，也有利于流动与传质，因而黏度小对萃取有利。有的萃取剂黏度大，往往需加入其他溶剂来调节其黏度。

3. 萃取剂的化学性质

萃取剂应有良好的化学稳定性，不易分解、聚合；并应有足够的热稳定性和抗氧化稳定性；对设备的腐蚀性要小。

4. 萃取剂回收的难易与经济性

通常萃取相和萃余相中的萃取剂要回收后重复使用，以减少萃取剂的消耗量。回收费用取决于回收萃取剂的难易程度。有的溶剂虽然具有以上很多良好的性能，但往往由于回收困难而不被用作萃取剂。

最常用的回收方法是蒸馏，因而要求萃取剂与被分离组分 A 之间的相对挥发度 α 要大，如果 α 接近于 1，不宜用蒸馏，可以考虑用其他方法分离。

5. 其他指标

萃取剂的价格、来源、毒性，以及是否易燃、易爆等，均为选择萃取剂时需要考虑的问题。

萃取剂的选择范围一般很宽，但选用的溶剂很难同时具备以上各种特性，应抓住主要矛盾，合理地选择。

工业生产中常用的萃取剂可分为三大类。

有机酸及其盐：如脂肪族的一元羧酸、磺酸、苯酚等。

有机碱的盐：如伯胺盐、仲胺盐、叔胺盐、季铵盐等。

中性溶剂：如水、醇类、酯、醛、酮等。

11.1.4 液-液萃取设备的选用

1. 塔式萃取设备

萃取设备应能为两液相提供充分混合与分离的条件，使两液相之间具有很大的接触面积，这种界面通常是将一种液相分散在另一种液相中所形成的。显然，分散的液滴越小，两相的接触面积越大，传质越快。为此，在萃取设备内装有喷嘴、筛孔板、填料或机械搅拌装置等。为使萃取过程获得较大的传质推动力，两相流体在萃取设备内以逆流流动方式进行操作。

塔式萃取设备有较大的生产能力，设备投资不大，萃取分离效果较好，两相可实现连续逆流操作，所以工业中大多采用各种类型的萃取塔进行萃取操作。

1）填料萃取塔

填料萃取塔如图 11-7 所示，在塔内装填充物，使连续相充满整个塔中，分散相以滴状通过连续相。填料塔结构简单，造价低廉，操作方便，故在工业中仍有一定应用。虽然填料塔不宜处理含固体的流体，但适用于处理腐蚀性流体。

填料可以是拉西环、鲍尔环、鞍形填料、丝网填料等。填料的材料有陶瓷、金属或塑料。为了有利于液滴的形成和液滴的稳定性，所用填料材料的表面应能被连续相优先润湿。一般瓷质填料易被水优先润湿，石墨和塑料填料则易被大部分有机液优先润湿，金属填料易被水溶液优先润湿。

对于标准的工业填料，在液-液萃取中有一个临界的填料尺寸。对于大多数液-液萃取系统，填料的临界直径约为 12mm 或更大些。工业上，一般可选用直径 15mm 或 25mm 的填料，以保证适当的传质效率和两相的流通能力。

图 11-7　填料萃取塔

2）筛板萃取塔

筛板萃取塔如图 11-8 所示，其筛板的孔径要比蒸馏塔的小，筛板间距也和蒸馏塔的稍有不同。如果轻液为分散相，则轻液由底部进入，经筛孔板分散成液滴，在塔板上与连续相密切接触后，分层凝聚，并积聚在上一层筛板的下面，然后借助压力的推动，再经孔板分散，最后由塔顶排出。重液连续地由上部进入，经降液管至筛板后，经溢流堰流入降液管进入下面一块筛板。依次反复，最后由塔底排出。如果重液是分散相，则塔板上的降液管须改为升液管，连续相（轻液）通过升液管进入上一层塔板。

因为连续相的轴向混合被限制在板与板之间的范围内，同时分散相液滴在每一块塔板上进行凝聚和再分散，使液滴的表面得以更新，因此筛板萃取塔的萃取效率比填料萃取塔有所提高。为了提高筛板效率，使分散相在筛孔板上易于形成液滴，筛板材料必须优先为连续相所润湿，因此有时需应用塑料或将塔板涂以塑料，同时选择体积流量大的流体为分散相。

由于筛板萃取塔结构简单，价格低廉，尽管效率较低，仍在许多工业萃取过程中得到应用，尤其是在萃取过程中所需理论级数少，处理量较大及物系具有腐蚀性的场合。

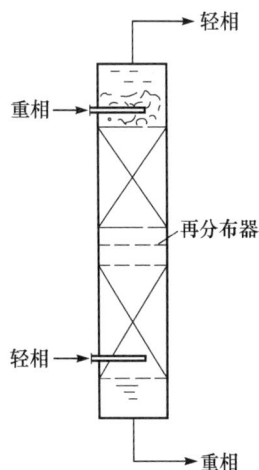

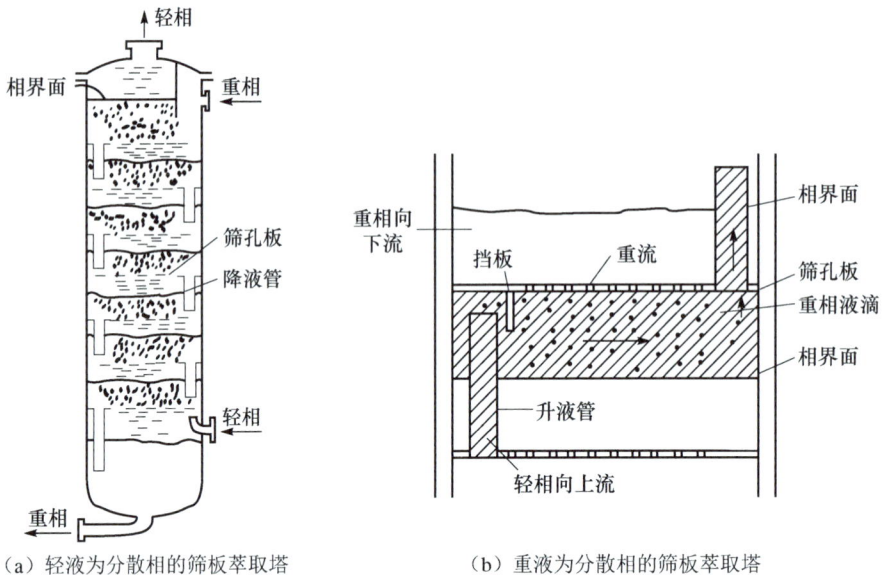

（a）轻液为分散相的筛板萃取塔　　　　（b）重液为分散相的筛板萃取塔

图 11-8　筛板萃取塔

3）转盘萃取塔

转盘萃取塔如图 11-9 所示。塔体呈圆筒形，其内壁上装有固定环，将塔分隔成许多小室，在塔的中心从塔顶插入一根转轴，转盘即装在其上。转轴由塔顶的电动机带动。

转盘萃取塔结构简单，造价低廉，维修方便。由于其操作弹性大，流通量大，因而在石油化学工业中，转盘萃取塔应用比较广泛。除此之外，也可用作化学反应器。由于它很少会发生堵塞，因此也适用于处理含有固体物料的场合。

4）往复振动筛板塔

往复振动筛板塔如图 11-10 所示，它是由一组开孔的筛板和挡板所组成的，筛板安装在中心轴上，由装在塔顶的传动机械驱动中心轴进行往复运动。塔所用材料除不锈钢等金属材料外，也有采用衬玻璃外壳和各种耐腐蚀的高分子聚合材料，如聚四氟乙烯的内件，因而也可以用于处理腐蚀性强的物系。该塔的特点为通量高；可以处理易乳化、含有固体的物系；结构简单，容易放大；维修费用低。

往复振动筛板塔自开发以来，现已广泛地应用于石油化工、食品、制药和湿法冶金工业中，如提纯药物，废水脱酚，由水溶液中回收醋酸，从废水中提取有机物等。

5）脉冲萃取塔

为改善两相接触状况，增强界面湍动程度，强化传质过程，可在普通的筛板萃取塔或填料萃取塔内提供外加机械能来造成脉动，这种塔称为脉冲萃取塔。如图 11-11 所示，塔的主体部分是高径比很大的圆柱形筒体，中间装有若干带孔的不锈钢或其他材料制成的筛板。筛板可用支撑柱和固定环按一定板间距固定。塔的上、下两端分别设有澄清段。脉冲萃取塔的缺点是允许通过能力较小，限制了它在生产中的应用。

除上面介绍的塔式萃取设备外，萃取设备还有许多类型，如混合-澄清萃取器、离心萃取机等，此处从略。

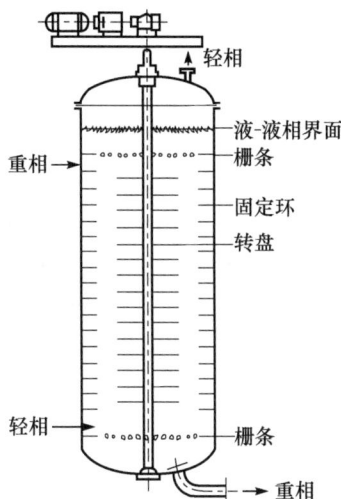

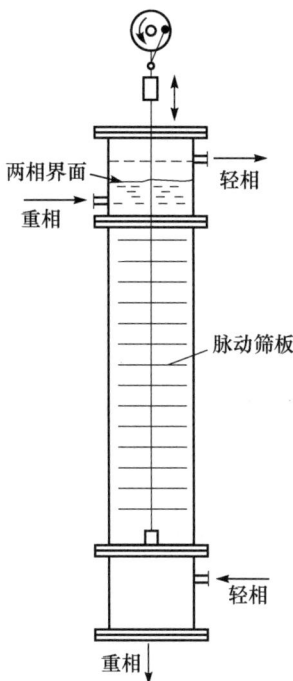

图 11-9　转盘萃取塔　　　图 11-10　往复振动筛板塔　　　图 11-11　脉冲萃取塔

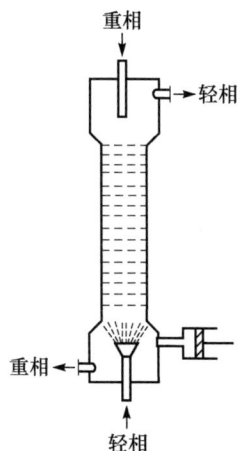

2. 萃取设备的选用

萃取设备的种类很多，由于各种萃取设备具有不同的特性，而且萃取过程及萃取物系中各种因素的影响也是错综复杂的。因此，对于某一液-液萃取过程，选择适当的萃取设备是十分重要的。选择的原则如下：满足生产的工艺要求和条件；确保生产成本最低。在实际中，可从以下几个方面考虑，合理地选择萃取设备。

在液-液萃取中，系统的物理性质对设备的选择比较重要。在无外能输入的萃取设备中，液滴的大小及其运动情况与表面张力和两相密度差的比值有关。若该比值较大，则液滴较大，两相接触界面面积减少，传质系数降低。因此，无外能输入的设备仅适用于表面张力小，密度差较大的系统。对密度差较大的系统，离心萃取器也比较适用。

对于腐蚀性强的物系，宜选取结构简单的填料萃取塔，或采用由耐腐蚀金属或非金属材料，如塑料、玻璃钢内衬或内涂的萃取设备。

如果物系有固体悬浮物存在，为避免设备堵塞，一般可选用转盘塔或混合澄清器。

在某一液-液萃取过程中，当所需的理论级数为 2～3 级时，各种萃取设备均可选用。当所需的理论级数为 4～5 级时，一般可选择转盘塔，往复振动筛板塔和脉冲萃取塔。当需要的理论级数更多时，一般只能采用混合澄清器。

根据生产任务和要求，如果所需设备的处理量较小时，可用填料萃取塔、脉冲萃取塔；处理量较大时，可选用筛板萃取塔、转盘塔及混合澄清器。

在选择萃取设备时，也要考虑物系的稳定性与停留时间，如在抗生素生产中，由于稳定性的要求，物料在萃取器中停留的时间要短，这时离心萃取器是合适的。若萃取物系中伴有慢的化学反应，则要求有足够的停留时间，选用混合澄清器较为有利。

11.1.5 萃取塔的操作

萃取塔能否实现正常操作，将直接影响产品的质量、原料的利用率和经济效益。尽管一个工艺过程及设备设计得很完善，但由于操作不当，也得不到合格产品。

1. 开车操作

在萃取塔开车时，先将塔中注满连续相，若连续相为重相（即密度较大的一相），液面应在重相入口高度处为宜，关闭重相进口阀。然后开启分散相，使分散相不断地在塔顶分层段凝聚，随着分散相不断进入塔内，在重相的液面上形成两液相界面并不断升高。当两相界面升高到重相入口与轻相出口处之间时，再开启分散相出口阀和重相的进出口阀，调节流量或重相升降管的高度使两相界面维持在原高度。

当重相作为分散相时，分散相不断在塔底的分层段凝聚，两相界面应维持在塔底分层段的某一位置上，一般在轻相入口处附近。

2. 维持正常运行的注意事项

（1）两相界面的高度要维持稳定。因参与萃取的两液相的密度相差不大，在萃取塔的分层段中两液相的相界面容易产生上下位移。造成相界面位移的因素主要有以下两方面。

① 振动、往复或脉冲频率，或幅度发生变化。

② 流量发生变化。若相界面不断上移到轻相出口，则分层段不起作用，重相就会从轻相出口处流出；若相界面不断下移至萃取段，就会降低萃取段的高度，使得萃取效率降低。

当相界面不断上移时，要降低升降管的高度或增加连续相的出口流量，使两相界面下降到规定的高度。反之，当相界面不断下移时，要升高升降管的高度或减小连续相的出口流量。

（2）防止液泛。液泛是萃取塔操作时容易发生的一种不正常的操作现象。液泛是指逆流操作中，随着两相（或其中一相）流速的加大，流体流动的阻力也随之加大。当流速超过某一数值时，一相会因流体阻力加大而被另一相夹带由出口端流出塔外，或某段分散相把连续相隔断。

产生液泛的因素较多，它不仅与两相流体的物理性质有关，而且与塔的类型、内部结构有关。不同的萃取塔，其泛点速度也不同。当对某种萃取塔操作时，所选的两相流体确定后，液泛主要是由流量和振动、脉冲频率与幅度的变化而引起的，因此流量过大或振动频率过快易造成液泛。

（3）减小返混。萃取塔内部分液体的流动滞后于主体流动，或者产生不规则的旋涡运动，这些现象称为轴向混合或返混。液相的返混使两液相各自沿轴向的浓度梯度减小，从而使塔内各截面上两相液体间的浓度差（传质推动力）降低。轴向混合不仅影响萃取效率，还影响塔的通过能力。

在萃取塔的操作中，连续相和分散相都存在返混现象，产生返混的原因是多方面的。

对于连续相：萃取塔中理想的流动情况是两液相均呈活塞流，即在整个塔截面上两液相的流速相等，这时传质推动力最大，萃取效率高。但是在实际过程中，流体的流动并不呈活塞流，因为流体与塔壁之间的摩擦阻力大，连续相靠近塔壁或其他构件处的流速比中心处慢，中心处的液体以较快速度通过塔内，停留时间短，而近壁处的液体速度较低，在塔内停留时间长，这种停留时间的不均匀是造成连续相返混的主要原因之一。

对于分散相：分散相的液滴大小不一，大液滴以较大的速度通过塔内，停留时间短。小液滴速度小，在塔内停留时间长。更小的液滴甚至还可被连续相夹带，产生反方向的运动。此外，塔内的液体还会产生漩涡而造成局部轴向混合。

3. 停车操作

对连续相为重相的，停车时首先关闭连续相的进、出口阀，再关闭轻相的进口阀，使轻重两相在塔内静置分层。分层后慢慢打开连续相的进口阀，使轻相流出塔外，并注意两相界面。当两相界面上升至轻相全部从塔顶排出时，关闭重相进口阀，使重相全部从塔底排出。

对于连续相为轻相的，相界面在塔底，停车时首先关闭重相进、出口阀，然后关闭轻相进、出口阀，使轻重两相在塔中静置分层。分层后打开塔顶旁路阀，使塔内与大气相通，然后慢慢打开重相出口阀，将重相排出塔外。当相界面下移至塔底旁路阀的高度时，关闭重相出口阀，打开旁路阀，使轻相流出塔外。

11.2　固-液萃取

11.2.1　固-液萃取操作及其应用

1. 固-液萃取操作

固-液萃取

液-液萃取是用溶剂对液体混合物进行分离的操作，如果被处理的混合物为固体，则称为固-液萃取，也称浸取、浸出或浸沥。当分离的目的是除去固体中的某种组分时，则可称为洗涤或浸泡。

与液-液萃取不同的是，在浸取操作中，两相的分离较为容易。两相间的接触面积主要取决于固体物料的几何尺寸，当物料的几何尺寸较小时，可以增加比表面积，减小扩散距离。

2. 食品物料浸取的特点

由于食品原料的多样性及复杂性，而原料质量又受品种、成熟度、气候、产地及贮藏条件的影响，特别是生物体特有的蛋白质、碳水化合物、脂肪、有机酸、酶等更要受上述因素的影响，因此，对食品原料的浸取操作的理论研究很困难，许多问题的解决主要还是依靠经验或半经验的方法。

为了提高浸取速度，须对原料做预处理，机械处理和加热是常用的两种预处理方

法。例如，大豆浸取前经加热、压片处理；甜菜在浸取前先切丝等。预处理的目的主要有两个：一是减小物料的几何尺寸，以减小扩散距离，增大固体的表面积；二是破坏阻碍组分扩散的具有半透膜性质的细胞壁膜。

3. 固-液萃取操作在食品工业中的应用

食品工业的原料多呈固体状态，为了分离出其中的有用物质，或除去不需要的物质，常采用浸取操作，可见，浸取操作在食品工业中应用更为广泛。油料种子和甜菜的浸取，速溶咖啡、速溶茶、香料色素、植物蛋白、鱼油、肉汁和玉米淀粉等的制造都需要采用浸取操作。

11.2.2 固-液萃取操作的基本原理

1. 浸取体系组成的表示

固-液萃取与液-液萃取相似，浸取体系通常可简化为一个三元物系，即溶质 A、溶剂 S 和惰性固体 B。为表示系统的组成，可参照液-液萃取，用直角三角形相图表示。如图 11-12 所示，三角形的三个顶点表示纯组分，三条边分别表示三个二元系统，特别是 AS 边上的一点代表由溶质 A 和溶剂 S 构成的溶液的组成。

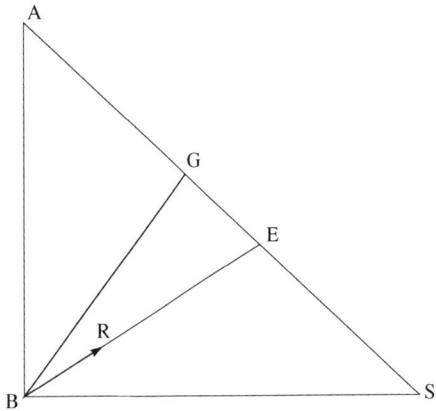

图 11-12　固-液系统在三角形相图上的表示

2. 浸取平衡

溶质 A 分布在固、液两相中，在固相中的溶质浓度和在液相中的溶质浓度间必然存在一定的平衡关系。浸取系统的平衡关系按溶质 A 和溶剂 S 之间的溶解情况，可分成以下三类。

（1）纯溶质 A 为固态。A 在 S 中有一定的溶解度，其饱和溶解度所代表的组成为图 11-12 中的 G 点，则 BG 线把相图分为两个区域，位于 BG 线下方的区域为不饱和区，A 与 S 之比小于饱和溶解度，而位于 BG 线上方的区域则为饱和区。很明显，只有在不饱和区才能进行浸取。

（2）纯溶质 A 为液态，且与 S 完全互溶。此时整个三角形均为不饱和区。

（3）纯溶质 A 为液态，且与 S 部分互溶。此时相图上将出现两个不饱和区和一个饱和区。这是一种较复杂的情形。在实践中应避免这一情形，避免的方法是选择另一种溶剂。

在浸取操作中，可以假定固体 B 与溶质 A 之间无物理和化学作用，而且溶质 A 相对于溶剂 S 未达到饱和。这样，当固体与溶剂经过充分长时间的接触后，溶质完全溶解，固体空隙中液体的浓度将等于固体周围液体的浓度，液体的组成将不再随接触时间延长而改变，即达到平衡。达到浸取平衡时，液体浓度并未达到饱和溶解度，只是不再变化。

浸取操作是在浸取器（萃取器）内进行的。固体物料与溶剂接触达一定时间后，由顶部排出的澄清液称为溢流，底部排出的残渣称为底流。底流中除惰性固体之外，尚有少量的液体，如果此浸取过程达到了平衡，则底流液体中的溶质浓度必等于溢流中的溶质浓度。

如果固-液分离完全，则溢流中不含惰性固体。在三角形相图上，其组成点必位于 AS 边上，如图 11-12 中的 E 点。如果此浸取过程达到了平衡，则底流可看作一定量的惰性固体和夹带的与溢流同浓度的溶液混合而成，其组成点必位于 BE 连线上，设此点为 R，E 和 R 的位置可由杠杆规则确定。

11.2.3　浸取溶剂的选择

1. 浸取溶剂的基本要求

在食品工业中，因为提取的植物产品绝大多数是食用原料，所以食品浸取用溶剂首先必须是安全的，即对有效成分是化学惰性的，对人无毒理反应，能最大限度地浸出目的产物而最小限度地浸出非目的产物。另外，还要考虑到所选溶剂在经济上应该是廉价易得的。事实上，同时满足上述条件的溶剂几乎没有。在实际生产过程中，往往是多种溶剂按一定比例混合使用以达到生产要求。

2. 常用的溶剂

对于原料中各组分在溶剂中的溶解性大小，可根据相似相溶原理进行判断。常见溶剂的极性大小的排列顺序为水→乙醇→丙酮→乙醚→乙酸乙酯→氯仿→甲苯→石油醚。

水：极性大，溶解范围广，价格便宜。可溶解浸出食品中的多种成分，如生物碱盐类、苦味物质、有机酸、蛋白质、单糖和低聚糖、淀粉、树脂、果胶、黏液质、色素、维生素、酶和少量挥发油等。它的缺点是选择性差，非目的产物被浸出量大，给纯化操作带来困难。

乙醇：中强极性，能与水以任意比例相混合，乙醇浓度越高，溶液极性越低。各种目的产物在乙醇中的溶解度随乙醇浓度的变化而变化。90%的乙醇用来浸取挥发油、有机酸、树脂、叶绿素等，50%～70%的乙醇用来浸提生物碱、试类等，50%以下的乙醇用来浸取苦味物质、蒽醌类化合物等。

乙醚：非极性溶剂，微溶于水（1∶12），可与乙醇及其他有机溶剂任意混溶。选择性强，能溶解生物碱、树脂、挥发油、某些苷类。大部分溶解于水的组分在乙醚中不溶解。它的缺点是易燃，价格高，有药理副反应，常用于精制提纯，最后要从溶液中完全除去。

氯仿：非极性溶剂，在水中微溶，与乙醇、乙醚能任意混溶。可溶解生物碱、苷类、挥发油、树脂等，不能溶解蛋白质、鞣质等极性物质。氯仿有强烈的药理作用，应在浸出液中尽量除去。

除此之外，甲苯、丙酮、乙酸乙酯和石油醚也是常用溶剂，可以用于脱水、脱脂和浸取，但有较强的挥发性和易燃性，且具有一定的毒性。

3. 常用的浸取助剂

为提高浸提效果，增加目的产物的溶解度，增加制剂的稳定性，以及除去或减少某些物质，常在浸提溶剂中加入辅助剂。常用的辅助剂有酸、碱、表面活性剂。

加入硫酸、盐酸、醋酸、酒石酸、枸橼酸等，可促进生物碱溶解，提高部分生物碱的稳定性，同时可使有机酸游离而易被溶剂萃取。

加入氨水、碳酸钙、碳酸钠、碳酸氢钠等，可增加皂苷、有机酸、黄酮、蒽醌和某些酚性成分的溶解度和稳定性。在含生物碱的浸取液中加碱可使生物碱游离，便于后续萃取。

加入表面活性剂可强化润湿增溶，降低植物材料与溶剂间的表面张力，使润湿角变小，促使溶剂和材料之间润湿渗透。常用的表面活性剂有非离子型、阴离子型、阳离子型。

11.2.4 浸取操作条件的选择

在浸取过程中，有多种因素对浸取过程产生重要影响。这些因素包括温度、压力、酸碱性、颗粒直径、浸取时间、溶剂用量、浸取次数、液体运动状态等。为达到浸取成本低、回收率高的浸取效果，必须通过查阅文献资料和做现场实验寻求最佳工艺操作条件，作为生产操作时的控制依据。

1. 浸取温度

一般来讲，温度升高能使食品组织软化膨胀，增加可溶性成分的溶解度和扩散速度，所以浸取温度越高，浸出速度越快。但是考虑到某些目的产物的化学稳定性较差并有挥发性损失，应把浸取温度控制在适当的范围，一般根据情况可把浸取温度控制在 100℃以下。

2. 浸取时间

浸取过程是一个溶剂进入固体内部溶解目的产物并向外扩散的过程，浸取所需时间的长短视固体材料的结构和溶剂性质而定。如果原材料的组织结构细密，溶质扩散速度慢，所需时间就长；如果所用植物材料的组织疏松，则所需时间就短；溶剂穿透力强且对目的产物溶解性好，则所需时间短，反之则长。浸取所需时间一般要根据经验或通过中试实验来确定。

3. 操作压力

浸取操作一般是在常压下进行的，但对于溶剂较难渗透到植物组织内部的浸出操作，提高压力有利于浸取过程。因为在较高压力下原料内的细胞被破坏，加速了润湿渗透过程，使组织内部毛细孔更快地充满溶剂，有利于溶质扩散。超临界萃取就属于加压浸取。对于组织疏松的材料，可不用加压操作，因影响浸出速度的主要因素是扩散过程，加大压力对提高浸出速度无显著效果。

4. 溶剂 pH 值

溶剂的 pH 值对浸出速度有影响。某些目的产物可溶解于酸性溶剂，则要使用酸性溶剂浸提；有些目的产物易溶解于碱性溶液，因而要选择碱性溶剂提取。一般可根据目的产物的酸碱性质确定提取过程中最佳 pH 值的范围。

5. 溶剂用量

采用理论计算再经过实验校验后即可得到溶剂的用量。在实际工业生产中，溶剂用量大多根据经验公式和经验值来确定，一般溶剂用量是原材料的 2～5 倍。

6. 溶剂流动状态

浸取过程一般属扩散阶段，因此可以通过产生错流或湍流，不断地将固体原料表面上高浓度的溶液与低浓度的溶液混合而强化扩散，提高扩散速度。

7. 预浸泡

某些固体原料处于干燥状态，在正式浸取前需要预浸泡，使其内部组织软化和细胞壁被浸润膨胀，便于浸取时溶质的加速溶解和扩散。

11.2.5 浸取操作方式及其选用

浸取操作通常采用三种操作方式，即单级间歇式、多级接触式和连续式。

（1）单级间歇式浸取也称浸渍，属于静态提取方法，是将已预处理过的植物材料装入密闭容器，在常温或加热条件下进行浸取目的产物的操作过程。浸渍一般使用密闭的浸取罐，每次浸取一般都使用新鲜溶剂，其工艺流程如图 11-13 所示。当溶质在原料中含量较少，而在溶剂中的溶解度比较大时，也可将浸取液作为溶剂反复使用，直到达到一定浓度为止。浸渍操作在小批量生产中广泛采用。

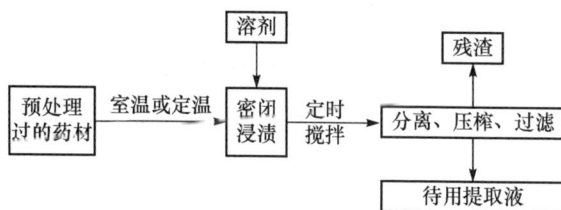

图 11-13　浸渍工艺流程示意图

通过浸渍法所得的浸取液在不低于浸渍温度下能较好地保持其澄清度，操作简单易行，其缺点是时间长，溶剂用量大，浸出效率低。

（2）多级接触式操作是将多个浸取罐以逆流的方式组合，使新鲜原料与最后的浓浸取液相接触，而大部分溶质已被浸取的物料则与新鲜溶剂相接触。在这种操作中，一般不便将固体在级间移动，只是溶剂按顺序流过各级。为此，需要安装更多的浸取罐以供洗涤、卸料和装料等操作，同时还需配套的管道系统以实现各浸取罐之间的切换。

还有一种称为渗漉的操作方式，它相当于在一个浸取罐中进行多级接触式浸取。其工艺流程如图 11-14 所示，将固体物料装入渗漉筒或渗漉罐中，溶剂从上方加入，连续流过固体物料。浸出液可以达到较高的浓度，浸出效果好。同时，渗漉法不需加热，溶剂用量少，过滤要求低，适用于热敏性、易挥发和剧毒物质的提取。渗漉属于动态浸出

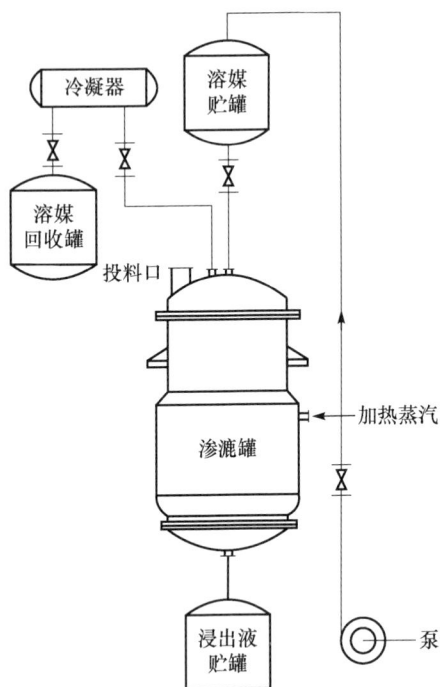

图 11-14 渗漉工艺流程示意图

方法，溶剂利用率高，有效成分浸出完全，可直接收集浸出液。它适用于贵重药材、毒性药材及高浓度制剂；也可用于有效成分含量较低的药材提取。但是，对于新鲜的及易膨胀的原料、无组织结构的原料不宜选用。

（3）连续式浸取操作是原料和溶剂同时做连续的运动，不仅溶剂（或溶液）做连续流动，固体也做连续的移动。

11.2.6 浸取设备的选用

1. 浸取罐

浸取罐又称固定床浸取器，属间歇操作设备。浸取罐最初用于甜菜的浸取，现多用于从树皮中浸取单宁酸、从树皮和种子中浸取药物，以及对咖啡豆、油料种子和茶叶的浸取等。

图 11-15 所示为典型浸取罐的结构。罐上体为一圆筒形容器，底部装有多孔假底以支撑固体物料，溶剂由液体分配器均匀地喷淋于固体

物料床层上。下部装有可开启的底盖，当浸取结束以后，打开底盖，可将物料排出。

为提高浸取效果，有时将浸取罐下部排出的浸取液再循环到上部萃取；有的浸取罐的下部装有加热系统，用以蒸发溶液中的水分和挥发性溶剂，这样，经过冷凝后回流到浸取罐顶部的是纯溶剂，进一步提高了浸取效果。同时，在溶剂循环过程中可以除去浸取液中的水分。图 11-16 所示是整套回流浸取装置示意图。

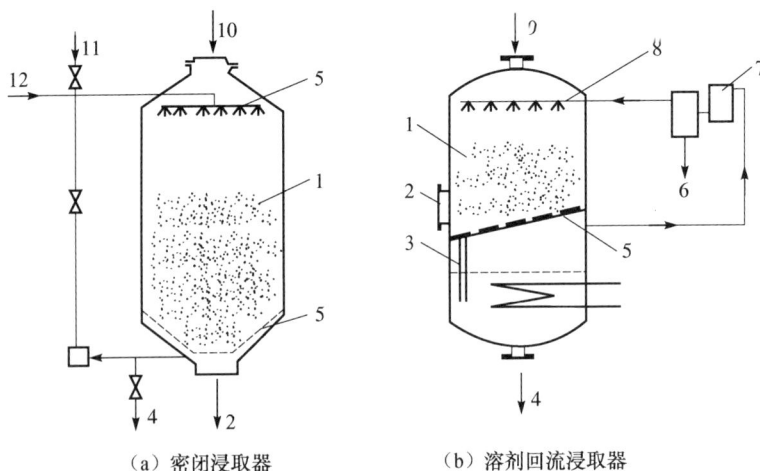

（a）密闭浸取器　　　　　（b）溶剂回流浸取器

1. 固体物料；2. 卸料口；3. 降液管；4. 浸取液出口；5. 多孔假底；6. 废水；7. 冷凝器；8. 液体分配器；
9、10. 加料口；11. 洗液进口；12. 新鲜溶剂进口。

图 11-15 浸取罐的结构

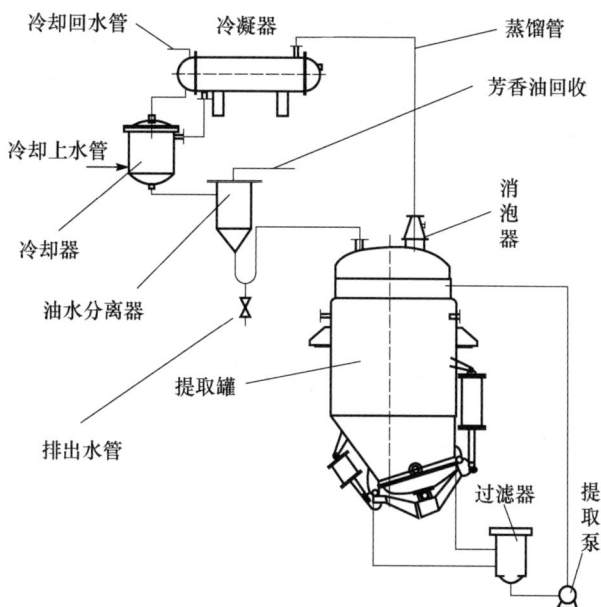

图 11-16 回流浸取装置示意图

2. 立式连续式浸取器

立式连续式浸取器又称塔式浸取器，其结构如图 11-17 所示。整个浸取器由呈 U 形布置的三个螺旋输送器组成，由螺旋输送器实现物料的移动。物料从较低的塔的上方加入，被输送到下部，在水平方向移动一段距离后，再由另一垂直螺旋输送到较高的塔的上部排出。在这个过程中，溶剂与物料成逆流流动。这类设备的优点是占地面积较小，在油脂和制糖工业中常用。

3. 卧式连续式浸取器

卧式连续式浸取器如图 11-18 所示，其螺旋输送器是水平放置的。典型的实例是甜菜糖厂广泛使用的卧式连续式浸取器，它用一对螺旋输送器来实现物料的移动。浸取器本身略倾斜，与地面呈

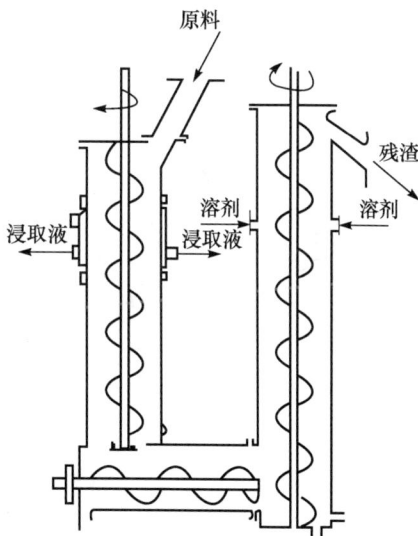

图 11-17 立式连续式浸取器

8°角，溶剂则借重力向下流动。为维持一定的浸取温度，设有夹套加热室。甜菜由较低的一端加入，被输送到较高的尾端后由一废粕轮排出。

4. 斗式浸取器

斗式浸取器实质上为一斗式提升机，其结构如图 11-19 所示。在垂直安装的输送带上有若干个料斗，物料被置于料斗内，料斗底部有孔，可使溶液流过。新鲜物料从右侧

顶部加入，到达左侧顶部后料斗即翻转，将浸取后的物料卸出。溶剂则从左侧顶部加入，借重力作用渗滤而下，在左侧与物料呈逆流接触。在底部得到中间混合液，用泵送至右侧上方，同样渗滤而下，但在右侧与物料呈并流接触，在右侧底部得到浓的溶液。

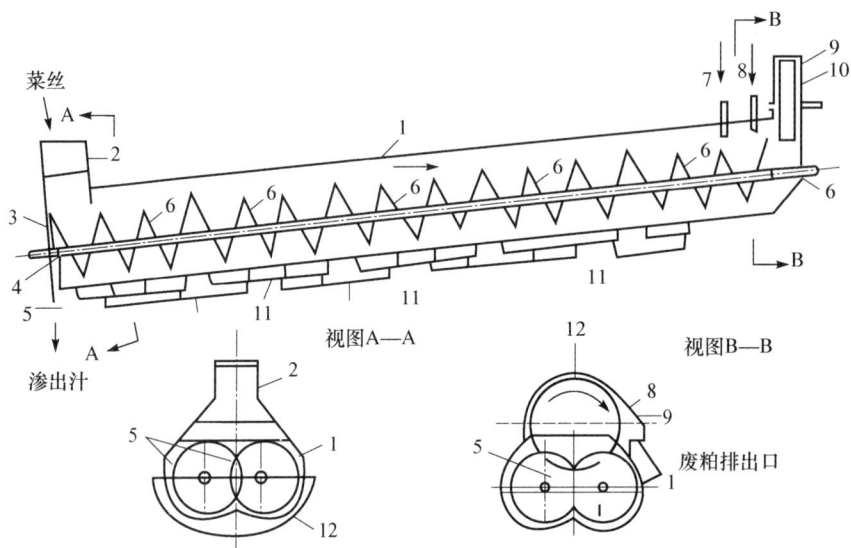

1. 外壳；2. 进菜斗；3. 箅子；4. 密封填料函；5. 提汁管；6. 螺旋；7. 压粕水入口；8. 水入口；9. 废粕轮；10. 废粕轮外壳；11. 加热室；12. 连轴节。

图 11-18　卧式连续式浸取器

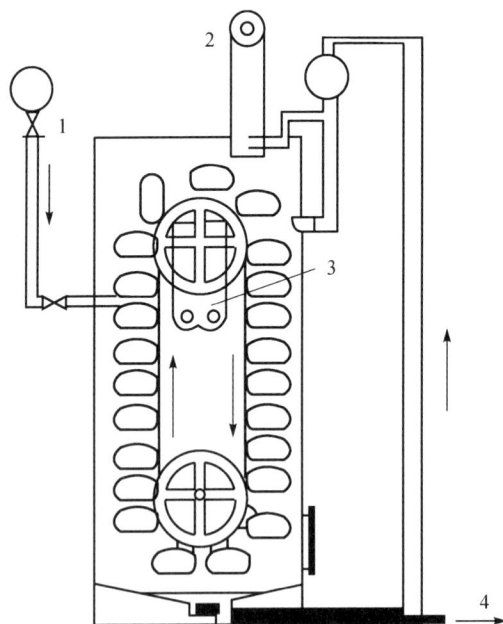

1. 溶剂；2. 物料；3. 卸料；4. 浸取液。

图 11-19　斗式浸取器

5. 平转式浸取器

平转式浸取器又称旋转隔室式浸取器，也是渗滤式浸取器的一种。如图 11-20 所示，在密封的可缓慢旋转的圆筒形容器内装置若干块隔板，形成若干个隔室。隔室内有筛网，网上放固体物料，隔室底部可开启。每个隔室相当于一个固定床浸取器，当空隔室转至加料管下方时，即将物料加入。当旋转将近一周时，隔室底部自动开启，残渣下落至器底，由螺旋输送器排出。溶剂与固体物料成逆流接触——新鲜溶剂在残渣排出前的隔室上方喷淋，再用泵送至前一个隔室的上方喷淋，最后在刚加入物料的隔室下方作为浸取液排出。这种设备广泛应用于植物油的浸取，也用于甘蔗糖厂的取汁。

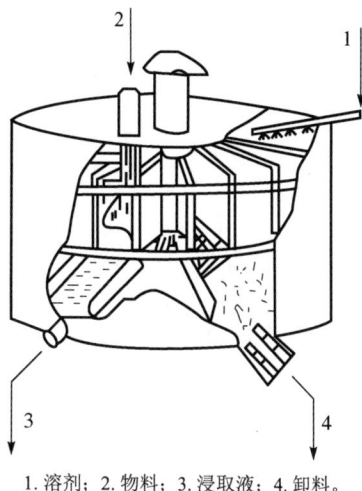

1. 溶剂；2. 物料；3. 浸取液；4. 卸料。

图 11-20　平转式浸取器

6. 搅拌式浸取器

将固体先粉碎成 200 目左右的细颗粒（粒径 0.074mm），在有溶剂存在时，略搅拌即可使它处于悬浮状态。接触一定时间后，再用一固-液分离设备将固体颗粒分离出来，这样就构成了一级浸取。图 11-21 所示为用沉降作为固-液分离方法的三级逆流浸取示意图。新鲜溶剂加在第一级中，物料则加在最末一级。物料与来自前一级的液体混合，然后进行沉降分离，容器底部的固体物料仍含有大量液体，实际上为浆状，故可用泵送入下一级。为使物料和液体接触更充分，可在两个增稠器之间安装混合器。

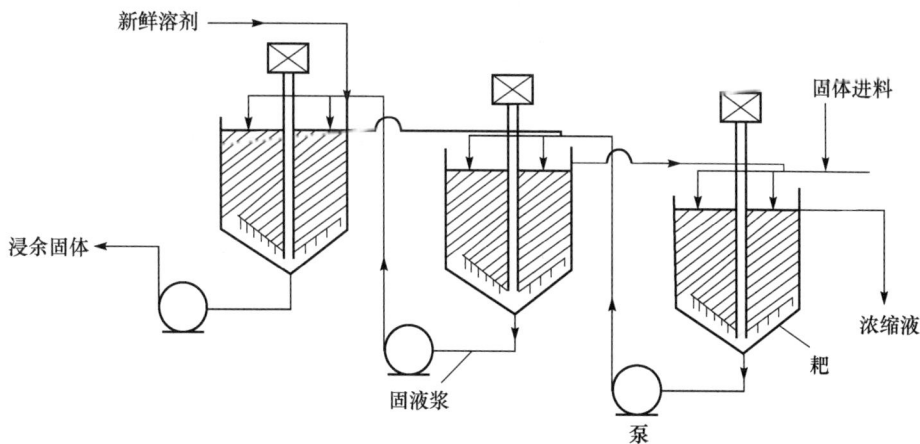

图 11-21　搅拌式浸取器（三级逆流浸取示意图）

7. 转筒式浸取器

这是一种在甜菜糖厂应用较广的浸取器，也称为 RT 渗取器。转筒式浸取器的结构如图 11-22 所示，其主体为卧式圆筒，内壁上焊钢板，成为双头螺旋。当圆筒缓慢旋转时，物料即从一端输送到另一端，糖汁则逆向流动。整个设备的结构类似于转筒式干燥器。这种浸取器的浸取效率较高，操作弹性大。它的缺点是填充系数低，圆筒内大部分空间未被利用，而且占地面积大。

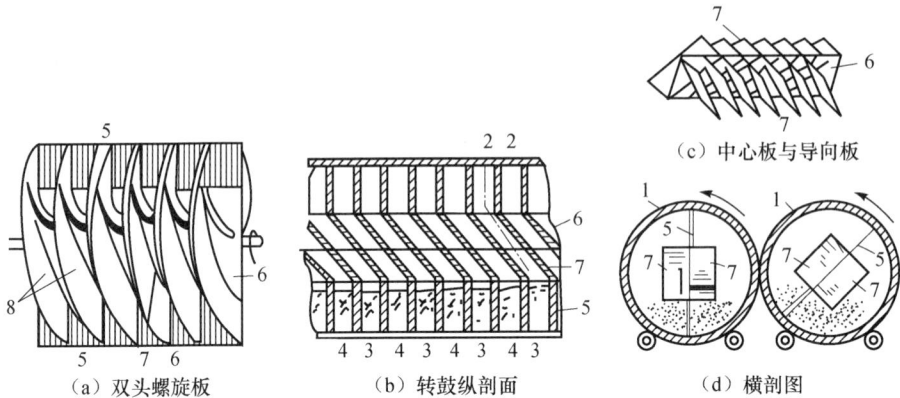

1. 外壳；2. 双头螺旋板；3、4. 糖汁；5. 算子；6. 中心隔板；7. 导向板；8. 栅格板。

图 11-22　转筒式浸取器的结构

11.3　超临界流体萃取

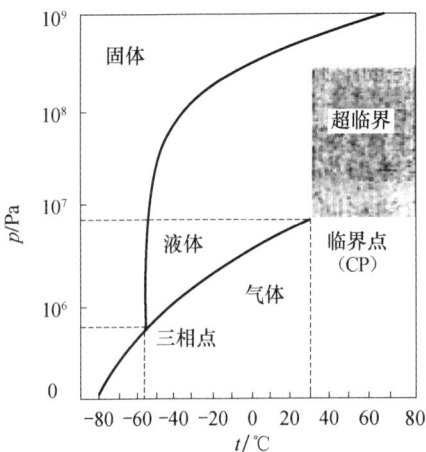

超临界流体技术被誉为孕育百年的发明，早在 100 多年前，人们就发现超临界流体对溶质有很强的选择性溶解能力，但直到 20 世纪 80 年代，超临界流体萃取（SCFE）才作为一种新型的工业分离技术得到应用。利用超临界流体为萃取剂的萃取操作称为超临界流体萃取，它是目前超临界流体技术在工业上的主要应用，而且发展十分迅速，已成功地用于食品、医药和化妆品（香料）等生物产物的分离过程。超临界流体技术的研究历史较短，基础数据积累较少，在其他方面的应用还很少。

超临界流体萃取

图 11-23　纯物质的相平衡图（二氧化碳）

11.3.1　超临界流体及其性质

1. 超临界流体

物质在外界条件变化时，会发生状态的变化。例如，对某气体进行加压或冷却时，该气体会变成液体甚至固体。纯物质的气-液-固三相平衡关系可用图 11-23 所示的相图表示。

图中的三相点为气-液-固共存体系，系统状态的自由度为零。当纯物质沿气-液饱和线升温时，气体密度在此过程中因压力增加而上升，液体密度则因温度上升而减小。当达到临界点（CP）时，气-液相的差别消失，形成一个新的均一状态，即超临界状态。气-液相的差别消失点对应的温度称为临界温度（T_c），对应的压力称为临界压力（p_c）。在临界温度以上只有流体形态，不存在蒸发、冷凝现象。

对于混合物，超临界状态与体系的温度、压力、组成有关，只有混合体系的状态条件超过体系的临界点才能达到超临界状态。二元混合物的临界压力通常高于两种纯物质的临界压力，临界温度介于两种纯物质的临界温度之间，最大临界温度随两个组分的临界温度比值的增大而增大。

2. 超临界流体的性质

超临界流体兼有气、液两相的特点，其密度与液体的密度相近（表 11-1），因此具有较强的溶解能力，其黏度却与普通气体相近，比液体要小近百倍，流动性要比液体好得多。在相同的流速下，超临界流体的流动 Re 比液体大得多，因此传质系数也比液体大得多，能在短时间内达到溶解平衡。

表 11-1　气体、液体、超临界流体的性质比较

状态	物理特性		
	密度ρ/(kg/m^3)	黏度η/(mPa·s)	扩散系数D/(m^2/s)
气体（20℃，0.1MPa）	0.6~2.0	0.01~0.03	（1~4）×10^{-5}
超临界流体 接近临界 接近临界温度和 4 倍临界压强	200~500 400~900	0.01~0.03 0.03~0.09	7×10^{-7} 2×10^{-9}
液体（20℃，0.1MPa）	600~1600	0.2~0.3	（0.2~2）×10^{-7}

温度对流体黏度的影响各不相同，气体黏度随温度升高而增大，液体黏度随温度升高而减小。超临界流体在恒压下黏度先随温度升高而减小到一个最低位，然后又随温度升高而增大。压力越高，达到最低黏度所需的温度也越高，而且该最低黏度也变大。

超临界流体萃取液中包含溶剂和溶质，如果溶剂和溶质之间的临界温度相差较大，临界压力将随溶质含量的上升而迅速增大。萃取液的黏度会因溶质的溶入而降低，萃取液的黏度取决于其溶剂的黏度和溶质的浓度，溶质浓度低时，黏度接近超临界溶剂的黏度。

不同物质的临界点不同，可作为超临界流体萃取的溶剂有二氧化碳、乙醇、乙烷、乙烯、水等。表 11-2 所示是一些常见纯物质的临界参数。

表 11-2　常见纯物质的临界参数

物质名称	临界温度 T_c/K	临界压力 p_c/MPa	物质名称	临界温度 T_c/K	临界压力 p_c/MPa
二氧化碳	304.15	7.38	氮	126.2	3.39
一氧化碳	132.9	3.50	氧	154.6	5.04
一氧化氮	180.15	6.48	氨	405.55	11.35
一氧化二氮	309.65	7.24	水	647.3	22.12
甲醇	512.6	8.09	苯	562.2	4.89

物质名称	临界温度 T_c / K	临界压力 p_c / MPa	物质名称	临界温度 T_c / K	临界压力 p_c / MPa
甲烷	190.4	4.60	甲苯	591.8	4.10
乙醇	513.9	6.14	四氟化硅	227.6	3.74
乙烷	305.4	4.88	四氟化碳	227.6	3.74
乙炔	308.3	6.14	1,1,1-三氟乙烷	346.25	3.76
乙腈	545.5	4.83	三氟甲烷	299.3	4.86
丙酮	508.1	4.70	三氟溴甲烷	340.2	3.97
丙烷	369.8	4.25	六氟乙烷	293.0	3.06
丙烯	364.95	4.60	乙酸乙酯	523.25	3.83
异丙醇	508.3	4.76	正戊烷	469.7	3.37
环丙烷	397.85	5.47	环己烷	553.5	4.07
正丁烷	425.2	3.80	正庚烷	540.3	2.74
异丁烷	408.2	3.65	硅烷	269.69	4.84

3. 超临界流体的特点

（1）传递性：超临界流体具有与气体及液体不同的传递性，它兼有气、液两相的双重特性，即具有与液体接近的密度，使其具有与液体相当的溶解能力；具有与气体接近的黏度和扩散系数，使其具有良好的传质传热性能。

（2）溶解性：超临界流体的溶解能力与其密度有很大的关系，密度增加，溶解能力增强；密度减小，溶解能力降低，甚至丧失对溶质的溶解能力。超临界流体具有很大的压缩性，在临界点附近，温度或压力的微小变化可引起密度发生几个数量级的变化。因此，可通过改变温度或压力来改变其溶解性。

（3）选择性：在超临界状态下，将超临界流体与待分离的物质接触，控制好体系的温度和压力，可选择性地溶解其中的某一组分。根据相似相溶原理，结构、性质与超临界流体相近的组分更容易溶解。

11.3.2　超临界流体的选择

作为萃取剂的超临界流体，应对溶质有良好的溶解选择性。按照相似相溶原理，超临界流体与被萃取物的化学性质越相似，溶解能力就越大。此外，由于大多数食品具有复杂的化学成分、热敏性及易氧化等特点，因此萃取剂还应具有惰性、对人体无害的特点，并具有适当的临界压力和较低的沸点，以利于减少压缩能耗，方便溶质的分离。同一种溶质在不同的超临界流体中有不同的溶解度。

超临界流体的组成可以是单一物质，也可以是复合物质。为了提高溶剂的溶解性能，调整溶剂的临界温度，增强溶剂的溶解选择性和对温度、压力的敏感性，提高分馏级数，有时在超临界流体中加入一些改性成分，或称夹带剂。常用的夹带剂有丙酮、甲醇等，但同时必须考虑产品中的溶剂残留及安全无毒的问题。

11.3.3　超临界二氧化碳的性质

超临界二氧化碳的临界点较低，特别是临界温度接近常温，并且具有无毒、化学性质稳定、无臭无味无残留、安全无污染、价格低廉等优点，故得到广泛应用，对食品原料的萃取尤为适合，是食品工业中广泛使用的萃取剂。

图 11-24 所示为 313K 时二氧化碳的密度 ρ、黏度 μ 及自扩散系数 D_p 与压力的关系。在 8MPa 以下的压力范围内 μ 和 D_p 基本保持不变，在 8MPa 以上的压力范围内，随压力升高，μ 增大、D_p 减小。在 30MPa 的超临界状态下，μ 仅为气体的 6 倍，D_p 则远大于液体的自扩散系数。

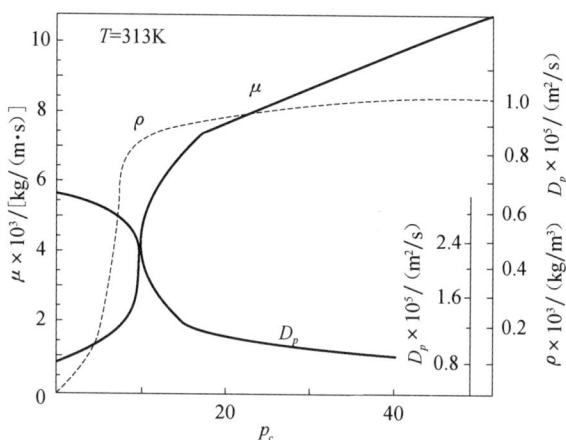

图 11-24　超临界二氧化碳的物理性质与压力的关系

超临界二氧化碳的溶解能力具有以下特点。

（1）对分子量大于 500 的物质，具有一定的溶解度。

（2）对中、低分子量的卤代烃、醛、酮、酯、醇、醚的溶解度很高。

（3）对低分子量、非极性的脂类和小分子的芳烃是可溶的。

（4）对分子量很低的极性有机物是可溶的，极性基团（如羧基、羟基）的增加会降低有机物的溶解性。对脂肪酸、甘油三酯、酰胺、脲、氨基甲酸乙酯、偶氮染料的溶解性很低，但是单酯化作用可增强脂肪酸的溶解性。

（5）同系物的溶解度随分子量的增加而降低。

（6）对生物碱、类胡萝卜素、氨基酸、果酸和大多数无机盐不溶。

11.3.4　萃取操作温度和压力的确定

温度和压力是超临界流体萃取操作的主要工艺参数。温度和压力一般是根据超临界流体对目标物质的溶解能力进行确定，适合的温度和压力应使超临界流体对目标物质具有较强的溶解能力。

超临界流体的溶解能力与其密度成正比，而在临界点附近温度和压力的微小变化都会引起流体密度的大幅度变化，超临界流体萃取正是利用这一特性来实现物质分离的。萘在二氧化碳中的溶解度与压力的关系如图 11-25 所示，在二氧化碳临界点以下萘的溶解度非常小，当压力升至临界点附近时溶解度便迅速上升。

溶质在超临界流体中的溶解度主要受两方面的影响，一是超临界流体的密度；二是溶质的蒸汽压，这两个因素都与温度密切相关。图 11-26 为萘在乙烯中的溶解度与温度的关系，由图中可以看出在压力较大的情况下，由于流体密度随温度的变化相对缓慢，溶质蒸汽压随温度的升高而增大，成为主要因素，此时超临界流体的溶解度随温度上升而增加。在压力较低的情况下，由于温度升高将引起流体密度的迅速下降，该因素成为影响溶解度的主要因素，此时超临界流体的溶解度随温度上升而下降。

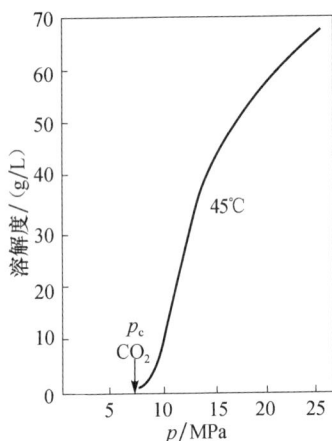

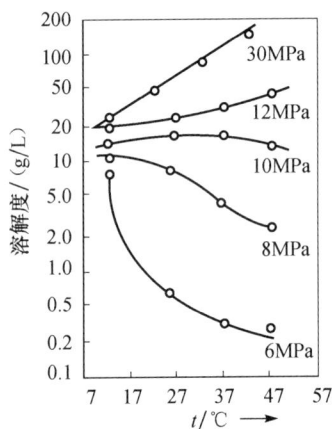

图 11-25　萘在二氧化碳中的溶解度与压力的关系　　图 11-26　萘在乙烯中的溶解度与温度的关系

综上所述，温度和压力对超临界流体萃取的影响很大，要达到预期分离效果，必须设定适当的操作条件。

11.3.5　超临界流体萃取的工艺流程

1. 超临界流体萃取的基本工艺过程

超临界流体萃取的工艺流程包括以下系统。

（1）二氧化碳气源及其预处理系统：为系统补充二氧化碳，并对其净化和加热、加压。

（2）超临界二氧化碳萃取系统：在萃取槽中制备二氧化硅的超临界二氧化碳溶液。

（3）产品分离系统：气态二氧化碳与产品分离。

（4）二氧化碳回收及循环压缩系统：回收二氧化碳，并净化、加压、冷却，以循环利用。

超临界流体萃取的工艺流程如图 11-27 所示。

2. 超临界流体萃取过程

（1）固体物料的超临界流体萃取。固体物料的超临界流体萃取由萃取和溶剂分离两

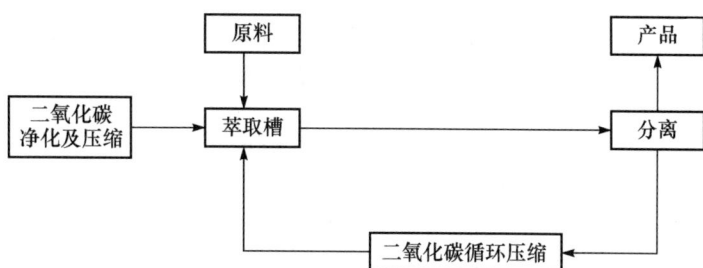

图 11-27 超临界流体萃取的工艺流程

个工艺步骤组成，如图 11-28 所示。超临界流体在固定床中溶解固体中的可溶性物质，然后进入分离器脱除溶质。在温度和压力确定后，溶剂比就是超临界流体萃取最重要的工艺参数。提高溶剂比，可提高生产能力，但萃取液浓度低，溶剂的循环量大。另外，降低固体粒度也可提高萃取速度，但过细的颗粒会阻碍流体在固定床上的流动。

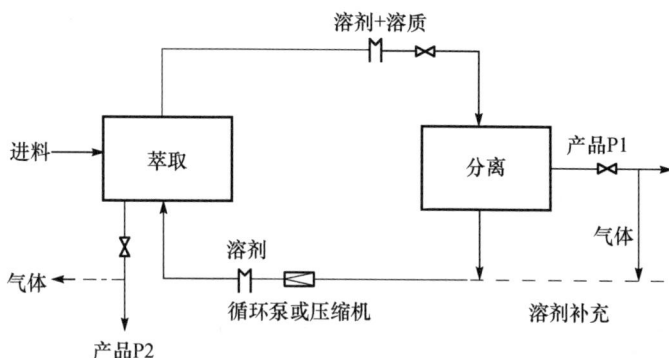

图 11-28 固体的超临界流体萃取流程

（2）液体溶质的超临界流体萃取。液体溶质一般采用多级逆流萃取工艺，多级逆流超临界流体萃取流程如图 11-29 所示。液体混合物在萃取塔中与超临界流体逆流接触后有选择地溶于超临界流体中，从塔顶得到萃取相，从塔底得到萃余相。在塔顶分离器中将溶质、溶剂分离，溶剂经循环压缩机加压、调温进入塔底，萃取物一部分回流进入塔顶。多元组分的分离需要多个塔，n 个组分就需要 n-1 个分离塔。

3. 超临界流体的分离过程

超临界流体萃取的分离方法有变压分离（等温法、绝热法）、变温分离（等压法）和吸附分离（等温、等压）等三类。

（1）变压分离。萘在超临界二氧化碳中的溶解度与温度、压力间的关系如图 11-30 所示。从图 11-30 中可以看出，在等温条件下，萘在高压下的溶解度高于低压下的。因此，可采用减压方法分离出溶质。例如，采用 30MPa、55℃超临界二氧化碳进行萃取，其状态位于图中的点 1，在达到萃取平衡时，超临界二氧化碳中萘的浓度为 15%。将此超临界二氧化碳通过节流阀进行绝热膨胀到压力为 9MPa，然后进入分离器，膨胀后的温度为 36℃，位于图中的点 2，此时二氧化碳中萘的饱和浓度降为 2.5%，这一过程由图中线 1-2 表示。离开分离器的二氧化碳被送入压缩机，从 35℃、9MPa 重新绝热压缩到 30MPa，再经换热器等压冷却到 55℃，送入萃取器循环使用。

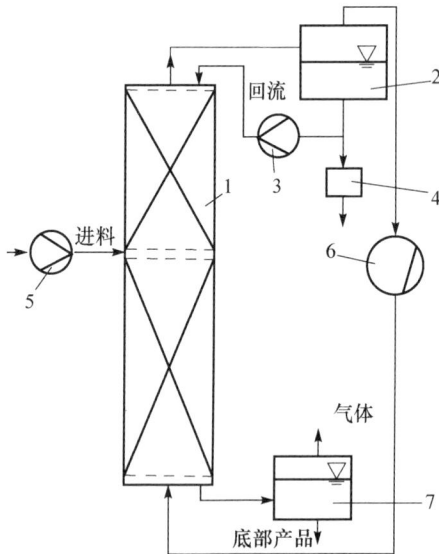

1. 萃取塔；2. 塔顶分离器；3. 回流装置；
4. 塔顶产品回收装置；5. 进料装置；
6. 溶剂循环装置；7. 底部产品回收装置。

图 11-29　多级逆流超临界流体萃取流程

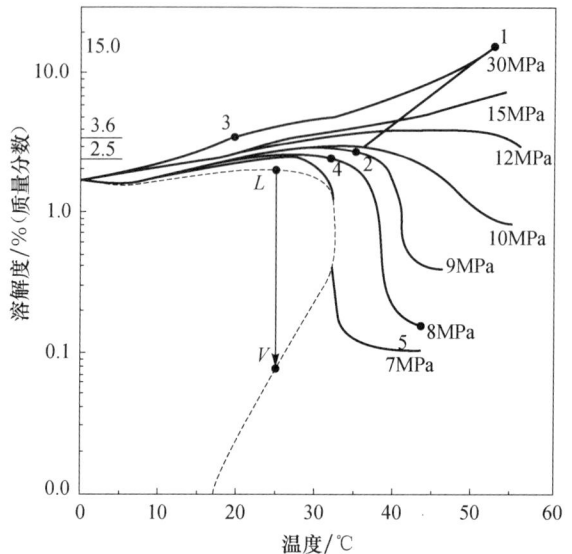

图 11-30　萘在超临界二氧化碳中的溶解曲线

（2）变温分离。在压力很高时，可利用萘在超临界二氧化碳中的溶解度随温度降低而大幅度降低的特点进行分离。例如，从图 11-30 中点 1 的 30MPa、55℃ 的状态通过换热器等压冷却至 20℃，即图中的点 3，萘的溶解度将从 15% 下降到 3.6%。

在临界点附近，可利用溶质在超临界流体中的溶解度随温度升高而降低的特点进行分离。例如，在 8MPa、32℃（图 11-30 中的点 4）的条件下，萘在二氧化碳中的溶解度为 2.7%，如将该流体等压升温至 40℃（图 11-30 中的点 5），萘的溶解度降为约 0.2%。但是，这种分离方案因萘在二氧化碳中的溶解度小，造成二氧化碳循环量大，能耗大。

另外，也可利用近临界区萘在液体二氧化碳中的溶解度比在气体中高的特点进行分离。例如，图中的点 L 表示在临界点以下的液态二氧化碳，如将二氧化碳汽化（对应图 11-30 中的点 V），则溶解萘的大部分将会从气体中析出。尽管由于溶解度较小，二氧化碳的循环量较大，但在临界点附近汽化所需的能量较低。

（3）吸附分离。吸附分离是使用只吸附溶质的吸附剂在不改变温度和压力的情况下将溶质分离，萃取剂可用泵直接送入萃取槽循环使用，以降低循环压缩的能耗。

4. 超临界流体萃取工艺流程的确定

一般情况下，对确定的原料进行超临界流体萃取可采用的方案有多种，在确定方案时主要应该考虑目标物质的热敏性、溶剂的溶解能力与选择性、能耗的大小等因素。

图 11-31 所示是用超临界流体萃取固体物料的流程。流程中采用两个萃取器串联操

作，使物料所含目标物质能被萃取得较为完全。该流程采用等压升温的分离方法，如用节流装置来代替流程中的加热器，用二氧化碳循环压缩机和冷却系统来取代图中的冷凝和加热循环系统，便可实现变压分离。

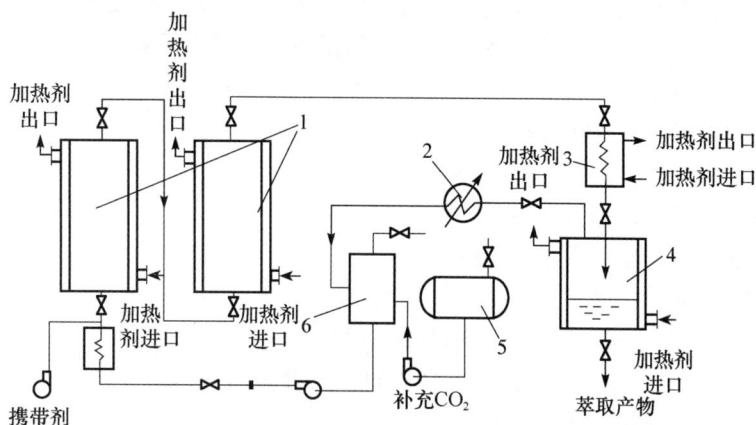

1. 萃取器；2. 冷凝器；3. 加热器；4. 分离器；5. 二氧化碳贮槽；6. 贮罐。

图 11-31　固体物料的超临界流体萃取流程

为了增加生产能力，发挥共用设备的生产能力，可采用多个萃取器并联操作。虽然单个萃取器是间歇式操作，但对整个萃取装置而言则实现了连续生产。

11.3.6　超临界流体在食品工业中的应用实例

1. 啤酒花的超临界流体萃取

啤酒花也称葎草花或蛇麻，其有效成分是葎草酮和蛇麻酮。采用啤酒花直接酿酒只能利用啤酒花中 25%的有效成分；采用二氯甲烷或甲醇等有机溶剂萃取可使利用率提高到 60%～80%，但存在溶剂残留问题。采用超临界二氧化碳萃取从根本上解决了上述问题，萃取率可达 95%以上，其参考流程如图 11-32 所示。

2. 植物种子油类的超临界流体萃取

用压榨方法提取植物种子中的油脂都有 5%以上的残留，用有机溶剂萃取时，油

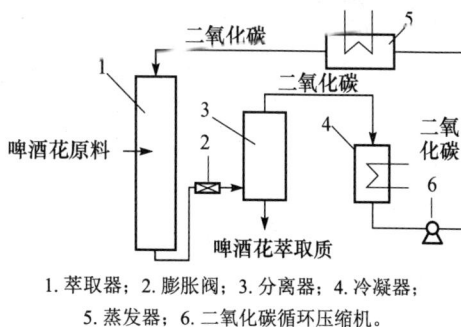

1. 萃取器；2. 膨胀阀；3. 分离器；4. 冷凝器；
5. 蒸发器；6. 二氧化碳循环压缩机。

图 11-32　超临界流体萃取啤酒花的流程

类的回收率大有提高，但存在溶剂残留的问题。用超临界二氧化碳萃取安全卫生，残油量为 1%左右。种子中的蛋白质、糖类、纤维素等不溶于超临界二氧化碳。实际萃取时，可采用高压下溶解、低压下析出的方案，也可采用其他操作方案。超临界二氧化碳萃取在 50～120℃和 10～25MPa 下，可脱除油脂中的臭味；在 200℃和 22MPa 下，含 1%氢的二氧化碳能同时完成油脂的脱臭和加氢，使碘值从 191 降至 66，熔点从-2℃升至 34℃。

思考题

1. 简述萃取操作的基本原理。说明萃取操作在食品工业中有哪些方面的应用？

2. 工业上有哪些类型的萃取剂？如何选择萃取剂？试做具体分析。

3. 简述单级液-液萃取、固-液萃取的工艺流程，并画出示意图。

4. 单级萃取流程与多级萃取流程相比，各有何特点？

5. 常用的萃取设备有哪几种？各有何特点？

6. 简述萃取操作的要点及有关注意事项。

7. 简述液-液萃取塔的种类及其特点。

8. 简述萃取塔开停车操作的步骤。

9. 什么叫浸出？有何意义？试举例说明。

10. 常用的浸出流程有哪些？各有何特点？

11. 影响浸出操作的主要因素有哪些？试做具体分析。

12. 说明浸取溶剂的选用原则。

13. 浸取操作的影响因素有哪些？

14. 浸取操作方式有哪几种类型？分别说明其特点。

15. 工业浸取设备的类型有哪些？分别说明其特点及适用场合。

16. 什么是超临界流体？超临界流体有哪些特性？

17. 食品工业中最常用的超临界流体是什么？它有哪些优点？

18. 如何确定超临界流体萃取的操作温度和压力？

19. 超临界流体萃取的基本工艺过程包括哪几部分？

20. 超临界流体的分离方法有哪几种类型？

21. 简述超临界二氧化碳萃取的过程。

主要参考文献

柴诚敬，等，2003．化工原理课程学习指导 [M]．天津：天津大学出版社．

丛德滋，丛梅，方图南，2002．化工原理详解与应用 [M]．北京：化学工业出版社．

高福成，1998．食品工程原理 [M]．北京：中国轻工业出版社．

陆美娟，张浩勤，张婕，2022．化工原理（上册）[M]．4 版．北京：化学工业出版社．

谭天恩，等，2013．化工原理（下册）[M]．4 版．北京：化学工业出版社．

王志魁，2018．化工原理 [M]．5 版．北京：化学工业出版社．

杨同舟，2001．食品工程原理 [M]．北京：中国农业出版社．

姚玉英，1999．化工原理（上册）[M]．天津：天津大学出版社．

张言文，1997．化工原理 60 讲 [M]．北京：中国轻工业出版社．

周巍，2002．食品工程原理 [M]．北京：中国轻工业出版社．

附　　录

一、单位换算

1. 质量

千克（kg）	美吨（sh·ton）	英吨（long·ton）	磅（lb）	盎司（oz）
1	1.102×10^{-3}	9.840×10^{-4}	2.205	35.27
907.4	1	0.8929	2000	32000
1016	1.120	1	2240	35840
0.4535	4.998×10^{-4}	4.463×10^{-4}	1	16
0.02834	3.125×10^{-5}	2.789×10^{-5}	0.0625	1

2. 长度

米（m）	英寸（in）	英尺（ft）	码（yd）	米（m）	英寸（in）	英尺（ft）	码（yd）
1	39.37	3.281	1.094	0.3048	12	1	0.3333
0.0254	1	0.07333	0.02778	0.9144	36	3	1

3. 力

牛（N）	千克力（kgf）	磅力（lbf）	达因（dyn）	牛（N）	千克力（kgf）	磅力（lbf）	达因（dyn）
1	0.102	0.2248	1×10^5	4.448	0.4536	1	4.448×10^5
9.807	1	2.205	9.807×10^5	1×10^{-5}	1.02×10^{-6}	2.248×10^{-6}	1

4. 压强

帕（Pa）	毫米汞柱（mmHg）	标准大气压（atm）	工程大气压（kgf/cm²）	磅力每平方英寸（lbf/in²）
1	7.501×10^{-3}	9.807×10^{-6}	1.02×10^{-5}	1.45×10^{-4}
133.3	1	1.312×10^{-3}	1.36×10^{-3}	1.934×10^{-2}
1.013×10^5	760	1	1.033	14.697
9.807×10^4	735.6	0.9678	1	14.22
6.895×10^3	51.71	0.068	0.0703	1

5. 黏度

帕秒（Pa·s）	泊（P）	厘泊（cP）	磅力秒每平方英尺（lbf·s/ft²）	千克力秒每平方米（kgf·s/m²）
1	10	1000	0.672	0.102
0.1	1	100	0.0672	0.0102
0.001	0.01	1	6.72×10^{-4}	1.02×10^{-4}
1.488	14.88	1488	1	0.1519
9.807	98.07	9807	6.59	1

6. 能量

焦耳（J）	千克力米（kgf·m）	千瓦时（kW·h）	英马力小时（hp·h）	千卡（kcal）	英热单位（Btu）
1	0.102	2.778×10^{-7}	3.777×10^{-7}	2.389×10^{-4}	9.485×10^{-4}
9.807	1	2.724×10^{-6}	3.649×10^{-6}	2.341×10^{-3}	9.296×10^{-3}
3.6×10^{5}	3.671×10^{5}	1	1.36	860	3412
2.685×10^{5}	2.741×10^{5}	0.7461	1	641.6	2546
4.187×10^{3}	427.2	1.163×10^{-3}	1.558×10^{-3}	1	3.968
1.055×10^{3}	107.6	2.93×10^{-4}	3.927×10^{-4}	0.252	1

7. 功率

千瓦（kW）	英马力（hp）	千克力米每秒（kgf·m/s）	磅力英尺每秒（lbf·ft/s）	英热单位每秒（Btu/s）
1	1.34	102	737	0.947
0.736	1	75	550	0.707
9.807×10^{-3}	1.31×10^{-2}	1	7.233	9.3×10^{-3}
1.36×10^{-3}	1.82×10^{-3}	0.138	1	1.29×10^{-3}
1.055	1.415	107.6	777.6	1

8. 比热容

千焦每千克开 [kJ/(kg·K)]	千卡每千克开 [kcal/(kg·K)]	英热单位每磅华氏度 [Btu/(lb·F)]
1	0.2389	0.2389
4.187	1	1

9. 热导率

瓦每米开 [W/(m·K)]	千卡每米时摄氏度 [kcal/(m·h·℃)]	英热单位每英尺时华氏度 [Btu/(ft·h·F)]
1	0.86	0.5779
1.163	1	0.672
1.73	1.488	1

10. 传热系数

瓦每平方米开 [W/(m²·K)]	千卡每平方米时摄氏度 [kcal/(m²·h·℃)]	英热单位每平方英尺时华氏度 [Btu/(ft²·h·F)]
1	0.86	0.176
1.163	1	0.2048
5.678	4.882	1

11. 表面张力

牛每米（N/m）	千克力每米（kgf/m）	达因每厘米（dyn/cm）	磅力每英尺（lbf/ft）
1	0.102	1000	$6.854×10^{-2}$
9.807	1	9807	0.672
14.59	1.488	$1.459×10^{4}$	1

12. 扩散系数

平方米每秒（m²/s）	平方厘米每秒（cm²/s）	平方英尺每小时（ft²/h）	平方英寸每秒（in²/s）
1	10000	$3.875×10^{4}$	1550
$1×10^{-4}$	1	3.875	0.155
$2.581×10^{-5}$	0.2581	1	0.04
$6.452×10^{-4}$	6.452	25	1

二、水的性质

1. 水的物理性质

温度 $t/℃$	密度ρ/ (kg/m³)	焓 H/ (kJ/kg)	比定压热容 c_p/ [kJ/(kg·K)]	热导率$\lambda×10^2$/ [W/(m·K)]	黏度μ/ (mPa·s)	体积膨胀系数 $\alpha_V×10^4$/K^{-1}	表面张力 $\sigma×10^2$/(N/m)
0	999.9	0	4.212	55.08	1.788	-0.63	75.61

续表

温度 $t/℃$	密度 $\rho/$ (kg/m^3)	焓 $H/$ (kJ/kg)	比定压热容 $c_p/$ $[kJ/(kg·K)]$	热导率 $\lambda×10^2/$ $[W/(m·K)]$	黏度 $\mu/$ $(mPa·s)$	体积膨胀系数 $\alpha_V×10^4/K^{-1}$	表面张力 $\sigma×10^2/(N/m)$
10	999.7	42.04	4.191	57.41	1.306	0.73	74.14
20	998.2	83.90	4.183	59.85	1.004	1.82	72.67
30	995.7	125.69	4.174	61.71	0.801	3.21	71.20
40	992.2	165.71	4.174	63.33	0.653	3.87	69.63
50	988.1	209.30	4.174	64.73	0.549	4.49	67.67
60	983.2	211.12	4.178	65.89	0.470	5.11	66.20
70	977.8	292.99	4.167	66.70	0.406	5.70	64.33
80	971.8	334.94	4.195	67.40	0.355	6.32	62.57
90	965.3	376.98	4.208	67.98	0.315	6.95	60.71
100	958.4	419.19	4.220	68.21	0.282	7.52	58.84
110	951.0	461.34	4.233	68.44	0.259	8.08	56.88
120	943.1	503.67	4.250	68.56	0.237	8.64	54.82
130	934.8	546.38	4.266	68.56	0.218	9.17	52.86
140	926.1	589.08	4.287	68.44	0.201	9.72	50.70
150	917.0	632.20	4.312	68.38	0.186	10.3	48.64
160	907.4	675.33	4.346	68.27	0.174	10.7	46.6
170	897.3	719.29	4.379	67.92	0.163	11.3	45.3
180	886.9	763.25	4.417	67.45	0.153	11.9	42.3
190	876.0	807.63	4.460	66.99	0.144	12.6	40.0
200	863.0	852.43	4.505	66.29	0.136	13.3	37.7
250	799.0	1085.64	4.844	61.76	0.110	18.1	26.2
300	712.5	1344.80	5.736	53.96	0.091	29.2	14.4

2. 饱和水蒸气表（以压强为准）

压强 p/Pa	温度 $t/℃$	蒸汽比体积 $v/$ (m^3/kg)	焓 $H/(kJ/kg)$		汽化热 $r/(kJ/kg)$
			液体	气体	
1000	6.3	129.37	26.48	2503.1	2476.8
1500	12.5	88.26	52.26	2515.3	2463.0
2000	17.0	67.29	71.21	2524.2	2452.9

压强 p/Pa	温度 t/℃	蒸汽比体积 v/（m³/kg）	焓 H/（kJ/kg）		汽化热 r/（kJ/kg）
			液体	气体	
2500	20.9	54.47	87.45	2531.8	2444.3
3000	23.5	45.52	98.38	2536.8	2438.4
3500	26.1	39.45	109.30	2541.8	2432.5
4000	28.7	34.88	120.23	2546.8	2426.6
4500	30.8	33.06	129.00	2550.9	2421.9
5000	32.4	28.27	135.69	2554.0	2418.3
6000	35.6	23.81	149.06	2560.1	2411.0
7000	38.8	20.56	162.44	2566.3	2403.8
8000	41.3	18.13	172.73	2571.0	2398.2
9000	43.3	16.24	181.16	2574.8	2393.6
$1×10^4$	45.3	14.71	189.59	2578.5	2388.9
$1.5×10^4$	53.5	10.04	224.03	2594.0	2370.0
$2×10^4$	60.1	7.65	251.51	2606.4	2354.9
$3×10^4$	66.5	5.24	288.77	2622.4	2333.7
$4×10^4$	75.0	4.00	315.93	2634.1	2312.2
$5×10^4$	81.2	3.25	339.80	2644.3	2304.5
$6×10^4$	85.6	2.74	358.21	2652.1	2393.9
$7×10^4$	89.9	2.37	376.61	2659.8	2283.2
$8×10^4$	93.2	2.09	390.08	2665.3	2275.3
$9×10^4$	96.4	1.87	403.49	2670.8	2267.4
$1×10^5$	99.6	1.70	416.90	2676.3	2259.5
$1.21×10^5$	104.5	1.43	437.51	2684.3	2246.8
$1.4×10^5$	109.2	1.24	457.67	2692.1	2234.4
$1.6×10^5$	113.0	1.21	473.88	2698.1	2224.2
$1.8×10^5$	116.6	0.988	489.32	2703.7	2214.3
$2×10^5$	120.2	0.887	493.71	2709.2	2204.6
$2.5×10^5$	127.2	0.719	534.39	2719.7	2185.4
$3×10^5$	133.3	0.606	560.38	2728.5	2168.1
$3.5×10^5$	138.8	0.524	583.76	2736.1	2152.3

压强 p/Pa	温度 t/℃	蒸汽比体积 v/ (m^3/kg)	焓 H/（kJ/kg）		汽化热 r/（kJ/kg）
			液体	气体	
4×10^5	143.4	0.463	603.61	2742.2	2138.5
4.5×10^5	147.7	0.414	622.42	2747.8	2125.4
5×10^5	151.7	0.375	639.59	2752.8	2113.2
6×10^5	158.7	0.316	670.22	2761.4	2091.1
7×10^5	164.7	0.273	696.27	2767.8	2071.5
8×10^5	170.4	0.240	720.96	2773.7	2052.7
9×10^5	175.1	0.215	741.82	2778.1	2036.2
1×10^6	179.9	0.194	762.68	2782.5	2019.7
1.1×10^6	180.2	0.177	780.34	2785.5	2005.1
1.2×10^6	187.8	0.166	797.92	2788.5	1990.6
1.3×10^6	191.5	0.151	814.25	2790.9	1976.7
1.4×10^6	194.8	0.141	829.06	2792.4	1963.7
1.5×10^6	198.2	0.132	843.86	2794.5	1950.7
1.6×10^6	201.3	0.124	857.77	2796.0	1938.2
1.7×10^6	204.1	0.117	870.58	2797.1	1926.5
1.8×10^6	206.9	0.110	883.39	2798.1	1914.8
1.9×10^6	209.8	0.105	896.21	2799.2	1903.0
2×10^6	212.2	0.0997	907.32	2799.7	1892.4
3×10^6	233.7	0.0666	1005.4	2798.9	1793.5
4×10^6	250.3	0.0498	1082.9	2789.8	1706.8
5×10^6	263.8	0.0394	1146.9	2776.2	1629.2
6×10^6	275.4	0.0324	1203.2	2759.5	1556.3
7×10^6	285.7	0.0273	1253.2	2740.8	1487.6
8×10^6	294.8	0.0235	1299.2	2720.5	1403.7
9×10^6	303.2	0.0205	1343.5	2699.1	1356.6
1×10^7	310.9	0.0180	1384.0	2677.1	1293.1
1.2×10^7	324.5	0.0142	1463.4	2631.2	1167.7
1.4×10^7	336.5	0.0115	1567.9	2583.2	1043.4
1.6×10^7	347.2	0.00927	1615.8	2531.1	915.4
1.8×10^7	356.9	0.00744	1699.8	2466.0	766.1
2×10^7	365.6	0.00566	1817.8	2364.2	544.9

3. 饱和水蒸气表（以温度为准）

温度 t /℃	压强 p/Pa	蒸汽密度 ρ /（kg / m³）	焓 H/（kJ/kg）		汽化热 r/（kJ/kg）
			液体	气体	
0	0.6082	0.00484	0	2491.1	2491.1
5	0.8730	0.00680	20.94	2500.8	2479.9
10	1.2263	0.00940	41.87	2510.4	2468.5
15	1.7068	0.01283	62.80	2520.5	2457.7
20	2.3346	0.01719	83.74	2530.1	2446.3
25	3.1684	0.02304	104.67	2539.7	2435.0
30	4.2474	0.03036	125.60	2549.3	2423.7
35	5.6207	0.03960	146.54	2559.0	2412.4
40	7.3766	0.05114	167.47	2568.6	2401.1
45	9.5837	0.06543	188.41	2577.8	2389.4
50	12.340	0.0830	209.34	2587.4	2378.1
55	15.743	0.1043	230.27	2596.7	2366.4
60	19.923	0.1301	251.21	2606.3	2355.1
65	25.014	0.1611	272.14	2615.5	2343.4
70	31.164	0.1979	293.08	2624.3	2331.2
75	38.551	0.2416	314.01	2633.5	2319.5
80	47.379	0.2929	334.94	2642.3	2307.8
85	57.875	0.3531	355.88	2651.1	2295.2
90	70.136	0.4229	376.81	2659.9	2283.1
95	84.556	0.5039	397.75	2668.7	2270.9
100	101.33	0.5970	418.68	2677.0	2258.4
105	120.85	0.7036	440.03	2685.0	2245.4
110	143.11	0.8254	460.97	2693.4	2232.0
115	169.11	0.9635	482.32	2701.3	2219.0
120	198.64	1.119	503.67	2708.9	2205.2
125	232.19	1.296	525.02	2716.4	2191.8
130	270.25	1.494	546.38	2723.9	2177.6
135	313.11	1.715	567.73	2731.0	2163.3
140	361.47	1.962	589.08	2737.7	2148.7
190	1255.6	6.378	807.64	2790.1	1982.4
200	1554.77	7.840	852.01	2795.5	1943.5
210	1927.72	9.567	897.23	2799.3	1902.5

温度 t/℃	压强 p/Pa	蒸汽密度 ρ/(kg/m³)	焓 H/(kJ/kg)		汽化热 r/(kJ/kg)
			液体	气体	
220	2320.88	11.60	942.45	2801.0	1858.5
230	2798.59	13.98	988.50	2800.1	1811.6
240	3347.91	16.76	1034.56	2796.8	1761.8
250	3977.67	20.01	1081.45	2790.1	1708.6
260	4693.75	23.82	1128.76	2780.9	1651.7
270	5503.99	28.27	1176.91	2768.3	1591.4
280	6417.24	33.47	1225.48	2752.0	1526.5
290	7443.29	39.60	1274.76	2732.3	1457.4
300	8592.94	46.93	1025.54	2708.0	1382.5
310	9877.96	55.59	1378.71	2680.0	1301.3
320	11300.3	65.95	1436.07	2648.2	1212.1
330	12879.6	78.53	1446.78	2610.5	1116.2
340	14615.8	93.98	1562.93	2568.6	1005.7
350	16538.5	113.2	1636.20	2516.7	880.5
360	18667.1	129.6	1729.15	2442.6	713.0
370	21040.9	171.0	1888.25	2301.9	411.1
374	22070.9	322.6	2098.0	2098.0	0

4. 冰的蒸汽压

温度 t/℃	蒸汽压 p/Pa	温度 t/℃	蒸汽压 p/Pa	温度 t/℃	蒸汽压 p/Pa
−80	0.05332	−28	46.788	−21	93.976
−70	0.25860	−27	51.854	−20	103.441
−60	1.07706	−26	57.319	−19	113.838
−50	3.93902	−25	63.451	−18	125.169
−40	12.8767	−24	70.116	−17	137.432
−30	30.1105	−23	77.314	−16	150.896
−29	42.256	−22	85.312	−15	165.425

续表

温度 t/℃	蒸汽压 p/Pa	温度 t/℃	蒸汽压 p/Pa	温度 t/℃	蒸汽压 p/Pa
-14	181.421	-9	284.062	-4	437.224
-13	198.617	-8	310.056	-3	475.614
-12	217.546	-7	338.182	-2	517.880
-11	237.941	-6	368.574	-1	562.127
-10	259.935	-5	401.633	0	610.381

三、常见食品的物理性质

1. 部分食品的热导率

食品名称	λ/[W/(m·K)]	食品名称	λ/[W/(m·K)]	食品名称	λ/[W/(m·K)]
苹果汁	0.559	黄油	0.197	鲜鱼	0.431
梨汁	0.550	花生油	0.168	猪肉	1.298
草莓	1.125	人造黄油	0.233	香肠	0.410
苹果酱	0.692	炼乳	0.536	火鸡	1.088
葡萄	0.398	浓缩牛奶	0.505	小牛肉	0.891
橘子	1.296	脱脂牛奶	0.538	燕麦	0.064
胡萝卜	1.263	奶粉	0.419	土豆	1.090
南瓜	0.502	蛋类	0.291	牛肉	0.556
蜂蜜	0.502	小麦	0.163	—	—

2. 部分食品的冰点

食品名称	含水量 w/%	冰点 t/℃	食品名称	含水量 w/%	冰点 t/℃
牛肉	72	-2.7～-1.7	兔肉	60	-1.7
猪肉	35～72	-2.7～-1.7	苹果	85	-2
羊肉	60～70	-1.7	杏子	85.4	-2
家禽	74	-1.7	香蕉	75	-1.7
鲜鱼	73	-2～-1	樱桃	82	-4.5
对虾	76	-2.0	葡萄	82	-4
牛奶	87	-2.8	柑橘	86	-2.2
蛋	70	-2.2	桃子	86.9	-1.5
梨	83	-2	芹菜	94	-1.2
菠萝	85.3	-1.2	黄瓜	96.4	-0.8

食品名称	含水量 w/%	冰点 t/℃	食品名称	含水量 w/%	冰点 t/℃
李子	86	-2.2	韭菜	88.2	-1.4
杨梅	90	-1.3	洋葱	87.5	-1
西瓜	92.1	-1.6	青豌豆	74	-1.1
甜瓜	92.7	-1.7	土豆	77.8	-1.8
草莓	90.0	-1.17	南瓜	90.5	-1
椰子	83	-2.8	萝卜	93.6	-2.2
柠檬	89	-2.1	菠菜	93.7	-0.9
橘子	90	-2.2	番茄	94	-0.9
青刀豆	88.9	-1.3	芦笋	93	-2.2
龙须菜	94	-2	茄子	92.7	-1.6~-0.9
甜菜	72	-2	蘑菇	91.1	-1.8
卷心菜	91	-0.5	青椒	92.4	-1.9~-1.1
胡萝卜	83	-1.7	甜玉米	73.9	-1.7~-1.1

3. 部分食品的定恒压热容

食品名称	含水量 w/%	c_p/[kJ/(kg·K)]	食品名称	含水量 w/%	c_p/[kJ/(kg·K)]
肉汤	—	3.098	鲜蘑菇	90	3.936
豌豆汤	—	4.103	干蘑菇	30	2.345
土豆汤	88	3.956	洋葱	80~90	3.601~3.894
油炸鱼	60	3.015	荷兰芹	65~95	3.182~3.894
植物油	—	1.465~1.884	干豌豆	14	1.842
可可	—	1.842	土豆	75	3.517
脱脂牛奶	91	3.999	菠菜	85~90	3.852
面包	44~45	2.784	鲜浆果	84~90	3.726~4.103
炼乳	60~70	3.266	鲜水果	75~92	3.350~3.768
面粉	12~13.5	1.842	干水果	30	2.094
通心粉	12~13.5	1.842	肥牛肉	51	2.889
麦片粥	—	3.224~3.768	瘦牛肉	72	3.433
大米	10.5~13.5	1.800	鹅	52	2.931
蛋白	87	3.852	肾	—	3.601
蛋黄	48	2.805	羊肉	90	3.894
洋葱	90	3.894	鲜腊肠	72	3.433
大葱	92	3.978	小牛排	72	3.433
小扁豆	12	1.842	鹿肉	70	3.391

4. 部分食品的堆装密度

物料	堆装密度 ρ_{ap}/（kg/m³）	物料	堆装密度 ρ_{ap}/（kg/m³）
辣椒	200～300	玉米	680～700
茄子	330～430	花生粒	500～630
番茄	580～630	大豆	700～770
洋葱	490～520	蚕豆	670～800
胡萝卜	560～590	土豆	650～750
桃子	590～690	地瓜	640
蘑菇	450～500	甜菜	600～770
刀豆	640～650	面粉	700
豌豆	700～770	—	—

四、常用固体材料的重要性质

名称	密度 ρ/（kg/m³）	热导率 λ/[W/（m·K）]	比定压热容 c_p/[kJ/（kg·K）]
钢	7850	45.4	0.46
不锈钢	7900	17.4	0.50
铸铁	7220	62.8	0.50
铜	8800	383.8	0.41
青铜	8000	64.0	0.38
铝	2670	203.5	0.92
镍	9000	58.2	0.46
铅	11400	34.9	0.13
黄铜	8600	85.5	0.38
酚醛	1250～1300	0.13～0.25	1.26～1.67
脲醛	1400～1500	0.30～1.09	1.26～1.67
聚氯乙烯	1380～1400	0.16～0.59	1.84
聚苯乙烯	1050～1070	0.08～0.29	1.34
低压聚乙烯	940	0.29～1.05	2.55
高压聚乙烯	920	0.26～0.92	2.22
有机玻璃	1180～1190	0.14～0.20	—
干砂	1500～1700	0.45～0.58	0.80
黏土	1600～1800	0.47～0.53	0.75
锅炉炉渣	700～1100	0.19～0.30	—
黏土砖	1600～1900	0.47～0.67	0.92

名称	密度ρ/(kg/m³)	热导率λ/[W/(m·K)]	比定压热容c_p/[kJ/(kg·K)]
耐火砖	1840	1.05(800~1100℃)	0.88~1.00
多孔绝缘砖	600~1400	0.16~0.37	—
混凝土	2000~2400	1.28~1.55	0.84
松木	500~600	0.07~0.10	2.72(0~100℃)
软木	100~300	0.04~0.06	0.96
石棉板	170	0.12	0.82
石棉水泥板	1600~1900	0.35	—
玻璃	2500	0.74	0.67
耐酸陶瓷制品	2200~2300	0.93~1.05	0.75~0.80
耐酸砖和板	2100~2400	—	—
橡胶	1200	0.16	1.38
耐酸搪瓷	2300~2700	0.99~1.05	0.84~1.3
冰	900	2.33	2.11

五、部分规格的 IS 型单级离心泵的性能参数

型号	流量		扬程/m	转速/(r/min)	汽蚀余量/m	效率/%	功率/kW	
	m³/h	L/s					轴功率	配带功率
IS50-32-125	12.5	3.47	20	2900	2.0	60	1.13	2.2
IS50-32-125	6.3	1.74	5	1450	2.0	54	0.16	0.55
IS50-32-160	12.5	3.47	32	2900	2.0	54	2.02	3
IS50-32-160	6.3	1.74	8	1450	2.0	48	0.28	0.55
IS50 32-200	12.5	3.47	50	2900	2.0	48	3.54	5.5
IS50-32-200	6.3	1.74	12.5	1450	2.0	42	0.51	0.75
IS50-32-250	12.5	3.47	80	2900	2.0	38	7.16	11
IS50-32-250	6.3	1.74	20	1450	2.0	32	1.07	1.5
IS65-50-125	25	6.94	20	2900	2.0	69	1.97	3
IS65-50-125	12.5	3.74	5	1450	2.0	64	0.27	0.55
IS65-50-160	25	6.94	32	2900	2.0	65	3.35	5.5
IS65-50-160	12.5	3.47	8	1450	2.0	60	0.45	0.75
IS65-40-200	25	6.94	50	2900	2.0	60	5.67	7.5
IS65-40-200	12.5	3.74	12.5	1450	2.0	66	0.77	1.1
IS65-40-250	25	6.94	80	2900	2.0	63	10.3	15
IS65-40-315	25	6.94	125	2900	2.50	40	21.3	30

型号	流量		扬程/m	转速/（r/min）	汽蚀余量/m	效率/%	功率/kW	
	m³/h	L/s					轴功率	配带功率
IS80-65-125	50	13.9	20	2900	3.0	75	3.63	5.5
IS80-65-125	25	6.94	5	1450	2.5	71	0.48	0.75
IS80-65-160	50	13.9	32	2900	3.0	73	5.97	7.5
IS80-65-160	25	6.94	8	1450	2.5	69	0.75	1.5
IS80-50-200	50	13.9	50	2900	2.5	69	9.87	15
IS80-50-200	25	6.94	12.5	1450	2.5	65	1.31	2.2
IS80-50-250	50	13.9	80	2900	2.5	63	17.3	22
IS80-50-315	50	13.9	125	2900	2.5	54	31.5	37
IS100-80-125	100	27.8	20	2900	4.5	78	7.00	11